U0299487

可靠性技术丛书编委会

可靠性技术丛书

电子元器件失效分析技术

工业和信息化部电子第五研究所　组编

恩云飞　来　萍　李少平　编著

编写组成员：师　谦　许广宁　何小琦

何胜宗　宋芳芳　陈　媛

陈选龙　邹雅冰　杨少华

罗宏伟　林晓玲　林道谭

武慧薇　袁光华　黄　云

章晓文　路国光　蔡　伟

蔡金宝

电子工业出版社

Publishing House of Electronics Industry

北京·BEIJING

内 容 简 介

本书系统地介绍了电子元器件失效分析技术。全书共 19 章。第一篇电子元器件失效分析概论，分两章介绍了电子元器件可靠性及失效分析概况；第二篇失效分析技术，用 7 章的篇幅较为详细地介绍了失效分析中常用的技术手段，包括电测试、显微形貌分析、显微结构分析、物理性能探测、微区成分分析、应力试验和解剖制样等技术；第三篇电子元器件失效分析方法和程序，介绍了通用元件、机电元件、分立器件与集成电路、混合集成电路、半导体微波器件、板级组件和电真空器件共 7 类元件的失效分析方法和程序；第四篇电子元器件失效预防有 3 章内容，包括电子元器件失效模式及影响分析方法（FMEA）、电子元器件故障树分析（FTA）和工程应用中电子元器件失效预防。

本书是作者总结多年的研究成果和工作经验编写而成的，可供从事电子元器件失效分析的技术人员学习，也可供电子元器件研制、生产和器件选用的工程技术人员、质量管理人员和可靠性工作者参考，还可供高校有关专业的教师和研究生阅读。

图书在版编目（CIP）数据

电子元器件失效分析技术 / 恩云飞，来萍，李少平编著；工业和信息化部电子第五研究所组编.
—北京：电子工业出版社，2015.10
（可靠性技术丛书）

ISBN 978-7-121-27230-1

Ⅰ. ①电⋯　Ⅱ. ①恩⋯ ②来⋯ ③李⋯ ④工⋯　Ⅲ. ①电子元件－失效分析②电子器件－失效分析　Ⅳ. ①TN6

中国版本图书馆 CIP 数据核字（2015）第 226319 号

策划编辑：张　榕
责任编辑：张　京
印　　刷：北京天宇星印刷厂
装　　订：北京天宇星印刷厂
出版发行：电子工业出版社
　　　　　北京市海淀区万寿路 173 信箱　邮编　100036
开　　本：720×1 000　1/16　印张：29.75　字数：618.8 千字
版　　次：2015 年 10 月第 1 版
印　　次：2024 年 4 月第 22 次印刷
定　　价：98.00 元

丛　书　序

以可靠性为中心的质量是推动经济社会发展永恒的主题，关系国计民生，关乎发展大局。把质量发展放在国家和经济发展的战略位置全面推进，是国际社会普遍认同的发展规律。加快实施制造强国建设，必须牢牢把握制造业这一立国之本，突出质量这一关键内核，把"质量强国"作为制造业转型升级、实现跨越发展的战略选择和必由之路。

质量是建设制造强国的生命线。作为未来10年引领制造强国建设的行动指南和未来30年实现制造强国梦想的纲领性文件，《中国制造2025》将"质量为先"列为重要的基本指导方针之一。在制造强国建设的伟大进程中，必须全面夯实产品质量基础，不断提升质量品牌价值和"中国制造"综合竞争力，坚定不移地走以质取胜的发展道路。

高质量是先进技术和优质管理高度集成的结果。提升制造业产品质量，要坚持从源头抓起，在产品设计、定型、制造的全过程中按照先进的质量管理标准和技术要求去实施。可靠性是产品性能随时间的保持能力。作为衡量产品质量的重要指标，可靠性管理也充分体现了现代质量管理的特点。《中国制造2025》提出要加强可靠性设计、试验与验证技术开发应用，使产品的性能稳定性、质量可靠性、环境适应性、使用寿命等指标达到国际同类产品先进水平，就是要将可靠性技术作为核心应用于质量设计、控制和质量管理，在产品全寿命周期各阶段，实施可靠性系统工程。

工业和信息化部电子第五研究所是国内最早从事电子产品质量与可靠性研究的权威机构，在我国的质量可靠性领域开创了许多"唯一"和"第一"：唯一一个专业从事质量可靠性研究的技术机构；开展了国内第一次可靠性培训；研制了国内第一套环境试验设备；第一个将质量"认证"概念引入中国；建立起国内第一个可靠性数据交换网；发布了国内第一个可靠性预计标准；研发出第一个国际先进、国内领先水平的可靠性、维修性、保障性工程软件和综合保障软件……五所始终站在可靠性技术发展的前沿。随着质量强国战略的实施，可靠性工作在我国得到空前的重视，在新时期的作用日益凸显。五所的科研工作者们深深感到，应系统地梳理可靠性技术的要素、方法和途径，全面呈现该领域的最新发展成果，使之广泛应用于工程实践，并在制造强国和质量强国建设中发挥应有作用。鉴于此，五所在建所60周年之际，组织专家学者编写出版了"可靠性技术丛书"。这既是历史的责任，又是现实的需要，具有重要意义。

"可靠性技术丛书"内容翔实，涉及面广，实用性强。它涵盖了可靠性的设计、工艺、管理，以及设计生产中的可靠性试验等各个技术环节，系统地论述了提升或保证产品可靠性的专业知识，可在可靠性基础理论、设计改进、物料优选、生产制造、试验分析等方面为产品设计、开发、生产、试验及质量管理等从业者提供重要的技术参考。

　　质量发展依赖持续不断的技术创新和管理进步。以高可靠、长寿命为核心的高质量是科技创新、管理能力、劳动者素质等因素的综合集成。在举国上下深入实施制造强国战略之际，希望该丛书的出版能够广泛传播先进的可靠性技术与管理方法，大力推动可靠性技术进步及实践应用，积极推进专业人才队伍建设。帮助广大的科技工作者和工程技术人员，为我国先进制造业发展，落实好《中国制造 2025》发展战略，在新中国成立 100 周年时建成世界一流制造强国贡献力量！

<<<<< PREFACE

　　电子元器件失效分析（Failure Analysis）是对已失效元器件进行的一种事后检查。根据需要，使用电测试及必要的物理、金相和化学分析技术，验证所报告的失效，确定其失效模式，找出失效机理。失效分析技术就是开展失效分析中采用的所有技术。电子元器件失效分析技术是开展可靠性工程的支撑技术，属于可靠性物理及其应用技术的范畴。

　　可靠性物理学（Reliability Physicis）又称失效物理学（Failure Physicis），是 20 世纪 60 年代后期崛起的一门新兴的边缘学科，是在半导体器件物理、半导体工艺学、材料化学、冶金学、电子学、环境工程学和系统工程学等多学科基础上发展起来的并从半导体器件扩展到其他电子元器件和电子产品。可靠性物理学的主要任务是研究产品的失效模式，探究失效机理（即导致失效的物理、化学过程及有关现象，有时需要深入到原子和分子层面），从而为电子产品的可靠性设计、生产控制、可靠性增长与评价、使用和维护提供科学的依据。

　　失效分析技术是开展可靠性物理学研究及工程应用的核心和关键技术。不同于其他产品的失效分析技术，元器件的失效分析技术在空间观察尺度上需要深入到微米（10^{-6}m）甚至纳米级（10^{-9}m），在微区成分分析上要精确到 ppm（10^{-6}）甚至 ppb（10^{-9}）级。所谓"工欲善其事，必先利其器"。因此，本书第一篇简要介绍电子元器件可靠性及失效分析技术概况后，第二篇用较大篇幅对各种失效分析技术进行了重点阐述。在开展元器件失效分析时，首先要采用电气测试技术对失效现象、失效模式进行确认；而显微形貌和显微结构分析技术则在微米和纳米尺度对元器件进行观察和分析，以发现元器件内部的失效现象和区域；物理性能探测技术则对元器件在特定状态下激发产生的微量光、热、磁等信息进行提取和分析，以确定失效部位、分析失效机理；微区成分分析技术用来对内部微小区域的微量成分进行分析；应力试验技术通过施加各种应力对元器件进行失效再现或验证；解剖制样技术则是开展失效分析的基本手段，如开展透射显微镜（TEM）分析时，就需要采用聚焦离子束（FIB）对元器件进行定点制样和提取。

　　具备了各种失效分析技术手段后，还必须采用适当的方法、遵循合理的程序开展失效分析。由于各类元器件的材料、结构和工艺特点不同，在失效分析方法和程序上既有相同点又有不同点。因此，本书第三篇中以 7 种主要元器件门类为对象介绍了相应的失效分析方法和程序。开展元器件失效分析，首先必须了解和掌握各类元器件的主要材料、工艺和结构及主要的失效模式和失效机理；然后根据元器件的失效背景信息和失效现象，选择合适的分析技术和手段，遵循合理的分析程序，以求快速而准确地确定失效机理，找到失效原因。

只有从失效分析入手，取得前期同类产品在生产、试验及使用中的失效信息，分析其失效模式及失效机理，联系产品结构、材料和工艺，揭示其失效的内在原因，才能根据新产品的可靠性要求，进行可靠性设计和工艺改进，并对失效进行控制和预防，从而提高产品的可靠性。本书第四篇介绍的电子元器件失效模式及影响分析方法（FMEA）是开展产品可靠性设计和工艺改进的基础，电子元器件故障树分析方法（FTA）则为元器件的故障归零提供了标准化的元器件级 FTA 方法，而工程应用中电子元器件失效预防方法从潮敏、机械、腐蚀、静电放电、闩锁、假冒翻新等几个方面阐述了失效预防的必要性和具体的技术手段。

总体来说，元器件失效分析技术是开展元器件质量和可靠性工作的基本手段，是可靠性工程的重要技术支撑。希望本书的出版能为开展失效分析的工程技术人员提供帮助，并希望能吸引更多的人加入到元器件失效分析技术研究和工程应用的行列中来。

本书作者长期从事电子元器件失效分析技术研究，并承担和开展了大量失效分析工作，既有很好的技术理论积累，也有丰富的工程应用经验，为本书的编写奠定了基础。在本书编写过程中，还参考了失效分析技术及相关领域的大量文献、专著和资料，通过总结提炼并结合作者的研究和工作成果，完成了本书的编写。本书共有四篇 19 章，各章执笔分别是：第 1、2 章由恩云飞、来萍、李少平、罗宏伟编写，第 3 章由师谦编写，第 4、9 章由林晓玲编写，第 5 章由陈媛编写，第 6 章由林晓玲、宋芳芳编写，第 7 章由路国光编写，第 8、11 章由杨少华编写，第 10 章由蔡伟编写，第 12 章由章晓文、陈选龙编写，第 13 章由何小琦编写，第 14 章由许广宁、黄云编写，第 15 章由邹雅冰编写，第 16 章由宋芳芳编写，第 17 章由陈媛、来萍编写，第 18 章由何小琦、陈媛编写，第 19 章由李少平、何胜宗、林道谭、武慧薇、袁光华和蔡金宝编写。恩云飞、来萍、李少平负责全书的组织、策划、汇总和校审工作，其他执笔人分别负责了相关章节的审阅工作。

在本书的编写过程中，参阅了中国电子产品可靠性与环境试验研究所郑廷圭、徐爱斌、刘发等人编写的《半导体器件失效分析》等研究资料，本实验室同事提供了可靠性文献、资料，在此表示衷心的感谢。

随着元器件技术的不断进步，失效分析技术也在迅速发展，加之作者经验和知识水平的限制，一些最新的失效分析技术可能没有涉及，或者已有的内容存在不妥或错误之处，请读者批评指正。

编著者

<<<<< CONTENTS

第一篇　电子元器件失效分析概论

第一篇 电子元器件失效分析概论

第1章 电子元器件可靠性

第2章 电子元器件失效分析

第**1**章

电子元器件可靠性

1.1 电子元器件可靠性基本概念

电子元器件是电子产品的基本组成单元，是电子元件和电子器件的总称。通常电子元件指的是无源元件，电子器件指的是有源器件。无源元件在工作时无须外加电源，一般用来传输信号，如电阻、电容、电感、连接器等。有源器件在工作时需要外加电源，一般用来进行信号放大、变换，如三极管、场效应晶体管、集成电路等。随着电子封装技术、电子组装技术和芯片集成化技术的发展，电子元件和电子器件的界线越来越模糊，一个电子封装/组装中往往既有有源器件又有无源元件，也包含了互连技术。对电子元器件材料、结构、工艺及特性的认识和了解，是正确认识和掌握电子产品可靠性的基础。

产品的可靠性是指产品在规定的条件下、在规定的时间内完成规定功能的能力。描述可靠性的常用指标有可靠度、不可靠度、失效概率密度、瞬时失效率及寿命等。描述可靠性指标定义、数学表达式及相互关系的论著很多[1][2][3][4]，这里不再详细论述。下面结合元器件的特点，重点讨论在电子元器件可靠性中经常用到的几个关键指标。

1.1.1 累积失效概率

累积失效概率 $F(t)$（也称为累积失效分布函数 $F(t)$）是产品在规定条件和规定时间内失效的概率，是时间的函数。

$$F(t) = P(T \leq t) = 1 - R(t) \tag{1-1}$$

式中，P 表示产品失效的概率；$R(t)$ 表示产品在 t 时刻的可靠度。

当失效概率密度函数为指数分布时：

$$F(t) = 1 - e^{-\lambda t}, \quad t>0 \qquad (1-2)$$

式中 λ 为常数。

当失效概率密度函数为威布尔分布时：

$$F(t) = 1 - e^{-\left(\frac{t}{\eta}\right)^m}, \quad t>0 \qquad (1-3)$$

式中，η 称为特征寿命，m 称为形状参数，且 $\eta >0$，$m>0$。

当失效概率密度函数为对数正态分布时：

$$F(t) = \Phi\left(\frac{\ln t - \mu}{\sigma}\right) \qquad (1-4)$$

式中，$\Phi\left(\dfrac{\ln t - \mu}{\sigma}\right)$ 为标准正态分布的分布函数，μ 称为对数均值，σ 称为对数标准差。

如图 1-1 所示，可以认为，初始时间，既 $t=0$ 时刻，$F(0)=0$；随着加载应力时间的增加，累积失效概率增大，当应力时间达到一定值，或应力时间 $t\to\infty$ 时，$F(t)\to 1$。

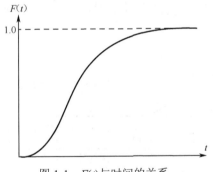

图 1-1 $F(t)$ 与时间的关系

累积失效概率的估计值 $\hat{F}(t)$ 可以通过下列方法计算：

$$\hat{F}(t) = n_f(t)/n \qquad (1-5)$$

式中，$n_f(t)$ 表示到达 t 时刻时产品失效的数量，n 表示用于试验的产品样本总数量。显然，当产品数量 n 足够大时，累积失效概率 $F(t)$ 就是 t 时刻产品的累积失效数除以样本数。

1.1.2 瞬时失效率

瞬时失效率也称失效率 $\lambda(t)$，它是时间的函数，表示产品在 t 时刻后，尚未失效的产品在单位时间内发生失效的概率[3]。

$$\lambda(t) = \frac{f(t)}{R(t)} = \frac{F'(t)}{1-R(t)} \tag{1-6}$$

由公式（1-3）可知，当失效概率密度为威布尔分布时：

$$\lambda(t) = \frac{m}{\eta}\left(\frac{t}{\eta}\right)^{m-1} , \quad t>0 \tag{1-7}$$

当 $m<1$ 时，$\lambda(t)$ 随着时间的增加递减，通常表示早期失效的状态；

当 $m=1$ 时，$\lambda(t)$ 为常数，通常用来表示偶然失效期；

当 $m>1$ 时，$\lambda(t)$ 呈快速上升状态，通常表示耗损失效期；

当 $m \geqslant 3$ 时，威布尔分布近似正态分布，$\lambda(t)$ 呈现快速上升状态，仍然为耗损失效期。

因此，人们将从产品试验和使用中获得的数据与从统计方法学中获得的对产品失效率的认识统一起来，形成了描述产品全生命周期失效率变化的浴盆曲线（见图 1-2）。

失效率描述的是一批产品的失效特征；对于产品个体，可以认为失效率是产品在不同阶段（早期失效期、偶然失效期、耗损失效期）发生失效的概率，没有特定的物理内涵。

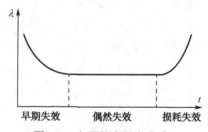

图 1-2　产品的失效率曲线

我国电子元器件失效率等级的划分由国家标准《电子元器件失效率试验方法》GB/T 1772—1979 及 GJB 2649—1996 中的相关规定给出，其失效率等级及对应最大失效率见表 1-1。

表 1-1　电子元器件失效率等级

失效率等级名称	失效率等级代号			最大失效率（1/小时）	最大允许失效数（％/1000 小时）
	GB/T 1772—1979	GJB 2649—1996	MIL-STD-690D		
亚五级	Y	L	L	3×10^{-5}	3
五级	W	M	M	1×10^{-5}	1
六级	L	P	P	1×10^{-6}	10^{-1}

续表

失效率等级名称	失效率等级代号			最大失效率(1/小时)	最大允许失效数(%/1000 小时)
	GB/T 1772—1979	GJB 2649—1996	MIL-STD-690D		
七级	Q	R	R	1×10^{-7}	10^{-2}
八级	B	S	S	1×10^{-8}	10^{-3}
九级	J	—	—	1×10^{-9}	10^{-4}
十级	S	—	—	1×10^{-10}	10^{-5}

1.1.3 寿命

对于单个产品，寿命是指产品发生失效前的工作或储存时间，是一个确定的量值。对于一批产品，由于产品个体的寿命量值存在差异，往往表现出分布特征。当掌握一批产品寿命的分布特征后，对于同类产品，就可以指出其寿命为某个值的概率。因此，产品的寿命是与概率相关的特征量。

1. 平均寿命

对于不可修复产品，平均寿命是指产品发生失效前的工作或储存时间的平均值，也就是每个产品寿命之和取平均，即平均失效前时间记作 MTTF（Mean Time to Failure）。对于可修复的产品，平均寿命是指两次失效（故障）之间工作时间的平均值，即平均无故障时间记作 MTBF（Mean Time between Failure）。

对于大多数电子元器件来说，一旦发生失效，就无法经过修复再使用了。

2. 可靠寿命

产品在某特定可靠度 $R(t_R)$ 时对应的寿命时间 t_R 称为可靠寿命。

当 $R(t)=0.5$ 或 $F(t)=0.5$ 时，产品的寿命时间 $t_{0.5}$ 称为中位寿命。

当 $R(t)=0.368$ 或 $F(t)=0.632$ 时，产品的寿命时间 $t_{0.368}$（以可靠度来衡量）或 $t_{0.632}$（以累积失效概率来衡量）称为特征寿命（见图 1-3）。

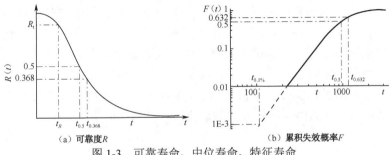

图 1-3 可靠寿命、中位寿命、特征寿命

通过加速应力试验可以获得产品的累积失效概率分布，几组应力下的累积失效概率分布外推计算，可以获得在工作应力下产品的寿命。对于电子元器件，在进行寿命评价时需要关注以下几个问题。

（1）由于不同的失效机理加速应力各不相同，如集成电路中金属布线电迁移失效主要采用温度和电流应力加速，栅氧化层与时间相关的电介质击穿（TDDB）失效主要采用电压加速，因此寿命评价中采用单一机理加速试验方法最为有效，但有时在一组应力条件下也会激发多种失效机理。

（2）寿命评价中一般采用中位寿命或特征寿命进行计算，但对于集成电路等电子元器件，由于其失效率较低，为了保证产品的可靠性，工业界往往采用累积失效概率 F=0.01%、0.1%或1%的寿命 $t_{0.01}$、$t_{0.1}$或 $t_{1\%}$ 进行计算。

（3）累积失效概率分布的斜率反映是产品一致性的重要特征，斜率越大，说明产品的一致性越好，寿命分布越集中。

1.2 电子元器件失效及基本分类

电子元器件失效是指其功能完全或部分丧失、参数漂移，或者间歇性地出现上述情况。电子元器件一旦发生失效，无论是否可以恢复，都不再允许使用，也就意味着其寿命已经终了。对电子元器件失效的认识必须从失效模式、失效机理和失效原因入手。

失效模式是指产品失效的形式、形态及现象，是产品失效的外在宏观表现。不同类别的产品失效模式各不相同。对于电子元器件，最直接的失效模式有开路、短路、时开时断、功能异常、参数漂移等。

导致电子元器件失效的原因多种多样。有质量控制不当引入的材料、工艺缺陷，有产品设计不当引入的设计缺陷，有老化、筛选、装配中应力选择不当或环境控制不当引入的损伤，有产品的固有可靠性问题，有使用中工作应力和环境应力引入的可靠性问题，以及人为因素造成的可靠性问题等。无论是什么原因引起的产品失效，都是外因与内因共同作用的结果。引起电子元器件失效的外因可以是环境应力、电应力、机械应力等，内因则是在其材料、结构中的一系列物理、化学变化。我们通常将这种内在原因称为失效机理。所谓失效机理，是指产品失效的物理、化学变化，这种变化可以是原子、分子、离子的变化，是失效发生的内在本质。

由于电子元器件门类多、结构复杂、材料多样，其失效分类也较复杂。一般可以按照失效机理、失效时间特征及失效后果对产品的失效进行分类[1]。

1.2.1 按失效机理的分类

按照失效机理，电子元器件的失效可以分为结构性失效、热失效、电失效、腐蚀性失效等。

（1）结构性失效是指产品的结构件由于材料的损伤或蜕变而造成的失效，如疲劳断裂、磨损、变形等。对于电子元器件产品，结构性失效主要是由结构件的材料特性及受到的机械应力造成的，有时候也与热应力和电应力有关。

（2）热失效是指产品由于过热或急剧温度变化而导致的烧毁、熔融、蒸发、迁移、断裂等失效。对于电子元器件产品，热失效主要是由热应力造成的，但往往也与产品的结构设计、材料选择有关。

（3）电失效是指产品由于过电或长期电应力作用而导致的烧毁、熔融、参数漂移或退化等失效。对于电子元器件产品，电失效主要是由电应力造成的，但与材料缺陷、结构密切相关。

（4）腐蚀性失效是指产品受到化学腐蚀、电化学腐蚀，或材料出现老化、变质而造成的失效。对于电子元器件产品，腐蚀性失效主要是由腐蚀性物质（如酸、碱等）的侵入或残留造成的，也与外部的温度、湿度、电压等因素有关。

1.2.2 按失效时间特征的分类

按照失效时间特征，电子元器件产品的失效同样可以分为早期失效、偶然失效和耗损失效。

（1）早期失效是由材料缺陷或制造过程引入的缺陷等造成的失效，这时产品的失效率往往较高。可以通过特定的老化、筛选来剔除有缺陷的产品，使失效率很快降低并稳定下来。对于电子产品，早期失效的原因有：材料缺陷、设计缺陷、制造过程引入的缺陷等。要减少产品的早期失效，必须明确引起失效的缺陷及产生途经，并加以有效控制。

（2）偶然失效是由随机发生的事件引起的失效，这时产品失效发生的概率较小且具有随机性。要预防和控制偶然失效的发生，同样需要寻找失效发生的根源。对于电子元器件产品，引起偶然失效的原因有设计裕度不当、潜在缺陷、偶发应力和人为因素等。

（3）耗损失效是由于长期工作或恶劣环境造成产品性能、功能发生不可逆变化而引起的失效，这时产品的失效率快速增大，最终产品失效。对于电子元器件产品，引起耗损失效的原因有原子/离子迁移、界面效应、辐射效应、热电效应、电化学腐蚀、磨损、断裂和疲劳等。

1.2.3　按失效后果的分类

按照失效后果，电子元器件产品的失效可以分为参数漂移、退化失效、功能失效、间歇失效等。

（1）参数漂移是指电子元器件产品一个或多个参数发生正向或逆向漂移出规定范围而失效。对于电子元器件产品，引起参数漂移的原因有离子沾污、氧化层电荷等。

（2）退化失效是电子元器件产品一个或多个参数或产品的某个局部特性发生退化性变化直至达不到规定要求而失效。退化失效是一个渐变的过程。对于电子元器件产品，引起退化失效的原因有长期应力作用、材料互扩散、电化学腐蚀和金属原子迁移等。

（3）功能失效是电子元器件产品部分丧失或完全丧失规定的功能而失效。对于电子元器件产品，引起功能失效的原因有过应力、退化引起的性能突变、腐蚀等。

（4）间歇失效是电子元器件产品在试验或使用中出现的时好时坏现象的失效。对于电子元器件产品，引起间歇失效的原因有导电多余物、沾污、金属间化合物生成、应力导致的裂缝等。

参 考 文 献

[1] 陈昭宪. 可靠性概论. 广州：中国电子产品可靠性与环境试验研究所，1985.

[2] 茆诗松，汤银才，王玲玲. 可靠性统计. 北京：高等教育出版社，2008.

[3] 张增照. 以可靠性为中心的质量设计、分析和控制. 北京：电子工业出版社，2010.

[4] 顾瑛. 可靠性工程数学. 北京：电子工业出版社，2004.

第2章

电子元器件失效分析

2.1 失效分析的作用和意义

电子元器件失效分析（Failure Analysis）是对已失效元器件进行的一种事后检查。根据需要，使用电测试及必要的物理、金相和化学分析技术，验证所报告的失效，确定其失效模式，找出失效机理[1]。

失效分析的目的就是要明确失效机理，查找失效原因，提出改进措施，从而提升产品的可靠性。失效分析工作就是采用各种测试和分析技术，结合失效分析技术人员的专业背景和工程经验，通过一定的分析程序，对失效进行分析、推理和判断的过程。失效分析是产品可靠性工程的一个重要组成部分，具有非常重要、不可替代的作用[2]。

2.1.1 失效分析是提高电子元器件可靠性的必要途径

电子元器件可靠性工作的主要内容包括两个方面：一是评价可靠性水平，二是提高可靠性。评价可靠性水平的方法包括可靠性数学预计、可靠性试验评价、建立可靠性评估模型等；而提高可靠性则通过必须通过失效分析、失效机理研究，工艺监控、可靠性设计等来实现[3]。

可靠性工作不仅是为了评价产品的可靠性，更为重要的是设计和生产出可靠的产品，并逐步提高产品的可靠性。只有从失效物理入手，取得前期同类产品在生产、试验及使用中的失效信息，分析其失效模式及失效机理，联系产品结构、材料和工艺，揭示其失效的内在原因，才能根据新产品的可靠性要求进行可靠性设计、控制和管理。在器件研制过程中，还需开展强应力（加速应力）试验，暴露其潜在隐患，分析其失效机理，以便及时进行设计、工艺改进，缩短产品研制周期。通过几次内部的改进循环及使用－分析－反馈的大循环，才能最终从根本上提高元器件的固有可靠性。

因此，失效分析是提高电子元器件可靠性的必要途径。

2.1.2　失效分析在工程中有具有重要的支撑作用

电子元器件失效分析作为可靠性物理的核心内容，在可靠性工程应用中起重要的支撑作用，但失效分析工作对元器件和整机系统来说，作用有所不同。

对元器件生产厂家来说，失效分析的最终目标是提交合格的产品，保证和改进元器件本身的可靠性，满足工程应用需求，并提高竞争力。其析出失效的环节是产品的全寿命周期，包括初样试验、原材料选择、工艺鉴定、生产过程检验、筛选试验、鉴定检验试验、质量一致性检验及用户的试验和现场使用等，而失效分析的目的也是确定失效与其中哪些环节相关，为改进提供依据。

例如，美国军方在 20 世纪 60 年代末到 70 年代初采用了以失效分析为中心的元器件质量保证计划，通过在制造和试验中暴露问题，经过失效分析找出失效原因，通过改进设计、工艺和管理，在 6～7 年间使集成电路的失效率从 7×10^{-5}/h 降低到 3×10^{-9}/h，失效率降低了四个数量级，成功实现了"民兵Ⅱ"导弹、阿波罗飞船登月计划。

但对整机厂商来说，析出失效元器件的环节主要是二次筛选，各种整机试运行试验及现场使用。失效分析的主要目的是确定元器件的失效是其本身的问题，还是整机系统试验和运行环节中出现了不适当的应力。为选择供应商、选购和筛选元器件、改善系统设计、保障使用环节提供依据。

2.1.3　失效分析会产生显著的经济效益

开展失效机理研究及分析工作，不仅在提高可靠性方面有很好的效果，而且会产生很高的经济效益。虽然失效分析工作不出产品，但根据失效原因采取的纠正措施可以显著提高元器件的质量和可靠性，减少系统试验和现场使用期间的失效器件。而系统试验和现场使用期间发生故障的经济损失巨大，排除故障的维修费用很高，并且这种费用随着可靠性等级要求的提高而呈指数上升。对于航天产品，排除器件的费用可以达到惊人的数字。表 2-1 给出了在不同阶段排除失效元器件的费用统计。

例如，美国早期的"民兵Ⅱ"导弹制导计算机用集成电路，通过失效机理研究分析等可靠性研究，在 1964～1966 年的两年中，就使现场更换集成电路的成本从每只 274 美元降低到每只 20 美元。

因此，如果能及时开展失效机理研究分析工作，尽早采取纠正措施，就可以显著减少元器件现场失效比例，大大地降低维修费用，从而产生显著的经济效益[3]。

表 2-1 排除失效半导体器件的费用比较（价格：美元/只）

用 途	排 除 阶 段			
	购 进 器 件	设 备 安 装	系 统 调 试	现 场 使 用
商业应用	2	5	5	50
工业应用	4	25	45	215
军事应用	7	50	120	1000
航天应用	15	75	300	2×10^8

2.1.4 小结

总之，鉴于失效分析的重要作用，应将这项工作贯穿于电子元器件设计、研制、生产、试验和使用全过程，这些技术过程中需要进行失效分析才能得以完成或完善。最简单的道理就是：因为可靠性是以不断地与失效做斗争才能得以维持或提高的，如果对失效的本质不了解，就不能做到知己知彼，就难以获得取胜的条件。

在我国，电子元器件失效分析工作的开展及技术的研究始于 20 世纪 80 年代初。随着国产电子元器件制造水平的快速进步及电子信息产业中元器件的大量使用，在国家的大力支持下，电子元器件失效分析行业得到了快速发展，无论是专业设备、技术能力还是人才队伍，都达到了较高的水平，成为我国电子信息产业发展、提高电子产品的可靠性、从制造大国向制造强国迈进的有力的技术支撑和保障。

2.2 开展失效分析的基础

"工欲善其事，必先利其器。"不同于电子系统和装备，以微电子器件为代表的电子元器件在工作原理、材料、工艺和结构方面的复杂性，在失效模式和机理方面的多样性，以及在空间尺度上的微观性，决定了开展电子元器件失效分析必须具备一定的技术基础和设备条件[4]。

2.2.1 具有电子元器件专业基础知识

要开展电子元器件的失效分析，必须了解和掌握电子元器件的工作原理、材料和结构特征、制造工艺、电气性能及应用范围和条件。电子元器件失效的发生可能与材料、设计有关，也可能与制造、运输、装配、试验和使用过程有关，分析材料的选择和结构设计是否恰当，判断制造工艺过程是否引入了不应有的缺陷，以及确认运输、装配、试验和使用过程是否带来了新的损伤，这些对于完成失效分析都是非常重要的。

2.2.2　了解和掌握电子元器件失效机理

失效机理是电子元器件失效的内在本质，只有从机理上揭示失效的内在过程，才可能找到失效发生的真正原因，从而提出控制和改进措施。由于不同门类电子元器件的原理、结构、材料、性能方面的特点，对电子元器件失效机理的学习和掌握并不是一件容易的事情，虽然一些论著中曾经罗列了电子元器件的失效机理，但是学术界、工业界对失效机理的研究和讨论从来没有停止过。

2.2.3　具备必要的技术手段和设备

"巧妇难为无米之炊。"不同于其他电子产品，元器件的失效分析在测试方面要覆盖所有类型的元器件、在空间观察尺度上需要深入到微米级（10^{-6}m）甚至纳米级（10^{-9}m），在微区成分分析上要精确到 ppm（10^{-6}）甚至 ppb（10^{-9}）级，在失效验证方面要具备各种不同的应力类型。因此，元器件的失效分析技术一定是和相应的技术手段和设备手段密不可分的。只有具备了一定的手段和设备，掌握了必要的分析技术，才能为开展失效分析打下良好的基础。本书将开展元器件失效分析的常用技术手段分为以下几类。

（1）失效分析中的电气测试技术。主要用于对失效现象、失效模式进行确认，以及在失效激发及验证试验前后的电性能测试。电测技术应覆盖需要分析的元器件类型。通过测试可以进行失效的电学定位，缩小物理分析过程和区域；而利用光、热、磁场等进行的物理性能探测也需要电测试技术的配合。

（2）显微形貌分析技术。显微形貌分析技术是对元器件进行外观和内部检查的技术，是进行失效定位和机理分析的最基本、最重要的手段。由于元器件在微观结构上达到微米甚至纳米级，因此，除了光学显微分析外，还包括扫描电子显微（SEM）分析、透射电子显微（TEM）分析等电子显微分析技术和手段。

（3）显微结构分析技术。这里是指以 X 射线显微透视、扫描声学显微（SAM）探测等为代表的无损显微结构探测技术。可以在不破坏失效样品的情况下获取元器件的内部结构，探测可能存在的缺陷，如空洞、断线、多余物、界面分层、材料裂纹等。探测精度可以到微米级。

（4）物理性能探测技术。失效定位是决定失效分析是否成功的关键。由于电子元器件尤其是集成电路内部结构的细微复杂性，很多时候仅仅通过电测、显微形貌和结构观察无法进行准确的失效定位。由于元器件内失效区域和缺陷点在应力或粒子激发的条件下可能会出现异常的电压、发光、发热或磁场突变等现象，因此采用探测元器件内部的电、光、热、电磁场等物理性能的方法就可以进行失效定位。具体的技术包括电子束测试（EBT）、微光探测、显微红外热像、显微磁感应技术等。

（5）微区成分分析技术。元器件的失效不仅会表现出形貌和结构的改变，也会发生成分变化；多余的杂质或沾污也可能是造成失效的原因。因此，对元器件进行成分分析也是失效分析中必不可少的技术手段。而由于元器件的微细结构和微量成分的特点，这种成分分析技术必须是微区和微量的。具体有能量散射谱仪（EDS）、俄歇电子谱法（AES）、二次离子质谱法（SIMS）、X 射线光电子谱法（XPS）、傅里叶红外光谱法（FT-IR）、内部气氛分析法（IVA）等。

（6）应力试验技术。电子元器件的失效均与应力有关，这些应力包括温度、湿度、电压、电流、功率、机械振动、机械冲击、恒定加速度、热冲击和温度循环试验等。因而，在进行失效分析时，有时需要针对元器件开展一些应力试验来激发失效、复现失效模式或观察在应力条件下失效的变化趋势，从而有助于分析失效机理、确定失效原因。

（7）解剖制样技术。由于电子元器件封装材料和多层布线结构的不透明性，对于大部分失效分析问题，必须采用解剖制样技术，实现芯片表面和内部的可观察性和可探测性。例如开封技术、半导体芯片表面去钝化和去层间介质技术、机械剖面制备技术和染色技术等。而对于开展 TEM 分析来说，还需要采用聚焦离子束（FIB）进行微米甚至纳米尺度的切割和制样。

具备了以上这些基础条件后，就可以开展失效分析工作了。通过采用适当的方法和技术，遵循合理的分析程序，迅速而准确地进行失效定位，分析失效机理，寻找失效原因，给出改进措施，从而达到开展失效分析的目的。

2.3 失效分析的主要内容

从失效分析的定义、内涵及目的可以知道，失效分析的主要内容包括：明确分析对象、确认失效模式、失效定位和机理分析、寻求失效原因、提出预防措施（包括设计改进）等。失效分析的结果要求做到模式准确、机理清晰、原因明确、措施有效。

2.3.1　明确分析对象

失效分析首先要明确分析对象及失效发生的背景。在对失效样品进行具体的失效分析操作之前，失效分析人员需要与委托方进行充分的交流与沟通，详细了解失效发生时的状况、样品在系统中的作用和使用环境；同时获取产品的技术规范，了解产品的性能指标及使用范围和要求，学习和掌握产品的工作原理及材料、结构和工艺，为开展后续的分析工作做好准备。

2.3.2　确认失效模式

失效模式是电子元器件失效的外在表现形式。开展失效分析的第一步就是对失效样品的失效现象和模式进行确认，即使委托方已经验证和说明了失效模式。失效模式确认主要是外观检查和电性能参数的测试分析，有时还需要开展应力试验。失效模式的确认结果包括：是否与委托方提供的信息一致、是否存在外观损伤、是功能完全失效还是参数退化、是稳定失效还是间歇性失效等。

2.3.3　失效定位和机理分析

失效模式确认后，就需要对失效发生的区域进行定位。对于元器件来说，要定位到能说明失效机理的层次和区域，如半导体器件的引线键合区、金属化布线、层间介质等。显微观察和结构分析及物理性能探测是进行失效定位的重要手段。失效定位完成后，就要针对失效区域和失效形貌特征，从失效样品的材料、结构和工艺出发，结合失效发生的背景信息对失效机理进行分析和阐述。

2.3.4　寻找失效原因

在确定失效机理后，还需要进行失效原因分析。对同一失效机理来说，导致失效发生的原因并不一定相同。例如微波功率管发生烧毁失效的可能原因就包括：一功率管本身的原因，如芯片存在工艺缺陷导致的功率分布不均匀、芯片粘接或底座粘接空洞大导致的散热不良等；二是使用的问题，如系统设计不当造成的功率冗余不够，输出端引入了大的反射功率，环境温度过高等。只有明确了导致失效发生的主要原因后，才能有针对性地进行预防和改进，避免同类失效的再次发生。

2.3.5　提出预防和改进措施

在找到失效原因后，就应该有针对性地提出预防和改进措施。这些措施可能涉及来料、设计、工艺制造、鉴定检验、筛选、包装运输、系统调试和外场应用等各个环节。由于失效分析的最根本目的是消除和控制失效，并避免同类失效在其他产品尤其是新产品上发生。因此，预防和改进措施不仅要落实在发生失效的产品上，还应该落实到其他包括新产品的研制生产和使用中。

2.4　失效分析的一般程序和要求

失效分析的原则是先进行非破坏性分析，后进行破坏性分析；先外部分析，后内部（解剖）分析；先调查了解与失效有关的情况（线路、应力条件、失效现象等），后分析失效元器件。失效分析流程图如图 2-1 所示。

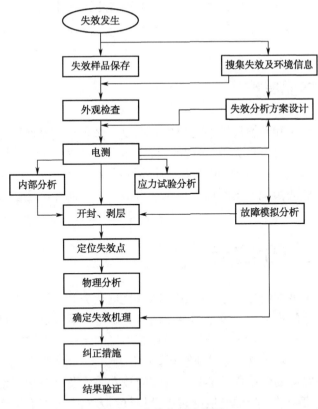

图 2-1　失效分析流程图

失效分析流程还可按工作开展的顺序归纳为以下几个步骤：样品信息调查、失效样品保护、失效分析方案设计、外观检查、电测试、应力试验分析、故障模拟分析、失效定位分析（非破坏性分析、半破坏性分析、破坏性分析）、综合分析、失效分析结论和改进建议，结果验证。

2.4.1 样品信息调查

失效样品信息是方案设计、分析过程和机理诊断的重要依据，信息调查应包括但不限于以下内容。

（1）基本信息。包括样品的工作原理、结构、材料、工艺、主要失效机理；另外，出于管理需要的信息，还包括样品来源、型号、批次、编号、时间、地点等。

（2）技术信息。是判断可能的失效机理和失效分析方案设计的重要依据，包括：

① 特定使用信息，如整机故障现象、异常环境、在整机中的状态、应用电路、二次筛选应力、失效历史、失效比例、失效率及其随时间的变化等；

② 特定生产工艺，包括生产工艺条件和方法，特种器件应先用好品开封了解和研究其结构特点。

2.4.2 失效样品保护

对于由机械损伤和环境腐蚀引起的失效现象，必须对元器件进行拍照，保存其原始形貌。为了避免进一步失效，样品在传递和存放过程中必须特别小心，以避免环境（如温度和湿度）、电和机械应力对元器件的进一步损伤；在传递一些小的元器件时，应有必要的装载；对于静电放电（ESD）敏感器件，还必须采取静电防护措施。

2.4.3 失效分析方案设计

制定失效分析方案的目的是能快速、准确地进行失效分析，得到正确的分析结果，避免分析过程的盲目性。方案的主要内容是确定开展分析的项目和顺序；分析每种项目可能的结果，以及根据结果进行后续项目的指引。在进行下一步分析尤其是破坏性分析前，必须尽量保证已获取必要的信息。

失效分析方案主要依据样品信息、具备的技术手段及人员的理论知识和实际经验来制定；方案可随着分析的开展随时进行调整；方案不拘泥于形式，可简单也可复杂，可以是书面的也可以是口头的。

2.4.4　外观检查

失效元器件的外观检查十分必要，它可能会为后续的分析提供重要信息。首先用肉眼检查失效元器件与好元器件之间的差异，然后在光学显微镜下进一步观察。采用放大倍数在 4～80 倍的立体显微镜，变换不同的照明角度来获得最佳的观察效果。有时也采用常规的放大倍数在 50～2000 倍的金相显微镜来寻找和观察失效部位。外观检查中应关注这些现象，如灰尘、沾污、绝缘子裂纹、管壳或引脚变色、机械损伤、封装裂缝、金属迁移等。

2.4.5　电测试

在失效分析中进行电测试的目的是确认失效模式，定位失效引脚，识别部分失效机理。电测的方法包括功能参数测试、直流特性测试（IV 特性）和失效模拟测试。功能参数测试一般对照产品规范进行，如果能对比良好样品进行测试，可以取得事半功倍的效果。电测试可能得到的结果有：参数漂移，参数不合格，开路，短路，与失效现场不一致。在失效分析中，端口之间的 IV 直流特性测试是简单而又有效的手段，往往有助于对异常的引脚和相关回路进行失效定位。但测试需注意以下几点。

（1）在测试量不大时，首选手动晶体管图示仪。这是因为：①电压可控，可以保证测试安全；②可以得到随电压变化的电流响应曲线；③可以观察到因为离子沾污或热电子效应而产生的随时间蠕变的 IV 特性。

（2）当测试量大时，用自动图示仪或半导体参数测试仪可以缩短测试时间。但要注意的是，自动测试无法捕捉随时间蠕变的特性曲线。

（3）无论是手动测试还是自动测试，都要注意量程的选择，量程太大可能损伤器件，量程太小可能只测得局部特性，而没有得到全貌特征。

（4）测试时要先掌握测试标准和规范，对高反压器件，测试电压一定要控制在安全范围内，避免器件发生雪崩击穿。

（5）尽量不要用万用表进行端口特性测试，这是因为：一方面，万用表测量时施加的电压或电流应力不可控，可能会引起一些电应力敏感元器件的损伤；另一方面，万用表测量只能得到单一的量值，无法得到随电应力变化的值。

常用的电测试仪器包括但不限于：阻容感测试仪（RCL）、晶振测试仪、晶体管图示仪、半导体参数测试仪、示波器、集成电路测试系统、RF 及微波测试系统等。

2.4.6 应力试验分析

元器件的失效通常与应力有关，这些应力包括电应力，如电压、电流、电功率等；温度应力，如高温、低温、温度变化等；机械应力，如振动、冲击、跌落等；还有湿度、盐雾、霉菌等。在失效分析中开展应力试验主要用来激发失效、复现失效模式或观察在应力条件下参数或参数分布的变化趋势，从而有助于分析失效机理，确定失效原因。例如高温偏置试验下端口漏电特性是否发生变化可以帮助识别是否存在离子沾污，振动试验可以激发可能存在的接触不良失效等。

开展应力试验的常用设备有：高、低温试验箱，温度循环、温度冲击试验箱，潮热试验箱，振动试验台，高加速寿命/高加速应力筛选（HALT/HASS）试验箱等。

2.4.7 故障模拟分析

故障模拟分析的目的是故障再现，适用于失效样品发生参数恢复、漂移，或者失效模式为间歇性短路、断路的情况。另外，开展良品的模拟试验，对比失效样品可以帮助判断失效原因，如 ESD 失效、闩锁失效、浪涌失效等。

分析项目包括模拟应用分析、全温度参数测试， 以及温度、温变、机械振动等应力试验等。

2.4.8 失效定位分析

失效定位分析是对样品内部进行观察、测试和解剖分析以确定失效部位或区域的分析，是失效分析流程的重要环节。这里将失效定位分析分为 3 个层次：一是非破坏性分析，即通常所说的无损分析；二是半破坏性分析，是对样品开封后保留内部所有状态和信息的分析；最后是破坏性分析，是对内部状态进行改变的分析，如去键合引线、芯片表面去层、引线切割或搭接等。

1. 非破坏性分析

非破坏性分析是检查元器件内部状态而不打开或移动封装的分析，通常包括 X 射线显微透视检查、扫描声学显微检查、热点定位分析、磁显微分析、密封性检查和多余物检查等。

（1）X 射线显微透视检查。可用于无损检测电子元器件及多层印制电路板的内部结构、内引线开路或短路、粘接缺陷、焊点缺陷、封装裂纹、桥连、立碑及器件漏装等缺陷。利用分层扫描和计算辅助设计等技术手段，已经从二维（2D）发展到三维（3D）。

（2）扫描声学显微检查。可以对电子元器件内部缺陷，如材料之间的分层、空洞等缺陷进行无损探测，对于观察塑封元器件的分层现象特别有效。

（3）显微红外热点探测。缺陷和失效点常常会在加电情况下有异常的热点，通过探测热点就可以进行损伤点定位。最新的一种增强型带锁定功能的显微红外热像技术可以在不开封的情况下对芯片热点进行探测，尤其是可以对叠层芯片封装结构的内部芯片进行热点定位。

（4）磁显微探测。缺陷和失效点会令器件的磁场发生变化，通过探测封装器件内部磁场的特性，也可以实现无损失效定位分析。最新的磁感应显微镜，在对样品施加外部电流的条件下，通过探测磁场的变化对开路、短路、漏电流等缺陷进行定位。

（5）密封性检查。密封性退化或失效是导致气密性封装器件失效的原因之一，如金铝键合的腐蚀失效、芯片内部引线之间漏电失效等。因此，需要对密封性进行检查，常用的方法有两种：一是氦原子示踪法，用于检测细小的泄漏，又叫细；二是氟碳化合物法，用于检测较大的泄漏，又叫粗检漏。

2. 半破坏性分析

半破坏性分析，是对样品开封后保留内部所有状态和信息的分析，具体包括：开封、内部气体分析、多余物取样、显微形貌观察、物理性能分析等。

（1）开封。为了对元器件进行进一步的分析，需要开封元器件，将内部结构暴露出来。常用的开发方法包括机械开封法、化学开封法和激光开封法等。开封的原则是尽量不破坏样品的失效信息。

（2）内部气氛分析。对气密封装的电子元器件来说，内部气氛是影响其可靠性的重要因素。如果内部水汽的含量过高，会直接导致金属腐蚀等化学或电化学反应的发生。内部气氛分析就是用来对密封腔体内气氛进行定量分析的技术手段。

（3）多余物提取。多余物往往是造成大体积或复杂结构的空腔器件或组件发生短路或沾污失效的原因。通过提取多余物可以查找多余物的来源，从而进行控制和改进。

（4）显微形貌观察。显微形貌观察是对内部失效和缺陷进行观察和失效定位的最基本方法。除了光学显微镜，SEM 观察是最常用的方法。主要用二次电子和背散射电子来成像做形貌观察。其中二次电子分辨率为 1.5～5nm，常用于表面形貌特征观察；背散射电子分辨率为 50～1000nm，常用于对表面成分作定性分析，如金属间化物分析。配套的 X 射线能谱仪利用样品发出的特征 X 射线来对样品微小区域的原子排序在 Be 以后的元素进行定量分析。

（5）物理性能分析。即在施加偏置或应力的条件下，通过探测元器件内部的电、光、热、电磁场等物理性能进行探测的技术，是失效定位的重要技术手段。具体技术包括 EBT、微光探测、显微红外热像、显微红外热点探测、磁显微探测等。

① 电子束探针测试。电子束显微探针测试是在 SEM 频闪电压衬度像的基础上发展起来的一种分析技术。它采用电子束探针代替传统的机械探针，对半导体芯片进行非接触式、非破坏性的探测，可实时地对芯片表面及内部节点进行观测和非接触测试；同时在外接激励信号的作用下，提取被测节点的逻辑波形信号，进而迅速对电路的节点进行设计验证和失效定位。

② 微观探测分析。微观探测分析是在对样品施加电应力的条件下，对半导体器件中的发光部位进行探测，从而对失效点进行定位；其光谱分析功能还能通过特征光谱分析来确定发光的性质和类型。由于正常的器件也可能存在发光区域，因此，探测时一般需要将失效品和良品或失效区域和同类型的正常区域进行对比分析。

③ 显微红外热像分析。物体发射的辐射能强度峰值所对应的波长与温度有关。通过红外探头逐点测量物体表面各单元发射的辐射能峰值的波长，经过计算机换算就可以得到表面各点的温度值。显微红外热像分析就是在对样品施加电应力的条件下，对其表面温度进行探测，得到平均温度分布及单点的瞬态温度，是分析样品热性能的有效手段。

显微红外热点探测和磁显微探测已在非破坏分析中介绍，这里不再赘述。

3. 破坏性分析

破坏性分析主要包括物理分析定位和微区微量成分分析。

（1）物理分析定位。

物理分析定位包括：芯片剥层，机械剖面制样和 FIB 制样等。

芯片剥层主要是用化学腐蚀、等离子刻蚀和反应离子刻蚀等方法对芯片钝化层和层间介质及金属进行逐层去除，达到暴露失效或缺陷点的目的。

机械剖面制样的目的也是对样品内部进行观察和失效定位。具体方法包括：截取样品、选取观察面、机械研磨、抛光、染色或"缀饰"，获得平整的样品剖面，再对关注点进行观察和分析。

相比于其他制样技术手段，FIB 是在微观尺度上对半导体器件表面进行微米、纳米尺度上的制样技术，可以实现微区剖面、金属切割及金属搭桥等"显微外科手术"，是元器件芯片级失效定位的重要支撑技术。进行 TEM 分析时，需要采用 FIB 技术对元器件进行微区定点制样和提取。

（2）微区微量成分分析。

对于电子元器件尤其是半导体器件，表面和内部材料的结构和成分决定了器件的性能。成分的异常如表面的沾污、内部材料的相互渗透及掺杂缺陷则可能是失效的直接原因。因此，在电子元器件失效分析中，也经常需要对微区的成分进行探测和分析。由于元器件内部具有细微结构和微量成分的特点，微区成分分析需要具备在微米、纳米尺度上进行 ppm 甚至 ppb 级分析的能力。常用的分析设备包括 EDS、AES、SIMS、XPS、FT-IR 等。

2.4.9　综合分析

完成所有分析项目后，就需要对项目结果进行推理和分析。需要说明的是，失效分析是按照失效分析方案（可以随时调整）对前面所述的项目有选择地进行的，目的是快速、有效地得到分析结果。

综合分析的内容一般包括：确认失效模式，包括功能参数或外观形貌等；确定失效区域，有些需要深入到元器件芯片级的微观结构和区域；阐述失效机理，从电测、应力试验、故障模拟及失效定位分析的结果出发，对可能的失效机理进行分析；说明失效原因，机理明确后，结合样品信息及失效背景，给出造成失效的可能原因。综合分析要求逻辑清晰、推理正确、调理清楚、言简意赅。

2.4.10　失效分析结论和改进建议

在综合分析的基础上，简洁清晰地给出失效分析的结论。在可能的情况下，应给出失效是批次性的还是偶然性的，是元器件本身的问题还是使用不当造成的，或者是兼而有之。

根据失效分析结论，提出防止失效再次发生的改进措施的建议，包括材料、设计、结构、工艺、检验、试验、应用电路、测试调试、使用环境、质量控制和管理等各方面。

2.4.11　结果验证

失效分析的结果是否正确，只有在实际应用中才能得到验证。因此需要加强元器件生产单位、使用单位和失效分析单位的联系和合作，生产单位和使用单位应经常反馈失效分析结论的验证情况，使失效分析、应用验证构成闭环系统，这对三方都是有益的。

失效分析结果的验证既有利于元器件使用单位采取有效措施防止类似失效的再次发生，提高元器件的使用可靠性，又有利于使用单位将元器件现场失效信息及时反馈给元器件生产厂，促使生产厂进一步改进设计和生产工艺，提高元器件的固有可靠性，同时也有利于失效分析单位不断提高分析水平。

2.5 失效分析技术的发展及挑战

失效分析技术是开展电子元器件失效分析的决定性因素。以集成电路为代表的微电子技术的飞速发展使失效分析技术也面临着巨大的挑战，主要表现在两个方面：一是失效隔离与定位；二是物理分析。失效隔离与定位难度的增加是由于电路复杂性增加、速度提高和引脚数量增加，而物理分析的挑战则主要是由于器件特征尺寸的不断缩小和新材料的引入。以半导体行业为例，失效分析技术已经或将要面临以下十种挑战[1]。

2.5.1　定位与电特性分析

通过电完整性测试来缩小失效分析的问题点范围，如从整个集成电路缩小到其中的电路模块，如存储器、寄存器或工艺单元，最后甚至采用隔离的方法对一个门、源极、漏极、接点或通路等电特性进行测试。可采用接触式的机械探针和非接触的电子探针等方法。

2.5.2　新材料的剥离技术

在集成电路中除了传统的 Si、SiO_2、SiN、Al 及阻挡层和 Wu 外，新材料如 Cu 及阻挡层、低 k 介质、高 k 栅介质及应用于高引脚数量封装的新的封装材料都被应用于器件中，干、湿法刻蚀技术，截面技术，各种显微技术及开封和封装背面加固处理技术等都将面临新的问题。

2.5.3　系统级芯片的失效激发

系统级芯片的发展带来的首要问题是电路复杂性的增加，晶体管的数目和互连层数显著增加，引脚数增加和工作频率提高，都将给激发失效状态的电激励带来困难。

2.5.4　微结构及微缺陷成像的物理极限

特征尺寸的缩小使器件结构和缺陷更加微小，使显微技术不断接近其物理极限，显微技术的不断发展成为失效分析的迫切需求。

2.5.5 不可见故障的探测

由于器件结构及尺寸的变化，一些典型故障的可见度减小，而不可见故障的可能性增加，对不可见故障的探测和分析越来越引起人们的关注，如电荷迁移、铜互连在低 k 介质中的漏电等都会导致器件的不稳定或失效。

2.5.6 验证与测试的有效性

一个完整的测试（100%的测试覆盖率）要求给出每一个门的测试结果。对于集成电路来说，随着晶体管数或门数的增加，将带来测试工作量呈指数倍的增加。失效分析中的测试包括失效验证和失效激励两部分，随着系统级芯片、倒装芯片的发展，失效激励与验证变得越来越困难。

2.5.7 加工的全球分散性

半导体制造是由几个子过程组成的：设计、圆片加工、组装、测试、销售、运送、应用。而目前上述的每一个过程都可能在世界的各个不同地区进行，其中大部分过程可能在半导体生产商的直接控制之外。失效分析的难度来自要获得产品的真实信息。

2.5.8 故障隔离与模拟软件的验证

故障的隔离与模拟软件和测试、验证密切相关，可利用测试、验证结果将失效分析结果与电气失效结果关联起来。由于失效的测试、验证的复杂性提高，故障隔离与模拟的复杂性也越来越高。

2.5.9 失效分析成本的提高

在过去的十年里，失效分析的成本在持续上升，由于用于失效分析的新工具必不可少，如何配置和有效利用失效分析工具成为失效分析成本控制的关键。

2.5.10 数据的复杂性及大数据量

越来越多、越来越复杂的数据成为失效分析的关键，包括测试数据、验证数据、工艺数据、设计数据等，这些数据的分析和综合应用使失效分析成为一项艰巨

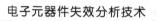

的任务。

 结语

"道高一尺，魔高一丈。"虽然电子元器件失效分析技术面临着诸多挑战，但随着新的分析技术和设备的开发、模拟仿真和大数据分析的应用，以及从业人员水平的不断提高，失效分析技术和水平也会不断发展，从而满足日益先进、复杂的电子元器件的失效分析需求。

参 考 文 献

[1] 微电子器件试验方法和程序. 中华人民共和国国家军用标准 GJB548B—2005. 国防科学技术工业委员会批准发布，2005.

[2] 孔学东，恩云飞. 电子元器件失效分析与典型案例. 北京：国防工业出版社，2006.

[3] 邓永孝. 半导体器件失效分析. 北京：宇航出版社，1991.

[4] 陶春虎，刘高远，恩云飞，等. 军工产品失效分析技术手册. 北京：国防工业出版社，2009.

第二篇　失效分析技术

第3章

失效分析中的电测试技术

3.1 概述

　　本章将介绍电子元器件失效分析中的电学测试分析部分的内容，在各个小节中将介绍一些电子元器件失效分析相关的测试方法，3.2 节介绍电阻、电容和电感测试，3.3 节介绍半导体器件测试，3.4 节介绍集成电路测试。

　　电子元器件的电测试是无损失效分析中最重要的步骤，通过测试可以缩小物理分析过程和区域，实现初步的物理定位。对于简单有源或无源器件，电测试的结果往往和器件的失效有较强的对应关系，对这类器件测试的结果将提供具体失效的精确信息，因此电测试的结果将为最终的失效定位和失效分析提供强有力的支持。

　　测试是失效分析工程师和设计、测试工程师紧密配合的一项工作。受到测试设备和时间进度的限制，失效分析使用的测试手段往往比器件的功能测试简单。但失效分析的测试也有它的特点，如进行失效分析时有时候会进行长时间的加电测试，考核器件随时间的退化，这些测试在早期失效比较高的器件中会经常使用，对集成电路这类器件的测试比较复杂，需要失效分析工程师、测试工程师或设计工程师共同合作来实现。

　　随着集成电路的规模越来越大，集成电路的测试结果和失效位置的定位关系需要用特殊的软件和测试方法来实现，电失效分析和物理失效分析成为集成电路失效分析并联的两个部分，电失效分析也占了整个失效分析中的大部分工作量，这方面的测试内容不在本章覆盖范围之内。集成电路电路部分介绍的是可靠性评价相关的测试方法，如 IDDQ 测试等。

3.2 电阻、电容和电感的测试

下面介绍电阻、电容和电感三类无源器件的测试，这三类元件是应用最为广泛的无源元件。电阻、电容和电感都是比较简单两端元件，测试相对简单，但失效分析的测试往往和元件的失效机理相关，某些失效机理的测试可能需要测试元件一些非常用的参数（如电阻的温度特性），这些测试可能需要结合外加的环境应力来实现。

其他没有提及的无源元件测试需要参考元件的技术规范进行，但原理可以借鉴本节的测试方法。

3.2.1 测试设备

失效分析往往需要对测试数据进行分析，因此数据准确、可靠是对测试设备的基本要求，失效分析使用的测试设备需要进行定期计量，确保数据的准确性。

测试电阻、电容和电感的设备有很多，最常见是普通万用表（大部分万用表不能测试电感）。万用表是普及率很高的设备，但普通手持式万用表测试精度一般在0.5%～1%，而且由于绝大部分万用表都没有进行定期计量，各个表之间的测试结果差异往往很大，这种差异在大部分失效分析中是不能容忍的。如果需要测试数据，建议采用精度更高的类似福禄克 PM6036 或 Agilent4284 这类专用 LCR 测试设备[1]，这些设备的测试精度一般都好于 0.1%。如果测试的电阻大（大于 10^8 欧姆），可能还需要使用 Agilent4339 高阻测试仪这类设备，该设备的电阻测试可以到 10^{16} 欧姆。

特殊应用所需要的设备要复杂很多，如在电力电子方面使用的阻容感元件，需要的电流可能高达数百安培，电压在 1000V 以上，导致测试成本和复杂度比普通元件高很多，测试设备往往都是根据应用自行搭建的，这些方面应用的设备可以参考其领域的专门文献。

3.2.2 电阻测试方法及案例分析

电阻测试比较简单，在无须考虑接触电阻的条件下，只需将电阻直接连接到设备测量端口的两端即可。对于小电阻，考虑接触电阻的影响，需要采用四线法进行测试；对于专用设备，有专用的线缆或夹具来实现四线法电阻测试。如果用自行搭建四线法测试设备，电压测试的接触点注意要加在电流接触点的内侧，具体的测试原理图如图 3-1 所示。

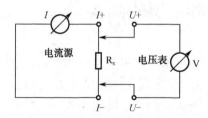

图 3-1　四线法的电阻测试原理图

国内研究表明，失效分析中电阻器失效中的大部分属于致命性失效，测试结果的主要表现为开路；小部分是阻值漂移，短路的失效模式在电阻器中很少见到。在高频电阻的失效分析中，还需要考虑元件高频性能退化。高频特性主要是由集肤效应、介质损耗等因素决定的，在失效分析过程中需要考虑这些方面的影响。

除了考虑电阻的阻值以外，电阻的温度特性和噪声特性在某些特殊应用中也需要考虑，图 3-2 是松下的某表贴电阻的温度特性的规范上限[2]，可以看到，温度系数在低阻区和高阻区都相对较大。温度系数的测试需要在元件的工作温度范围内选择 3 个以上的温度点进行阻值测试，测试的阻值-温度曲线的斜率就是元件的温度系数，单位是 ppm/℃。

图 3-3 是松下电阻的噪声特性，可以看到，厚膜电阻高阻的噪声特性比低阻要大很多，而薄膜电阻的噪声特性比较稳定，而且比厚膜电阻小。电阻的噪声包括热噪声和 $1/f$ 噪声，一般情况下 $1/f$ 噪声占主要部分。噪声测试需要使用 9812B 这样的专用设备进行测试。

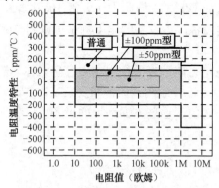

图 3-2　松下表贴电阻的温度系数

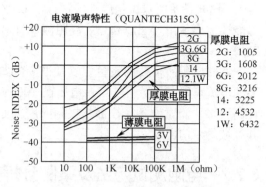

图 3-3　松下表贴电阻的噪声特性

电阻测试的结果往往和电阻的失效机理相关，测试结果的变化反映了电阻内部材料和结构特性的改变。例如，国外某研究机构对某种电阻做过一个统计[3]，表 3-1 是电阻测试结果的一个分类，包括电测试失效模式、失效机理和失效比例，可以看到开路和阻值漂移是主要的失效模式。通过这样的大量数据积累，电阻的电测试结果可以帮助失效分析工程师对其失效机理进行初步判断。

表 3-1 某类型电阻的失效机理

测 试 结 果	失 效 机 理	占全部失效比例（%）
阻值漂移	水汽侵入	45
阻值漂移，开路	材料不均匀	15
阻值漂移	沾污	15
开路	引线缺陷	25

3.2.3　电容测试方法及案例分析

电容指由两个金属电极板之间加绝缘材料隔离所形成的可存储电荷的元件。大部分电阻的测试设备也可以进行电容测试，在某些特殊分析中，电容测试还需要增加漏电测试。

电容的等效电路如图 3-4 所示，测试需要对电容的 C、R 和 L 三个参数进行测试。其中 C 是实际电容量，串联电阻 R 是因为实际电容总是存在着一些损耗，这个损耗在外部表现就像一个电阻与电容串联在一起。另外，由于引线和电极

图 3-4　电容的等效电路

卷曲等结构上的影响，电容内部还存在着电感成分 L。R 和 L 是电容的寄生参数，实际应用中 R 对外电路的影响较大，除了高频应用 L 对外电路的影响较小，本节不对 L 进行讨论。串联电阻 R 称为等效串联电阻 ESR（Equivalent Series Resistance），是电容测试一个重要参数。ESR 上会产生一定的压降，与突然施加的电流大小有关，ESR 上的功耗会导致电容内部发热，严重时会导致电容损坏。

电容的电容量 C 是反映电容失效的最重要的参数，测试电容的时候除要考虑常温的测试外，电容的温度特性和频率特性也是反映器件失效的一个重要参数。图 3-5 和图 3-6 是电容的温度特性和频率特性的测试结果。

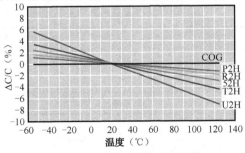

图 3-5　不同电容的温度特性曲线

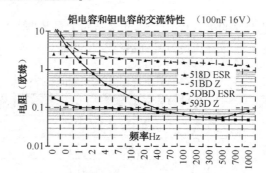

图 3-6 不同电容阻抗 Z 和 ESR 的频率特性曲线

ESR 的测试结果如图 3-7 所示,可以看到各种不同的电容 ESR 的大小及其随频率变化的情况[4]。

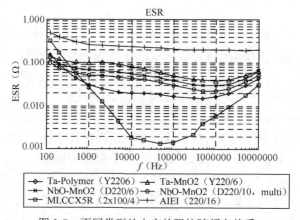

图 3-7 不同类型的电容的阻抗随频率关系

在失效分析过程中会测试到的电容短路、开路和容量变化等现象,这些现象可以对应相应电容的失效机理。例如,表 3-2 为国外发表的某电解电容的电测试失效模式和失效机理的对应关系[3],通过数据的积累,测试结果可以帮助失效分析工程师对电容失效机理进行判断。

表 3-2 某型电解电容的失效机理

测 试 结 果	失 效 机 理	占全部失效比例（%）
开路	缺陷	38
短路	缺陷	31
容量变化	电解液漏液	31

3.2.4 电感测试方法及案例分析

电感是由导线缠绕在绝缘管上制成的，导线外部绝缘，而绝缘管可以是空心的，也可以包含铁芯或磁粉芯。电感用 L 表示，单位有亨利（H）、毫亨利（mH）、微亨利（μH）。大部分电阻、电容的测试设备也可以进行电感测试。

图 3-8 是电感的等效电路和电感随频率阻抗变化的示意图[5]。可以看到，电感除了本身的电感以外，还有一个并联寄生电阻和并联寄生电容。并联寄生电阻表示电感的内部损耗，而寄生电容是由相邻的线圈之间的耦合电容及线圈和外壳之间的耦合电容构成的。由于实际电感的等效电路同时存在电容和电感，导致实际电感有一个谐振点，不过这个谐振点的阻抗是有限的。

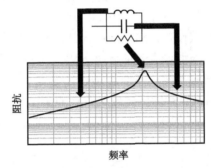

图 3-8 电感的等效电流及频率响应

电感测试的主要参数包括：电感量、品质因素、分布电容和标称电流。其中电感量 L 是最重要的参数，是电感线圈本身的固有特性，与电流大小无关。品质因素 Q 的定义是感抗的绝对值和电阻成分（见图 3-8）的比值，线圈的 Q 值越高，回路的损耗越小，Q 值通常为几十到几百。

在失效分析过程中，会测试到电感短路、开路等现象，这些现象可以对应电感的失效机理。例如，表 3-3 为国外发表的某 RF 线圈的测试失效模式和失效机理的对应关系[3]，通过数据的积累，测试结果就可以帮助失效分析工程师对电感失效机理进行判断。

表 3-3 某 RF 线圈的失效机理

测 试 结 果	失 效 机 理	占全部失效比例（%）
开路	线圈过应力	37
开路	引脚失效	17
短路	介质击穿	14
短路	介质退化	32

3.3 半导体器件测试

分立半导体器件种类较多，本节只介绍 PN 结二极管、三极管和功率 MOS 器件的测试方法，其他器件的测试方法可以借鉴这几种器件。因为二极管、三极管和功率 MOS 这三种器件是应用最为广泛的器件，研究也最为深入，而且许多其他结构的器件在测试上类似这三种器件，如结型场效应管 JFET 类似 MOSFET。失效分析关心的是器件的失效机理，因此与失效机理密切相关的测试（如漏电测试）会有比较深入的说明，其他和失效机理关系较弱的参数没有进行描述。

在测试过程中，失效分析时需要了解的信息比普通测试多，尽量避免使用只能显示合格或失效的批量测试设备，这些设备无法提供失效分析所需要的数据；器件的伏安特性是器件分析工程师最有效的分析手段，高精度的伏安特性测试方法是每个失效分析人员必须掌握的技能；器件的失效有时会有蠕变效应，需要多次测试；多了解器件的工艺和结构可以帮助失效分析工程师制定更加合理的测试方案。

3.3.1 测试设备

半导体器件的测试设备很多，常用的测试设备包括图示仪、半导体参数测试系统及精密源表。由于半导体参数测试系统的测试精度高，在失效分析中得到了广泛的应用[6]。

随着半导体器件尺寸的不断缩小，器件内部的电场强度和电流密度也相应增加，这会导致器件寿命缩短。评价器件的寿命，重要的是要评估器件在长期可靠性下的几个重要失效机理，包括栅极绝缘层的完整性、热载流子效应（HCI）、偏压温度不稳定性（BTI）和互连可靠性（EM，SM）。像 NBTI 这样的测试有很短的恢复时间，因此在实际操作中，快速测量、将应力中断降至最低及提供交流应力偏压等能力都是正确预估器件生命周期可靠性的必备条件。因为这个要求，半导体参数测试系统从以前的直流测试发展到了直流、可调时间脉冲和交流应力等多种测试方式，漏电的测试精度从 nA 提高到 pA 甚至 fA。目前半导体参数测试仪是半导体器件失效分析的主要电测设备，也是半导体失效分析的主要设备。

半导体参数测试系统利用设备上面的各种测试板卡完成测试[7]，这些测试板卡包括源表（SMU）、高电压半导体脉冲发生器单元、波形发生器、快速测量单元和多频电容测量单元等。其中 SMU 是最常用的仪器，一般半导体参数分析仪有三种 SMU，分别是高分辨率 SMU、中功率 SMU 和高功率 SMU。

高分辨率 SMU（HRSMU）是为极精密的测量而设计的，如栅极泄漏、断态泄漏和亚阈值电流测量。HRSMU 的最小电流测量分辨率是 1fA（MPSMU 则是 10fA）。此外，与开关装置（ASU）联合使用时，HRSMU 的电流测量分辨率可达 100aA（0.1fA），并且仍然能维持与 MPSMU 相同的电压和电流能力。这种 SMU 是半导体参数分析仪中电流测试分辨率最高的，漏电测试和 MOS 管栅介质绝缘层完整性测试都需要使用这类 SMU。

　　中功率 SMU（MPSMU）MPSMU 是通用型 SMU，拥有中等电压和电流源能力及测量分辨率。MPSMU 的最大输出电压为 ±100V，最大输出电流为 ±100mA。MPSMU 的最小电流测量分辨率是 10fA，最小电压测量分辨率是 0.5μV。一般半导体器件的击穿电压、放大倍数和跨导测试需要使用这类 SMU。如果对电流测试分辨率要求不高，这类 SMU 可以取代高分辨率 SMU。

　　相比其他 SMU，高功率 SMU（HPSMU）拥有扩充了的电压和电流源容量。HPSMU 的最大输出电压为 ±200V，最大输出电流为 ±1A。200V 的输出能力对于击穿测试非常有用，而 1A 的输出能力则用于需要大电流的可靠性测试，如元件互连电子迁移量测评。导通电阻、功率二极管正向导通电压和功率三极管集电极-发射极饱和压降的测试需要使用这种 SMU。

　　在制订测试方案时，需要根据器件的测试要求选择合适的 SMU，必要时还要选择高电压半导体脉冲发生器单元、波形发生器、快速测量单元和多频电容测量单元这些测试设备共同完成测试。

　　器件在某些测试过程中会消耗一些功率，这些功率消耗会导致器件温度升高[8]。对于一些温度敏感参数，由于测试开始和结束是在不同温度下完成的，测试温升会干扰测试结果的准确性。这时需要使用脉冲方式对这些参数进行测试，减少器件上的功率消耗，减少测试温度升高对测试结果的影响。

　　半导体参数分析仪的 SMU 能提供较宽测试领域的 Pulsed-*IV* 参数测试，在使用大功率 SMU (HPSMU) 时可达到 200V 和 1A 的输出。因此能用来测量大功率器件（如 RF 应用中使用的器件）的 *IV* 特性，并避免产生自热效应。某些 SMU 的脉冲宽度范围为 500μs～2s。

　　如果需要脉冲宽度更短，需要使用 Agilent B1525A 这类的专门脉冲功率产生和测试仪器，该仪器提供具有 40V 和 400mA 输出能力的脉宽为 5μs 脉冲的 *IV* 参数测试。这是对应用在 RF 领域中 GaAs、HEMT 这类器件进行脉冲 IV 参数测量所必需的设备。

　　B1525A 具有输出电压监控能力，支持 5μs 采样间隔的高精度的测量。这一特性能用 B1525A 模块的已知输出阻抗计算输出电流。同时，在脉冲产生器中能为半导体测试提供最高精度的输出电压，以符合各种各样的应用要求。

　　在进行脉冲 *IV* 测试时，需要注意以下事项。

考虑整个测量系统的频率特性，使用窄脉冲，特别是 100ns 以下的窄脉冲，包括 1 GHz 以上的高频谐波。如果连线和探棒的响应频率不能支持如此高的带宽，就会影响脉冲的形状和完整性，导致测量结果不精确，因此必须考虑全部测量装置，包括信号返回路径和 DUT 的位置及探头量测位置。

防止 DUT 振荡：一般来说，在进行参数测量时，像 HBT 和 HEMT 这类高增益器件是极易振荡的。当然，任何振荡都会导致测量数据不精确。插入探头周围的铁氧体磁珠能有效防止 DUT 振荡。铁氧体磁珠还能减小寄生的电容性反馈，从而改进整个系统的高频特性。

3.3.2 二极管测试方法及案例分析

PN 结是指一块半导体单晶中一部分是 P 型区，其余部分是 N 型区。P 型区和 N 型区间的分界面称为结面。PN 结理论是半导体器件物理的基础。将 PN 结两端引出，就形成了一个 PN 结二极管，PN 结形成的二极管是最基本的半导体器件，也是电子系统中最重要的半导体器件，包括稳压管、TVS、整流管、激光二极管，LED 等器件本质上都是二极管。

本节介绍的是普通硅平面二极管，有二极管的正向导通电阻 R_s、理想因子 n、击穿电压 V_B 和反向漏电 I_0 这几个参数的测试。这些参数是失效分析中最关键的参数，它们的测试结果和制造工艺缺陷密切相关，是二极管失效分析时最常用的方法。其他结构的二极管的这几个参数测试方法和硅二极管类似，可以参考硅二极管的测试方法。

（1）导通电阻测试

当对理想 PN 结外加电压时，会有电流流过，但其电流与电压的关系是非线性的。外加正向电压（P 区接正、N 区接负）时，如果电压达到某个被称为正向导通电压 V_{on} 的数值，则会有明显的电流流过，而且当电压再稍增大时，电流就会陡增；外加反向电压时，电流很小，而且当反向电压不超过一定数值时，电流几乎不随外加电压而变化，这时的 PN 结 IV 关系可以用指数函数表示。实际情况中还要考虑 PN 结外围的串联电阻，二极管的等效电路如图 3-9 所示。

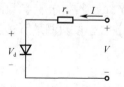

图 3-9 二极管的等效电路

而实际上二极管的 IV 特性规律就变成：

$$I=I_0(e^{q(V-Ir_s)/nkT}-1) \tag{3-1}$$

式中，I_0 是二极管的反向饱和电流，r_s 是串联电阻，n 是二极管的理想因子，T 是热力学温度，k 是玻耳兹曼常数，q 是电子电量。

正向条件下二极管 IV 特性的测试结果如图 3-10[9]所示，在 0.3V～0.7V 间二极管是一个理想的 PN 结特性；在小于 0.3V 时，空间电荷区产生复合电流，导致理想因子变大，大于 0.7V 时串联电阻的影响越来越大。因为曲线在右侧的偏离主要是二极管的串联电阻导致的，在大导通电流条件下可以测试二极管的导通电阻，对于下面这个器件而言，在测试的 IV 曲线中 V 大于 0.9V 以上取两个点（V_1, I_1）和（V_2, I_2），导通电阻大小等于：

$$r_s=(V_1-V_2)/(I_1-I_2) \tag{3-2}$$

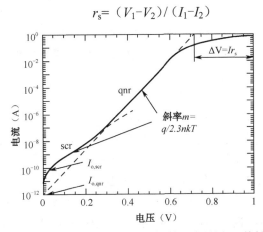

图 3-10　电流为对数坐标的二极管正向导通 IV 特性

对于一些大功率的二极管，由于长期工作在大电流条件下，导致欧姆接触退化，这时导通电阻会变大，最终器件会由于功耗过大而烧毁，对于这种失效模式，进行二极管的导通电阻测试可以发现器件的早期退化，避免发生烧毁。需要注意的是，二极管的正向导通压降测试过程功耗较大，最好使用脉冲方式测试，避免二极管结温过高。

（2）理想因子测试

在上面的测试中，还可以得到二极管的理想因子，在 IV 特性图中电流取对数坐标，电压取线性坐标，IV 特性曲线的斜率 m 和理想因子 n 的关系满足：

$$m=q/2.3nkT \tag{3-3}$$

式中，k 是玻耳兹曼常数，T 是热力学温度，q 是电子电量。

对于理想二极管，理想因子等于 1，考虑了空间电荷区的产生复合电流，一般二极管的理想因子在 1~2 之间，二极管理想因子退化往往表明二极管经受过过电应力。

（3）反向漏电测试

在加电状态下，二极管的正极接在低电位端、负极接在高电位端，此时二极管中几乎没有电流流过，此时二极管处于截止状态，这种连接方式称为反向偏置。二极管处于反向偏置时，仍然会有微弱的反向电流流过二极管，称为反向漏电流。这个电流越小，二极管的单方向导电性能越好。值得注意的是，反向电流与温度有着密切的关系。对于 P^+N 结，反向漏电流 I_0 的公式是：

$$I_0 = q \frac{D_p}{L_p} P_{n0} \qquad (3\text{-}4)$$

式中，D_p 是 N 型半导体少子扩散系数，L_p 是 N 型半导体少子扩散长度，P_{n0} 是 N 型半导体平衡少子浓度。

反向漏电流的测试一般使用半导体参数分析仪的中功率 SMU，二极管的正极接在低电位端，负极接在高电位端，测试电压需要参考器件的规范确定，在反偏电压下电流的大小就是二极管的反向漏电流。

反向漏电增加可能是以下几个因素引起的。

① 二极管 PN 结水汽或表面沾污。某些表面沾污会导致表面的硅——二氧化硅界面产生表面陷阱电荷，这些电荷起到复合中心的作用，引起表面复合电流增加，这个电流相当于在结上并联了一个电阻，在外界电压的作用下，电流主要不是通过 PN 结流走，而是直接以表面漏电流的方式流走。

② 半导体材料缺陷过多，材料内部 PN 结上的点缺陷、位错、层错、重金属沾污等都会导致 PN 结特性变差，这些缺陷的电阻比 PN 结的电阻低，导致漏电流增加。

（4）击穿电压测试

在一般的反向电压下，PN 结的反向电流很小。但当反向电压增大到某一值 V_B 时，反向电流会突然变得很大，这种现象叫作 PN 结的反向击穿，V_B 称为击穿电压。击穿电压存在一个突变过程，在击穿电压附近电流会剧烈上升[10]。

引起反向击穿的机理主要有雪崩倍增、隧道效应和热击穿三种。

二极管中电子或空穴在结空间电荷区的电场作用下会产生漂移电流，假设在反向电压高的情况下，空间电荷区的电场强度会很大，电子或空穴热运动相对于漂移运动来说可以忽略。当载流子在电场作用下获得的能量超过半导体禁带宽度 E_g 时，则在下一次与半导体晶格价键电子碰撞时，有可能使后者获得足够的能量而从价带跃迁到导带，从而产生一对新的电子空穴对，这种现象称为碰撞电离。

根据量子理论，电子具有波动性，可以有一定的概率穿过位能比电子动能高的势垒区，这种现象称为隧道效应。如果二极管的 PN 结的 P 型半导体和 N 型半导体都是重掺杂的情况，二极管的空间电荷区的宽度窄，也就是势垒区的宽度窄到隧道效应开始变得明显。对于 P^+N^+ 二极管，当反向电压 V 增加到使势垒区中最大电场 E_{max} 达到一个临界值时，隧道长度 d 也小到了一个临界值，这时大量的 P 区价带电子通过隧道效应流入 N 区导反带，使隧道电流急剧增加，这种现象称为齐纳击穿或隧道击穿。对于锗和硅 PN 结，发生齐纳击穿的最大电场临界值分别为 200kV/cm

和 121kV/cm。

以上两种击穿机理都是所谓"电击穿"，它们的特点是击穿是非破坏性的，在外界电压撤掉后二极管特性可以恢复。特别是稳压二极管，本身就工作在击穿状态下。对电击穿的讨论是在假定 PN 结处于恒定温度的条件下进行的。事实上，除了上述电击穿之外，还有所谓"热击穿"，而热击穿是破坏性的，也就是不可逆的。反向漏电流 I_0 正比于本征载流子浓度 n_i^2，而 n_i^2 将随结温的上升而迅速增加，所以 I_0 具有正温度系数，结温的升高会使漏电流增大，这样就在电流与结温之间形成了正反馈，结温升高使电流增加，电流增加使消耗的功率增加，消耗的功率增加使结温上升，从而导致电流进一步增大，如果这一过程不受控制地进行下去，将使电流与温度无限增加，最终导致二极管被烧毁，这就是热击穿。热击穿在击穿电压测试时要绝对避免。对于普通二极管的击穿电流测试，可以采用限制击穿电流来实现，对于功率二极管，可能需要采用脉冲测试方法实现。

击穿电压的测试方法需要二极管处于反偏状态，二极管的正极接在低压端、负极接在高压端，步进增加负极电压，当二极管反向漏电流增加到某个临界值后认为该点的电压就是二极管的击穿电压。反向漏电流的临界值的大小由产品的规范规定。

二极管击穿电压异常包括低击穿、软击穿、分段击穿、击穿特性蠕变和双线击穿等。

低击穿值二极管的击穿电压小于二极管规范要求的最低击穿电压，产生这个异常的原因有：①材料缺陷，外延层存在雾状缺陷或针孔，导致击穿电压降低；②外延层厚度不均匀，较薄外延层的击穿电压低，导致二极管击穿电压降低；③二极管 P 区或 N 区的掺杂不均匀，导致电阻率不均匀，电阻率低的部分击穿电压低。

软击穿是指二极管在反向偏压下，伏安特性没有明显的转折点，反向电流在低电压开始时就逐步增加。软击穿的机理和漏电增加的机理类似，读者可以参考漏电增加部分的描述。

分段击穿是指局部作用导致击穿，也称管道击穿、两段击穿。表现为在电压超过 V_{PD} 后，反向漏电流随电压线性增加，当电压增大到 V_B 后发生正常的雪崩击穿。出现分段击穿的原因：①外延层中间位错和层错过多；②器件图形边缘不整齐；③结不平坦，PN 结上有尖峰突起。

击穿蠕变指 PN 结的击穿特性不稳定，击穿电压每次测试都发生变化。这种击穿分成两种情况：击穿电压随时间减小和击穿电压随时间增大。产生击穿蠕变的原因主要是 PN 结表面沾污，包括导电物质沾污或氧化层中可动离子沾污。这些沾污改变 PN 结表面的电场分布，导致击穿不稳定。

双线击穿是电压由零到 V_B 时的击穿特性与电压由 V_B 到零时的击穿特性不同，这种击穿表明 PN 结稳定性差。这种击穿的产生可能与可动离子沾污有关。

（5）案例分析

国内有研究人员进行了发光二极管（LED）老化试验导致器件退化的研究[11]，使用三种不同的电流作为电应力，电应力选择了正常工作电流（20mA）的 1.5 倍、2 倍和 3 倍，经过最长 3000 余小时的老化，器件的导通电阻和反向漏电都发生了退化。

由图 3-11 可知，所有器件未老化前，3 组器件的串联电阻分布在 20~25Ω之间。随着老化时间的增加，各组器件的串联电阻都在上升，尤其是 60mA 老化器件，上升的幅度更大，在不到 400h 时串联电阻已由 22Ω经上升到 100Ω。40mA 老化器件上升缓和，在 1600h 串联电阻由 23Ω上升到 32Ω。30mA 老化器件的上升幅度最小，在老化 3270h 后，串联电阻由 18Ω上升到 19Ω。这个退化是器件工作温升引起欧姆接触的退化。

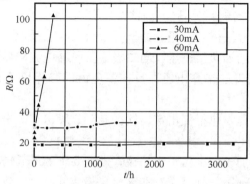

图 3-11　三种不同应力下 LED 导通电阻退化的情况

图 3-12 是在 30mA 电流老化条件下的器件的-5V 下的反向漏电流的变化曲线。从图中可以看出，随着老化时间的增加，反向漏电流总体呈上升趋势，但最后稳定在 10^{-5}A 数量级。反向漏电流的增加可能是因为器件的"自身发热"提高了结区退化的速度或产生了通向结区的另一条电流通路，这条通路可能是线性位错（TD）引起的电流通路。

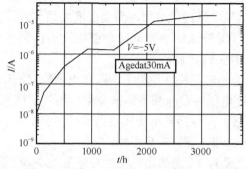

图 3-12　应力试验的 LED 反向漏电随时间的变化

通过这个例子可以看出，二极管的某些电参数可以清晰地反映器件退化的趋势，通过理论推导可以发现引起器件退化的失效机理，而参数测试结果可以用于失效机理的验证。

3.3.3 三极管测试方法及案例分析

双极结型晶体管（Bipolar Junction Transistor，BJT）常简称为双极型晶体管或三极管。它是由两个方向相反的 PN 结构成的三端器件，有两种基本结构：PNP 型晶体管和 NPN 型晶体管。晶体管的两个 PN 结分别称为发射结和集电结，三个区域分别称为发射区、基区和集电区。三个区分别与金属电极接触并从上面引出导线，供连接电路使用。这三个连接点分别称为发射极、基极和集电极[10]。

由于三极管存在两个 PN 结，每个 PN 结都可以处于正偏和反偏两种状态，所以三极管存在四种工作状态，也称为四个工作区。发射结正偏、集电结反偏称为正向放大区，或正向有源区，也可简称为放大区或有源区；发射结与集电结均正偏称为饱和区；发射结与集电结均反偏称为截止区；发射结反偏、集电结正偏称为反向放大区。模拟电路中的三极管主要工作在放大区，起放大和振荡等作用。数字电路中的三极管主要工作在饱和区与截止区，起开关作用，前者为开态，后者为关态。

三极管存在两个 PN 结，这两个 PN 结可以看成两个二极管，二极管的测试方法在三极管中同样适用。另外，由于三极管具有放大功能，还有一些自己特有的参数。与三极管可靠性相关的主要电参数有：电流放大系数 β、发射极开路时集电极反向电流 I_{CBO}、集电极开路时发射极反向电流 I_{EBO}、发射极电阻 R_E、集电极电阻 R_C、基极电阻 R_B、饱和压降 V_{CES}、集电极开路时发射结击穿电压 BV_{EBO}、发射极开路时集电结击穿电压 BV_{CBO}、基极开路时集电极发射极击穿电压 BV_{CEO} 等。三极管的各个击穿电压和反向电流和二极管的测试方法类似，在这里不做描述。本节只介绍电流放大系数 β、饱和压降 V_{CES}，发射极电阻 R_E，集电极电阻 R_C 和基极电阻 R_B 这几个参数的测试。

（1）电流放大系数 β 的测试方法

在三极管放大电路中，一般以电流为输入信号。电路应用中也常把晶体管称为电流控制器件。一般应用下采用共发射极连接方式，基极作为输入，集电极作为输出，集电极电流和基极电流之比定义为共发射极直流短路电流放大系数 β，简称 β，它是三极管最重要的参数。β 是由器件的结构决定的，和三极管的基区宽度、少子扩散长度有关，但因为复合电流等因素的影响，β 和温度、测试时的偏置也有关系（见图 3-13），测试时需要根据器件的规范选择合适的测试温度和偏置。

β 的测试一般采用两路 SMU，一路设置在电流源的方式，另一路设置在电压源的方式，电流源 I_B 连接到基极，电压源 V_C 连接到集电极，设定好基极电流的大小，测试在给定基极电流条件下的集电极电流，然后将两个电流相比，可以得到特定偏置下的 β，测试电流、电压的设置需要参考器件的规范。在失效分析过程中，往往会测试三极管的输出特性，电流和电压采用扫描的方式测试，先设定基极初始电流，集电极电压从零扫描到集电结接近击穿，然后基极电流增加一个步长，重复集电极电压扫描，直到递增到最终的基极电流，具体的测试结果如图 3-14 所示。

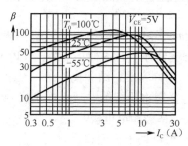
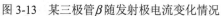
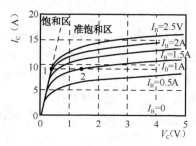

图 3-13　某三极管 β 随发射极电流变化情况　　　图 3-14　某三极管的输出特性曲线

测试 β 需要注意：①某些三极管的饱和压降比较大，测试时 V_C 要选择得大一些，避免三极管进入饱和区；②电压源的最大输出电流会限制三极管 β 的测试范围，选择最大输出电流较高的 SMU；③功率三极管的测试要考虑测试升温对结果的影响。

三极管失效分析中 β 异常的主要问题包括：小注入 β 很小，大注入 β 减小，β 蠕变。

小注入 β 很小的原因是：①发射结势垒区复合电流或表面的复合电流大，使得小电流下复合电流为主，发生这种情况的主要原因是材料缺陷多、表面处理不好等；②发射区和基区的杂质浓度比不合适，基区浓度偏高。

大注入 β 异常减小，主要是因为基区自偏压效应导致效率下降。

β 蠕变指输出特性曲线随时间漂移，一般随时间 β 增加，产生这个现象的主要原因是表面沾污。

（2）饱和压降的测试

在三极管的输出特性曲线（见图 3-14）中，如果 $V_{BE}>0$ 且 $V_{BC}>0$，三极管工作在饱和区，将饱和区的 V_{CE} 称为饱和电压，记为 V_{CES}。一般的 V_{CES} 测试中，需要在设定的基极和集电极电流下测试集电极电压。测试时需要使用两个 SMU，均设定在电流源方式下，电流源的电流设定到规范定义的 V_{CES} 测试规定基极和集电极电流，集电极电压就是 V_{CES} 的值。

失效分析中 V_{CES} 异常的主要原因是 R_E 和 R_C 电阻变大。R_E 和 R_C 电阻变大这部分内容后面会进行描述。

（3）发射极电阻测试方法

发射极电阻是串联在发射结上的寄生电阻，表征发射结硅材料、连线和键合等电阻。测试发射区电阻采用集电极开路测试法，测试连接如图3-15[9]所示。

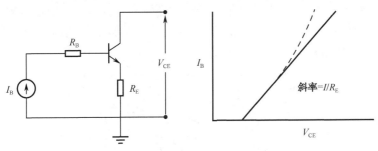

图3-15 发射极电阻测试连线

测试需要一个SMU和一个电压表，SMU定义成一个电流源连接到基极，集电极开路，连接一个电压表。集电极电压 V_{CE} 和基极电流 I_B 满足下式的关系：

$$V_{CE} = \frac{kT}{q} \ln \frac{1+\beta r}{\beta r} + R_E \times I_B \qquad (3\text{-}5)$$

在集电极电压 V_{CE} 和基极电流 I_B 的关系图上，测试数据的斜率就是发射极电阻的倒数（发射极电导率）。

在失效分析中，发射极电阻异常往往都是变大，这和长期大电流、高温下欧姆接触退化或键合退化有关。

（4）集电极电阻测试方法

集电极电阻测试和发射极电阻测试类似，图3-15所示的测试方法中，将集电极和发射极互换就可以测试集电极电阻，测试方法和计算方法也是一样的。

集电极电阻受测试点偏置选择的影响更大一些，测试时尽量选择实际工作的偏置点进行测试。

（5）基极电阻的测试方法

基区电阻的测试比发射极电阻的测试复杂，首先必须采用上面的测试方法得到发射极电阻，然后在三极管工作在放大区的情况下测试三极管的 I_C、I_B 和 V_{BE} 这三个值（测试结果见图3-16），然后根据公式算出基区电阻。

$$\Delta V_{BE} = (R_B + (1+\beta) R_E) / I_B \qquad (3\text{-}6)$$

注意：计算 R_B 时使用图中 V_{BE} 大约为0.4V 附近的数据会比较准确；R_B 的测试点和三极管的工作状态密切相关，某一工作点的

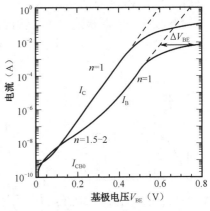

图3-16 基极电阻测试

R_B 不反映三极管其他情况下的 R_B。

（6）案例分析

法国有研究人员研究了三极管发射极退化和电流放大系数 β 的相关性[12]。对于某三极管的集电极开路，BE 结反偏且处于大电流击穿状态，发现电流放大系数 β 随应力时间的增加明显下降（见图 3-17）。通过这个试验，发现击穿导致的热电子和界面态是退化的原因。

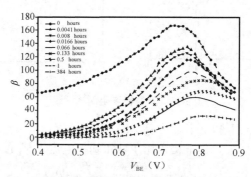

图 3-17　电流放大系数 β 随应力退化的关系

3.3.4　功率 MOS 的测试方法及案例分析

场效应晶体管（Field Effect Transistor，FET）是另一类重要的微电子器件。这是一种电压控制型多子导电器件，又称为单极型晶体管。场效应晶体管可分为三大类:结型栅场效应晶体管（JFET）、肖特基势垒栅场效应晶体管（MESFET）和绝缘栅场效应晶体管（IGFET）。如果绝缘栅场效应晶体管当采用 SiO$_2$ 作为绝缘层，这种 IGFET 按其纵向结构被称为"金属–氧化物半导体"场效应晶体管，简称MOSFET 或 MOS[10]。

MOSFET 共源极连接时的输出特性也称为漏极特性，这时源极接地，漏极和源极分别接在不同的电压源上。以 N 沟道 MOSFET 为例，其输出特性是指当 $V_{GS}>V_T$ 并且保持恒定时，漏极电流 I_D 随漏源电压 V_{GS} 的变化而变化的规律。MOSFET 的输出特性可分为三个具有不同性质的区域。下面来分析 N 沟道 MOSFET 输出特性的各个区域的特点，如图 3-18 所示。

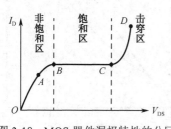

图 3-18　MOS 器件漏极特性的分区

当 V_{DS} 是一个很小的正值时，整个沟道长度范围内的电势都近似为零，栅极与沟道之间的电势差在沟道各处近似相等，因此沟道中的电子浓度也近似相等，这时沟道就像一个其电阻值与 V_{DS} 无关的固定电阻，I_D 和 V_{DS} 呈线性关系，如图 3-18 所示。沟道电阻就是直线 A 的斜率的倒数。当 V_{DS} 较大时，沟道电阻将随 V_{DS} 的增大而增大，使得 I_D 随 V_{DS} 的增加速率变慢，曲线偏离直线关系而逐渐向下弯曲。

当 $V_{DS} > V_{Dsat}$ 时，沟道夹断点向源极方向移动，在沟道与漏区之间隔着一段耗尽区。当沟道中的自由电子到达沟道端头的耗尽区边界时，将立即被耗尽区内的强电场扫入漏极。由于电子在耗尽区内的漂移速度达到了饱和速度，不再随电场的增大而增大，所以这时 I_D 也达到饱和而不再随 V_{DS} 的增大而增大，这一区域称为饱和区（图中 BC 部分）。

当 V_{DS} 增大到漏源击穿电压 BV_{DS} 的值时，反向偏置的漏 PN 结会因雪崩倍增效应而发生击穿，或在漏极与源极之间发生穿通。这时 I_D 将迅速上升，这相当于图 3-18 中的 CD 段。

功率 MOS 器件和普通 MOS 器件不同，功率 MOS 器件的源极和漏极结构会不同，不可以互换。许多功率 MOS 器件的工艺和普通 MOS 工艺不同，大多数功率 MOS 器件都采用纵向结构，源极和栅极在器件的顶部，漏极在器件的底部[13]。

在测试的角度，功率 MOS 器件的测试类似普通 MOS，只是功率 MOS 的测试所需电流，电压和功率比普通 MOS 大。在本节讨论的测试方法既使用于功率 MOS 也适用于普通 MOS。

本节讨论的功率 MOS 的测试参数有导通电阻 $R_{SD(on)}$，阈值电压 V_T，跨导 g_m 和源漏击穿电压 BV_{SD}。

（1）导通电阻的测试方法

当 MOSFET 工作在非饱和区且 V_{SD} 很小时，其 I_{SD}—V_{SD} 输出特性曲线是直线，如图 3-24 中 A 段所示。这时 MOSFET 相当于一个电阻值与 V_{SD} 无关的固定电阻，记为 $R_{SD(on)}$，NMOS 的导通电阻满足如下的公式，可以看到，导通电阻是栅电压的函数，栅电压越大，导通电阻越小。

$$R_{SD(on)} = \frac{LT_{OX}}{W\mu_N\varepsilon_{OX}(V_{GS} - V_T)} \tag{3-7}$$

式中，L 为沟道长度，W 为沟道宽度，T_{OX} 是栅氧厚度，μ_n 是电子的迁移率，另外 ε_{OX} 是栅氧的介电常数。

导通电阻的测试比较简单，首先需要根据器件的规格确定测试条件，主要是栅电压和漏电压。确定好测试条件后需要设置两个 SMU，两个都设置成电压源，一个设置成栅电压加在栅极，另外一个设置成漏电压加在漏极，测试漏电流，漏电压和漏电流之比就是导通电阻。要注意，测试导通电阻时漏电压要足够小，否则器件进入饱和状态会导致得到的电阻值不准。

在失效分析中，阈值电压漂移、氧化层电荷积累和欧姆接触、键合退化都会导致导通电压异常，具体的失效机理还需要考虑其他参数综合分析。

（2）阈值电压的测试方法

阈值电压也称为开启电压，是 MOS 器件的重要参数之一，其定义是：使 MOS 栅极下的衬底表面开始发生强反型时的栅极电压，记为 V_T。阈值电压的公式如下：

$$V_T = \phi_{ms} - Q_{ox}/C_{ox} \pm \frac{(2\varepsilon_s N_D)^{1/2}}{C_{ox}}(\pm 2\phi_{FB} - V_B)^{1/2} + 2\phi_{FB} \qquad (3-8)$$

式中，ϕ_{ms} 是栅金属的共函数，Q_{ox} 是氧化层电荷密度，C_{ox} 是栅电容，ε_s 是衬底的介电常数，N_D 是沟道杂质浓度，ϕ_{FB} 是衬底的费米势，V_B 是衬底电压。

测试阈值电压的方法很多，这里介绍两种。

在工程界经常使用固定漏极电流法，这个方法类似于对 PN 结击穿电压的测量，在漏极电压 V_{DS} 足够大且恒定的条件下，逐渐增加栅源电压 V_{GS}，当漏极电流达到某个规定值（如 1μA）时，所对应的 V_{GS} 就作为器件的阈值电压 V_T。这种方法需要两个 SMU，一个设置成固定的电压源加在漏极，另外一个设置成扫描电压源加在栅极，但漏极电流达到规定值的栅极电流为器件的阈值电流。为了保证测试精度，栅电压扫描的步长需要足够小。

$\sqrt{I_{DS}}$-V_{GS} 法，由饱和漏极电流的表达式可知，$\sqrt{I_{DS}}$ 与 V_{GS} 呈线性关系。对饱和区 MOSFET 进行两次测量，就可以在 $\sqrt{I_{DS}}$-V_{GS} 坐标系中画出一条直线，该直线在 V_{GS} 轴上的截距就是阈值电压 V_T。

几个影响 MOS 器件可靠性的主要失效机理如热载流子注入（HCI）、负偏压热不稳定性（NBTI），都会导致 MOS 的阈值电压变化，阈值电压测试是考核这几种失效机理的最重要的测试手段。

（3）跨导的测试方法

MOS 的跨导有栅极跨导和衬底跨导两个不同概念的参数，这里介绍的饱和区的栅极跨导 g_m，是表征了栅电压对于输出漏极电流控制作用强弱的一个重要的参数，它反映了器件的小信号放大性能。

栅极跨导与 MOS 的增益因子 $\beta = W\mu C_{ox}/L$ 成比例，高跨导即要求大的栅极宽长比（W/L）、高的载流子迁移率 μ 和大的栅氧化层电容（即大的栅绝缘膜介电常数）。在 V_{DS} 较小的时候，饱和区的栅极跨导与饱和电压（V_{GS}-V_T）成正比；但对于功率 MOS 这类 V_{DS} 较大的器件，因为载流子速度饱和的影响，跨导是一个与栅压无关的常数。

跨导的测试需要设置两个 SMU，一个固定的电压源作为 V_{DS}，另外一个扫描的电压源作为 V_{GS}，测试得到 I_{DS} 和 V_{GS} 的关系曲线，曲线的斜率就是跨导。注意：由于 V_{DS} 往往选择得较大，保证器件沟道载流子处于速度饱和状态。测试的结果如图 3-19 所示，载流子的速度饱和效应在大电流下较明显，所以需要利用大电流的数

据对 I_{DS} 和 V_{GS} 的关系曲线进行线性化处理。

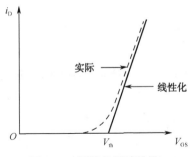

图 3-19　跨导的测试结果

辐射会在 MOS 器件的氧化层中产生电荷，这个电荷会造成 MOS 的跨导退化。

（4）源漏击穿电压的测试方法

当漏极电压超过一定的数值后，漏极电流会迅速增加，发生源漏击穿，这个击穿可能有两个原因：漏极 PN 结的雪崩击穿和源漏穿通。对于功率 MOS 器件，主要以雪崩击穿为主。

源漏击穿电压的测试与二极管击穿电压测试类似，只是需要考虑栅极的接电，大多数情况下源栅都接到地（对于 NMOS 器件），使器件处于关闭状态。

击穿电压异常的失效机理参见二极管部分。

（5）案例分析

与时间相关的介质击穿（TDDB）是影响 MOS 器件可靠性的一个重要的失效机理。国外对 MOS 的 TDDB 特性进行了测试（栅氧的击穿电压测试方法类似 PN 结击穿测试），得到了击穿时间和器件累计失效的关系曲线，曲线显示，器件的 TDDB 特性有三个阶段，A 阶段出现的 TDDB 失效和器件的早期失效相关，C 阶段的 TDDB 失效是器件本征 TDDB 失效，B 阶段的失效率和器件在使用过程中的失效非常接近。

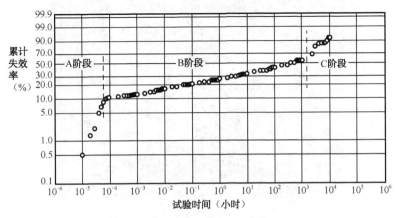

图 3-20　MOS 器件的 TDDB 特性

3.4 集成电路测试

集成电路的失效是所有电子元器件失效分析中最复杂的，目前集成电路已经进入超深亚微米时代，集成电路功能复杂，对集成电路进行分析需要的资源非常多，复杂的集成电路分析往往需要团队协作完成。

集成电路的失效分析更加偏重于电学失效分析，利用自动测试设备（ATE）对集成电路进行分析，这类分析和本书覆盖的物理失效分析是失效分析的两个大类，不可能在短短的一节内容覆盖电学失效分析的全部内容，因此本节讨论的是与失效分析特定相关的端口测试、静电和闩锁测试、IDDQ 测试，最后简单介绍一下复杂集成电路的失效分析。

3.4.1 自动测试设备

自动测试设备（ATE）是专门用于集成电路测试的设备，根据测试对象的不同可以分为存储器测试系统、SoC 测试系统、混合信号测试系统和功率测试系统等，但部分测试设备的功能可以覆盖多个测试领域（如 SoC 和混合信号测试等）。目前测试设备主要由两大设备制造商供应，一个是日本的爱德万公司，另一个是美国的泰瑞达公司。2013 年这两个公司占有市场份额超过七成。

ATE 主要由仪器板卡来实现对集成电路的驱动和测试，设备上主要的仪器板卡有电源、数字通道、模拟通道和射频通道测试板等，下面以泰瑞达公司的 SoC 测试系统 Ultra FLEX 为例介绍各个功能模块的作用和指标（见图 3-21）。

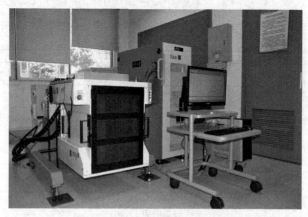

图 3-21　Ultra FLEX 测试系统

ATE 上的电源板卡为测试的集成电路提供电源，并可以进行电流测试。IDDQ 测试就需要电源卡和数字通道卡配合完成（见 3.4.4 节）。电源板卡种类比较多，根据具体测试器件的要求进行配置。以 Ultra FLEX 测试系统两种电源板的指标为例[14]，一种型号是 DC30，可以提供 20 路四象限电源。也就是说，可以提供正负电压，可以作为电源或电流负载。每路电源的最高电压为 30V，最高电流为 200mA，电源最多可以并联使用两路，电源输出可以叠加纹波。另一种电源的型号是 HexVS，可以提供 6 路量象限的电源，只能作为正电源或正电流负载，每路电源的电压范围是 0～5.5V，输出电流范围是-2～15A，可以 6 路并联输出，最大输出电流为 90A。

ATE 上的数字通道板卡用于数字集成电路的测试，用于在特定时序下提供数字信号驱动，或者对输出的数字信号进行比较。以 Ultra FLEX 测试系统数字通道板 Ultra Pin1600 为例，该板卡可以提供 256 路数字通道，最高数据传输速率为 1600Mbps，最高存储深度每通道 512MB。对于 FPGA 这类引脚数多的器件，可能需要多块数字通道板才能实现器件的功能测试。

ATE 上的模拟板卡用于产生模拟波形，并将输出的模拟波形数字化。以 Ultra FLEX 测试系统模拟通道板 Ultra PAC 80 为例，该板提供 8 路独立的信号源和数字化仪，每路信号源的最高精度为 24 位，最大带宽为 80MHz，每路数字化仪最高精度为 24 位，最大带宽为 75MHz。

ATE 上的 RF 板卡用于产生 RF 器件的测试，提供 RF 载波，并对载波进行调制，以 Ultra FLEX 测试系统 RF 板 UltraWave 12G 为例，载波频率范围为 50MHz～12GHz，8 个 RF 端口，内部可以提供噪声源。

实际测试时，根据所测试的集成电路的功能选择合适的仪器板，定义器件的电源和通道电压，定义器件的时序，编写器件的测试向量，对器件进行调试，最后完成测试。所有这些操作都是在测试系统的用户界面完成的，而且需要测试人员具有 VB 或 C 语言方面的编程经验。集成电路的测试本身也是一个很大的学科，失效分析人员往往和测试人员合作完成失效集成电路的测试分析工作。如果需要测试方面的基础知识，可以参考集成电路测试方面的书籍。

3.4.2 端口测试技术

集成电路在各个功能引脚的键合点和内部电路之间有一个 ESD 保护电路，用于释放从引脚涌入的 ESD 脉冲，保护内部电路不受 ESD 损害。集成电路 ESD 保护电路如图 3-22 所示。

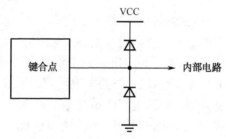

图 3-22 集成电路 ESD 保护电路

由于集成电路引脚在电源和地之间都有一个二极管,所以集成电路引脚和电源和地之间的 *IV* 特性都类似二极管。集成电路端口测试就是测试集成电路引脚和电源或地之间的二极管特性。

由于集成电路的集成度较大,复杂的集成电路可能有几百个引脚,集成电路端口测试的复杂度主要在大量引脚的自动测试中。测试集成电路端口特性的设备主要是具有多引脚扫描功能的自动测试设备,如下面介绍的 ESD 测试设备、ATE 和多通道图示仪等。这些设备具有通道多、自动操作的特点,可以在短时间内对大量的引脚进行端口扫描,迅速找到出现问题的引脚,如果集成电路没有封装,还需要使用探针台。对于集成度较大,引脚数少的集成电路,使用半导体参数测试仪、图示仪这些设备也可以完成端口的 *IV* 特性测试。

端口测试本质上就是二极管测试,可以参考二极管部分的描述。

端口测试的异常分为开路、短路和漏电增加这几种情况,短路或漏电增加往往反映了该引脚经历过静电(ESD)或过电应力(EOS),而开路失效往往和集成电路键合失效有关。图 3-23 是某集成电路好品和坏品异常引脚端口的测试结果,结果显示坏品的正向漏电比好品高出两倍。

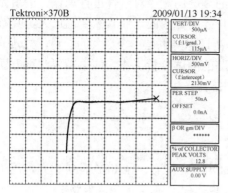
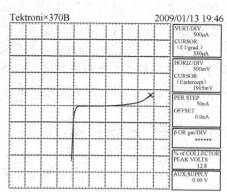

图 3-23 好品和坏品问题引脚的端口测试结果

3.4.3 静电和闩锁测试

静电和闩锁测试不是针对失效器件进行的测试技术，这两个测试需要在好品上进行测试，但在失效分析过程中往往会对集成电路的静电和闩锁特性进行测试，用于故障复现。

静电和闩锁的有关专著较多，读者需要在这方面深入了解的话可以参考这方面的专著，本节只对静电和闩锁的测试进行大概的介绍。

两种不同物质接触，它们之间就会产生静电，静电在日常生活中无处不在。根据外部静电对集成电路放电方式的不同，静电放电模型分下列几种：①通过人体放电的人体放电模型（Human-Body Model，HBM）；②通过器件放电的机器放电模型（Machine Model，MM）；③充电器件模型（Charged-Device Model，CDM）；④电场感应模型（Field-Induced Model，FIM）；⑤对于系统级产品测试的 IEC 电子枪空气放电模式；⑥研究设计用的 TLP 静电模型。限于篇幅只介绍其中的模型①、③和⑥。

（1）HBM

人体放电模型(HBM)的 ESD 是指因人体在地上走动摩擦或其他因素导致在人体上已累积了静电，当此人去碰触到 IC 时，人体上的静电便会经由 IC 的脚（pin）而进入 IC 内，再经由 IC 放电到地。此放电的过程会在短短几百纳秒（ns）的时间内产生数安培的瞬间放电电流，此电流会把 IC 内的组件烧毁。不同 HBM 静电电压相对产生的瞬间放电电流与时间的关系如图 3-24 所示。对一般商用 IC 的 2kV ESD 放电电压而言，其瞬间放电电流的尖峰值大约是 1.33A。人体模型的测试标准可以参考 Mil－STD－883 方法 3015[16]。

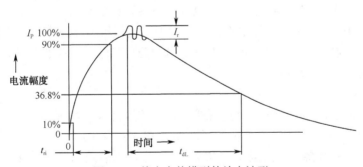

图 3-24　静电人体模型的放电波形

（2）CDM

充电器件模型（CDM）是指 IC 先因摩擦或其他因素而在 IC 内部累积了静电，但在静电累积的过程中 IC 并未被损伤。此带有静电的 IC 在处理过程中，当其引脚去碰触到接地面时，集成电路内部的静电便会经由引脚自集成电路内部流出来，而造成了放电的现象。此种模式的放电时间更短，仅约几纳秒，而且放电现象更难以被模拟。对于集成电路而言，HBM 的测试结果不反映充电器件模型的结果，需要单独进行充电器件模型测试。

（3）TLP 静电模型

TLP 静电模型是目前国际上一种比较新的测试方法[15]，TLP 表示传输线脉冲测试，是一种用短脉冲（50～200ns）来测量集成电路内 ESD 保护电路电流/电压特性的方法，这个短脉冲用来模拟作用于集成电路的短 ESD 脉冲，恒定阻抗的传输线可以产生恒定幅度的方波。TLP 测试中，把方波测试脉冲加到待测器件（DUT）的两脚之间进行测试，将测试脉冲引到 DUT 上的最常用方法是从一个接地的 56Ω电阻和一个与待测 DUT 脚串联的 500～1500Ω电阻之间引出脉冲，公共脚连到地，以提供脉冲电流回路。测试时将这个脉冲加到器件的测试结构上，同时测试结构两端的电压及流过的电流。通过适当的测试结构和测试参数，可以评价金属、多晶、单个晶体管乃至整个电路的 ESD 水平。TLP 的测试标准是 ANSIESD STM5.5.1。

（4）闩锁测试

闩锁是 CMOS 集成电路特有的一种失效，CMOS 工艺导致在其内部寄生了一个 PNPN 晶闸管结构，这个结构一旦触发便会进入低阻状态，这个低阻状态下不能通过控制信号关断，只有断电才可以解除闩锁状态。闩锁是集成电路的一种严重失效，往往导致集成电路烧毁。国际上闩锁的测试采用的测试标准是 JESD78 试验方法。

由于集成电路引脚数多，而且产生静电及闩锁激励都需要专门的设备和方法，目前静电和闩锁测试主要采用专用设备（静电闩锁测试系统）来实现。美国 Thermo KeyTek 公司和日本 Hanwa 公司都提供该类设备。设备可以支持上千个引脚的集成电路的静电和闩锁测试。在静电支持人体模型、机器模型和充电器件模型中，闩锁按照 JESD78 进行测试。目前美国 Barth 电子公司和国内工信部电子五所可以生产 TLP 模型的静电测试设备。

（5）案例分析

TLP 模型的测试可以提供 ESD 保护结构的 *IV* 特性，所以在 ESD 保护电路的设计中广泛应用。对于 TLP 脉冲下栅接地 nMOS 晶体管的工作状态，图 3-25 是用 TLP 对其进行测试得到的典型 *IV* 曲线，从图中可以清楚地看到触发电压和触发电流、维持电压和维持电流及二次击穿电压和二次击穿电流，这些参数对用栅接地 MOS 晶体管来构成 ESD 保护电路的设计是非常重要的。

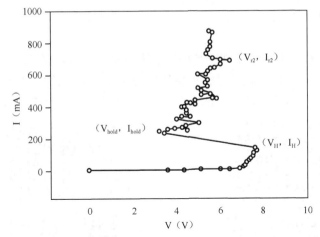

图 3-25 栅接地 MOSFET 的 ESD 保护结构的 TLP 测试结果

3.4.4 IDDQ 测试

（1）IDDQ 测试

随着集成电路的发展，目前先进制造采用的都是 CMOS 工艺，而 CMOS 工艺的一个特点是电路在静态条件下功耗很低。CMOS 电路由一个 PMOS 和一个 NOMS 串联构成，PMOS 接电源，NMOS 接地，PMOS 和 NOMS 不可能同时导通，因此在静态条件下理论上没有电流从 CMOS 结构上通过。但如果集成电路内部存在缺陷，特别是桥连故障，使得 MOS 管可能出现导通的情况，导致在静态条件下出现 CMOS 漏电情况，出现电源电流增大的情况，这种情况叫作 CMOS 集成电路的静态功耗电路失效，又叫 IDDQ 失效，专门针对 IDDQ 失效的测试技术叫作 IDDQ 测试。

IDDQ 测试主要通过监控集成电路电源电流的变化找到内部有缺陷的位置，通过调整内部的偏置激发缺陷流过漏电流导致 IDD 电流增加，利用设计的测试向量和 IDD 测试时序同步，可以找到产生 IDDQ 故障的电路位置。例如，有一个 12 级移位寄存器串联的电路，一个高电平在第一周期 T1 从第一级输入，那么每个周期这个高电平在寄存器串中移动一次，如果发现在 T7 时刻有一个电源电流的增加，那么缺陷可以定位到第 7 级上。而且这个缺陷被高电平激发，缺陷在第七级移位寄存器高电平截止的那些管子上。

IDDQ 测试的测试设备是 ATE，测试前需要有 IDDQ 的测试向量，而且 IDDQ 是准静态测试，测试的频率要足够小才能压低 0 到 1 转换产生的开关电流，这部分电流会降低缺陷产生的电流信噪比，干扰测试精度。

IDDQ 的具体测试方法可以参考 Sreejit Chakravarty 和 Paul J. Thadikaran 合著的

Introduction to I$_{DDQ}$ Testing 一书。

（2）案例分析

IDDQ 的测试针对的主要缺陷是桥连缺陷。图 3-26 是国外发表的桥连缺陷的一些物理形貌[17]，严重的桥连缺陷往往会造成短路而导致器件功能失效，而阻性桥连缺陷往往不会产生功能性错误，而造成的是时间参数错误或长期可靠性问题。

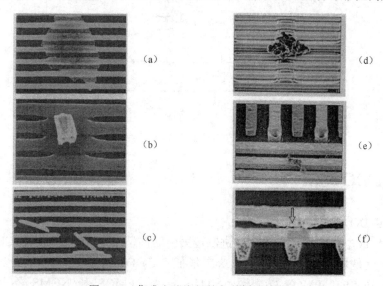

图 3-26　集成电路内部的各种桥连缺陷

3.4.5　复杂集成电路的电测试及定位技术

复杂集成电路是指如 SoC 这类多功能、集成度高、功能复杂的集成电路，其失效分析往往由电测试、非破坏分析、开封、样品制备、电学故障定位等一系列的分析过程构成。在整个失效分析流程中，电测试会在整个失效分析流程中重复出现，每次测试的侧重都会有所不同，需要根据失效分析的要求进行调整。例如，光发生显微镜分析需要电测试和物理分析工具同时使用，而且测试程序也需要根据光发生工具的具体要求进行修改。因此电测试往往是复杂集成电路工作量最大的部分，这些工作需要设计、测试和分析人员协同完成，因此在整个失效分析成本中占的比例也相当大。

对于复杂的电子系统，电子元器件的种类很多，不同的电子元器件的失效模式和机理有所不同。失效分析过程是在失效模式和机理之间进行推理和验证，找到失效器件的根本失效原因，从而帮助电子系统进行设计改进，提高其可靠性水平。在失效分析过程中，电测试是一个非常重要的手段，可以快速进行失效定位，提高失效分析成功率。因此掌握各种器件的测试技术对于失效分析工程师而言是非常重要的。

参 考 文 献

[1] Agilent Technologies. Agilent 4284A Precision LCR Meter Data Sheet. 2004.

[2] Panasonic Corporation. Surface Mount Resistors Technical Guide. 1999.

[3] Rome Laboratory. RELIABILITY ASSESSMENT OF CRITICAL ELECTRONIC COMPONENTS. 1992.

[4] 电容 ESR 表的特点、测量原理、电路分析. 网络.

[5] TAIYU TUDEN CO., LTD. 被动元件的基础知识. 2007.

[6] Agilent Technologies. Agilent B1500A Semiconductor Device Analyzer User's Guide. 2011.

[7] Agilent Technologies. Agilent B1500A 半导体元件分析仪应用指南 B1500-17.

[8] Agilent Technologies. Agilent Pulsed-IV 参数测试解决方案选型指南.

[9] DIETER K. SCHRODER. SEMICONDUCTOR MATERIAL AND DEVICE CHARACTERIZATION. 2006.

[10] 陈星弼，张庆中. 晶体管原理与设计（第 2 版）. 2005.

[11] 周跃平，郭霞. GaN 基发光二极管寿命测试及失效分析. 半导体光电. 2007, 28（3）：345-9.

[12] N. TOUFIK, F. PILANCHON. DEGRADATION OF JUNCTION PARAMETERS OF AN ELECTRICALLY STRESSED NPN BIPOLAR TRANSISTOR Active and Passive Elec. Comp 2001, 24: 155-163.

[13] Fairchild Semiconductor. AN-9010 MOSFET Basics. 2000.

[14] 泰瑞达公司. Ultra FLEX Data Sheet. 2013.

[15] 罗宏伟，师谦. 集成电路抗 ESD 设计中的 TLP 测试技术.

[16] 美国国防部. MIL-STD-883 Test Method Standard Microcircuit.

[17] Rochit Rajsuman. Iddq Testing for CMOS VLSI PROCEEDINGS OF THE IEEE. 2000, 88(4).

第4章

显微形貌分析技术

　　显微形貌分析是通过光学显微镜（OM）、扫描电子显微镜（SEM）、透视电子显微镜（TEM）、原子力显微镜（AFM）等分析仪器来研究各种材料的显微组织大小、形态、分布、数量和性质的一种方法。显微组织是指晶粒、包含物、夹杂物及相变产物等特征组织。利用显微形貌分析来考查如合金元素、成分变化及其与显微组织变化的关系等。显微形貌分析技术是失效分析的关键环节。

4.1　光学显微观察及光学显微镜

　　光学显微镜（见图 4-1）是进行电子元器件失效分析的基本工具之一，在失效分析中使用的光学显微镜主要有立体显微镜和金相显微镜。

4.1.1　工作原理

　　光学显微镜一般由载物台、聚光照明系统、物镜、目镜和调焦机构组成。载物台用于放置被观察的物体。利用调焦旋钮可以驱动调焦机构，使载物台做粗调和微调的升降运动，使被观察物体清晰成像。它的上层可以在水平面内做精密移动和转动，一般把被观察的部位调放到视场中心。

　　聚光照明系统由灯源和聚光镜构成，聚光镜的功能是使更多的光能集中到被观察的部位。照明灯的光谱特性必须与显微镜接收器的工作波段相适应。

图 4-1　光学显微镜外观图

物镜位于被观察物体附近，是实现第一级放大的镜头。在物镜转换器上同时装着几个不同放大倍率的物镜，转动转换器就可让不同倍率的物镜进入工作光路，物镜的放大倍率通常为 5～100 倍。

物镜是显微镜中对成像质量起决定性作用的光学元件，一般变倍比为 6.3：1，变倍范围是 0.8X～5X。目镜是位于人眼附近实现第二级放大的镜头，放大倍率通常为 5～20 倍。按照所能看到的视场大小不同，目镜可分为视场较小的普通目镜和视场较大的大视场目镜（或称广角目镜）两类。

载物台和物镜两者必须能沿物镜光轴方向做相对运动，以实现调焦，获得清晰的图像。高倍物镜工作时，容许的调焦范围往往小于微米级，所以显微镜必须具备极为精密的微动调焦机构。

显微镜放大倍率的极限即有效放大倍率，显微镜的分辨率是指能被显微镜清晰区分的两个物点的最小间距。分辨率和放大倍率是两个不同但又互有联系的概念。当选用的物镜数值孔径不够大，即分辨率不够高时，显微镜不能分清物体的微细结构，此时即使过度地增大放大倍率，得到的也只是一个轮廓虽大但细节不清的图像，称为无效放大倍率。反之，如果分辨率已满足要求而放大倍率不足，则显微镜虽已具备分辨的能力，但因图像太小而仍然不能被人眼清晰地看见。所以为了充分发挥显微镜的分辨能力，应使数值孔径与显微镜总放大倍率合理匹配。

立体显微镜和金相显微镜除了放大倍数不同外，其结构、成像原理及使用方法基本相似。它们均是用目镜和物镜组合来成像的。观察放大倍数是目镜和物镜两者放大倍数之积。

立体显微镜工作原理：利用一个共用的初级物镜，物体成像后的两光束被两组中间物镜——变焦镜分开，并成一体视角，再经各自的目镜成像，它的倍率变化是由改变中间镜组之间的距离而获得的。利用双通道光路，双目镜筒中的左右两光束不是平行的，而是具有一定的夹角，为左右两眼提供一个具有立体感的图像。金相显微镜是利用光线的反射和折射将不透明物体放大后进行观察的。由灯泡发出的光线经过集光镜组及场镜聚焦到孔径光阑，再经过集光镜聚焦到物镜的后焦面，最后通过物镜平行照射到试样的表面。从试样反射回来的光线经过物镜组和辅助透镜，由半反射镜转向，经过辅助透镜及棱镜形成一个被观察物体的倒立的、放大的实像，该像再经过目镜放大，就成为目镜视场中能看到的放大的映像。

立体显微镜和金相显微镜均有反射和透射两种照明方式，并且配有一些辅助装置，可提供明场、暗场、偏光及微分干涉等观察方式，以适应不同的观察需要。此外，还可配备照相和摄像装置，以进行图像记录。

4.1.2　主要性能指标

光学显微镜的特点是操作简单，不需要真空条件，不必去钝化层和层间介质，图像为彩色的，能观察多层金属化的芯片。立体显微镜放大倍数较低，最大可达 80 倍，放大倍数可连续变化，特点是景深较大，立体感强，一般成正像。金相显微镜的放大倍数较高，最大可达 1000 倍，放大倍数不连续，改变其放大倍数是通过变换不同倍数的物镜来实现的，其景深较小，一般成倒像。其图像透明，具有能观察多层金属化芯片的优点。

4.1.3 用途

光学显微镜的放大倍率及分辨率，虽无法满足许多材料表面观察之需求，但立体显微镜和金相显微镜结合使用仍广泛应用于下列应用。例如，器件的外观及失效部位的表面形状、尺寸、组织、结构、缺陷等的观察，如观察分析芯片在过电应力下的各种烧毁与击穿现象、引线内外键合情况、芯片裂缝、沾污、划伤、氧化层缺陷及金属层腐蚀等；配合液晶分析，还可对加电状态下的芯片漏电进行观察和定位；电子元器件金相切片观察、染色实验检查；IC 开封后观察；金属材料金相分析、晶粒度检查、孔隙率检查、非金属夹杂物检查、断口观察；涂/镀层厚度测量；等等。

4.1.4 应用案例

高密度电可擦 PLD 芯片无法与芯片进行通信，或只能读不能写入，或不可读、不可写。经分析，pin12（V_{CC}）、pin34（V_{CC}）端口特性异常，对电源呈现并联电阻特性。对其进行开封内目检，样品芯片表面在 V_{CC}（pin12、pin34）和 GND（pin1、pin23）位置有 4 块黑色的碳化物质（见图 4-2（a）），应为大电流通过电源线（包括 V_{CC} 和 GND）时形成的高温导致塑封材料碳化，而这些碳化物质是难溶于酸的；拨去样品中附着在芯片表面的碳化物质后，底层局部仍有一薄层高温碳化物粘附，但未发现该处有过压击穿迹象，说明塑封料碳化是电源铝连线大电流流过发热所致，如图 4-2（b）所示。

（a）立体像　　　　　　　　　　　　　（b）金相显微像

图 4-2　高密度电可擦 PLD 芯片光学显微像

4.2 扫描电子显微镜

4.2.1 工作原理

扫描电子显微镜（SEM）利用聚焦得非常细的高能电子束在试样上扫描，激发出各种物理信息。通过对这些信息的接收、放大和显示成像，获得试样表面形貌的观察。其工作原理如图 4-3 所示。

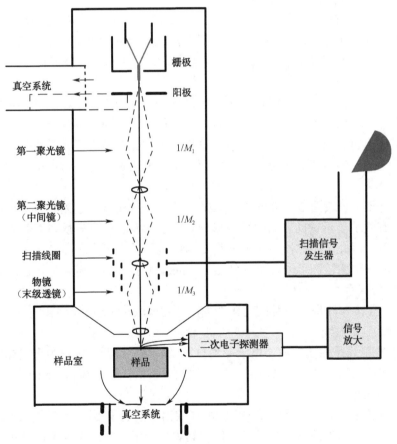

图 4-3 扫描电镜工作原理

当一束极细的高能入射电子轰击扫描样品表面时，被激发的区域将产生二次电子、俄歇电子、特征 X 射线和连续谱 X 射线、背散射电子、透射电子，以及在可见、紫外、红外光区域产生的电磁辐射。同时可产生电子–空穴对、晶格振动（声子）、电子振荡（等离子体）。

（1）背散射电子

背散射电子是指被固体样品原子反射回来的一部分入射电子，其中包括弹性背反射电子和非弹性背反射电子。

弹性背反射电子是指被样品中原子反弹回来的、散射角大于 90°的那些入射电子，其能量基本没有变化（能量为数千到数万电子伏）。非弹性背反射电子是入射电子和核外电子撞击后产生非弹性散射导致的，不仅能量变化，而且方向也发生变化。非弹性背反射电子的能量范围很宽，从数十电子伏到数千电子伏。

从数量上看，弹性背反射电子远比非弹性背反射电子所占的份额多。背反射电子的产生范围在 100nm～1mm 深度。

背反射电子束成像分辨率一般为 50～200nm（与电子束斑直径相当）。背反射电子的产额随原子序数的增加而增加，所以，利用背反射电子作为成像信号不仅能分析形貌特征，也可以用来显示原子序数衬度，定性进行成分分析。

（2）二次电子

二次电子是指被入射电子轰击出来的核外电子。由于原子核和外层价电子间的结合能很小，当原子的核外电子从入射电子获得了大于相应的结合能的能量后，可脱离原子成为自由电子。如果这种散射过程发生在比较接近样品表层处，那些能量大于材料逸出功的自由电子可从样品表面逸出，变成真空中的自由电子，即二次电子。

二次电子来自表面 5～10nm 的区域，能量为 0～50eV。它对试样表面状态非常敏感，能有效地显示试样表面的微观形貌。由于它发自试样表层，入射电子还没有被多次反射，因此产生二次电子的面积与入射电子的照射面积没有多大区别，所以二次电子的分辨率较高，一般可达到 5～10nm。扫描电镜的分辨率一般就是二次电子的分辨率。

二次电子产额随原子序数的变化不大，它主要取决于表面形貌。

（3）特征 X 射线

特征 X 射线是原子的内层电子受到激发以后在能级跃迁过程中直接释放的具有特征能量和波长的一种电磁波辐射。X 射线一般在试样的 500nm～5mm 深处发出。

（4）俄歇电子

如果原子内层电子能级跃迁过程中所释放出来的能量不以 X 射线的形式释放，而是用该能量将核外的另一电子打出，使其脱离原子变为二次电子，这种二次电子叫作俄歇电子。因每一种原子都有自己特定的壳层能量，所以它们的俄歇电子能量也各有特征值，能量在 50～1500eV 范围内。俄歇电子是从试样表面极有限的几个原子层中发出的，这说明俄歇电子信号适用于表层化学成分分析。

产生的次级电子的多少与电子束入射角有关，也就是说，与样品的表面结构有关，次级电子由探测体收集，并在那里被闪烁器转变为光信号，再经光电倍增管和放大器转变为电信号，控制荧光屏上电子束的强度，显示出与电子束同步的扫描图像。图像为立体形象，反映了标本的表面结构。

为了使标本表面发射出次级电子，标本在固定、脱水后要喷涂上一层重金属微粒，重金属在电子束的轰击下发出次级电子信号。

原则上讲，利用电子和物质的相互作用，可以获取被测样品本身的各种物理、化学性质信息，如形貌、组成、晶体结构、电子结构和内部电场或磁场等。

扫描电子显微镜根据上述不同信息产生的机理，采用不同的信息检测器，使选择检测得以实现。例如，最常用的对二次电子、背散射电子的采集，可得到有关物质的微观形貌信息；对 X 射线的采集，可得到物质的化学成分信息。图 4-4 为扫描电子显微镜外观图。

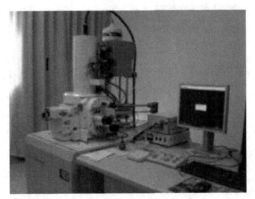

图 4-4　扫描电子显微镜

4.2.2　主要性能指标

扫描电子显微镜的特点是功能强大，放大倍率范围可从普通光学的体式显微镜、金相显微镜，一直覆盖到透射电镜之间的放大区域，可以对样品的任何细微结构及其他表面特性放大几十万倍，是电子元器件失效分析必不可少的、强有力的工具。扫描电子显微镜的样品制备过程简单，不用切成薄片，且电子束对样品的损伤与污染程度较小，但其缺点是要求样品处于真空环境中，在高电压下还需要解决表面钝化层的荷电问题。扫描电子显微镜的主要性能指标包括以下几项。

（1）二次电子像分辨率。高真空模式 SE、0.8nm@15kV、1.6nm@1kV、10nm@20V；BSE：2.5nm@15kV。

（2）加速电压：20V～30kV，10V 为一级连续可变。

（3）探针电流：4pA～20nA、12pA～100nA 可选，稳定度优于 0.2%/h。

（4）放大倍数：12×～1 000 000×，连续可调，便于跟踪寻找缺陷并建立微观形貌与宏观形貌之间的联系；景深大，有很强的立体感，适用于观察像断口那样的粗糙表面。

（5）加配能谱仪或波谱仪后，可同时进行化学成分分析。

4.2.3　用途

扫描电镜（SEM）是介于透射电镜和光学显微镜之间的一种微观形貌观察设备，可直接利用样品表面材料的物质性能进行微观成像，主要用于失效定位和缺陷分析，具体用途如下。

（1）电子元器件、电路板、陶瓷、矿物、纤维和高分子等有机或无机固体材料的清晰微观形貌观察，样品的尺寸可大至 120mm×80mm×50mm。

（2）对特征 X 射线进行采集、检测，可以得到各种试样的化学成分分析、形态及成分鉴定。

（3）样品可以在样品室中做三度空间的平移和旋转，因此可以从各种角度对样品进行观察。可对固体材料的表面涂层、镀层进行分析和膜层厚度任意方向的测量。

（4）电压衬度像（VC）用于获得半导体芯片表面电位的高低及分布，束感生电流像（EBIC）用来观察 PN 结的结区位置、形状和尺寸等。

（5）景深大，图像富有立体感。扫描电镜的景深比光学显微镜大几百倍，比透射电镜大几十倍。

（6）图像的放大范围广；分辨率也比较高，可放大十几倍到几十万倍，它基本上包括了从放大镜、光学显微镜直到透射电镜的放大范围；分辨率介于光学显微镜与透射电镜之间。

（7）在观察形貌的同时，还可利用从样品发出的其他信号进行微区成分的定性和定量分析，在材料表面做元素的面、线、点分布的分析和相应分析区域的图像采集。

（8）配有 X 射线谱仪，用来对样品发出的特征 X 射线进行化学成分分析。

4.2.4　应用案例

高速 CMOS 单片机能擦能写但不能运行。部分引脚对地呈现电阻特性。经分析，端口保护电路网络存在静电击穿点（见图 4-5）导致的失效。

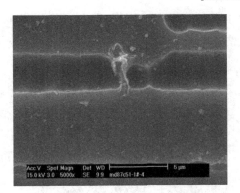

图 4-5 芯片中静电击穿点 SEM 像

透射电子显微镜

4.3.1 工作原理

透射电子显微镜（TEM）如图 4-6 所示，它与光学显微镜的成像原理基本一样，所不同的是前者用电子束作为光源，用电磁场作为透镜。透射电子显微镜把经加速和聚集的电子束投射到非常薄的样品上，电子因与样品中的原子碰撞而改变方向，从而产生立体角散射。由电子枪发射出来的电子束在真空通道中沿着镜体光轴穿越聚光镜，通过聚光镜将之会聚成一束尖细、明亮而又均匀的光斑，照射在样品室内的样品上；透过样品后的电子束携带有样品内部的结构信息，样品内致密处透过的电子量少，稀疏处透过的电子量多；经过物镜的会聚调焦和初级放大后，电子束进入下级的中间透镜和第 1 投影镜、第 2 投影镜进行综合放大成像，最终被放大了的电子影像投射在观察室内的荧光屏板上；荧光屏将电子影像转化为可见光影像，以供使用者观察。散射角的大小与样品的密度、厚度相关，因此可以形成明暗不同的影像，影像将在放大、聚焦后在成像器件（如荧光屏、胶片及感光耦合组件）上显示出来。

透射电子显微镜是利用电子的波动性来观察固体材料内部的各种缺陷和直接观察原子结构的仪器。以电子束为照明光源，电子束在外部磁场或电场的作用下可以发生弯曲，形成类似于可见光通过玻璃时的折射现象，利用这一物理效应制造出电子束的"透镜"，从而开发出透射电子显微镜。由于电子波的波长远小于可见光的波长（100kV 的电子波的波长为 0.0037nm，而紫光的波长为 400nm）。根据光学理论，透射电子显微镜的分辨率大大优于光学显微镜，其分辨率已经可达 0.1nm，放大倍数为几万至百万倍。因此，透射电子显微镜可用于观察样品的精细结构，甚至可用于观察仅仅一列原子的结构，比光学显微镜所能观察到的最小的结构小数万倍。

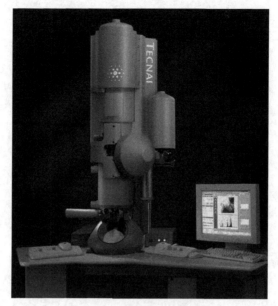

图 4-6 透射电子显微镜

在放大倍数较低时，TEM 成像的对比度主要是由于材料不同的厚度和成分造成对电子的吸收不同。当放大率倍数较高时，复杂的波动作用会造成成像亮度不同，因此需要用专业知识来对所得到的像进行分析。通过使用 TEM 不同的模式，可以通过物质的化学特性、晶体方向、电子结构、样品造成的电子相移及电子吸收对样品成像。

由于电子束的穿透力很弱，因此用于电镜的标本必须制成厚度约 50nm 左右的超薄切片，这种切片需要用超薄切片机制作。

4.3.2 主要性能指标

目前国内在透射电子显微镜研发方面尚处于起步阶段，市场上还没有成熟的产品。在该技术上处于世界领先的公司主要有荷兰 FEI、日本电子（JEM）和德国蔡司（ZEISS）等公司。目前国内高校、科研院所等单位也主要使用这 3 个品牌的透射电子显微镜。

FEI 公司生产的 Tecnai G2 F20 S-TWIN 透射电子显微镜的主要性能指标如下。

（1）点分辨率：0.24nm。线分辨率：0.14nm。

（2）加速电压：20kV、40kV、80kV、120kV、160kV、200kV，并可连续调节；加速电压稳定度不大于 1.0ppm/10min。

（3）放大倍数：25×～1030k×。相机长度：30～4500mm。放大倍数和相机长度准确度均小于 5%。

（4）物镜焦距：1.7mm。物镜球差系数：1.2mm。物镜色差系数：1.2mm。最小聚焦步长：1.8nm。物镜电流稳定性：2ppm/min。

（5）最小束斑尺寸：1.5nm（LaB6）、3nm（W）。Microprobe/Nanoprobe 两种主要照明模式，共 22 种束斑尺寸。

（6）最大衍射角：26°。最大会聚角：100mrad。

（7）样品台最大样品倾角：±40°。双倾样品杆轴倾角：±30°。

（8）样品台：X、Y、Z 方向移动。

（9）5 轴 CompuStage 样品台，可存储和复位 5 维（X, Y, Z,   ,）坐标。XYZ 方向机械重复精度为 500nm；漂移 1nm/min。

（10）XY 方向移动：总行程±1mm，最小移动步长小于 4nm。

（11）Z 方向移动：总行程±0.375mm，最小移动步长小于或等于 36nm。

（12）真空系统：三个离子泵+油扩散泵+机械泵真空系统，样品区极限真空小于 $1.0×10^{-5}$Pa。

（13）换样时间小于 1min，并且更换灯丝或底片不需要退灯丝及高压。

（14）照相方式：一体化 CCD 相机及平板相机。

（15）能谱仪：探头分辨率为 136eV，分辨元素范围为 B5～U92，峰背比 18 000∶1，固体角为 0.13srad，取出角为 20°。

（16）STEM 附件：STEM 分辨率优于 1nm，放大倍数 150×～5000k×，相机常数为 30～4240mm。

4.3.3 用途

随着电子技术的迅速发展，集成电路和电子元器件逐步向纳米级尺度和三维空间发展，超大规模集成电路、三维堆叠式封装、纳米尺度制造工艺等都对可靠性分析、表征技术和设备能力提出了更高的要求。以超大规模集成电路为例，由于传统剥层技术的限制，对超大规模集成电路中下层电路的分析与表征需要采用具备纳米尺度表征能力和三维显微分析（包括成分分析）能力的设备。透射电子显微镜通过特定的制样技术不仅可实现三维方向超高分辨率图像的观察，而且可以实现高空间分辨率（纳米尺度）的结构、成分分析。

（1）适应半导体技术发展对失效分析设备能力的要求。

现代半导体制造工艺正在飞速发展，深亚微米器件已经投入量产，器件的薄膜最薄只有几纳米，尺寸的减小对显微分析设备提出了更高的技术要求。受半导体工艺和剥层技术的限制，传统的反应离子刻蚀技术和扫描电子显微技术已无法实现超大规模 IC 下层电路的失效分析，必须采用更高分辨率和具有三维分析能力的显微镜来观察，透射电子显微镜和聚焦离子束系统相结合，可以实现下层电路的显微分析。

（2）形成三维的立体微结构和成分分析能力。

透射电子显微镜与金相和扫描电子显微镜相结合，可形成三维的立体微结构分析和检测手段，全面透析被分析样品在三维空间上的纳米尺度结构和成分等信息。

（3）提升半导体工艺质量评价能力

在半导体生产中，为了了解工艺加工的质量或诊断质量问题的根源，首先必须观察相应区域的形貌轮廓，如观察光刻窗口边壁的形态来评价各种工艺方案，或者测量各微结构的实际尺寸来判断产品与版图设计是否吻合等。对于特征尺寸在亚微米量级的集成电路，透射电子显微镜可以精确地给出用于超大规模集成电路芯片制造的各种材料的有关形貌特征。由于 TEM 制样过程对器件内部相对结构的影响很小，观察到的图像基本可以认为是样品的原始形貌，因而可以作为半导体工艺质量评价的技术手段。

4.3.4　应用案例

利用透射电镜观察到微波器件势垒层出现了异常，势垒层弛豫，并观察到穿透位错（见图 4-7），导致器件出现反向漏电较大、正向不工作的失效现象。

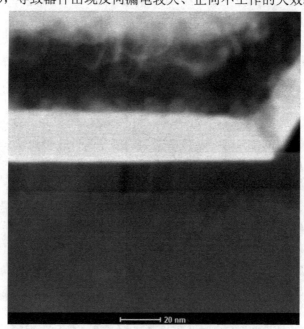

图 4-7　微波器件势垒层穿透位错

4.4 原子力显微镜

4.4.1 工作原理

原子力显微镜（AFM）是一种以物理学原理为基础，通过扫描探针与样品表面原子相互作用而成像的新型表面分析仪器。原子力显微镜的基本原理：固定弹性微悬臂的一端，让位于微悬臂另一端的细小探针轻轻碰触样品表面。在扫描时，样品表面原子与微悬臂探针针尖原子间的相互作用力使未固定的带探针的微悬臂一端随样品表面状貌上下起伏。微悬臂相对于扫描各点的方位改变信息可通过隧道电流检测法或光学检测法检测出来，据此可得到样品表面状貌特征。即 AFM 利用一个很尖的探针对样品进行扫描，探针固定在对探针与样品表面作用力极敏感的微悬臂上。微悬臂受力偏折会引起由激光源发出的激光束经悬臂反射后产生位移。检测器接收反射光，最后接收信号经过计算机系统采集、处理，形成样品表面形貌图像。

如图 4-8（a）所示，二极管激光器（Laser Diode）射出的激光束通过光学系统入射于微悬臂（Cantilever）背面后反射至光斑位置的检测器（Detector）上。扫描时，通过操控探针针尖原子与样品表面原子间微弱的排斥力使带探针的微悬臂一端对应于排斥力等位面在样品表面垂直方向上起伏运动，反射光束也将随之偏移。光斑方位改变信息可用光电二极管检测出来，据此可得到所测样品的表面状貌特征。其典型 AFM 实物照片如图 4-8（b）所示。

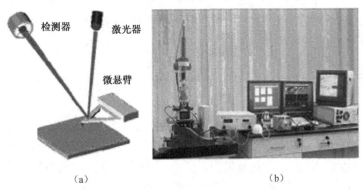

（a） （b）

图 4-8　DI Nanoscope Multimode 原子力显微镜的光路原理图和实物图

AFM 有 3 种工作模式：接触模式、非接触模式和轻敲模式。接触模式分辨率高，但易"拖刮"，损伤样品表面，且还会由于探针与样品表面产生的黏滞力造成图像失真。非接触模式确实可以避免上述问题，但由于探针与样品表面距离较大、作用力太小，造成分辨率降低，且可能因表面张力干涉而造成图像变形；轻敲模式是新发明的一种较为先进的模式，它采取探针垂直样品表面高频振动，交替地让针尖与样品表面"接触"和"抬高"。这种交替频率通常为每秒钟 5 万～50 万次。这种模式结合了上述两种模式的优点，既不损坏样品表面又有较高的分辨率。

原子力显微分析技术主要用于对电子元器件在三维尺度上、在纳米级进行探测缺陷、测量表面粗糙度和其他表面特征，是利用原子、分子间的相互作用力（主要有范德瓦尔斯力、价键力、表面张力、万有引力及静电力和磁力等）来观察物体表面微观形貌的新型分析手段。原子力显微分析可以对材料的物理、力学、电学、磁场方面的特性进行定量分析，可以拓展失效分析在材料特性方面的分析能力，实现在更小尺度上的分析。

4.4.2 主要性能指标

AFM 可以在真空、超高真空、气体、溶液、电化学环境、常温和低温等环境下工作，主要性能指标如下。

（1）扫描范围 90μm×90μm×10μm。

（2）样品尺寸：150mm×150mm×12mm （XYZ）。

（3）噪声水平≤50pm（Z 方向），噪声水平≤0.15pm（XY 方向）。

（4）线路分辨率（X,Y,Z）每个方向各有 3 个 16 位 DAC（数模转换器，共 9 个），分别对基本波形、扫描范围及扫描偏移进行控制，提供了空前强大的控制精度。

（5）光学辅助观察系统：285～1285 倍放大、150～675μm 视场范围、自动聚焦及缩放、1.5μm 分辨率、计算机控制照明、彩色 CCD 摄像头。

（6）AFM 专用防震系统。

4.4.3 用途

原子力显微镜（AFM）主要用于对样品在三维尺度上、在纳米级进行探测缺陷、测量表面粗糙度和其他表面特征，它是利用原子、分子间的相互作用力（主要有范德瓦尔斯力、价键力、表面张力、万有引力及静电力和磁力等）来观察物体表面微观形貌的新型实验设备。原子力显微镜可以对材料的物理、力学、电学、磁场方面的特性进行定量分析。其主要应用有如下几方面。

（1）原子力显微镜可用于晶体生长机理研究。原子力显微镜可在原子级分辨图像，观察原子级晶体生长界面过程，验证晶体生长机理和模型，如晶面结构和生长各向异性对晶体生长机理的影响等。

（2）原子力显微镜在物理学中的应用。AFM可用于研究金属和半导体的表面形貌、表面重构、表面电子态及动态过程、超导体表面结构和电子态层状材料中的电荷密度等。借助 AFM 可以方便地得到某些金属、半导体的重构图像，如硅活性表面 Si（111）-7×7 的原子级分辨率图像。还可获得包括绝缘体和导体在内的许多不同材料的原子级分辨率图像。

（3）原子力显微镜在电化学中的应用。AFM 已成功应用于现场电化学研究，主要包括界面结构的表征、界面动态学和化学材料及结构等，如观察和研究单晶/多晶局部表面结构、表面缺陷和表面重构、表面吸附物种的形态和结构、金属电极的氧化还原过程、金属或半导体的表面电腐蚀过程、有机分子的电聚合及电极表面上的沉积等。

（4）原子力显微镜在生物大分子结构研究中的应用。原子力显微镜在生物大分子结构研究中具有明显优势，如可在空气或各种溶剂体系中直接观测，能够在接近生理环境的条件下直接研究。采用合适的成像模式不会引起样品分子的漂移和损坏，图像的可重复性大大提高。现场操作性好，能够研究、监测整个生化反应的动力学过程。

（5）原子力显微镜在其他研究领域的应用。在高分子、黏土矿物、生命科学等领域，原子力显微镜应用广泛：ⓐ可用于研究高分子的纳米级结构和表面性能等新领域，并由此导出了若干新概念和新方法；ⓑ能够分辨黏土矿物硅氧四面体片上的六方环结构及八面体片的羟基团，是研究黏土矿物表面反应、表面改性及表面溶蚀作用的重要手段；ⓒ可用于"透明质酸"、"髓鞘质"、活细胞力学响应等。

4.4.4　应用案例

对芯片表面镀的 25nm 保护膜进行 AFM 形貌分析，结果显示成膜致密、平整、表面粗糙度小于 4nm（见图 4-9），质量较好，可以给芯片提供较好保护。

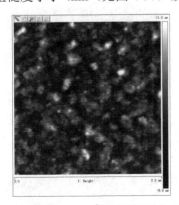

（a）2D 扫描图像（2×2μm²）表面粗糙度 Rq 为 2.73nm　　　　（b）3D 立体成像（2×2μm²）

图 4-9　25nm 膜厚样品的局部 AFM 分析结果

参 考 文 献

[1] 朱良漪. 分析仪器手册. 北京：化学工业出版社，1997：668-667.

[2] 干蜀毅，等. 扫描电子显微镜探头新进展. 现代科学仪器，2001，（1）:47-49.

[3] 浅谈光学显微镜的日常维护注意事项. 中国测量工具网.

[4] 朱琳. 扫描电子显微镜及其在材料科学中的应用. 吉林化工学院学报，2007，2：81-84.

[5] 章一鸣. 环境扫描电镜（ESEM）给人们提供新概念、新方法、新结论. 国外分析器，1995：25-28.

[6] 李斗星. 材料科学中的高分辨电子显微学——发展历史、现状与展望. 电子显微学报，2000（2）.

[7] 李斗星. 透射电子显微学的新进展——透射电子显微镜及相关部件的发展及应用. 电子显微学报，23（3），2004.

[8] 杨槐馨，李俊，张颖，等. 现代透射电子显微技术在多铁材料研究中的应用. 物理，43（2）：105-116.

[9] 姚骏恩. 电子显微镜的现状与展望. 电子显微学报，1998（06）.

[10] 吴晓京. 现代大型分析测试仪器系列讲座之二——透射电子显微镜. 上海计量测试，2002（3）.

[11] 邓志刚，李银祥. H－600 透射电子显微镜真空常见故障的维修. 电子显微学报，1994（6）.

[12] 李明芳，王晓岗，许新华. 透射电子显微镜在本科开放实验教学中的应用. 实验室科学，2013（5）.

[13] 汤栋，Freitag B. 透射电子显微镜分辨率的改进. 电子显微学报，2004（4）.

[14] 刘冰川，曲利娟，刘庆宏. 透射电子显微镜成像方式综述. 医疗设备信息，2007（9）.

[15] 刘冰川，曲利娟，刘庆宏，等. 透射电子显微镜数字成像系统的研制. 医疗卫生装备，2007（10）.

[16] 朱弋，阮兴云，徐志荣，等. 飞利浦 CM-120 透射电镜性能综述. 中国医学装备，2007（9）.

[17] 李慧，张静武. 拍摄高质量透射电镜照片的经验. 实验室研究与探索，2002（1）.

[18] 张德添，刘安生，朱衍勇. 电子显微技术的发展趋势及应用特点. 现代科学仪器，2008（1）.

[19] 李建奇. 高分辨电子显微学的新进展——走向亚埃电子显微时代. 物理，2006（2）.

[20] 白春礼. 扫描隧道显微术及其应用. 上海：上海科学技术出版社，1992.

[21] 刘有台. 原子力显微镜原理及应用技术. 生物在线，2007.

[22] 里德 SJB. 电子探针显微分析. 林天辉，章靖国，译. 上海：上海科学技术出版社，1980.

[23] 马荣骏. 原子力显微镜及其应用. 矿冶工程，2005，08：62-65.

[24] 刘小虹，颜肖慈，罗明道，等. 原子力显微镜及其应用. 科技进展，24（1）：36-40.

[25] 刘延辉，王弘，孙大亮，等. 原子力显微镜及其在各个研究领域的应用. Scienceand Technology Review.，2003，3：9-13.

[26] 钱欣，程蓉. 原子力显微镜在合成膜表征中的应用. 膜科学与技术，2004，4：62-67.

[27] MulderM. 膜技术基本原理. 第 2 版.李琳，译. 北京：清华大学出版社，1999：54-55.

[28] 伍媛婷，王秀峰，程冰. 原子力显微镜在材料研究中的应用. 稀有金属快报，2005，24（4）：33-37.

[29] 喻敏. 原子力显微镜的原理及应用. 北京大学生物医学工程，2005.

[30] 杨英歌，周海，卢一民. 原子力显微镜在材料研究中的应用. 显微与测量，2008，10：68-71.

[31] 马孜，吕百达. 光学薄膜表面形貌的原子力显微镜观察. 电子显微学报，2000，10：704-708.

[32] 刘新星，胡岳华. 原子力显微镜及其在矿物加工中的应用. 矿冶工程，2003，3（1）：32-35.

[33] 胡秀琴，牟其善，程传福，等. 利用原子力显微镜研究晶体缺陷. 山东科学，2003，6（2）：35-39.

第5章

显微结构分析技术

5.1 概述

　　显微结构分析技术主要用于分析元器件的内部结构缺陷,如空洞、断线、多余物、界面分层、材料裂纹等。通过 X 射线显微透视、扫描声学显微探测等技术,将样品内部的微观结构、材料结构显现出来并分析,确定样品的结构、失效特征等,为样品所关注的位置提供直观、准确和清晰的物理证据。

5.2 X 射线显微透视技术

5.2.1 原理

　　X 射线（X-ray）自 1895 年被德国物理学家伦琴发现以来,已经在医疗诊断、资源勘探、工业检测等领域得到了广泛的应用。X-ray 本质上是一种波长从 0.01nm～10nm 的电磁波,具有波长短和穿透性强两个显著特点,可以高分辨、无损观测电子封装内部结构而不需要开封,因此成为失效分析无损检测的重要手段。

　　电子在射线管中经过电场加速,轰击高原子序数材料靶,电子因急剧减速,动能转换,使靶中的电子溢出,辐射出电磁波的同时产生了 X 射线。X 射线管产生的 X 光子能量范围在几十电子伏到几兆电子伏。当电子从阴极射出时,在外加电场的作用下电子向阳极方向移动,受电场力的作用,电子的速度不断加大,电场势能转换为电子运动的动能。当高速电子撞击阳极表面时,电子束以不同的方式被制止,此时产生的电磁脉冲将是一系列连续量数值。由于电子的撞击停速时间各不相同,产生的电磁波波长必然也不同,并且数值呈连续变化。由此产生的波长连续变化的电磁波就是连续 X 射线。

连续电磁波谱中最短波长对应着 X 射线中的最大能量，它的数值大小仅受射线管电压的影响，与靶材料无关。射线管中电流的大小表明单位时间内轰击靶的电子数量的多少。射线管的电压增大时，发射的电子数目没有改变，但每个电子获得的动能增加了，因而能量较大的短波段成分射线增多了，能量转换增大。靶材料的原子序数越大，电场力越强，导致辐射作用明显，所以靶材通常采用高原子序数的钨材料制作。X 射线的转换效率与靶材料的原子序数和管电压成正比。在同等条件的情况下，射线管电压越高，X 射线转换效率越高；当管电压达到 100kV 时，转换效率大概为 1%，为保证阳极不被转换的热能烧坏，X 射线管必须有良好的冷却装置。

X 射线具有很强的穿透能力，能透过许多对可见光不透明的物质，如墨纸、木料等。这种肉眼看不见的射线可以使很多固体材料发生可见的荧光，使照相底片感光及空气电离等，波长越短的 X 射线的能量越大，叫作硬 X 射线，波长长的 X 射线能量较小，称为软 X 射线。射线透过物体时会发生吸收和散射，如果被检测物体内部的缺陷与被测物体的材质不同，它们对传过其中射线衰减的强度也不同，同理，同一材质的物体厚度不同，对射线的衰减程度也不相同，因此通过测量材料中因缺陷存在影响射线的吸收来探测缺陷。X 射线和 γ 射线通过物质时，其强度逐渐减弱。射线还有个重要性质，就是能使胶片感光，当 X 射线照射胶片时，与普通光线一样，能使胶片乳剂层中的卤化银产生潜像中心，经过显影和定影后会黑化，接收射线越多的部位黑化程度越高，这个作用叫作射线的照相作用。因为 X 射线使卤化银的感光作用比普通光线小得多，所以必须使用特殊的 X 射线胶片，这种胶片的两面都涂敷了较厚的乳胶。此外，还要使用一种能加强感光作用的增感屏，增感屏通常用铅箔做成。这种曝过光的胶片在暗室中经过显影、定影、水洗和干燥，再将干燥的底片放在观片灯上观察，根据底片上有缺陷部位与无缺陷部位的黑度图像不一样，就可以判断出缺陷的种类、数量、大小等。这就是射线照相探伤的原理。

目前 X-ray 技术有 2D 和 3D 检测技术及相应的仪器设备。

1. 2D X-ray 的工作原理

2D X-ray 成像是一项成熟的技术，广泛用于微电子失效分析。2D X-ray 可实时检测器件的缺陷特征。在许多情况下，2D X-ray 设备的用户界面操作简单，很容易获取高质量的图像，而不需要额外复杂的训练和大量机械化的运作。另外，随着检测技术的不断发展，图像质量和分辨率在不久的将来都会得到提高。

X-ray 显微技术的实质是根据被检测样品与其内部缺陷介质对射线能量衰减程度的不同，引起透过样品后的强度差异，使缺陷能在底片等上显示出来。X-ray 技术属于非破坏性检验，是在不破坏产品原有形状、不改变或不影响产品使用性能情况下，来保证产品安全性和可靠性的检测方法。与破坏性检验提取器件局部或样品的实验结果建立在统计数学基础上、随机性较强的特点不同，X-ray 可以检验、辨别隐藏缺陷的类型，甚至实现准确定位。

X-ray 检测技术基于不同材料对 X 射线有不同的吸收率，当 X-ray 穿透样品时，X 射线源 I_0 的强度将衰减。衰减程度由材料参数即衰减系数 μ 和样品的厚度 L 决定。衰减定律见式（5-1），该公式仅对单色 X-ray 的情况有效。

$$I = I_0 \cdot e^{-\mu L} \tag{5-1}$$

式中，I 是 X 射线透过物体后的强度，I_0 是 X 射线的初始强度，μ 是被检测物体的衰减系数。

对函数 $\mu(x, y)$ 进行线积分，表示透过二维物体的 X 射线强度 I，由式（5-2）表示，该公式仍然仅适用于单色 X-ray。

$$I = I_0 \cdot e^{-\int_L \mu(x,y)\mathrm{d}l} \tag{5-2}$$

图 5-1 说明了影响 X 射线衰减率的物理因素，包括 X 射线的波长、原子序数、样品的材料密度及厚度。X-ray 的衰减率与波长的 3 次方、原子序数的 3 次方成正比。随着被测样品的密度和厚度的增加，X-ray 衰减的能量越大。

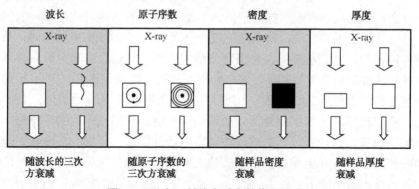

图 5-1　影响 X 射线衰减率的物理因素

射线穿过样品后，由成像设备（探测器）检测衰减后的 X-ray。样品中感兴趣区域（Region Of Interest，ROI）的几何放大倍数取决于 X-ray 工作的几何环境。式（5-3）描述了放大倍数与几何距离之间的简单关系：

$$M = \frac{L_1 + L_2}{L_1} \tag{5-3}$$

式中，M 是放大倍数，(L_1+L_2) 是 X 射线源和检测器之间的距离，L_1 是 X 射线源和样品之间的距离。上述式子表明靠近 X 射线源的样品的几何放大倍数高于靠近检测器的样品。

另一个影响放大倍数（尤其是高放大率）的重要因素是 X 射线源的几何尺寸。

理想 X 射线源的直径应为 0，但是实际直径大于 0。使用微焦点管可以将 X 射线源的直径减小至纳米级。但是只有低功率的 X 射线光管可能实现这个目标，因为功率密度高功率模式下的 X 射线源的直径大于 $2\mu m$（取决于 X-ray 光管的类型和厂商）。由公式（5-4）可以获得一个结论，如图 5-2 所示。

$$U = d_{\text{x-ray}} \frac{L_2}{L_1} \tag{5-4}$$

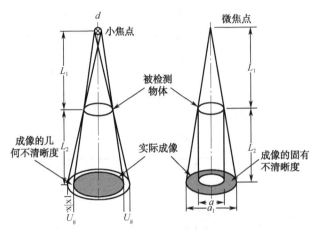

图 5-2　焦点尺寸与图像清晰度的关系

图 5-2 说明了 2D X-ray 的工作原理，同时还表明了 X 射线源的几何尺寸影响物体的放大倍数。X 射线源的几何尺寸越接近理想尺寸 0，成像越清晰，即最终图像的质量越高。

面对微电子封装更小、更复杂的发展趋势，2D X-ray 技术将面临一些技术性挑战。分析员经常发现由于视野中存在许多遮挡物和干扰因素，因而难以甚至无法检测小尺寸缺陷的特征。这时通常需要切片准备，然而这很可能造成人为的破坏。2D X-ray 成像技术的分辨率低是普遍存在的技术瓶颈，这推动了 X-ray CT 的发展，使之成为微电子封装失效分析的重要手段。

2. 3D X-ray 的工作原理

X-ray CT（计算机断层成像技术，Computed Tomography）是目前最先进的 X-ray 检测技术，具有 3D 成像功能，故也称 3D X-ray 技术。利用 3D X-ray 技术所得到的 3D 图像可以直观看到感兴趣的目标细节，消除物体重叠对检测带来的影响，准确获取被覆盖缺陷的大量信息，包括结构、尺寸及位置等特征。3D X-ray 图像以识别力高且密度分辨率突出，能够有效检测桥连、焊接不良、焊点裂纹、键合引线情况等缺陷。

3D X-ray CT 技术最初用于医疗诊断，随着微电子技术突飞猛进的发展，集成电路的封装越来越微型化、功能化、系统化，CT 逐步应用于封装检测。3D SiP（System in Package，系统级封装）是封装领域的必然趋势，对其内部结构的检测和严格的缺陷定位是保证产品质量的关键环节。由于 3D 结构的层叠大大增加了检测的难度，而 CT 的应用实现了无损检测、准确定位的目的。

目前先进的 X-ray 检测技术可以建立三维模型，X-ray CT 成像检测即可实现此功能，从其所成图像中可以直观看到目标细节的空间位置、形状、大小，感兴趣的目标不受周围细节特征的遮挡，图像易识别且密度分辨率突出，是目前比较先进、有效的技术之一。计算机断层成像技术（Computed Tomography，CT）实现了三维成像并消除了物体重叠对检测带来的影响。该技术具有非接触、非破坏、无影像重叠、分辨率高等特点，被公认为 20 世纪影响人类发展的十大技术之一。

进行 3D X-ray 检测的一个重要步骤是改变探测器和 X-ray 光管之间的角度，操作如图 5-3 所示。这是可能实现的，因为 X-ray 不是一束光线而是一个锥形光束，使得 X-ray 有可能观测到被其他部位覆盖的结构。

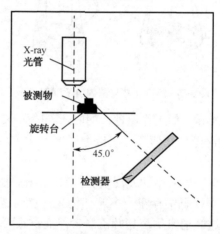

图 5-3　倾斜检测的工作原理

3D X-ray 成像显微术通过特殊的计算机算法程序对物体不同的角度的 X 光投影信息进行重构，形成三维立体图像，解决普通二维 X 光投影的信息重叠问题。所形成的三维立体图像可以任意旋转，并可以做任意位置和任意方向的虚拟断层显示。根据不同部位的剖面，可以得到每个剖面的基本参数，从而对样品进行全方位的立体分析。

采用 X 射线源以不同的倾斜角度辐射物体，通过一个旋转台来提供等量的角度变化，实现不同角度的辐射。检测器是一个接收透过的 X 射线并将它变成相应电信号的装置，用来接收每个角度的 2D X-ray 图像，如图 5-4（a）所示。所有的 2D 图像通过计算机程序处理，重建样品的 3D 图像，原理如图 5-4（b）所示。

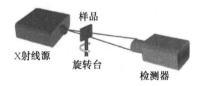 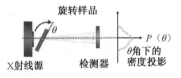

（a）X-ray CT装置及其工作原理　　　　（b）对所有2D X-ray图像的密度投影进
　　　　　　　　　　　　　　　　　　行数学上重叠和处理来产生3D图像

图 5-4　工作原理图

　　CT 每扫描一次，即可得到一个方程，经过若干次扫描，即得到一个联立方程组。经过计算机运算（傅里叶转换、反投影法等）可以解出这一联立方程组，从而求出每个体素的 X 射线吸收系数或衰减系数，将其排列成数字矩阵，数字/模拟转换器（D/A）把数字矩阵中的每个数字转变为由黑到白不同灰度的小方块，即体素，也按矩阵排列，即构成了 CT 图像。

　　由于加工后的数据包含了被测样品的大量信息，分析员通过处理这些数据可以获取任何给定位置下的 3D 数据集合，来产生样品的虚拟横截面图或切片图。在单一的 2D X-ray 图像中，由于存在的干扰因素遮挡了缺陷的特征，无法准确定位和检测缺陷类型。然而 X-ray CT 很好地解决了这个问题。X-ray CT 分析检测方法的一个突出特点是每个角度的 2D X-ray 图像都包含了缺陷的细微特征，尤其在重建样品的 3D 图像时，每个 2D 图像都是至关重要的。

　　3D X-ray 检测需要设置的关键参数有：所需检测的区域、几何放大倍数、体素、2D X-ray 图像数量、每张图片的曝光时间、全部曝光时间、重建时间、容积量和最大能量等。

　　X 射线源的最大能量值在微电子应用中起到了很重要的作用。因为样品中的 Cu 含量可能大幅度吸收 X 射线辐射，从而直接影响获取清晰的 2D X-ray 图像所需的曝光时间，还有成像扫描的总时间。当视野中有焊点，特别是位于感兴趣区域中时，这个最大能量值尤为重要。一般而言，X-ray CT 系统的最大能量越大，能提供的穿透力就更强，从而可以扫描高吸收率的样品。另外，用于扫描特定样品的能量越高，曝光时间及收集数据的总时间就越短。对于多数微电子应用而言，X 射线源的最大能量值最小为 120～150kV。

　　基于当前的 X 射线源技术，系统的最大能量越大，光斑尺寸就越大，所以为了在微米级分辨率的微电子领域应用最大能量，X-ray CT 系统要采取措施补偿分辨率的降低。

　　（1）分辨率

　　X-ray 图像的分辨率取决于多个因素，包括放大倍数、样品尺寸、X 射线源光斑尺寸。而几何放大倍数是其中一个重要决定因素。几何放大倍数的表达式为：

$$M = \frac{D_1 + D_2}{D_1} \qquad (5-5)$$

式中，D_1 和 D_2 分别代表样品到 X 射线源和样品到检测器的距离，如图 5-5 所示。X 射线源和检测器之间的距离由仪器设置，固定不变，因此样品到 X 射线源的距离大大限制了系统的放大倍数。样品与 X 射线源之间的距离越小，放大倍数越大，所以可以实现更大的空间分辨率。

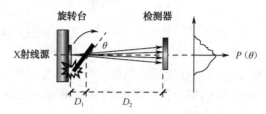

图 5-5　传统 X-ray CT 的检测原理

传统 X-ray 系统面临的一个技术挑战是：样品必须离 X 射线源有一定的距离，才可以自由旋转而不碰到 X 射线源。然而增加 D_1 会降低放大倍数，限制可实现的最高分辨率。

为了获得尽可能高的分辨率，样品必须尽可能地接近 X 射线源。有一个简单的解决办法是削减被测样品以致不碰撞，然而这些处理需要耗费很长的时间，而且这在很多情况下是不可行的。

分辨率还取决于 X 射线源的尺寸。通常，X 射线源的焦点尺寸越小，分辨率越高。为了获得一个小的 X-ray 光斑尺寸，可采用传输型纳米聚焦 X 射线源。图 5-6 说明了 X-ray 光斑尺寸的大小影响图像分辨率的高低。被测样品是间距 40μm、尺寸 ϕ20μm 的全阵列 TSV 芯片。将 X-ray 光斑尺寸从 ϕ1μm 降低到 ϕ0.6μm，图中 TSV 缺陷的特征更加清晰、明显。

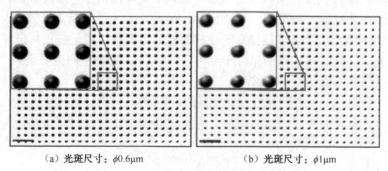

（a）光斑尺寸：ϕ0.6μm　　　　　　（b）光斑尺寸：ϕ1μm

图 5-6　减小光斑尺寸，提高图像质量

在微电子应用方面，极限分辨率是应用 X-ray CT 技术的一个关键限制因素。Xradia 开发了 VersaXRM 系列亚微米 X 射线显微镜（XRM），它采用专利的闪烁体耦合可见光探测器系统。与分辨率依赖于小焦点和高几何放大倍率的传统 micro-CT 和 nano-CT 系统不同，Xradia 在结构上采用两级放大技术（见图 5-7）。首先，样品图像与传统 micro-CT 一样进行几何放大。然后 X 射线在探测器的闪烁屏上被转换为可见光，图像接着被可见光系统进一步放大。由于 Xradia 系统采用第二级的光学放大，极大地降低了对几何放大的依赖程度。这就形成了在大工作距离上提供亚微米分辨率的显著优点，使得大样品（直径大于 100mm）具有高分辨率。

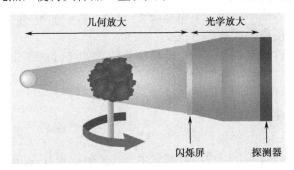

图 5-7　Xradia VersaXRM 两级放大结构

（2）检测时间

选择检测方法时，通常需要考虑时间问题。相对于 2D X-ray 成像技术，X-ray CT 的分辨率高。但是由于 X-ray CT 要 360°扫描样品，获取每个角度的 2D X-ray 图像，这需要收集大量的数据，对数据的处理和重建 3D 图像所需要的时间远远多于 2D X-ray。对于将 X-ray CT 应用于集成电路封装领域，提出有效的方法使数据收集的时间和 3D 图像重建的时间小于 10 分钟是非常重要的。因此减少 X-ray CT 的分析时间、提高检测效率是 X-ray CT 系统不断追求改进和发展的一个重要动力。

数据收集时间：数据的收集时间由多个参数决定，如 X 射线源的最大能量、样品密度、样品尺寸、检测器到样品的距离和射线源到样品的距离、检测系统的灵敏度和要求达到的分辨率等。所有这些因素决定了每张 2D 图像的最小曝光时间，以及全部数据收集时间。X 射线源的最大能量值在微电子应用中起到了很重要的作用。例如，样品中的 Cu 含量可能大幅度吸收 X 射线辐射，从而直接影响获取清晰的 2D X-ray 图像所需要的曝光时间，以及成像扫描的总时间。当视野中有焊点，特别是焊点位于感兴趣的区域时，这个最大能量值尤为重要。一般而言，X-ray CT 系统的最大能量值越高，X 射线的穿透力就越强，从而可以扫描高吸收率的样品。另外，用于扫描特定样品的能量越高，曝光时间及收集数据的总时间就越短。对于多数微电子应用而言，X 射线源的最大能量值最少是 120～150kV。基于当前的 X 射线源技术，系统的最大能量越高，光斑尺寸就越大，所以为了在微米级分辨率的微电子领域应用最大能量，X-ray CT 系统要采取措施补偿分辨率的降低。为了使最后获得的图像质量达到所要求的高标准，需要的 2D 图像越多，数据收集的总时间也就越长。

数据重建时间：所有 X-ray CT 供应商致力于缩短数据重建的时间，在几年时间内从几个小时缩短到几分钟。高效的重建和图像处理算法对于缩短数据处理时间起着决定性的作用。另外，更快的计算速度也是减少重建时间的重要因素。

探测器是位于 X 线球管和计算机系统之间重要的数据检测部件。一般来说，探测器的数量越多，采集到的扫描数据就越多，可以提高 X 射线的利用率，相应地缩短扫描时间和提高图像的质量。

从原理上说，CT 系统生成一个断层图像的时间与分辨率是互相制约的，因此在实际应用中往往只能折中选取。

5.2.2 仪器设备

X 射线机通常由四部分组成：射线发生器（X 射线管）、高压发生器、冷却系统和控制系统。当各部分独立时，高压发生器与射线发生器之间应采用高压电缆连接。

X 射线管是 X 射线机的核心部件，是一种特殊的真空二极管，其功能是激发出 X 射线。高压发生器的功能是在 X 射线管的阴极与阳极之间提供高的电位差以建立高压电场，使灯丝发出并经阴极头聚束的电子流以极大的动能撞击阳极靶，从而激发出 X 射线，并从 X 射线管辐射窗口射出。X 射线机的冷却系统有着重要的作用，其功能主要是冷却 X 射线管的阳极靶，对高压变压器和灯丝变压器也有冷却的需要。X 射线机的控制和保护系统安装在独立的控制器中，负责全系统协调工作，包括电源、控制电路、低压变压器、调节部件、显示器件和保护系统等。控制部分包括管电压、管电流、曝光时间（施加高压即辐射 X 射线的持续时间）的设置和控制。

3D X-ray 系统包括硬件和软件两部分。硬件部分主要包括 X 射线源、旋转台和 X-ray 检测器及其他精密仪器；软件部分包括 CT 扫描数据获取、CT 图像重建和 CT 图像应用三个层面，其核心是 CT 图像重建。工业上有不同配置的 X-ray CT 系统，但所有系统的基本工作原理都是一样的。

目前，X 射线机通常有 150kV（160kV）、250kV（225kV）、320kV、450kV（420kV）等系列，其管电流可达到 30mA 甚至更大值。先进的 X 射线机可达到亚微米量级的空间分辨率，图像的放大倍数可达到 10^4 数量级，被检测物体的尺寸能达到数百毫米，能实现被测物体 360°的水平旋转和±45°的 Z 方向调整。

图 5-8 为三维 X 射线透视系统及其内部结构图。

图 5-8　三维 X 射线透视系统内部结构

5.2.3　分析结果

2D X-ray 系统中透过材料的 X 射线强度随材料的 X 射线吸收系数和厚度呈指数规律衰减，材料的内部结构和缺陷对应于灰黑度不同的 X 射线影像图，如图 5-9 所示。3D X-ray 系统通过对物体不同的角度的 X 光投影信息进行重构，形成三维立体图像，如图 5-10 所示。所形成的三维立体图像可以任意旋转，并可以做任意位置和任意方向的虚拟断层显示，如图 5-11 所示。

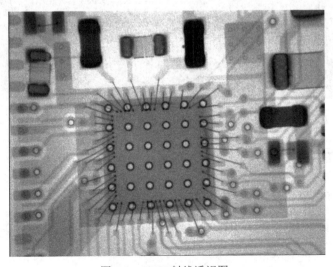

图 5-9　2D X 射线透视图

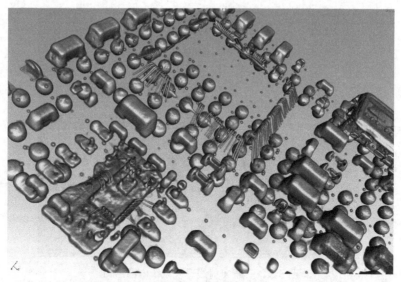

图 5-10　3D X 射线重构图

图 5-11　CT 截面图

5.2.4　应用案例

1. 进口塑封晶体管伪品鉴定

样品为进口塑封晶体管，内部等效电路如图 5-12 所示。样品在常温调试时失效，表现为电平转换异常，且失效率很高。

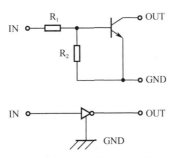

图 5-12　正常样品的内部等效电路

失效品和良品的外部形貌及正面标识相同。

端口 IV 特性测试失效品与良品特性不同，失效品呈现为一个 PNP 三极管的极间特性，而良品呈现为一个 NPN 三极管的极间特性叠加串并联电阻的特性。

X 射线检查可见失效品和良品外键合点有所不同，如图 5-13 和图 5-14 所示。

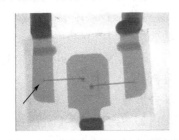

图 5-13　失效品正面 X-ray 透视图

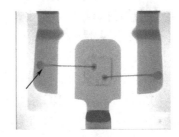

图 5-14　良品正面 X-ray 透视图

化学开封后观察到失效品和良品内部芯片不同，如图 5-15 和图 5-16 所示。失效品为普通三极管，无内建电阻，良品有内建电阻。

图 5-15　失效品内部芯片形貌

图 5-16　良品内部芯片形貌

从图 5-12 所示样品的等效电路可知，样品应由一个 NPN 三极管和两个内建电阻组成，良品芯片版图及端口特性与该等效电路一致。失效品芯片为普通的 PNP 三极管，无内建电阻，无法进行电平转换。

该案例是一个典型的伪品鉴定案例，内部芯片的功能与该型号样品功能完全不符，从外观看来，失效品（伪品）并无异样，但进一步分析发现失效品（伪品）从电特性、键合形貌乃至芯片版图都与良品（正品）完全不同。

塑封器件由于其成本低、质量轻、体积小等优点被广泛使用。大部分现代整机单位都使用了较多的进口塑封器件，然而由于进货渠道不通畅，器件在到用户手中之前，要经过多次倒手，一些不法商人为了经济利益将假冒、伪劣商品混入正规产品中，使设计、生产的电路板不能正常工作。假冒伪劣电子元器件会给用户带来巨大的经济损失，整机用户单位一方面要把握货源，选择合格的供应商，另一方面要加强元器件上机前的筛选、抽样 DPA 检查，剔除有质量缺陷的元器件。

2. PoP 焊点的缺陷分析

焊点可靠性影响器件的整体可靠性，焊点失效将造成整个器件失效。SiP 器件倾向于应用复杂的封装结构，如多层裸芯片堆叠封装、封装堆叠（PoP）等，这些新型封装不仅增加了大量的焊点，而且对焊点的要求比简单封装更加严格。

该案例是 3D X-ray 缺陷定位技术在 3D SiP 缺陷检测方面的应用，对检测结果中两种典型的焊点缺陷空洞和枕头效应进行了分析。

实验采用的样品将两个 BGA 封装体垂直堆叠形成两层 PoP 器件，其中顶层封装体含有两个芯片，底层封装体含有一个芯片，内部结构如图 5-17 所示。

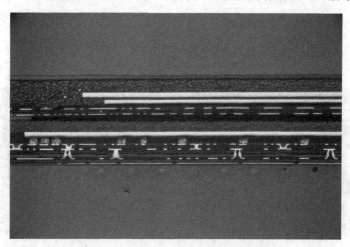

图 5-17　两层 PoP 内部结构的金相截面

采用 3D X-ray 技术检测未开封 PoP 样品某一截面的内部结构如图 5-18 所示。其中一排焊点的虚拟断层扫描结果如图 5-19 所示。空洞和枕头效应清晰可见，并且可获得缺陷焊点的具体位置，其形状放大如图 5-20 所示。

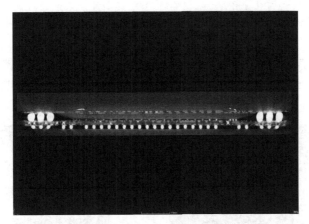

图 5-18　PoP 样品某一截面的 3D X-ray 视图

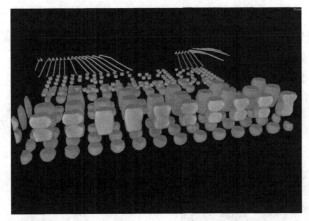

图 5-19　PoP 焊点的 3D X-ray 断层扫描图

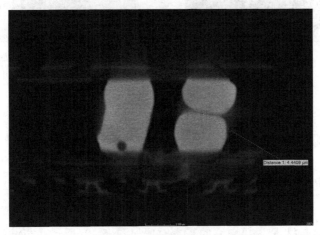

图 5-20　空洞和枕头效应

将两层 PoP 样品进行固封、研磨、抛光，通过金相显微镜观察每一排焊点的形貌，并拍照记录。3D X-ray 技术的检测结果与金相切片分析结果相符，如图 5-21 所示。证明该技术是检测 PoP 焊点的有效手段。尤其对于 3D SiP 器件或多层堆叠的倒装凸点而言，3D X-ray 缺陷检测技术能获得器件内部各个位置的信息，且无须开封。

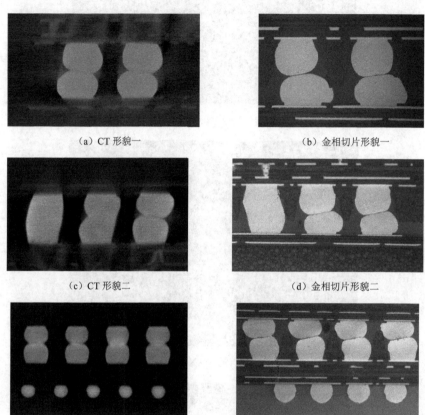

(a) CT 形貌一   (b) 金相切片形貌一

(c) CT 形貌二   (d) 金相切片形貌二

(e) CT 形貌三   (f) 金相切片形貌三

图 5-21　CT 形貌与金像切片的对照图片

5.3 扫描声学显微技术

5.3.1 原理

扫描声学显微技术（SAM）的基本原理如图 5-22 所示。声波透镜组件产生一个聚焦的超声波，其频率从 10～100MHz。从透镜出来的射线角度通常比较小，使得入射超声不会超过液力耦合器和固态样品之间的折射临界角。SAM 将一个非常短的声波脉冲引入样品中，在样品表面和内部的某个界面反射，形成反射波，声波返回时间是界面到换能器的距离和声波在样品中的速度的函数。

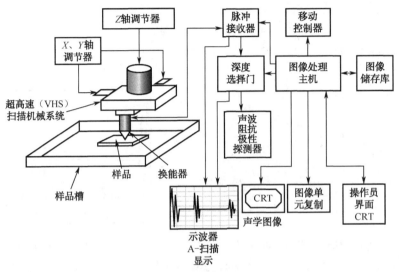

图 5-22　SAM 原理图

SAM 的成像模式有很多种，如图 5-23 所示。包括 A-扫描、B-扫描、C-模式、体扫描、量化 B-扫描分析模式（Q-BAM™）、3-D 飞行时间（TOF）、全透射或THRU-扫描、多层扫描、表面扫描、芯片叠层封装 3-D 成像或 3V™ 及托盘扫描。

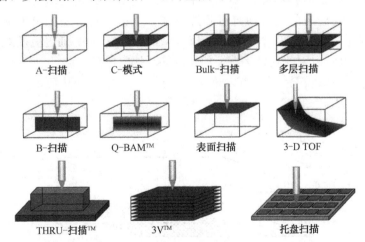

注：Q-BAM 表示量化 B-扫描分析模式；TOF 表示飞行时间

图 5-23　声学成像模式

图 5-24（b）所示为示波器显示的 A-扫描波形，显示了反射波等级及其与样品表面的时间-距离关系。电子门会在特定时间内"开启"，采集某一深度界面的反射波而排除其他反射波。用选通的反射波信号亮度来调制一个与换能器位置同步的阴极射线管（CRT）。超声换能器在样品上方机械扫描，在数十秒或更短的时间（取决于视场）内产生一幅声学图像。

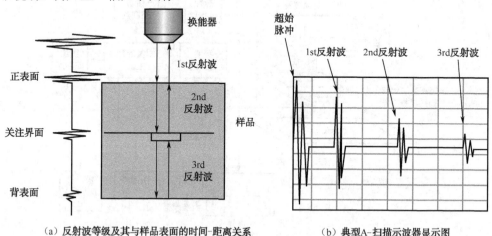

（a）反射波等级及其与样品表面的时间-距离关系 　　　（b）典型A-扫描示波器显示图

图 5-24　A-扫描成像

SAM 可提供多种清晰的成像模式来分析样品；最常用的是 C-模式扫描。在 C-模式中，聚焦的换能器在被关注的平面区域上扫描，透镜聚焦在某个深度，如图 5-25 所示。从那个深度产生的反射波被电学选通并显示，电子门的调整非宽即窄，图像包含的深度信息会与薄或厚的"片"吻合。例如，在塑封微电路中，窄门仅对芯片表面成像，而较宽的门则可同时对芯片表面、基板周边和引线框架成像。在 C-SAM 中，电子门可以用来对样品进行非破坏性的显微切片。通过更换 C-SAM 设备的配置，可以获得针对特定结构特征和缺陷的其他成像模式。

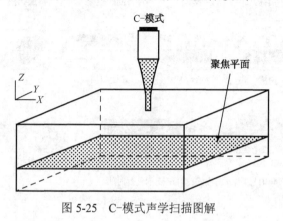

图 5-25　C-模式声学扫描图解

CRT 上的灰度标尺图可以转换成幅度信息对比增强的伪彩色。图像也可以用反射波极性或相位信息进行颜色编码。从高声阻界面反射回来的正反射波以灰色表示，而从低声阻界面反射回来的负反射波则用另一种颜色表示，声阻 Z 是与声波传播有关的材料特性，表示为：

$$Z = \rho v_{sound} \tag{5-6}$$

式中，ρ 是质量密度，v_{sound} 是声波在材料中传播的速度。当声波入射到两种材料的边界时，部分波被反射，部分波被透射，如图 5-26 所示。如果界面存在分层，入射波就会被全反射，通用材料的典型声阻值如表 5-1 所示。

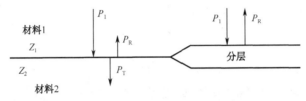

图 5-26　声波在两材料界面的反射性

表 5-1　典型的声阻值

材　　料	声阻（10^6rayl）或（10^6 kgs^{-1}m^{-2}）
空气（真空）	0
水	1.5
塑料	2～5.5
玻璃	15
铝	17
硅	20
铜	42
铝土（取决于多孔性）	21～45
钨	104

Z_1 和 Z_2 的相对大小决定了反射波的正负极性。在 C-SAM 操作中，A-扫描模式示波器显示声波脉冲接触到界面时所产生的反射波波形。每一个反射波都有特定的幅度和极性，且取决于相应界面的特性。

聚焦声波换能器在有限的深度范围内可以获得准确的数据。超出这个范围时，由于声波散焦，反射波幅度会明显变小。另外，反射波的形状也会改变，因为反射波不会在正确的时间内全部返回换能器，因此极性信息可能无效。

样品的声阻极性探测（AIPD）可以对内部界面的特性进行定量分析。例如，塑料/硅边界（黏结良好）和塑料/空气间隙边界（黏结不良）的反射波幅度是相近的，但两者相位相反。这就使操作者能够确定一种材料边界的另外一边是"更硬"

还是"更软"的材料（严格来讲，声阻不用"硬"或"软"来形容，但这个类比在某些情况下是恰当的）。同时，包含幅度和极性信息的标准图像显示技术在集成电路缺陷探测中也有很重要的地位。

体-扫描通过将电子门或窗定位到塑封内部的界面处，探测材料的组织结构、非均匀性和空洞。例如，如果将电子门放在集成电路上表面反射波与引线框架反射波之间的位置，就很容易识别出填充材料聚集区和封装料中的空洞。AIPD 需要区分填充料和空洞，因为它们都会产生大幅度的反射波。

透射-传输扫描或 THRU-扫描是通过记录超声波在整个组件中的能量传输来成像的（见图 5-27），而不是只记录界面反射。在这种模式下，任何地方的缺陷都会阻碍超声波并导致图像出现暗色。用 C-SAM、透射扫描或 THRU-扫描 ™ 模式时，需要在样品的两侧放置超声波换能器，一个用于产生超声波，另一个用于接收超声波。THRU-扫描 ™ 可以仅用一次扫描来确定样品中是否有缺陷。THRU-扫描 ™ 对反射-模式信息的确认也有很大的帮助，特别是，

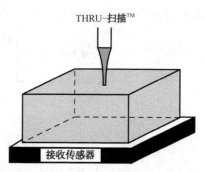

图 5-27　透射-传输扫描图解

一些高吸收样品能使超声波脉冲形状严重扭曲，导致 AIPD 失效。另外，用 THRU-扫描 ™ 时，分层的存在不会影响反射波极性。

在反射模式技术下，声波幅度被记录为相应的灰度标尺。在飞行时间扫描（TOF 扫描）中，反射波的到达时间被转换成一个灰度标尺（见图 5-28）。在这个模式中，反射波的幅度与灰度标尺无关，除非反射波幅度足够大，能够被探测到。这类图像非常适合对裂纹等缺陷或失效特征的深度进行观察。尽管图像看起来和传统的 C-模式图像相似，但是反映的信息是完全不同的。当进行三维投射时，TOF 图像是内部界面等高线的透视。TOF 扫描对于塑封集成电路的裂纹形貌观察非常有用。根据不同深度等级裂纹的反射波被接收到的时间，形成三维的裂纹形貌，如图 5-29 所示。

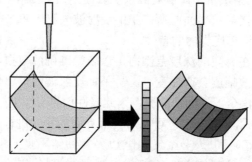

图 5-28　TOF（飞行时间）扫描，将反射波的到达时间转换成灰度标尺

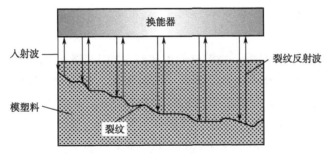

图 5-29　用飞行时间（TOF）扫描进行裂纹绘图

在传输和 TOF 扫描中，CRT 上每一个像素的平面位置对应样品上的一个平面位置。然而，在 B-扫描模式下，平面 CRT 像素对应样品中某一平面的维度和深度位置。B-扫描和医院中使用的医学超声波扫描的技术类似，在传统的 B-扫描中，可以获得与样品表面任一条线相对应的垂直剖面的图像，就像样品被锯子锯开一样。换能器在平面的一个维度上扫描成像，记录所有深度的反射波，然后在 CRT 的垂直坐标上显示出来。遗憾的是，传统的 B-扫描的反射波不能在所有深度上聚焦，因为换能器透镜焦点的位置是固定的。图 5-30 显示了一个样品的 B-扫描剖面，其中暗色区域即是换能器所能达到的焦点局限。然而，在量化 B-扫描分析模式（Q-BAM^{TM}

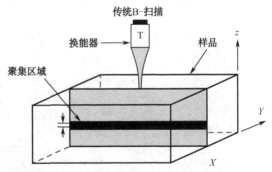

注：暗色形状表示换能器的聚焦区域，那里的超声波信息是最准确的

图 5-30　一个典型样品的 B-扫描剖面

Sonoscan 公司的商标）下，换能器通过样品整个厚度的深度方向来保证连续的均匀聚焦。Q-BAM^{TM} 剖面如图 5-31 所示。在 Q-BAM^{TM} 图像中，反射波飞行时间信息被转化成计量深度数据，使操作者可以看到沿着它的平面位置在一个平面维度和深度剖面上统一的显示图。

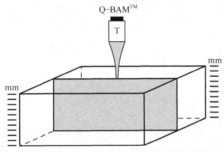

图 5-31　在整个深度范围内用准确的深度信息来分析的量化 B-扫描分析

5.3.2 仪器设备

　　扫描声学显微镜（见图 5-32）可利用超声脉冲探测产品内部空隙等缺陷。超声换能器发出一定频率的超声波，经过声学透镜聚焦，由耦合介质传到样品上。超声换能器由电子开关控制，使其在发射方式和接收方式之间交替变换。超声脉冲透射进入样品内部并被样品内的某个界面反射，形成回波，其往返的时间由界面到换能器之间的距离决定，回波由示波器显示，其显示的波形是样品不同界面的反射时间与距离的关系。通过控制时间窗口的时间，采集某一特定界面的回波而排除其他回波，超声换能器在样品上方以光栅的方式进行机械扫描，通过改变换能器的水平位置，在平面上产生一幅超声图像。

　　现在先进的扫描声学显微镜的频率范围为（1～500）MHz，空间分辨率可达0.1μm，扫描面积达到 0.25～350mm^2，能完成超声波传输时间测量（A 扫描）、纵向截面成像（B 扫描）、X/Y 二维成像（C、D、G、X 扫描）和三维扫描与成像。

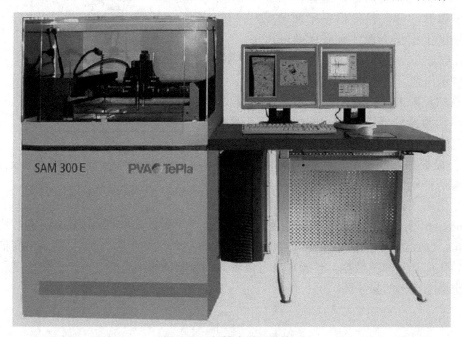

图 5-32　扫描声学显微镜

5.3.3 分析结果

　　在 SAM 的图像中，与背景相比的衬度变化构成了重要的信息，在有空洞、裂缝、不良黏结和分层剥离的位置会产生高衬度，因而容易从背景中区分出来。衬度的高度表现为回波脉冲的正负极性，其大小是由组成界面的两种材料的声学阻抗系数决定的，回波的极性和强度构成一幅能反映界面状态缺陷的超声图像，如图 5-33 所示。

图 5-33　某型数字电路塑封料与引线架界面分层的 C-SAM 图片

5.3.4　应用案例

某塑封 FPGA 在整机调试过程中，发现芯片无法写入程序。

经分析：失效样品内部界面存在严重分层，多个端口对 GND 开路，但用力按压测试可呈现与良品相同的特性曲线，切片观察，发现样品塑封料与 PCB 的界面存在分层，PCB 表面绿釉与基材的界面也存在分层或开裂现象，铜箔从基材上脱起。可见样品是由于内部多个界面分层导致内部互连断裂失效。塑封器件塑封材料内的水汽在高温下受热膨胀，使塑封料与芯片间发生分层效应，拉断键合丝，从而产生开路失效，这就是常说的"爆米花效应"。

典型图片如图 5-34～图 5-37 所示。

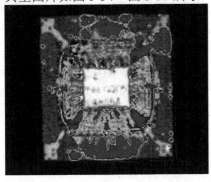

图 5-34　失效样品声扫图

图 5-35　断裂的铜箔研磨后缺失形貌

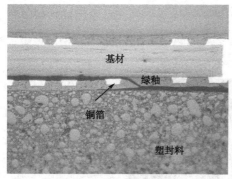
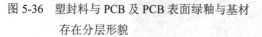

图 5-36　塑封料与 PCB 及 PCB 表面绿釉与基材　　图 5-37　键合丝处塑封料与 PCB 分层
　　　　　存在分层形貌

　　塑封集成电路长期暴露在自然空气下会吸潮，潮气聚集会造成焊接时内部分层。建议在样品编程以后进行烘烤，然后焊接，避免由于吸潮造成集成电路内部分层。对于已经上机的器件，建议进行 100% 的声扫筛选，剔除存在隐患的器件。

　　塑封器件的分层具有一定的隐蔽性，对于受潮的器件，分层会在焊接和使用过程中进一步扩大，这也是影响其可靠性的严重隐患。

参 考 文 献

[1] 程耀瑜. 工业射线实时成像检测技术研究及高性能数字成像系统研制. 江苏：南京理工大学，2003.

[2] 杨柳. X 射线图像传感及数字成像实验的研究. 重庆：重庆大学，2008.

[3] 梁丽红. 射线数字成像检测技术及应用. 特种设备无损检测 RTIII 级人员资格复试培训讲义.

[4] 李衍. 数字射线照相法现状评述. 2006，28(4):198-203.

[5] Y. Li, Y. M. Cai, M. Pacheco, R. C Dias, and D. Goyal. Non Destructive Failure Analysis of 3D Electronic Packages using both Electro Optical Terahertz Pulse Reflectometry and 3D X-ray Computed Tomography. ISTFA, pp. 95-99, 2012.

[6] M. Pacheco and D. Goyal. Detection and Characterization of Defects in Microelectronic Packages and Boards by Means of High-Resolution X-ray Computed Tomography (CT). Electronic Components and Technology Conference, pp. 1263-1268, 2011.

[7] M. Pacheco and D. Goyal. X-ray Computed Tomography for Non-Destructive Failure Analysis in Microelectronics. IRPS, pp. 252-258, 2010.

[8] M. Pacheco and D. Goyal. New Developments in High-Resolution X-ray

Computed Tomography for Non-Destructive Defect Detection in Next Generation Package Technologies. ISTFA，pp. 30-35，2008.

[9] M. Oppermann, T. Zerna, K. Wolter. X-ray Computed Tomography on Miniaturized Solder Joints for Nano Packaging. Electronics Packaging Technology Conference, pp. 70-75，2009.

[10] Scott, et al.. A Novel X-ray Microtomography System with High Resolution and Throughput for Non-Destructive 3D Imaging of Advanced Packages. ISTFA, pp. 94-98, 2004.

[11] R. Kalukin and V. Sankaran. Three-dimensional Visualization of Multilayered Assemblies using X-ray Laminography. IEEE Trans. Comp., Packag., Manufact. Technol. A, Vol. 20, pp. 361-366, 1997.

[12] V. Sankaran, A. R. Kalukin, and R. P. Kraft. Improvements to X-ray Laminography for Automated Inspection of Solder Joints. IEEE Trans. Comp., Packag., Manufact. Technol. C, Vol. 21, pp. 148-154,1998.

[13] S. Gondrom, et al.. X-ray Computed Laminography: An Approach of Computed Tomography for Applications with Limited Access. Nucl. Eng. Design, Vol. 190, pp. 141-147,1999.

[14] Y. Chen, N. Lin. Three-Dimensional X-ray Laminography and Application in Failure Analysis for System in Package (SiP). International Conference on Electronic Packaging Technology, pp.746-749, 2013.

[15] Semmens, J. E. and Kessler, L. W.. Nondestructive Evaluation of Thermally Shocked Plastic Integrated Circuit Packages Using Acoustic Microscopy. Proceedings of th zinternational Symposium on Testing and Failure Analysis, ASM International, pp.211-215, 1988.

[16] ANSI/IPC-SM-786. Recommended procedures for the handling of moisture sensitive plastic integrated circuits packages. Institute for Interconnecting and Packaging Electronic Circuits(IPC), December 1990.

[17] Kessler, L. W.. Acoustic Microscopy. Metals Handbook, Ninth Edition, Nondestructive Evaluation and Quality Control, ASM International, Materials Park, OH., pp.465-482, 1989.

[18] Cichanski, F. J.. Method and System for Dual Phase Scanning Acoustic Microscopy. U.S. Patent 4 866 986, September 1989.

第6章

物理性能探测技术

　　集成电路的复杂性决定了失效定位在失效分析中的关键作用。通过电完整性测试可以缩小失效分析的问题点范围，如从整个集成电路缩小到其中的电路模块（如存储器、寄存器或工艺单元）。利用结构缺陷点会局部发光、发热的现象，基于微光探测、电子束探测、磁显微、红外热像等物理性能探测技术进行失效定位。

6.1 光探测技术

6.1.1 工作原理

　　光探测技术利用元器件在工作过程中缺陷点会局部发光或发热进行失效定位，它是失效分析和工艺缺陷检测的有力手段。光探测技术分无源光探测技术和有源微光探测技术。

　　无源微光探测技术是利用光辐射显微镜（见图 6-1）进行的，称为光辐射显微分析技术，利用元器件在工作过程中缺陷点会局部发光而进行失效定位，其光谱分析功能还能通过对缺陷引起的特征光谱进行分析来确定缺陷的性质和类型。光辐射显微镜的核心部件是微光探头，其灵敏度可以达到人眼的 10^6 倍以上，覆盖光谱范围从红外到近紫外。通过微光探头探测到的光信号经过光增益放大后，通过图像处理叠加在光学图像上，实现对发光点的定位。半导体器件中许多类型的缺陷和损伤在特定的电应力条件下会产生漏电，并伴随载流子的跃迁而导致光辐射。这样，对发光部位的定位就是对可能失效部位的定位。目前光辐射显微分析技术可以探测到的缺陷和损伤类型有：漏电结、接触尖峰、氧化缺陷、栅针孔、静电放电（ESD）损伤、闩锁效应、热载流子、饱和态晶体管及开关态晶体管等。

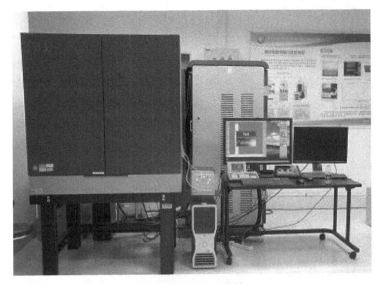

图 6-1 光辐射显微镜

　　有源微光探测技术利用光束和加偏置的元器件交互作用的现象来精确定位失效点。有源微光探测技术的光源由扫描光学显微镜（SOM）或激光扫描显微镜（LSM）产生，扫描光波的波长及强度大小会改变光电流的大小。聚焦激光束通过集成电路时，对器件的电特性产生两个影响：光子的产生和热效应。如果激光波长小于半导体的带隙，就只有热产生；较短的波长但又超过带隙的激光将同时产生光子和热。然而，光子效应比热效应要强几个数量级，通常会占主导地位。光子的产生和热都会引起电路中的电阻发生改变（光导和热导效应），同时产生电流（光电和 Seebeck 或热耦效应）。有源微光探测技术有两种表现形式：一种是半导体中电子-空穴对产生光电流；另一种则是产生了热。光束感生电流（OBIC）、光感生电压变化（LIVA）图像技术都利用了光电流来进行探测；而光束感生电阻变化（OBIRCH）、热感生电压变化（TIVA）、塞贝克效应（SEI）等技术则利用微光探测过程中产生的热来进行失效定位。这些技术的一个突出优点就是既能从样品顶部又能从样品背面进行分析。顶部观察倒装芯片很困难，背面分析的能力对具有多层金属或倒装芯片封装的器件非常重要。通常，光束感生电阻变化（OBIRCH）和热感生电压变化（TIVA）适用于探测短路和呈现电阻性的金属线，塞贝克效应（SEI）则用于定位 IC 中的开路部位。应用这些技术时，为了避免光电流的干扰，需采用能量小于半导体禁带能量的光波，常用波长为 1340nm 的光波。

　　利用微光探测技术进行失效定位时，需打开器件的封装。探测分两步：首先在外部光源下对样品的局部进行实时数码照相；然后对这一局部施加偏置，并在不透光的屏蔽箱中进行微光探测成像，这时唯一的光源来自样品本身，最后两像叠加。

微光探测技术（不进行光谱分析）只是对器件和集成电路中可能的缺陷或损伤点进行定位，并根据探测的结果大致确定失效模式。再进一步，还可采用诸如扫描电镜等其他手段对失效点进行分析。虽然半导体器件中的缺陷与光辐射、热辐射现象有着密切的关系，但并不是完全对应的关系。因为器件中的辐射有时并非是缺陷造成的，而是由于人为设计或特定的电应力条件产生的，如饱和态的晶体管、正偏二极管等。同样，有些缺陷引起的失效虽然很显著，但并不产生光辐射，如欧姆型短路等。还有些缺陷虽然产生辐射，但由于其在器件的深层或被上层物质遮挡，因而无法探测。

微光探测技术的关键是施加适当的电应力条件（有源微光探测技术还需要施加激光激励条件）。发光或发热幅度是与电压和电流强度有关的，只有选择到合适的偏置条件，才能探测到缺陷并改变辐射强度，并能抑制一些虚假的辐射现象，如悬浮栅等。为提高探测的准确性，有条件时应对相应的良品器件单元进行对比探测，从而确定（失效单元的）辐射不是由于设计或测试设置产生的。

微光探测技术是一种快速、简便而有效的失效分析技术，可以探测到半导体器件中多种缺陷和机理引起的退化和失效，尤其在失效定位方面具有准确、直观和重复再现的优点。它无须专门制样，也不用对样品进行剥离或对失效部位进行隔离，因而对样品没有破坏性；不需要真空环境，可以方便地施加各种静态或动态的电应力等。这些都是其他一些分析技术（如形貌观察、扫描电镜的束感生技术、液晶检测等）所无法替代的。目前探测水平已达到几十 $pA/\mu m^2$，定位精度达到 $1\mu m$ 左右。20 世纪 90 年代后又开发了光谱分析功能，通过对辐射点特征光谱的分析来确定辐射的性质和类型。

6.1.2　主要性能指标

（1）光辐射显微分析技术主要指标有：探测光谱波长范围 0.4～2.2μm，最小探测电流能力小于 1nA，空间分辨率为 1.5μm。

（2）激光扫描显微分析系统主要指标如下。InGaAs 探测器：波长 950～1550nm、640（H）×512（V），激光源 1340nm 和 1064nm（0～500mW 可调），空间分辨率为 1.5μm，lock-in 功能提高信噪比。

6.1.3　用途

微光探测分析技术在失效分析中主要用于以下方面。

（1）探测半导体器件中引起退化和失效的多种缺陷和机理，可以探测的缺陷和损伤类型有漏电结、接触尖峰、氧化缺陷、栅针孔、静电放电损伤、闩锁效应、热载流子、饱和态晶体管及开关态晶体管等。

（2）对电路中密集互连线缺陷进行定位，如存在的缺陷或空洞、互连开路、通孔下的空洞、通孔底部高阻区等。

（3）可以从芯片正面或背面对芯片内部的缺陷进行探测。

6.1.4　应用案例

【案例1】数据传输处理电路漏电流参数超标

经样品端口 IV 特性测试及开封内目检之后，利用光辐射显微分析技术对失效点进行定位（见图 6-2），通过去层检查分析，在发光对应位置（端口晶体管）发现异常，呈现电压击穿形貌，如图 6-3 所示。

图 6-2　光辐射显微像

图 6-3　发光部位对应的缺陷形貌像

【案例 2】集成电路在调试过程中出现读写不一致现象

发现样品的 Pin24 端对 Pin22 端呈现近短路特性，对样品进行 OBIRCH 试验，结果显示样品内部芯片 Pin22 端键合点附近存在异常发热区域（见图 6-4），异常点局部熔融，呈明显电压击穿特征形貌（见图 6-5）。由于击穿点面积小，相应的击穿能量小，怀疑为静电损伤所致的失效。

图 6-4　样品 Pin24 对 Pin22 的微光探测定位形貌（异常发热区域）

图 6-5　样品内部芯片击穿点放大形貌

6.2 电子束探测技术

6.2.1 工作原理

电子束测试（Electron Beam Test，EBT）系统的构造与一个带频闪装置的低压扫描电子显微镜类似，且具有宽频带取样示波器功能。用电子束技术代替传统的机械探针方式，可对 VLSI 芯片进行非接触式、非破坏性的探测，并把扫描电子显微镜与现代 EDA（Electronic Design Automatic）技术相结合，实时地对 VLSI 表面及内部节点进行观测和非接触测试，同时在外接激励信号的作用下，提取被测节点的逻辑波形信号，进而迅速地对电路的节点进行设计验证和失效定位。电子束测试系统具有分辨率高、容易对准被测节点、无电容负载、非破坏性等特点。

1. 电压衬度像

电子束在处于工作状态的被测芯片表面扫描，仪器的二次电子探头接收到的二次电子的数量与芯片表面的电位分布有关。芯片的负电位区发出大量的二次电子，该区的二次电子像显示为亮区；芯片的正电位区发出的二次电子受阻，该区的二次电子像显示为暗区。这种受到芯片表面电位调制的二次电子像叫电压衬度像。电压衬度像分为动态电压衬度像和静态电压衬度像。静态电压衬度像是被测器件处于静态工作状态时的电压衬度像，动态电压衬度像是被测器件处于动态工作状态时的电压衬度像。电压衬度像可确定芯片金属化层的开路失效或短路失效。把芯片表面划分为多个小方格，逐个获得同一向量下好坏芯片的局部差像，实现复杂芯片的失效定位。

2. 无源电压衬度像的成像技术

不加激励信号，用电子束在金属化表面产生的自建电位的变化来确定金属化开路和短路部位。用这种技术简化了失效分析步骤，在一定范围内省去了失效分析时必须驱动 VLSI 的烦琐过程。

扫描电镜的二次电子像受芯片电位的影响，高电位区（正电荷）为暗区，低电位区（负电荷）为亮区。研究结果证明，当扫描电镜（SEM）的加速电压低于 2.5kV 时，对地绝缘的 Al 金属发出的二次电子数和背散射电子数的总和大于入射电子数（见图 6-6）。根据这一研究结果，在电子束的作用下，悬空或不接地的金属化层带正电，图像显示暗线。接地的金属化层电位为零，显示亮线。该技术必须去钝化层，否则，由于钝化层表面对地绝缘，钝化层表面全部是暗区。无源电压衬度像的一个应用实例：只需芯片 V_{SS} 端接地，不必驱动芯片就可以进行 CMOS 电路缓冲器的金属化层开路和存储单元接地端开路进行失效定位（见图 6-7）。

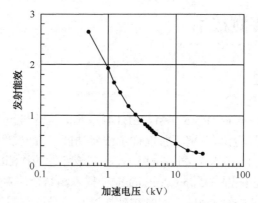

图 6-6　加速电压小于 2kV 时发出的二次电子数和背散射电子数的总和大于入射电子数

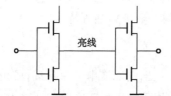 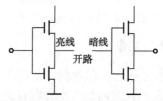

（a）正常的金属导线，亮线表示电位为低　　（b）金属导线由亮变暗，说明中间存在着开路缺陷点

图 6-7　应用实例

3. 频闪电压衬度像

脉冲电子束在处于高频工作状态下的芯片表面上扫描，当脉冲电子束的频率与芯片的工作频率相同时，电子束的脉冲宽度小于芯片的工作脉冲宽度，脉冲电子束的照射是在芯片工作脉冲的固定相位上发生的。在上述条件下，原来是动态的电压衬度变化，在显示器上显示为某一相位的静态电压衬度像，这种方式的二次电子像被称为频闪电压衬度像。用这种方式可对高频工作状态下的芯片进行失效定位。频闪电压衬度像代表器件工作的某种逻辑状态，根据驱动器件的向量序列，可找出芯片内部不正常的逻辑状态，确定芯片内部的故障节点。这种技术也被称为图像失效分析技术（Image-based Failure Analysis，IFA）。

4. 芯片内部节点的波形测量

通常情况下，采用信号寻迹法确定集成电路失效部位。电子束在某一固定探测点"扫描"（可以说是对时间的扫描）得到的动态图像，也就是电子束聚焦在器件表面某一区域时对此处的电压在时间轴上采样（像取样示波器工作一样）所形成的反映该区域随时间变化的电压波形。

在波形模式下可观察集成电路芯片各点的波形变化，测量有关的时间参数，如传输延迟、建立时间和保持时间等。通过分析二次电子能量，可以实现精确的电压测量。由于电子束是近乎理想的电流源（"探针"阻抗实际上为无穷大），所以对器件不形成负载（其注入电流在 pA 级），不会影响所测的结果。在使用电子束测试系统的波形功能时，就如同使用一台取样示波器一样方便、直观。用电子束测试系统的示波器功能，能够快速、准确地得到芯片工作状态下的某一节点波形，通过与标准芯片的相同节点波形或其模拟波形相比，可以确定被测节点是否失效。

6.2.2 主要性能指标

电子束探针系统的典型性能指标有：电子束加速能量为 1keV，电子束直径为 0.25μm，示波器的电压分辨率为 10mV，示波器的等效带宽为 4GHz，时间分辨率小于 500ps。

6.2.3 用途

电子束测试系统在失效分析中主要用于 VLSI 芯片的设计验证和失效定位。

6.2.4 应用案例

对于复杂的器件，在无设计者和设计文件的情况下，必须用专门的软件对好坏芯片的工作状态频闪电压衬度像进行运算，求出它们的差像，根据差像的情况确定芯片的故障点（见图 6-8）。图 6-9 为动态电压衬度像在一个 4096 位 MOS 存储器失效分析中的应用：动态电压衬度像显示结果（见图 6-9（a）），可见到存储器中有一条字线（照片中的 W 处）成为暗线，出现异常，而有关的译码电路没有出现异常，说明在字线与电源线之间存在短路。由二次电子像证实，在铝条字线与多晶硅电源线之间的绝缘层中有一个小孔，这就是字线与电源线短路的位置（见图 6-9（b）中的 W 处）。

 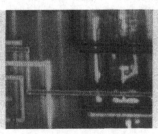 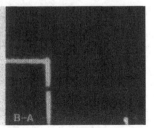

（a）正常芯片电压衬度像　　　　（b）失效芯片电压衬度像　　　　（c）电压衬度差像

图 6-8　芯片局部的电压衬度像和差像

（a）用频闪衬度像观察到存储器出现一条暗线　　（b）经高倍放大，发现氧化层上出现一个洞，造成字线与电源短路

图 6-9　动态电压衬度像

6.3　磁显微缺陷定位技术

6.3.1　工作原理

　　磁显微分析是一种非破坏性、非接触式的缺陷定位技术，与热、光学、离子或电子束技术不同的是，磁场检测不受封装材料或封装形式的影响。电流图像能同时从器件正面和背面穿过多层金属、芯片或封装材料后被获取。因此，利用磁感应成像显微定位不需要进行样品制备，如开封、去钝化层等。

　　常用的失效定位技术如光发射、热发射等只能探测漏电和短路缺陷，传统的检测开路的时域反射技术（Time Domain Reflect，TDR）技术分辨率也仅为 1mm。磁显微缺陷定位技术可实现全部静态缺陷（短路、开路和漏电）的定位，且分辨率高，定位准确。

　　通过探测产品 Z 方向的磁场和迭代算法的计算，还可实现 3D 结构上的缺陷定位。电流通路越靠近磁性传感器，检测到的磁场越强，这意味着只要载流的金属线宽每层数值相同，且只要两个来自不同层的金属线不是从各自外层直接引出的，则不同的金属层能以 3D 图形显示。当电流在多平面的金属中或不同的叠层结构中流动时，就能看到芯片或叠层结构中的不同层级及其对应的物理状态。

　　磁显微缺陷定位技术利用电流和磁场之间的关系实现缺陷定位。根据 Biot-Savart 定律，当电流通过一个导体时，会产生一个磁场，如图 6-10 所示。当器件内部有电流导通时，采用磁探头检测器件内部产生的磁信号，磁场图像通过计算机处理，将获得对应的电流图像，这就是磁流成像（MCI）

图 6-10　电流和磁场之间的关系

技术。然后比较器件的 CAD 图像或 X-ray 图像，来精确定位失效部位。

由于集成电路和封装使用的材料大多数是非磁性的，所以磁场不会受到这些材料的干扰。对于复杂的封装结构，尤其是系统级封装 SiP，芯片堆叠密集，元件材料各异，缺陷定位难，热、光、电子信号很容易被复杂结构和材料阻挡，而磁场信号很难被多层结构屏蔽，只要材料有很低的磁导率就能被探测到。

磁显微缺陷定位有两种常用的探测技术：超导量子干涉仪（Superconducting Quantum Interference Device, SQUID）探测和巨磁阻（Giant Magneto-Resistance, GMR）探测。它们之间的区别主要在灵敏度和空间分辨率方面。

1. 超导量子干涉仪

超导量子干涉仪作为当今最灵敏的探测器之一，在很多领域得到了充分应用。SQUID 利用超导效应，是弱耦合超导体中超导电流与外部磁场间的函数关系而测量恒定或交变磁场的一种方法。如果导体中存在裂缝，电流在导体中流动时会绕过缺陷而重新分布。通过 SQUID 检测该电流产生的磁场就可以得到缺陷的相关信息。SQUID 具有极高的灵敏度和分辨率，就其功能来说，它是一种磁通传感器。它不仅可用来测量磁通量的变化，还可以测量磁感应强度、磁场梯度、磁化率等能转换成磁通的其他磁场量。SQUID 是迄今探测微弱磁场最灵敏的设备，它可检测不大于 10^{-10}T 的磁场及 10^{-9}A 的电流。但该方法目前仍存在一些尚未解决的问题，如稳定性、抗干扰能力和外界噪声的影响等。

SQUID 是在约瑟夫森（Josephson）效应和磁通量子化效应基础上发展起来的超导量子干涉器件。检测原理主要是通过材料的磁性反常来探测缺陷。两块超导体中间夹一层薄的绝缘层，就形成一个 Josephson 结，如图 6-11 所示。按经典理论，两种超导材料之间的绝缘层是禁止电子通过的。但是，量子力学原理指出，即使对于相当高的势垒（绝缘层），

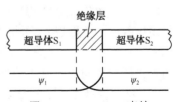

图 6-11 Josephson 森结

能量较小的电子也能穿过，好像势垒下面有隧道似的。这种电子对通过超导的 Josephson 结中势垒隧道而形成超导电流的现象叫作超导隧道效应，也叫作 Josephson 效应。超导电流可以在结两端直流电压为零的情况下通过势垒，称为直流 Josephson 效应；而在结两端直流恒定电压不为零的情况下，结两端的电子波相互作用，产生干涉效应，使得交变电流通过势垒，即产生交流 Josephson 效应。

当含有 Josephson 结的超导体闭合环路被适当大小的电流偏置后，会呈现一种宏观量子干涉现象，即隧道结两端的电压为该闭合环路的环孔中的外磁通量变化的周期性函数，这样的超导环路就是 SQUID。SQUID 本质上是将磁通量转化为电压的磁通传感器。

按供电方式的不同，SQUID 分为两大类：一类为直流供电，称作直流超导量子干涉仪（DC SQUID）。如图 6-12 所示，在双结 SQUID 中，两个弱连接未被超导路径短路，在工作情况下，器件被数值略大于临界电流 I_c 的电流 I 偏置，并可测量器件两端的电压。另一类是射频供电，称作射频超导量子干涉仪（RF SQUID），如图 6-13 所示，它是由一个单结超导环所构成的，这时超导路径短路，因此电压响应是把超导环耦合到一个射频偏置的储能电路上而得到的。

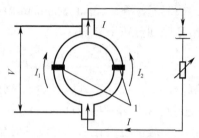
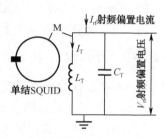

图 6-12　双结直流 SQUID 电路示意图　　图 6-13　单结射频 SQUID 电路示意图
（1 为约瑟夫森结）

按使用材料的不同，SQUID 分为低温 SQUID（采用 Nb/AlOx/Nb 隧道结工艺）和高温 SQUID（以 YBa$_2$Cu$_3$Ox 膜制作隧道结）两种。低温 SQUID 以其成熟的技术在目前的应用中仍然占主导地位，而且有很大的市场。高温 SQUID 由于费用低廉、使用方便，自高温超导体发现以来一直是研究的热点。目前最好的高温 SQUID 磁场灵敏度优于10fT/Hz1/2，而低温 SQUID 磁场灵敏度一般可达 1fT/Hz1/2。图 6-14 为 SQUID 噪声与各种磁场信号的强度比较，可见 SQUID 噪声均小于上述磁场信号，因此，SQUID 可用作弱磁信号的测量。为了提高 SQUID 的磁场灵敏度，需要对器件结构进行优化设计，常采用较大磁聚焦面积的方垫圈结构，有的还用超导薄膜做出磁通变换器、大面积磁聚焦器、共面谐振器等，与 SQUID 器件共同组成 SQUID 磁强计的探头。

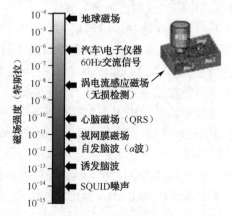

图 6-14　SQUID 噪声与各种磁场信号的强度比较

2. 巨磁阻探测

巨磁阻（Giant Magneto-Resistance, GMR）探测利用了磁阻效应，"磁阻"就是由外磁场的变化而引起的电阻变化。磁阻效应和霍尔效应一样，都是由作用在运动导体中的载流子的洛伦兹力引起的。磁阻效应在横向磁场和纵向磁场中都能观察到。利用这一效应，可以很方便地通过测量相应材料电阻的变化间接实现对磁场的测量。

GMR 效应是指在一定的磁场下电阻急剧减小的现象，一般电阻减小的幅度比通常磁性金属及合金材料磁电阻的数值高一个数量级。目前已发现具有 GMR 效应的材料主要有多层膜、自旋阀、颗粒膜、磁性隧道结和氧化物超巨磁电阻薄膜等 5 大类。另外，由于巨磁阻材料具有磁电阻效应大、灵敏度高、易使器件小型化、廉价等特点，其在微弱磁场测量领域表现出巨大的开发潜力，可应用于 SiP 的缺陷定位。例如，已开发出巨磁阻传感器，由于其磁阻变化率高，使得它能传感微弱磁场，从而扩大了弱磁场的测量范围。

6.3.2 主要性能指标

磁感应成像显微定位系统（见图 6-15）通常由 SQUID 传感器、GMR 传感器、SDR 发生器、探针台、微型供电装置、电脑主机和显示器组成。利用磁感应成像显微定位系统可以实现 IC、PCB、SiP 等多种元器件封装级、芯片级及互连级的失效定位，可以定位器件的电短路、漏电、高阻缺陷及开路。

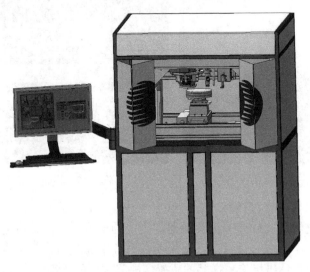

图 6-15　磁感应成像显微定位系统

电流反转的空间分辨率主要取决于所用磁探测器的灵敏度、尺寸和类型，以及工作距离。SQUID 探测器灵敏度高，可以检测到极其微弱（低至几 pT）的磁场，实现远距离磁流转换。所以，SQUID 最适用于封装级的缺陷定位。然而，其工作距离越远，空间分辨率就越低。而对于芯片级缺陷，常用 GMR 探测器。GMR 虽然没有 SQUID 灵敏，但在工作距离很短的情况下，GMR 的空间分辨率很高，达到50nm，而 SQUID 分辨率最低只有 3μm。

6.3.3　用途

利用磁显微缺陷定位技术可以实现对芯片级、互连级及封装级的失效定位，它可以定位电短路、漏电及高阻缺陷，如走线破裂、润湿不好或 C4 焊接撞破、过孔分层、3D 堆叠封装的缺陷分析。

6.3.4　应用案例

样品为两层裸芯片堆叠的多芯片封装存储器，顶层芯片和底层芯片以悬臂（over-hang）的方式堆叠，顶层芯片和底层芯片之间、底层芯片和基板之间通过有机胶黏结，芯片和引脚框架通过金属引线键合方式实现与外界的电气连接。样品的失效是由于静电击穿引起引脚到地（Vss）的短路。样品的截面形貌及尺寸如图 6-16 和图 6-17 所示。

图 6-16　样品截面 X-RAY 形貌

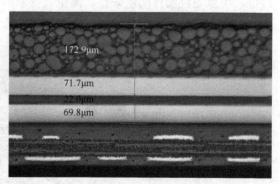

图 6-17　样品截面尺寸测量

应用磁感应显微镜对样品进行失效定位，电测失效的引脚，找到相应的失效部位。磁显微系统配备 SQUID 磁探测器，生成的电流路径清晰可见。短路失效点通常表现为电流集中，磁显微探测结果表明缺陷位于失效路径上电流较集中的一点，并给出了该点的具体坐标值，样品的磁感应缺陷定位的典型图片如图 6-18 所示。

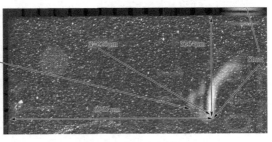

图 6-18　样品 C15 端口短路对应的失效部位

通过塑封器件喷射腐蚀开封机对样品进行局部开封，暴露出芯片表面，根据磁显微的定位结果，结合立体显微镜和 NIS Elements F 软件、对开封后的样品进行尺寸测量。

样品失效部位如图 6-19（a）所示，由于样品是悬臂结构的叠层芯片，该部位下方没有有源芯片，失效部位应位于第一层芯片上。根据图 6-18 所示样品的截面尺寸测量，结合磁感应定位 Z 轴的坐标信息，再次验证失效部位位于第一层芯片。采用等离子刻蚀法去除芯片表面钝化层和第一层金属化层。发现磁显微镜定位到的失效部位是端口保护网络部分，该部位的颜色有异常，如图 6-19（b）所示。进一步去除多层金属化、介质层和多晶硅层、直至露出硅本体，发现该部位有一个异常区域。为进一步观察失效部位，采用具有高放大倍数的场发射扫描电镜（SEM）观察失效处，确认失效部位的保护网络出现铝硅熔融，如图 6-19（c）和图 6-19（d）所示。

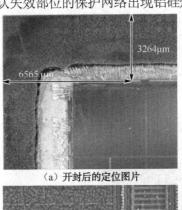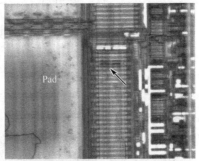

（a）开封后的定位图片　　　　　　　（b）去钝化层和表面金属化层后的形貌

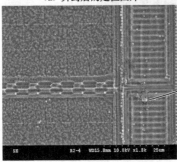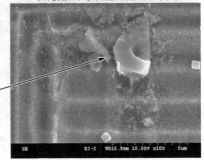

（c）失效部位的SEM形貌　　　　　　　（d）SEM局部放大形貌

图 6-19　样品失效对应的物理分析图片

6.4 显微红外热像探测技术

6.4.1 工作原理

显微红外热像仪测量温度的原理是：被测物体发射的辐射能的强度峰值所对应的波长与温度有关。用红外探头逐点测量物体表面各单元发射的辐射能峰值的波长，通过计算机换算成表面各点的温度值。新型红外热像仪采用同时测量样品表面各点温度的方式来实现温度分布的探测。

显微红外热像仪利用显微镜技术将发自样品表面各点的热辐射（远红外区）会聚至红外焦平面阵列检测器，并变换成多路电信号，再由显示器形成伪彩色的图像。根据图像的颜色分布来显示样品表面各点的温度分布，如图 6-20 所示。

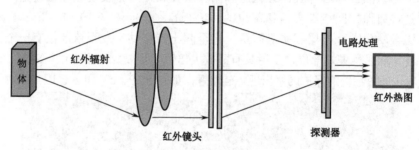

图 6-20　工作原理图

通过辐射率修正法获得样品每个像素区域的红外辐射率，如图 6-21 所示。图中每种颜色代表一种发射率，如图中黑色区域为发射率很小的金属区域，这样图中就详细显示了样品表面的辐射率分布情况。

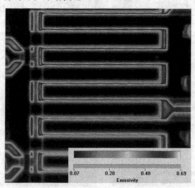

图 6-21　样品表面的辐射率分析

通过红外热成像技术，可以得到样品表面的温度分布图，如图 6-22 所示。图中每种颜色代表一种温度，以颜色的形式将样品表面的温度分布情况表现出来，结合温度色标，温度高低的区分一目了然。

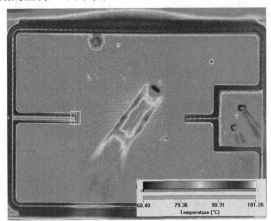

图 6-22　样品的表面温度分布图

新型的显微红外热像仪对测试结果提供多种分析手段，如线分析、区域分析、热点定位分析、脉冲瞬态结温分析等。

图 6-23 所示为线分析的例子，对关心的部分画一直线，便可显示该条线画过的区域的温度分布情况。在该例子中可见，每个芯片的中间区域为温度最高处，两边的温度较低，而且中间芯片的温度最高，边缘芯片的温度最低。

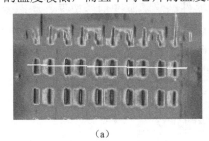
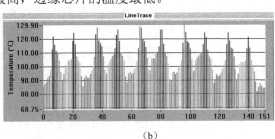

　　　　　　(a)　　　　　　　　　　　　　　　　(b)

图 6-23　红外热像图的线分析（(b)图为(a)图中白色线所对应区域的温度分布情况）

图 6-24 所示为区域分析的例子，对关心的部分画一个矩形框，在结果中将显示矩形框内的最高温度、最低温度、平均温度、中值温度等。在该例子中，矩形框中的最高温度 63.805℃，最低温度为 61.699℃，平均温度为 62.843℃，中值温度为 62.876℃等。

图 6-25 所示为热点定位分析的例子。该例子中，图中检测到一热点，在样品左上角一确定位置设置原点，然后单击图中热点位置，结果将给出原点到热点的 X,Y 距离。该项功能对于工程师做 FIB 打孔进行下一步的分析非常有用。

	Statistics		
Mean	62.843	#pixels	676
Median	62.876	Min	61.699
St Dev	0.513	Max	63.805

（a）   （b）

图 6-24   红外热像图的区域分析（（b）图为（a）图中矩形框所圈定区域的各种温度值）

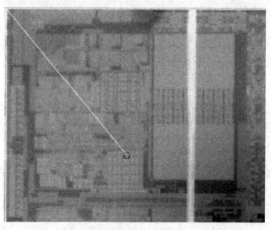

图 6-25   红外热像图的热点定位分析

某些微波器件往往工作在脉冲工作模式下，器件结温随脉冲信号快速、动态变化，普通的红外热像仪做不到这一点。新型的高速动态红外热像仪具有双功能探测器显微系统，可以实现定点高速瞬态探测。如图 6-26 所示为脉冲瞬态结温分析的一个例子，该例子中可见结温随脉冲条件的变化过程。

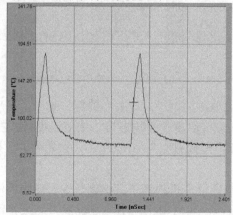

图 6-26   红外热像的瞬态结温分析

6.4.2　主要性能指标

高速动态红外热像仪具有双功能探测器显微系统，是最新的显微红外热像仪。配备 MWIR 传感器和高速瞬态传感器两个传感器，可实现静态热像测试和高速瞬态探测。温度测试范围是 50～450℃，空间分辨率可达 2.7μm；温度分辨率可达 0.1℃，扫描一幅图像的时间为 1/50s 。单点脉冲测试时间最快可达 3μs，可重复测试。

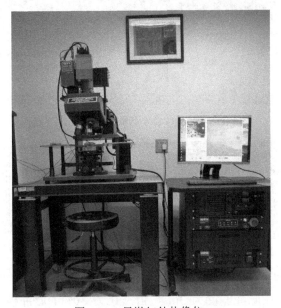

图 6-27　显微红外热像仪

6.4.3　用途

通过红外热成像技术，不仅可以获得器件结温、表面温度分布图、瞬态温度变化图，还可以方便地发现局部热点，为器件筛选和改善器件加工工艺等提供支撑。

6.4.4　应用案例

GaN 功率管在规定的电载和射频工作条件、热沉温度 70℃、环境温度 23℃的条件下进行测试，图 6-28 为静态红外热成像的测试结果，图 6-29 所示为中间器件白色线段所示的温度分布情况。结果显示，该器件结温在静态红外热像的测试结果为 108℃。

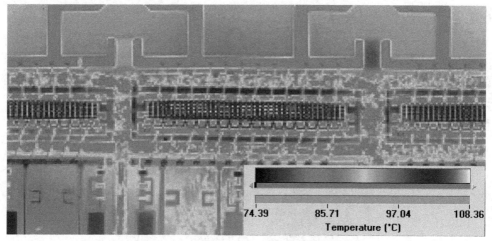

图 6-28　某 GaN 功率管的表面温度分布图

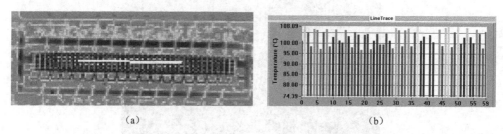

图 6-29　中间器件的温度分布图（（b）图为（a）图中白色线段所示区域的温度分布情况）

　　由于器件工作在脉冲宽度为 3ms、占空比为 30%的脉冲模式下，静态红外热成像技术抓取不到这些信息，所以静态红外热像图得到的是器件温度的平均效果，实际的温度应该是随脉冲条件而快速变化的，其峰值温度应该高于图中所示的 108℃。

　　对图 6-29 中温度最高的区域进行动态红外测试，测试结果如图 6-30 所示，其中，曲线代表结温，矩形代表开关电平。从图中可见，开关电平的脉冲宽度为 3ms、占空比为 30%；器件结温在脉宽 3ms 时间内不断升高，3ms 后迅速降低，下一个脉冲周期到来时又不断升高和降低，如此反复；脉冲峰值温度达到了 124℃，远高于静态红外热像 108℃的测试结果。

　　因此，通过动态红外热成像技术，可以准确地得到微波器件实际工作模式下的结温变化过程，也可由此计算器件的瞬态脉冲热阻，为研究器件动态热性能和进一步提高器件性能等提供支撑。

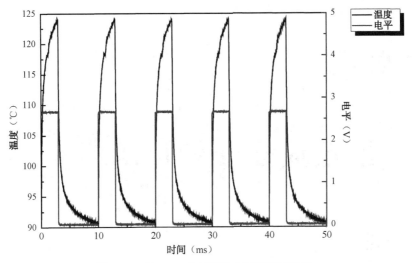

图 6-30　某 GaN 功率管瞬态温度测试结果

参 考 文 献

[1] 马巍，郝跃. LDD-CMOS 中 ESD 及其相关机理. 半导体学报，2003（8）.

[2] 费庆宇. 国内外电子元器件失效分析新技术及其采用的仪器设备. 电子产品可靠性与环境试验，1995（3）.

[3] 费庆宇. 集成电路失效分析新技术. 电子产品可靠性与环境试验，2005（04）.

[4] Oliver D. Patterson, Horatio Wildman, AIexAche. IBM, KevinT. Wu, KLA-Tencor. 对 uLoop 进行电压对比测试，及时有效对接触层进行在线缺陷分析. 集成电路应用，2006（7）.

[5] 王颖. MOS 集成电路 ESD 保护技术研究. 微电子技术，2002（1）.

[6] 张滨海，方培源，王家楫. 红外发光显微镜及其在集成电路失效分析中的应用[J]. 分析仪器，2008（5）.

[7] 张阳. 集成电路失效分析研究. 北京邮电大学，2011.

[8] 林兆莹. 失效分析在 DRAM 产品中的应用. 天津大学，2010.

[9] 陶剑磊. CMOS IC 结构缺陷显微红外发光研究. 上海：复旦大学，2008.

[10] 毛成巾. 电子束探测技术在 VLSI 诊断中的应用. 微电子测试，1994（1）.

[11] 赵延广. 基于锁相红外热像理论的无损检测及疲劳性能研究. 大连：大连理工大学，2012.

[12] 刘慧. 超声红外锁相热像无损检测技术的研究. 哈尔滨工业大学，2010.

[13] 汪子君. 红外相位法无损检测技术及应用研究. 哈尔滨工业大学，2010.

第7章

微区成分分析技术

7.1 概述

通常，固体表面和体内的化学组成不完全相同，甚至完全不同，造成这种差别的原因是多方面的，如外来物在表面上的吸附、污染，表面氧化，表面腐蚀，摩擦磨损；特别是人为加工的表面，如离子注入、钝化，其表面化学组成可能完全不同于基底。在一个实际环境下，工作的材料与器件表面的化学组成同它们基体的差别可能会更大。因此，人们要对材料和器件工作表面的宏观性能做出正确的评价与理解，首先必须对各种条件下表面的化学组成进行定性和定量测定。

测定表面微区化学组成的方法很多，如俄歇电子谱法（Auger Electron Spectroscopy，AES）、二次离子质谱法（Secondary Ion Mass Spectrometry，SIMS）、X 射线光电子谱法（X-Ray Photoelectron Spectroscopy，XPS）、傅里叶红外光谱法（Fourier Transform Infrared Spectroscopy，FT-IR）、内部气氛分析分析法（Internal Vapor Analysis，IVA）等。

7.2 俄歇电子能谱仪

7.2.1 原理

入射电子束和物质作用可以激发出原子的内层电子。外层电子向内层跃迁过程中所释放的能量可能以 X 光的形式放出，即产生特征 X 射线，也可能诱使核外另一电子成为自由电子，这种自由电子就是俄歇电子。对于一个原子来说，激发态原子在释放能量时只能进行一种发射，释放出特征 X 射线或俄歇电子。原子序数大的元素，特征 X 射线的发射概率较大；原子序数小的元素，俄歇电子发射概率较大，当原子序数为 33 时，两种发射概率大致相等。因此，俄歇电子能谱适用于轻元素的分析[1]。

如果电子束将某原子 K 层电子激发为自由电子，L 层电子跃迁到 K 层，释放的能量又将 L 层的另一个电子激发为俄歇电子，这个俄歇电子就称为 KLL 俄歇电子。同样，L 层电子被激发，M 层电子填充到 L 层，释放的能量又使另一个 M 层电子激发所形成的俄歇电子是 LMM 俄歇电子。而相应于不同的始态和终态，每一个系列都有多种俄歇跃迁。如 KLL 系列就包括六种俄歇跃迁：KL_1L_1、KL_1L_2、KL_1L_3、KL_2L_2、KL_2L_3、KL_3L_3，它们都有可能发生，在俄歇谱上表现为六根谱线[2]。

俄歇过程涉及三个能级：初始空位、填充电子和跃迁电子各自所在的能级，可以根据参与俄歇过程的能级的结合能计算出不同元素的各俄歇电子能量。设原子的原子序数为 Z，以 KL_1L_3 俄歇电子为例，从能量关系上看，L_1 能级电子填充 K 空位给出能量 $E_{L_1}(Z) - E_K(Z)$，这里 $E_{L_1}(Z)$ 和 $E_K(Z)$ 分别为处在 L_1 和 K 能级的电子的结合能。该能量克服结合能 $E_{L_3}(Z)$ 后，使 L_3 能级电子电离成为俄歇电子。俄歇电子 KL_1L_3 具有的能量：

$$E_{K_{L_1}K_{L_3}}(Z) \approx E_K(Z) - E_{L_1}(Z) - E_{L_3}(Z) \tag{7-1}$$

式（7-1）是近似的，因为 $E_{L_3}(Z)$ 是对于内层填满的原子 L_3 能级电子的结合能，而对于俄歇过程，内层有一空位，L_3 能级电子的结合能就要增大，故 L_3 能级电子电离出去需要消耗的能量应是 $E_{L_3}(Z) + \Delta E$，这样（7-1）式可表示为：

$$E_{K_{L_1}K_{L_3}}(Z) \approx E_K(Z) - E_{L_1}(Z) - E_{L_3}(Z) - \Delta E \tag{7-2}$$

实际工作过程中往往使用俄歇手册，查找每一种元素的标准俄歇谱图，图中表明了主要俄歇电子的能量，根据标准谱图中特征峰的能量确定待测样品中元素的种类。

7.2.2 设备和主要指标

1. 设备

俄歇电子能谱仪的结构如图 7-1 所示。俄歇电子能谱仪是由真空系统、初级电子探针系统（即电子光学系统）、电子能量分析器、样品台、信号测量系统及在线计算机等构成的。有的设备在真空系统中还配备有样品的原位断裂附件、薄膜蒸发沉积装置或样品的加热或制冷台，以便进行过高温研究或用低温维持样品表面的低蒸气压。尽管按不同的样品和不同的实验要求，具体谱仪结构可能不同，但总有初级探针系统、能量分析系统及测量系统三部分。下面分别叙述这三部分的特点。

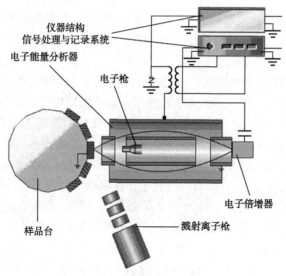

图 7-1　俄歇电子能谱仪的结构

（1）初级探针系统

俄歇电子能谱仪所用的信号电子激发源是电子束。选用电子束的原因是：①热电子源是一类高亮度、高稳定性的小型化激发源，容易获得；②因为电子束带电荷，可采用透镜系统聚焦、偏转；③电子束和固体的相互作用大，原子的电离效率高。电子光学系统主要由电子激发源（热阴极电子枪）、电子束聚焦（电磁透镜）和偏转系统（偏转线圈）组成。

电子光学系统的作用是为能谱分析提供电子源，它的主要指标是入射电子束能量、束流强度与束斑直径三个。①电子束能量。对于俄歇电子能谱仪来说，要产生俄歇电子首先要使内壳层的电子电离。因此要求初级电子束具有一定的能量。初级电子束的能量一般取初始电离能的 3～4 倍，应按俄歇电子能量不同而变化。但有时为了方便起见，当俄歇信号不是很弱时，因俄歇电子的能量大部分集中在 1kV 以下，初级电子束的能量 E_p 可取固定值 3～5kV。②电子束流强度与束斑直径。俄歇电子能谱仪分析的空间分辨率基本上取决于入射电子束的最小束斑直径；探测灵敏度取决于束流强度。这两个指标通常有些矛盾，因为束径变小将使束流显著下降，因此一般需要折中。在能谱测量法中，电子束流应在 10^{-8}A 以上，俄歇像显微分析中一次电子束流应大于 10^{-7}A。电子束流不能过大，束流过大会对样品表面造成伤害。另外，束流大，束斑直径也大，其中一部分激发的俄歇电子不能进入能量分析器，使得到的俄歇信号发生畸变。

（2）能量分析器及信号检测系统

俄歇信号强度大约是初级电子强度的万分之一。如果考虑噪声的影响，如此小的信号检测是十分困难的，所以必须选择信噪比高的能量分析系统。俄歇电子能谱仪的能量分析系统一般采用筒镜分析器。

分析器的主体是两个同心圆筒。样品和内筒同时接地，在外筒上施加一个负的偏转电压，内筒上开有圆环状的电子入口和出口，激发电子枪放在镜筒分析器的内腔中（也可放在镜筒分析器外）。由样品上发射的具有一定能量的电子从入口位置进入两圆筒夹层，因外筒加有偏转电压，最后使电子从出口进入检测器。若连续地改变外筒上的偏转电压，就可以在检测器上依次接收到具有不同能量的俄歇电子，从能量分析器输出的电子经电子倍增器、前置放大器后进入脉冲计数器，最后由 X-Y 记录仪或荧光屏显示俄歇谱–俄歇电子数目 N 随电子能量 E 的分布曲线。

为了将微弱的俄歇电子信号从强大的本底中提取出来，1968 年 Harris 提出了采用锁相放大器提取俄歇信号微分谱的方法，即采用电子电路对电子能量分布曲线 $N(E)$ 微分，测量 $Dn(E)/dE$-E 来识别俄歇峰，这就是著名的微分法。它不仅在历史上为俄歇谱实际应用于表面分析开辟了道路，而且至今仍不断地得到应用。$Dn(E)/dE$-E 称为微分谱；而 $N(E)$-E 则称为"直接谱"，它是相对微分谱而言的。

2. 主要指标

作为一种表面分析方法，俄歇电子能谱法是材料科学研究和材料分析的重要方法，其主要指标如下。

（1）作为固体表面分析法，其信息深度取决于俄歇电子逸出深度（电子平均自由程）。对于能量为 50～2000eV 范围内的俄歇电子，逸出深度为 0.4～2nm。深度分辨力约为 1nm，横向分辨力取决于入射束斑大小。

（2）可分析除 H、He 以外的各种元素。

（3）对轻元素 C、O、N、S、P 等有较高的分析灵敏度。

（4）可进行成分的深度剖析或薄膜及界面分析。

7.2.3　用途

1. 定性分析

定性分析的任务是根据实测的直接谱（俄歇峰）或微分谱上负峰的位置识别元素，方法是与标准谱进行对比。主要俄歇电子能量图和各种元素的标准图谱可在《俄歇电子谱手册》等资料中查到。由于能级结构强烈依赖于原子序数，用确定的能量俄歇电子来鉴别元素是准确的，因此根据谱峰位置可以鉴别。由于电子轨道之间可以实现不同的俄歇过程，所以每种元素都有丰富的俄歇谱，由此导致不同元素俄歇峰的干扰。对于原子序数为 3～14 的元素，最显著的俄歇峰是由 KLL 跃迁形成的；对于原子序数 14～40 的元素，最显著的俄歇峰则是由 LMM 跃迁形成的。

定性分析是一种最常规的分析方法，也是俄歇电子能谱最早的应用之一。一般利用 AES 谱仪的宽扫描程序，收集从 20～1700eV 动能区域的俄歇谱。为了增加谱图的信噪比，通常采用微分谱来进行定性鉴定。对于大量元素，其俄歇峰主要集中在 20～1200eV 的范围内，对于有些元素，则需利用高能端的俄歇峰来辅助进行定性分析。此外，为了提高高能端俄歇峰的信号强度，可以通过激发电子能量的方法来获得。通常采取俄歇谱的微分谱的负峰能量为俄歇动能，进行元素的定性标定。在分析俄歇峰能谱图时，必须考虑荷电位移问题。一般来说，金属和半导体样品几乎不会荷电，因此不用校准。但对于绝缘体薄膜样品，有时必须校准，以 CKLL 的俄歇动能 278.0eV 为基准。在判断元素是否存在时，应用其所有的次强峰进行佐证，否则应考虑是否为其他元素的干扰峰。

2. 定量分析

样品表面出射的俄歇电子的强度与样品中该原子的浓度（单位面积或体积中的粒子数）有线性关系，因此可以利用这一特征进行元素的定量分析。因为俄歇电子的强度不仅与原子的多少有关，还与俄歇电子的逸出深度、样品的表面光洁度，元素存在的化学状态以及仪器的状态有关。因此俄歇电子能谱技术一般不能给出所分析元素的绝对含量，仅能提供元素的相对含量。因为俄歇电流近似地正比于被激发的原子数目，把样品的俄歇电子信号与标准样品的信号在相同条件下比较，有近似的关系式为：

$$C = C_\text{S} \frac{I}{I_\text{S}} \tag{7-3}$$

式中，C、C_S 分别代表样品与标准样品的浓度；I、I_S 分别代表样品与标准样品的俄歇电流。

当然，这要求测量的实验参数和条件不变，如入射电子能量、入射角、调制电压等。若表面覆盖层增加，还要求样品表面原子的排列和它们的化学性质也不改变，使样品与标准样品有相等的激发和逸出概率分布函数。

在定量分析中必须注意的是，元素的灵敏度不仅与元素种类有关，还与元素在样品中的存在状态及仪器的状态有关。俄歇电子能谱仪对不同能量的俄歇电子的传输效率是不同的，并会随谱仪的污染程度而改变。当谱仪的分析器受到严重污染时，低能端俄歇峰的强度会大幅度下降，样品表面的 C、O 污染及吸附物的存在也会严重影响定量分析的结果。还必须注意，由于俄歇能谱的各元素的灵敏度因子与一次电子束的激发能量有关，所以俄歇电子能谱的激发源的能量也会影响定量结果。因此，对于俄歇电子能谱测量，即使是相对含量不经校准也存在很大的误差。此外还必须注意，虽然俄歇电子能谱仪的绝对检测灵敏度很高，可以达到 10^{-3} 原子单层，但它是一种表面灵敏的分析方法，对于体相检测，灵敏度仅为 0.1% 左右。俄歇电子能谱仪是一种表面灵敏分析技术，其表面采样深度为 1～3nm，提供的是表面的元素含量，其表示的组成不能反映体相成分。最后，还应注意俄歇电子能谱仪的采样深度与材料性质和光电子的能量有关，也与样品表面与分析器的角度有关。所以，在俄歇电子能谱分析中几乎不用绝对含量这一概念，它给出的仅是一种半定量的分析结果，即相对含量而非绝对含量。

3. 表面元素的化学价态分析

表面元素价态分析是俄歇电子能谱仪的一种重要应用，但由于谱图解析的困难和能量分辨率低，一直未能获得广泛应用。最近随着计算机技术的发展，采用积分谱和扣背底处理，谱图的解析变得容易很多。加上俄歇化学位移比 X 射线光电子能谱的化学位移大得多，且结合深度分析可以研究界面上的化学状态。因此，近年俄歇电子能谱的化学位移分析在薄膜材料的研究上获得了重要应用，取得了很好的效果。但是，由于很难找到俄歇化学位移的标准数据，要判断其价态，必须用自制的标样进行对比，这是利用俄歇电子能谱研究化学价态的不足之处。此外，俄歇电子能谱不仅有化学位移的变化，还有线性的变化，俄歇电子能谱的线性分析也是进行元素化学价态分析的重要方法。

4. 元素沿厚度（深度）方向的分布分析

俄歇电子能谱的深度分析功能是其最为重要的分析功能之一，一般采用 Ar 离子剥离样品表面的深度分析方法。该方法是一种破坏性分析方法，会引起表面晶格的损伤、择优溅射和表面原子混合等现象。但当其剥离速度很快、剥离时间较短时，以上效应不太明显，一般可以不考虑。其分析原理是先用 Ar 离子把表面一定厚度的表面层溅射掉，然后用俄歇电子能谱仪分析剥离后的表面元素含量，这样就可以获得元素在样品中沿深度方向的分布。由于俄歇电子能谱的采样深度较浅，因此俄歇电子能谱的深度分析比 X 射线光电子能谱仪的深度分析具有更好的深度分辨力。当离子束与样品表面的作用时间较长时，样品表面会产生各种效应。为了获得较好的深度分析结果，应当选用交替式溅射方式，并尽可能地缩短每次溅射的时间间隔。离子束/电子枪束的直径比应大于 10 倍以上，以避免离子束的溅射坑效应。

5. 微区分析

微区分析也是俄歇电子能谱分析技术应用的一个重要方面，分为定点分析、线性扫描分析和面扫描分析三个方面。这种功能是俄歇电子能谱在微电子器件研究中最常用的方法，也是纳米材料研究的重要手段。

（1）定点分析

俄歇电子能谱由于采用电子束作为激发源，其束斑面积可以聚焦得非常小。从理论上，俄歇电子能谱选点分析的空间分辨力可以达到束斑面积大小。因此，利用俄歇电子能谱可以在很微小的区域内进行选点分析，当然也可以在一个大面积的宏观空间范围内进行选点分析。微小范围内的选点分析可以通过计算机控制电子束的扫描，在样品表面的吸收电流像或二次电流像图上锁定待分析点。对于大范围内的选点分析，一般采取移动样品的方法，使待分析区和电子束重叠。这种方法的优点是可以在很大的空间范围内对样品点进行分析，选点范围取决于样品架的可移动速度。利用计算机软件选点，可以同时对多点进行表面定性分析、表面成分分析、化学价态分析和深度分析。这是一种非常有效的微探针分析方法。

（2）线扫描分析

俄歇电子能谱的线扫描分析常用于表面扩散研究及界面分析研究等方面[3]~[6]，可以在微观和宏观的范围内（1～6000μm）研究元素沿某一方向的分布情况。

（3）元素面分布分析

俄歇电子能谱的面分布分析也可称为俄歇电子能谱元素分析的图像分析。它可以把某个元素在某一区域内的分布以图像的方式表示出来，就像电镜照片一样。只不过电镜照片提供的是样品表面的形貌像，而俄歇电子能谱提供的是元素的分布像。结合俄歇化学位移分析，还可以获得特定化学价态元素的化学分布像。

7.2.4 应用案例

发光二极管（Light Emitting Diode，LED）碎片上 Pad 表面存在污染物，要求分析污染物的类型。将 LED 碎片放在金相显微镜下观察，寻找被污染的 Pad，通过观察，发现 Pad 表面有较多小黑点，黑点直径在 3μm 左右，考虑分析区域大小后，选择分析区域最小的俄歇电子能谱进行分析，能准确分析污染物的位置[7]。

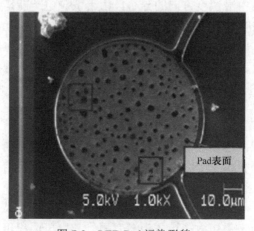

图 7-2　LED Pad 污染形貌

利用俄歇电子能谱仪对被污染的 Pad 表面进行分析，结果如图 7-3 所示，位置 1 为污染位置，位置 2 为未污染位置。

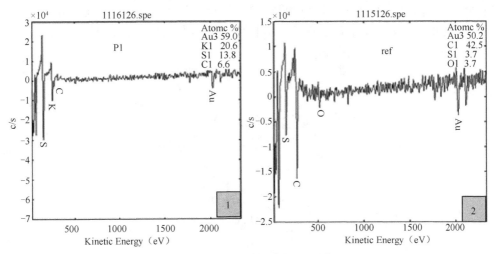

图 7-3　LED Pad 污染成分比对分析

通过未污染位置和污染位置的对比分析可知，发现污染位置主要为含 K（20.6%）和 S（13.6%）类物质，在未污染位置 S 含量为 3.7%，未发现 K 元素，推断污染位置存在 K 离子污染，并与 S 共同作用形成黑色污染物。

7.3　二次离子质谱仪

7.3.1　原理

1. 一次离子与固体材料的相互作用

固体材料在离子的轰击下溅射出各种各样的粒子，包括电子、离子、分子离子和中性的原子及分子。入射的一次离子能量一般控制在 400～15 000eV。入射离子经过碰撞将能量传给固体中的原子。当能量大于晶格束缚能时，原子就从晶格中被撞出，撞出的原子称为反冲原子，在运动中再将能量通过碰撞传给其他原子，由此而产生级联碰撞。当这一能量传递给表面原子时，如果能量大于原子表面束缚能，则表面的原子就会被撞出，如图 7-4 所示。由此可见，出射粒子是由级联碰撞产生的，而非入射离子与表面原子的直接碰撞产生的。

晶体在离子轰击下将产生两个现象：离子注入和粒子溅射。通过对离子能量和入射角度的选择可以控制以哪一现象为主。二次离子质谱仪一般采用的一次离子的能量为几千电子伏特，而入射角度（入射离子与表面垂直的角度）约为 25°～60°。当入射与出射达到平衡后，表面将形成一层入射离子与晶体材料的混合体。例如，Si 材料在氧离子的轰击下，假设溅射产额是 1/2，即每入射两个氧离子将有一个 Si 原子被撞出，当入射的氧离子将等于出射的氧离子时，样品表面就变成了 SiO_2。

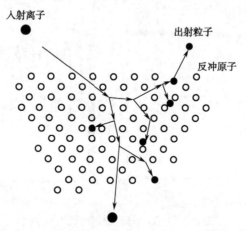

图 7-4　入射离子与固体材料的相互作用

2. 二次离子的产生

在没有其他因素的作用下，出射的二次离子产额是非常低的。例如，在氩离子的轰击下，从 Si 晶体出射的原子的电离率小于百万分之一。这就是说，碰撞本身并不产生二次离子；或者说，由碰撞所引发电离概率是可以忽略不计的。实验中发现，利用氧作为一次离子可以使正离子产额提高六个数量级，而利用铯则使负离子的产额得到放大。

一次离子与晶体材料的作用本身是一个简单的弹性碰撞过程。理论上可以对入射离子的分布进行精确计算，而对溅射率的计算也在研究过程中。但出射粒子的电离是一个非常复杂的过程，理论上的研究至今没有突破。

根据氧与铯对离子产额的放大作用，人们提出了两个相关的理论解释。一个称为断键理论，这种理论类似离子键理论，该理论认为晶体中的原子与氧形成极性键，由于氧的电子亲和力极强，出射的粒子将把电子留给氧原子而成为正离子。这一解释基本说明了碱金属和金属元素在氧离子轰击下具有高的离子产额，而电子亲和力强的非金属元素则不然。因此，分析这些元素一般采用氧作为一次离子。另一个称为电子隧穿理论，这一理论认为铯的存在改变了表面功函数，从而提高了电子穿透隧道的概率。当电负性强的元素离开表面时，容易得到电子，成为负离子。在应用中对电子亲和力强的元素一般采用铯作为一次离子。二次离子为荷负电的离子。

无论哪个理论都具有很大的限制，有很多现象还不能给出解释，甚至有些解释是相反的。但是，在实际应用中采用氧或铯作为一次离子可以对 H 到 U 的所有元素进行分析。

7.3.2 设备和主要指标

1. 设备

二次离子质谱仪的基本原理如图 7-5 所示。

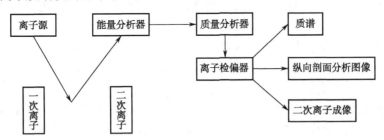

图 7-5 二次离子质谱原理示意图

利用聚焦的一次离子束在样品上进行稳定的轰击，一次离子可能受到样品表面的背散射（概率很小），也可能穿透样品表面的一些原子层深入到一定深度，在穿透过程发生一系列弹性和非弹性碰撞。一次离子将其部分能量传递给晶格原子，这些原子中有一部分向表面运动，并把能量的一部分传递给表面原子，使之发射，这种过程称为粒子溅射。在一次离子束轰击样品时，还有可能发生另外一些物理和化学过程：①一次离子进入晶格，引起晶格畸变；②在具有吸附层覆盖的表面引起化学反应等。溅射粒子大部分为中性原子和分子，小部分为带正、负电荷的离子、离子团簇和离化的分子碎片（统称为二次离子）。

二次离子按质荷比实现质谱分离。

收集经过质谱分离的二次离子，可以得知样品表面和本体的元素组成和分布。在分析过程中，质量分析器不但可以提供对应于每一时刻的新鲜表面的多元素分析数据，还可以提供表面某一元素分布的二次离子图像。

二次离子质谱仪视其应用不同而有各种不同的形式，其基本构造可分为下列四大部分：离子枪、能量分析器、质量分析器、离子检偏器和成像系统。

离子枪一般分为热阴极电离型离子源、双等离子体离子源和液态金属场离子源。热阴极电离型离子源电离率高，但发射区域大，聚束困难、能量分散和角度分散较大。双等离子体离子源亮度高，束斑可达 1～2μm，经过 Wein 过滤器可用于离子探针和成像分析。液态金属场离子源可以得到束斑为 0.2～0.5μm、束流为 0.5nA 的离子束，束斑最小可达 50nA。

质量分析器可采用单聚焦、双聚焦、飞行时间、四极杆、离子阱、离子回旋共振等技术。

双聚焦型质量分析器具有很高的质量分辨率，早期四极杆质量分析器质量范围只能到达几百 amu，但新型仪器已经超过 4000amu。

飞行时间分析器的独特之处在于其离子飞行时间（分辨）只依赖于它们的质量。由于一次脉冲就可以得到一个全谱，离子利用率最高，能最好地实现对样品几乎无损的静态分析。而其更重要的特点是只要降低脉冲的重复频率就可以扩展质量范围，在原理上不受限制。离子反射型飞行时间分析器还可以提高分辨率和降低本地干扰，因而成为近年来质谱仪器发展的热点。

离子阱质量分析器与四极杆质量分析器相似，与四极杆质量分析器不同的是，离子阱收集的是稳定区域以外的离子。离子阱质谱具有结构简单、灵敏度高等特点，尤其适用于气相分子-离子反应研究。

离子回旋共振质量分析器利用射频电场的频率与在磁场作用下回旋离子的频率产生共振来分离和检测不同的离子。由于离子阱和离子回旋共振质谱可以优先选择性存储某一离子，再直接观察其反应，它们不需要与其他质量分析器串联，自身即可完成质谱/质谱操作。

2. 主要指标

以图 7-6 所示的飞行时间二次离子质谱仪（Time Of Flight-Secondary Ion Mass Spectrometry，TOF-SIMS）为例，其主要技术指标如下。

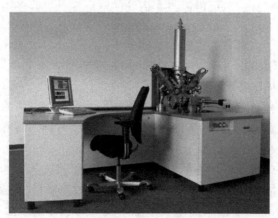

图 7-6　德国 ION-TOF 公司研制的飞行时间二次离子质谱仪

（1）可以并行探测所有元素和化合物，具有极高的传输率（可以达到 100%），只需要一次轰击就可以得到研究点的完整质量谱图。

（2）可以探测的质量数范围包括 10 000 原子量单位以下的所有材料。包括 H、He 等元素。

（3）可以分辨同位素。

（4）质量分辨率验收标准在 10 000 以上。通常的系统分析在 29 质量数附近可以达到 13 000 以上；而在 300 以上的质量数范围可以达到 18 000。

（5）具有很小的信息深度（<1nm）；可以分析材料最表层（原子层）的结构。

（6）80nm 以下的空间分辨率，对于样品表面的组成结构一目了然。

（7）达到 ppm～ppb 级的探测极限。

（8）对于化合物，可以同时给出分子离子峰和官能团碎片峰；可以方便地分析出化合物和有机大分子的整体结构。

（9）采用双束离子源可以对样品进行深度剖析。溅射剥离速度可以达到 10 微米/小时。

（10）采用高效的电子中和枪，可以精确地分析绝缘材料。

7.3.3 用途

1. 定性分析

多价离子主要是二、三价离子。二价离子的强度约为一价离子强度的 10^{-3} 倍，三价离子更少。多原子离子-原子团离子，如 Cu^{2+}、Cu^{3+}，其强度随二次离子能量选择等因素有关，约在单原子离子的 10% 以下。分子离子是入射离子与基体反应生成的，如 CuN^+、CuN^{2+} 等。

带氢的离子存在是因为在大部分的样品中都含有氢，且分析室内残留有 H_2，如 CuH^+、$CuNH^+$ 等，其强度为一次元素离子的 $10^{-2}～10^{-4}$。带氢离子所占的比例随一次离子种类的不同而大幅变化。一次离子为 Ar^+ 时，带氢离子的比例很大；用 O^{2+} 则显著减少。氢离子是样品制备时引入的，或由于与系统中残留气体作用引入的。

在分析时，应经常考虑谱的干涉或干扰。同时应考虑同位素效应，一般地说，二次离子质谱中同位素的比例接近于天然丰度，这也是定性分析中所要掌握的一条法则。最后要考虑质谱仪分辨本领对二次离子质谱分析的影响。

2. 定量分析

二次离子质谱仪在定性分析上是成功的，关键是识谱，灵敏度可达 $10^{-5}～10^{-6}$，在定量分析上还不成熟。

（1）标准样品校正法

利用已知成分的标准样品，测出成分含量与二次离子流关系的校准曲线，对未知样品的成分进行标定。

（2）离子注入制作标准样品法

利用离子注入的深度分布曲线及剂量给出该元素的浓度与二次离子流的关系，作为校准曲线，然后进行二次离子质谱分析。此外，还可利用 LTE 模型，采用内表元素的定量分析法和基体效应修正法。

（3）深度剖面分析

在不断剥离的情况下进行二次离子质谱分析，就可以得到各种成分的深度分布信息，即动态二次离子质谱仪。实测的深度剖面分布与样品中真实浓度分布的关系可用浓度分辨率来描述。入射离子与靶的相互作用是影响深度分辨的重要原因。二次离子的平均逸出深度、入射离子的原子混合效应、入射离子的类型、入射角、晶格效应都对深度分辨有一定的影响。

（4）面分布分析

利用二次离子质谱可以获取材料表面面分布信息，随着计算机技术的广泛应用及电子技术的不断进步，SIMS 的空间分辨率可达亚微米量级。

（5）荷电效应

在用二次离子质谱仪分析绝缘样品时，由于入射离子的作用，会使表面局部带电，从而改变二次离子发射的产额及能量分布等。因此，在对绝缘样品进行分析时，一般用电子中和枪中和表面的荷电效应。

（6）有机物分析

静态二次离子质谱仪是一种软电离分析技术，在有机物，特别是不蒸发、热不稳定有机物分析方面的应用近来得到了迅速发展。

7.3.4 应用案例

在半导体器件的失效分布图中，铝键合系统的失效被认为是最主要的失效模式，用常规的筛选和测试很难剔除，只有靠键合前的逐个目检或老化试验中的强烈振动才可能暴露出来，因此对器件可靠性影响很大。飞行时间二次离子质谱仪显示出其高灵敏度和高质量分辨率的优势。飞行时间二次离子质谱仪不仅可获得丰富的元素和分子碎片离子，还可获得大量的分子离子峰和准分子离子峰，这为分析有机污染的化学成分及其来源提供了大量有用信息。

利用飞行时间二次离子质谱仪分别对有污染和无污染的铝键合点进行分析[8]，分析结果如图 7-7 所示。

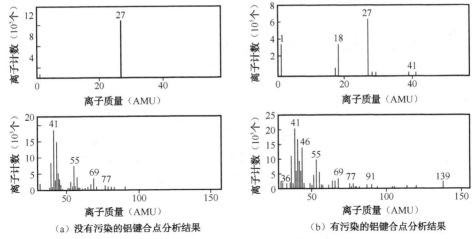

（a）没有污染的铝键合点分析结果　　　　（b）有污染的铝键合点分析结果

图 7-7　铝键合点飞行时间二次离子质谱仪分析结果

测试结果表明，污染键合点的谱图中含有的两条谱线（质量数分别为 18 和 139）为其所独有，并有 3 条谱线（质量数分别为 46、65 和 88）的二次离子计数明显高于无污染键合点的相应计数。

近代半导体器件的生产包括一系列的表面工艺流程，其中大多数都发生在表面顶部的几个单原子层内。众所周知，微量杂质的行为对半导体器件的性能常常有决定性的影响，而宏观参量（如电阻率和载流子浓度的测量），由于 n 型和 p 型杂质的互补作用，往往不能揭示其真正成因，因而必须详尽了解其化学成分，包括微量无机和有机成分。利用飞行时间二次离子质谱仪的纵向剖析功能，可以对材料中的杂质掺杂浓度进行分析，有利于我们了解器件的性能。图 7-8 为半导体激光器外延芯片中氧的掺杂浓度分析结果。

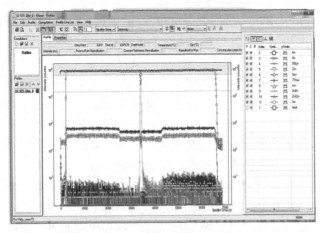

图 7-8　半导体激光器外延芯片中氧掺杂浓度分析结果

7.4 X 射线光电子能谱分析仪

7.4.1 原理

X 射线光电子能谱基于光致电离作用，当一束光子照到样品表面时，光子可以被样品中某一元素原子轨道上的电子所吸收，使得该电子脱离原子核的束缚，以一定的动能从原子内部发射出来，变成自由的光电子，而原子本身则变成一个激发态的离子。在光致电离过程中，固体物质的结合能可以用下面的方程表示[9]：

$$E_k = h_v - E_b - \phi_s \tag{7-4}$$

式中，E_k 为出射的光电子动能（eV）；h_v 为 X 射线源光子的能量（eV）；E_b 为特定原子轨道上的结合能（eV）；ϕ_s 为谱仪的功函数（eV）。

谱仪的功函数主要由谱仪材料的状态决定，对于同一台谱仪，基本是一个常数，与样品无关，其平均值为 3～4eV。

在 X 射线光电子能谱分析中，由于采用的 X 射线激发源的能量较高，不仅可以激发出原子轨道中的价电子，还可以激发出深能级上的内层轨道电子，其出射光电子的能量仅与入射光子的能量及原子轨道结合能有关。因此，对于特定的单色激发源和特定的原子轨道，其光电子的能量是特征的。当固定激发源能量时，其光电子的能量仅与元素的种类和所电离激发的原子轨道有关。因此，可以根据光电子的结合能定性分析物质的元素种类。

在普通的 X 射线光电子能谱仪中，一般采用 Mg K_α 和 Al K_α X 射线作为激发源，光子的能量足够促使除氢、氦以外的所有元素发生光电离作用，产生特征光电子。由此可见，X 射线光电子能谱分析技术是一种可以对所有元素进行一次全分析的方法，这对于未知物的定性分析是非常有效的。

经 X 射线照射后，从样品表面射出的光电子的强度与样品中该原子的密度呈线性关系，可以利用它进行元素的半定量分析。鉴于光电子的强度不仅与原子的浓度有关，还与光电子的平均自由程、样品的表面光洁度、元素所处的化学状态、X 射线源强度及仪器的状态有关。因此，X 射线光电子能谱分析技术一般不给出分析元素的绝对含量，仅提供各元素的相对含量。由于元素的灵敏度因子不仅与元素种类有关，还与元素在物质中的存在状态、仪器的状态有一定的关系，因此不经校准测得的相对含量也存在很大的误差。还需指出的是，X 射线光电子能谱分析是一种表面灵敏分析方法，具有很高的表面检测灵敏度，可以达到 10^{-3} 原子单层，但对于体相检测灵敏度，仅为 0.1%左右。X 射线光电子能谱仪表面采样深度为 2.0～5.0nm，它提供的仅是表面的元素含量，与体相成分有很大差别。而它的采样深度与材料性质、光电子的能量有关，也同样品表面和分析器的角度有关。

虽然出射的光电子的结合能主要由元素的种类和激发轨道所决定，但由于原子外层电子的屏蔽效应，深能级轨道上的电子的结合能在不同的化学环境中是不一样的，有一些微小的差异。这种结合能上的微小差就是元素的化学位移，它取决于元素在样品中所处的化学环境。一般，元素获得额外电子时，化学价态为负，该元素的结合能降低；反之，当该元素失去电子时，化学价为正，X 射线光电子能谱的结合能增大。利用这种化学位移可以分析元素在该物质中的化学价态和存在形式。元素的化学价态分析是 X 射线光电子能谱分析的重要应用之一。

7.4.2 设备和主要指标

1. 设备

虽然 X 射线光电子能谱方法的原理比较简单，但其仪器结构非常复杂。图 7-9 是 X 射线光电子能谱仪结构框图。从图中可见，X 射线光电子能谱仪由进样室、超高真空系统、X 光源、离子源、能量分析器及计算机系统等组成。下面对主要部件进行简单的介绍。

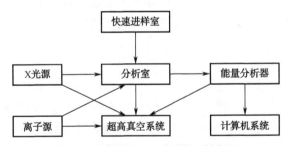

图 7-9　X 射线光电子能谱仪结构框图

（1）超高真空系统

X 射线光电子能谱仪中必须采用超高真空系统，这主要出于两方面的考虑。首先，X 射线光电子能谱分析是一种表面分析技术，如果分析室的真空度很差，在很短的时间内试样的清洁表面就可以被真空中的残余气体分子所覆盖。其次，由于光电子的信号和能量都非常弱，如果真空度较差，光电子很容易与真空中的残余气体分子发生碰撞而损失能量，最后不能到达检测器。在 X 射线光电子能谱仪中，为了使分析室的真空度能达到 3×10^{-8}Pa，一般采用三级真空泵系统。前级泵一般采用旋转机械泵或分子吸附泵，极限真空度能达到 10^{-2}Pa；若采用油扩散泵或分子泵，可获得高真空，极限真空度能到 10^{-8}Pa；而采用溅射离子泵和钛升华泵，可获得超高真空，极限真空度能达到 10^{-9}Pa。这几种真空泵各有优缺点，可以根据各自的需要自行组合。现在的新型 X 射线光电子能谱仪普遍采用机械泵—分子泵—溅射离子泵—钛升华泵系列，这样可以防止扩散泵油污染清洁的超高真空分析室。

（2）进样室

X 射线光电子能谱仪多配备有进样室，其目的是在不破坏分析室超高真空的情况下快速进样。进样室的体积很小，以便能在 5～10 分钟内能达到 10^{-3}Pa 的高真空。有一些谱仪把快速进样室设计成样品预处理室，可以对样品进行加热、蒸镀和刻蚀等操作。

（3）X 射线激发源

在普通的 X 射线光电子能谱仪中，一般采用双阳极靶激发源。常用的激发源有 Mg K_α X 射线（光子能量为 1253.6eV）和 Al K_α X 射线（光子能量为 1486.6eV）。没经单色化的 X 射线的线宽可达到 0.8eV，而经单色化处理以后，线宽可降到 0.2eV，并可以消除 X 射线中的杂线和韧致辐射。但经单色化处理后，X 射线的强度大幅下降。

（4）离子源

在 X 射线光电子能谱仪中配备离子源的目的是对样品表面进行清洁或对样品表面进行定量剥离。在 X 射线光电子能谱仪中，常采用 Ar 离子源。Ar 离子源又可分为固定式和扫描式。固定式 Ar 离子源由于不能进行扫描剥离，对样品表面刻蚀的均匀性较差，仅用作表面清洁。对于进行深度分析用的离子源，应采用扫描式 Ar 离子源。

（5）能量分析器

X 射线光电子的能量分析器有两种类型：半球型能量分析器和筒镜型能量分析器。半球型能量分析器由于对光电子的传输效率高和能量分辨率好，多用在 X 射线光电子能谱仪上。而筒镜型能量分析器由于对俄歇电子的传输效率较高，主要用在俄歇电子能谱仪上。对于一些多功能电子能谱仪，考虑到 X 射线光电子能谱仪和俄歇电子能谱仪的共用性和使用的侧重点，选用能量分析器主要依据，以哪一种分析方法为主。以 X 射线光电子能谱为主的采用半球型能量分析器，而以俄歇能谱为主的则采用筒镜型能量分析器。

（6）计算机系统

由于 X 射线电子能谱仪的数据采集和控制十分复杂，商用谱仪均采用计算机系统来控制谱仪和采集数据。由于 X 射线光电子能谱数据的复杂性，谱图的计算机处理也是一个十分重要的部分，如元素的自动标识、半定量计算、谱峰的拟合和去卷积等。

2. 主要指标

以美国 Thermo Fisher Scientific 的型号为 ESCALAB 250Xi 的 X 射线光电子能谱仪为例，其主要技术指标如下。

（1）能量扫描范围为 0～5000eV；通过能从 1～400eV 连续可调，调节步长 ≤1eV。

（2）X 射线光电子能谱仪成像，可实现<6μm 成像区域的溯源获谱；束斑半径为 900～20μm，调节步长为 50μm。

（3）特有的 Cluster 模式可对有机物进行 C–C 峰分析测试。

7.4.3 用途

1. 元素的定性分析

尽管 X 射线可穿透样品很深，但只有样品近表面一薄层发射出的光电子可逃逸出来。电子的逃逸深度和非弹性散射自由程为同一数量级，范围从致密材料（如金属）的约 1nm 到许多有机材料（如聚合物）的 5nm。因而这一技术对固体材料表面存在的元素极为敏感。根据这一基本特征，再加上非结构破坏性测试能力和可获得化学信息的能力，使得 X 射线光电子能谱仪成为表面分析的有力工具。

定性分析技术根据所测得谱的位置和形状来得到有关样品的组分、化学态、表面吸附、表面态、表面价电子结构、原子和分子的化学结构、化学键合情况等信息。元素定性的主要依据是组成元素的光电子线的特征能量值，因为每一种元素都有唯一的一套深能级，其结合能可用作元素的指纹。

元素（及其化学状态）定性分析即以实测光电子谱图与标准谱图相对照，根据元素特征峰位置（及其化学位移）确定样品（固态样品表面）中存在哪些元素（及这些元素存在于何种化合物中）。标准谱图载于相关手册、资料中。常用的 Perkin-Elmer 公司的《X 射线光电子谱手册》载有从 Li 开始的各种元素的标准谱图（以 Mg K$_\alpha$ 和 Al K$_\alpha$ 为激发源），标准谱图中有光电子谱峰与俄歇谱峰位置并附有化学位移数据。

定性分析原则上可以鉴定除氢、氦以外的所有元素。对物质的状态没有选择，样品需要量很少，可少至 10^{-8}g，相对精度可达 1%，因此特别适合做痕量元素的分析。

分析时首先对样品（在整个光电子能量范围内）进行全扫描，以确定样品中存在的元素，然后对所选择的谱峰进行窄扫描，以确定化学状态。

2. 元素的定量分析

在表面分析研究中，除了要确定试样元素种类及其化学状态，还要求测得含量。对谱线强度做出定量解释。在电子能谱中，定量分析的应用大多以能谱中谱峰强度的比率为基础，把所观测到的信号强度转变成元素的含量，即将谱峰面积转变成相应元素的含量。虽然目前已有几种 X 射线光电子能谱定量分析的模型，但是影响定量分析的因素相当复杂，包括：样品表面组分分布不均匀、样品表面被污染、记录光电子动能差别过大、因化学结合态不同对光电截面的影响等，这些因素都影响定量分析的准确性。所以在实际分析中用得更多的方法是对照标准样品校正、测量元素的相对含量。

7.4.4　应用案例

1. 表面元素定性分析

这是一种常规分析方法，一般利用 X 射线光电子能谱仪的宽扫描程序。为了提高定性分析的灵敏度，一般应加大分析器的通能，提高信噪比。图 7-10 是高纯 Al 基片上沉积的 $Ti(CN)_x$ 薄膜的 X 射线光电子能谱图。

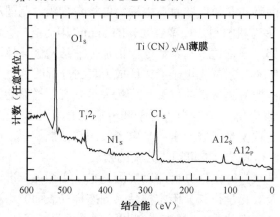

图 7-10　高纯 Al 基片上沉积的 $Ti(CN)_x$ 薄膜的 XPS 谱图，激发源为 MgK_α

从图 7-10 可见，在薄膜表面主要有 Ti、N、C、O 和 Al 元素。Ti 和 N 的信号较弱，而 O 的信号很强。这表明形成的薄膜主要是氧化物，氧的存在会影响 $Ti(CN)_x$ 薄膜的形成。

2. 表面元素的化学价态分析

表面元素化学价态分析是 X 射线光电子能谱仪最重要的一种分析功能，也是 X 射线光电子能谱仪谱图解析最难、比较容易发生错误的部分。在进行化学价态分析前，首先必须对结合能进行正确的校准。因为结合能随化学环境的变化较小，而当荷电校准误差较大时，很容易标错元素的化学价态。

图 7-11 是 PZT 薄膜中碳的化学价态谱分析结果。从图中可以看到，在 PZT 薄膜表面，C1s 的结合能为 285.0eV 和 280.8eV，分别对应于有机碳和金属碳化物。有机碳是主要成分，可能是由表面污染产生的。随着溅射深度的增加，有机碳的信号减弱，而金属碳化物的峰增强。这结果说明 PZT 薄膜内部的碳主要以金属碳化物的方式存在。

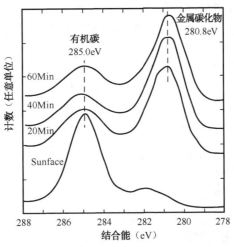

图 7-11　PZT 薄膜中碳的化学价态谱

7.5　傅里叶红外光谱仪

7.5.1　原理

红外线和可见光一样都是电磁波，而红外线是波长介于可见光和微波之间的一段电磁波。红外光又可依据波长范围分成近红外、中红外和远红外三个波区，其中中红外区（$2.5 \sim 25 \mu m$；$4000 \sim 400 cm^{-1}$）能很好地反映分子内部所进行的各种物理过程及分子结构方面的特征，对解决分子结构和化学组成方面的各种问题最为有效，因而中红外区是红外光谱中应用最广的区域，一般所说的红外光谱都是指这一范围。

红外光谱属于吸收光谱，是化合物分子振动时吸收特定波长的红外光而产生的，化学键振动所吸收的红外光的波长取决于化学键动力常数和连接在两端的原子折合质量，也就是取决于分子的结构特征。这就是红外光谱测定化合物结构的理论依据。

红外光谱作为"分子的指纹"广泛用于分子结构和物质化学组成的研究中。根据分子对红外光吸收后得到谱带频率的位置、强度、形状及吸收谱带和温度、聚集状态等的关系便可确定分子的空间构型，求出化学键的力常数、键长和键角。从光谱分析的角度看，主要是利用特征吸收谱带的频率推断分子中存在某一基团或键，根据特征吸收谱带频率的变化推测临近的基团或键，进而确定分子的化学结构。当然，也可根据特征吸收谱带强度的改变对混合物及化合物进行定量分析。而鉴于红外光谱的应用广泛性，能够绘出红外光谱的红外光谱仪也成了科学家们的重点研究对象。

傅里叶变换红外光谱仪是根据光的相干性原理设计的，因此是一种干涉型光谱仪，它主要由光源（硅碳棒、高压汞灯）、干涉仪、检测器、计算机和记录系统组成，大多数傅里叶变换红外光谱仪都使用了迈克尔逊干涉仪，因此实验测量的原始光谱图是光源的干涉图，然后通过计算机对干涉图进行快速傅里叶变换计算，从而得到以波长或波数为函数的光谱图，因此，谱图成为傅里叶变换红外光谱，仪器称为傅里叶变换红外光谱仪。

图 7-12 是傅里叶变换红外光谱仪的典型光路系统。来自红外光源的辐射，经过凹面反射镜变成平行光后进入迈克尔逊干涉仪，离开干涉仪的脉冲光束投射到一摆动的反射镜 B，使光束交替通过样品池或参比池，再经摆动反射镜 C（与 B 同步），使光束聚焦到检测器上。

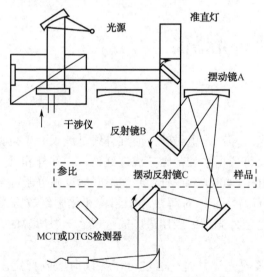

图 7-12　傅里叶变换红外光谱仪的典型光路系统

傅里叶变换红外光谱仪没有色散元件，没有夹缝，故来自光源的光有足够的能量经过干涉后照射到样品上，然后到达检测器，傅里叶红外光谱仪测量部分的核心部件是干涉仪。图 7-13 是单束光照射到迈克尔逊干涉仪时的工作原理图，干涉仪是由固定反射镜 M_1（定镜）及分光束器 B 组成的，M_1 和 M_2 是互相垂直的平面反射镜。B 以 45 度角置于 M_1 和 M_2 之间，B 能将来自光源的光束分成相等的两部分，一半光束经 B 被反射，另一半光束则透射通过 B。在迈克尔逊干涉仪中，来自光源的入射光经光分束器分成两束光，经过两反射镜反射后又汇聚在一起，再投射到检测器上，由于动镜的移动，使两束光产生了光程差，当光程差为半波长的偶数倍时，发生相长干涉，产生明线；为半波长的奇数倍时，发生相消干涉，产生暗线。若光程差既不是半波长的偶数倍也不是奇数倍，则相干光强度置于前两种情况之间。动镜连续移动，在检测器上记录的信号呈余弦规律变化，每移动四分之一波长的距离，信号则从明到暗周期性地改变一次。

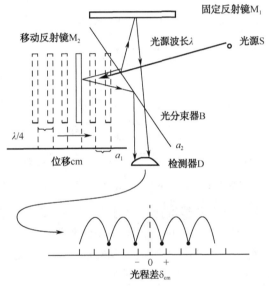

图 7-13　单束光照射迈克尔逊干涉仪时的工作原理图

7.5.2　设备和主要指标

1. 设备

傅里叶红外光谱仪的基本结构如图 7-14 所示。光谱仪主要由光源（碳硅棒、高压汞灯）、迈克尔逊干涉仪、检测器和记录仪组成。其中迈克尔逊干涉仪是傅里叶红外光谱仪的核心部件。

（1）光源

虽然傅里叶变换红外光谱技术发展迅速，但多年来红外光源技术发展缓慢。近 20 年来，虽然红外光源所用的材料有些改进，但仍然不能大幅提高光源的能量。光源是 FTIR 光谱仪的关键部件之一，红外辐射能量的高低直接影响检测的灵敏度。理想的红外光源应能测试整个红外波段，即能够测试远红外、中红外和近红外光谱。但目前要测试整个红外波段至少需要更换三种光源，即中红外光源、远红外光源和近红外光源。

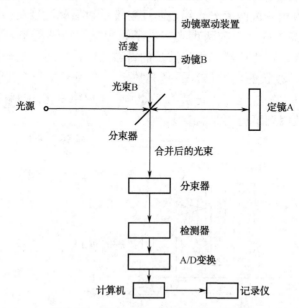

图 7-14   傅里叶红外光谱仪的基本结构

① 目前使用的中红外光源基本上可以分为两类：碳硅棒光源和陶瓷光源，不管是碳硅棒光源还是陶瓷光源，都能覆盖整个中红外波段。红外辐射能量最高的区间是中红外区的中间部分，在中红外区的高频端和低频端，红外辐射能量较弱，低频端比高频端更弱。

② 测量 650～50cm^{-1} 区间的远红外光谱可以使用中红外光源。中红外光源在 50～10cm^{-1} 区间的能量非常低，因此，如果需要测试 50～10cm^{-1} 区间的光谱，必须使用高压汞弧灯光源。高压汞弧灯光源除了发射所需要的远红外辐射外，还发射出极强的紫外光和可见光。所以在使用高压汞弧灯光源测量远红外光谱时，必须在光路中插入合适的黑色聚乙烯滤光片，以滤除紫外光和可见光对测量的干扰，同时起到保护样品免受光照射发生变化和起到保护检偏器免受损坏的作用。

③ 测试近红外光谱需要使用近红外光源，如果使用中红外光源，高波数端只能测到 7000cm^{-1}。近红外光源使用的是卤钨灯或石英卤素灯，石英卤素灯发出的主要是白光，所以也叫白光光源。卤钨灯在近红外区的辐射能量比中红外光源高，测试时要将光阑的孔径关小一些，减少到达检测器的光通量，以防止信号溢出。卤钨灯的测试范围为 25 000～2000cm^{-1}。

（2）迈克尔逊干涉仪

干涉仪是 FTIR 光谱仪光学系统中的核心部分。FTIR 光谱仪的最高分辨率和其他性能指标主要由干涉仪决定。目前，FTIR 光谱仪使用的干涉仪分为几种，但不管使用哪一种类型的干涉仪，其内部组成是相同的，即各种干涉仪的内部都包含动镜、定镜和分束器这三个部件。

① 目前 FTIR 光谱仪使用的干涉仪分为空气轴承干涉仪、机械轴承干涉仪、双动镜机械摆动式干涉仪、双角镜耦合/动镜扭摆式干涉仪、角镜型楔状分束器干涉仪、皮带移动式干涉仪和悬挂扭摆式干涉仪等。

② 分束器是干涉仪中的重要部件，也称作分光片。理想的分束器将一束光等分为两束光。中红外光谱仪使用的分束器是基质镀膜分束器，基质镀膜分束器即在透红外光的基片上蒸镀一层极薄的薄膜，基片材料是 KBr 或 CsI，在基片上镀 $1\mu m$ 厚的 G_e 薄膜。中红外光谱仪使用的分束器有三种：普通的 KBr/Ge 分束器，适用范围为 $7000\sim375cm^{-1}$；CsI/Ge 分束器，适用范围为 $4500\sim240cm^{-1}$；宽带 KBr 分束器，适用范围为 $11\,000\sim370cm^{-1}$。测量近红外光谱通常使用 CaF_2 分束器，不同仪器公司的 CaF_2 分束器的测量范围不完全相同，高频端的最高可以测到 $14\,500cm^{-1}$，最低的也能测到 $11\,000cm^{-1}$；低频端的可以测到 $4000cm^{-1}$ 以下，通常可达到 $2200cm^{-1}$。远红外分束器分为两类：一类是自支撑分束器，即聚酯薄膜分束器（mylar film），金属丝网分束器就属于聚酯薄膜分束器（聚酯薄膜粘贴在金属丝网上）；另一类是基质镀膜分束器，也称固体基质分束器（solid substrate），这种分束器是在硅基质上镀上一层能透远红外光的薄膜制成的。

（3）检测器

检测器的作用是检测红外干涉光通过红外样品后的能量。因此对使用的检测器有四点要求：具有高的检测灵敏度、低噪声、具有快的响应速度和较宽的测量范围。

FTIR 光谱仪使用的检测器种类很多，但目前还没有一种检测器能够检测整个红外波段。测定不同波段的红外光谱需要使用不同类型的检测器。

① 目前中红外光谱仪使用的检测器可以分为两类：一类是 DGTS 检测器，另一类是 MCT 检测器。DGTS 检测器是由氘代硫酸三甘肽[$(NH_2CH_2CHHH)_3\cdot H_2SO_4$ 中的 H 被 D 取代]晶体制成的。将 DGTS 晶体切成几十微米厚的薄片。薄片越薄，检测器的灵敏度越高，但加工越困难。DGTS 晶体很怕潮湿，因此必须用红外窗片将 DGTS 晶体密封好。根据密封材料的种类，DGTS 检测器又分为 DGTS/KBr 检测器、DGTS/CsI 检测器和 DGTS/Polyythyene 检测器。前两种检测器用于中红外检测，后一种检测器用于远红外检测。MCT（Mercury Cadmium Tellurium）检测器是由宽频带的半导体碲化镉和半金属化合物碲化汞混合制成的。改变混合物成分的比例，可以获得测量范围不同、检测灵敏度不同的各种 MCT 检测器。目前测量中红外光谱使用的 MCT 检测器有三种：MCT/A、MCT/B 和 MCT/C。

② 测试近红外光谱通常使用 PbSe 检测器。PbSe 检测器的适用范围为 11 000～2000cm^{-1}，PbSe 检测器可以在常温下工作。除了 PbSe 检测器外，还可以使用 Ge、InSb、InGaAs 等检测器，这些检测器的检测灵敏度更高。Ge 和 InSb 检测器需要在液氮温度下工作。

③ 测量远红外光谱使用的远红外检测器是 DTGS/聚乙烯检测器，即检测器敏感元件的材料是 DTGS 晶体，检测器的窗口材料是聚乙烯。远红外检测器的敏感元件和中红外检测器的敏感元件相同，都是采用氘代硫酸三苷肽晶体制作的。所不同的是，中红外检测器的窗口材料是溴化钾，因为溴化钾能透中红外光，而远红外检测器的窗口材料为聚乙烯，而聚乙烯对远红外光基本没有吸收作用。DTGS/聚乙烯检测器虽然可以检测整个远红外波段的信号，但它的最佳工作区间是 650～50cm^{-1}。50～10cm^{-1} 区间内的灵敏度非常低，噪声非常大。

2. 主要指标

（1）光谱范围：4000～400cm^{-1} 或 7800～350cm^{-1}、125 000～350cm^{-1}。
（2）最高分辨率：2.0cm^{-1}/1.0cm^{-1}/0.5cm^{-1}。
（3）信噪比为 15 000：1（P-P）/30 000：1（P-P）/40 000：1（P-P）。
（4）分束器：溴化钾镀锗/宽带溴化钾镀锗。
（5）检测器：DTGS 检测器/DLATGS 检测器。
（6）光源：空冷陶瓷光源。

7.5.3 用途

1. 红外光谱的定性分析

用红外光谱进行官能团或化合物定性分析的最大优点是特征性强。一方面，由于不同官能团或化合物都具有各自不同的红外谱图，其谱峰数目、位置、强度和形状只与官能团或化合物的种类有关，根据化合物的谱图可以像辨别人的指纹一样确定官能团或化合物，所以有人把用红外光谱进行定性分析的方法称为指纹分析。另一方面，由于红外光谱测试方便，不受样品分子量、形态（气体、液体、固体和溶液均可）和溶解性能等方面的限制，测试用样较少（常规分析约 20mg，微量分析为 0.02～5mg，气体为 10mL～200mL），所以在功能团或化合物结构鉴定，特别是化合物的指认或从几种可能结构中确定一种结构方面有广泛的应用。

（1）定性分析的一般方法
① 分析谱带的特征。
首先应分析所有的谱带数目、各谱带的位置和相对强度。不必像鉴定有机化合

物那样把谱带分成若干个区，因为无机物阴离子团的振动绝大多数在 1500cm^{-1} 以下。但是要注意高频率振动区是否有 OH$^-$ 或 H$_2$O 存在，以确定矿物是否含水（但是要注意吸附水）。然后依次确定每一个谱带的位置及相对强度。最先应注意最强的吸收谱带的位置，而后可以用以下方法中的任一种来进行分析。

② 对已知物的验证。

为合成某种无机物，需要知道它的合成纯度时，可以取另一标准物分别做红外光谱加以比较或借助已有的标准红外光谱图或资料卡查对。假如除了已对的谱带外，还存在其他谱带，则表明其中尚有杂质、未反应完全的原料化合物或反应中间物。这时还可以进一步把标准物放在参照光路中，与待分析试样同时测定，就得到了其他物质的光谱图，可以确定杂质属于何种物质。

③ 未知物的分析。

如果待测物完全未知，则在做红外光谱分析以前，应对样品做必要的准备工作，并对其性能有所了解。例如，被测物的外观、晶态或非晶态、化学成分（这一点很重要，因为从化学成分可以得知待测物主要属于硅酸盐、铝酸盐或其他阴离子盐的化合物，可作为进一步分析的参考依据）；待测物是否含结晶水或其他水（可以用差热分析法先进性测定，这对处理样品有指导意义，因为红外测定时必须除去吸附水）；待测物是属于纯化合物、混合物或是否有杂质等。如果是晶态物质，也可以借助 X 射线做测定。

根据具体情况对样品进行预处理，尤其是对复杂的混合物，若能做分离或与其中已含的已知物作对照就可以较为方便地获得结果。对于硅酸盐材料，若用化学方法把硅酸盐萃取出来，只留下铝酸盐和铁铝酸盐，红外光谱图就大大简化了；若在溶解硅酸盐之后再进一步把铝酸盐溶解，单独测定铁铝酸盐的铁化物结构，将获得更有效的结果。

（2）标准红外光谱图的应用

最常见的红外光谱标准谱图有萨特勒（Sadtler）标准红外光谱图库、Aldrich 红外光谱图库、Sigma Fourier 红外光谱图库、DMS（Documentation Molecular Spectroscopy）孔卡片、API（American Petroleum Institute）红外光谱资料，以及一些仪器厂商开发的联机检索光谱图库。其中应用最多的是萨特勒标准红外光谱图库，它征集了七万多张红外光谱图，而且每年都增补一些新的谱图；该谱图集有多种检索方法，如分子式索引、化合物名称索引、化合物分类索引和分子量索引等，而且还可以同时检索紫外、核磁氢谱和核磁共振碳谱的标准谱图。但是上述资料对无机化合物红外光谱图的收集不多。

《矿物的红外光谱法》（Infrared Spectroscopy Of Minerals）已有中译本。它除了讲述红外光谱的基本原理外，关于无机化合物的基团振动特点和矿物的分析也收集了一些谱图和数据，对硅酸盐矿物按结构分析尤为详尽。

《无机化合物的红外光谱法》（Infrared Spectroscopy Of Inorganic Compounds）收集了纯无机化合物的红外光谱图，但属于矿物分析的很少。

2. 红外光谱的定量分析

红外光谱的定量分析中，通过对特征吸收谱带强度的测量来求出组分含量，其理论依据依然是比尔-朗伯（Beer-Lambert）定律。用红外光谱做定量分析时，对各组分要确定一个特征振动频率，不受其他振动频率的干扰。由于红外光谱的谱带较多，选择余地大，所以能方便地对单一组分和多组分进行定量分析。此外，由于红外光谱法不受样品状态的限制，能定量测定气体、液体和固体样品。但红外光谱法定量灵敏度较低，尚不适于微量组分的测定。

（1）红外光谱定量分析原理

当红外光源通过样品时，会像可见光一样，产生光的吸收现象。红外光 I_0 通过一均匀介质时，若光传输了距离 db，则其能量的减少 dI，与光在这点的总能量 I 成正比，即：

$$-\frac{dI}{db} = KI \tag{7-5}$$

其解为

$$I = I_0 e^{-Kb} \tag{7-6}$$

或

$$T = \frac{I}{I_0} = e^{-Kb} \tag{7-7}$$

$$A = \lg \frac{1}{T} = \lg \frac{I_0}{I} = Kb \tag{7-8}$$

式中，A 为吸光度；I 或 I_0 为入射光和透射光的强度；$T = \dfrac{I}{I_0}$ 为透射率；b 为样品的厚度；K 为吸收系数（cm^{-1}）。

式（7-8）即为比尔-朗伯定律，红外吸收光谱定量的基础就在于吸光度 A 的测量。

（2）选择吸收带的原则

① 一般选组分的特征吸收峰，并且该峰应该是一个不受干扰和与其他峰不相重叠的孤立的峰。例如，分析酸、酯、醛、酮时，应该选择与羟基振动有关的特征吸收带。

② 所选择的吸收带的吸收强度与被测物质的浓度有线性关系。

③ 若所选的特征峰附近有干扰峰，也可以另选一个其他的峰，但此峰必须是浓度变化时其强度变化灵敏的峰，这样定律分析误差较小。

（3）吸光度的测量

一般总是在谱带吸收最大的位置来测量吸光度，因为这个位置是谱带轮廓的固有点，可以容易而准确地加以确定，同时灵敏度也最高，测量的数据也较精确。测量谱带吸光度大小的方法主要有两种。

① 一点法。这是最简单而直观的测量方法，但是要有一定的条件，即在参比路中插入补偿槽。在不考虑背景吸收的情况下，选择所要分析的波数，并从谱图的纵坐标上直接读出分析波数处的透过率 T，按照吸光度 $A = \lg \dfrac{1}{T}$ 即可计算出吸光度。但是这种方法往往由于杂散光及背景吸收而影响测量精度。

② 基线法。由于一点法的测量精度不够满意，常采用基线法，它测量、分析波数的吸光度更接近真实值。红外光谱的背景线常常不水平，或者在一个波数区域有几个吸收谱带紧连在一起，这时就需要根据具体情况采用不同的方法取得基线，其方法与热分析的定量基本相同。

（4）定量分析的方法

设有二元或多元组分的混合物 (x, y)，选择它们在谱图上的分析谱带，并假设都遵守吸收定律，则可以将两组分的吸光度分别写为：

$$A_x = a_x + b_x + c_x$$
$$A_y = a_y + b_y + c_y$$

(7-9)

式中，A_x、A_y 分别为 x、y 组分的吸光度；a 为吸收率；b 为样品厚度；c 为样品中组分的浓度。

由于 x 和 y 是在同一压片内的，因此 $b_x = b_y$，于是 A_x、A_y 有以下关系，即：

$$A' = \frac{A_x}{A_y} = \frac{a_x c_x}{a_y b_y} = K \frac{c_x}{c_y}$$

(7-10)

对于两种分混合物，$c_x + c_y = 1$，这时配置一个或几个已知浓度比的混合物，并测量其对应谱带的吸光度，就可求得 K，从计算得到：

$$c_x = \frac{A'}{K + A'}, c_y = \frac{K}{K + A'}$$

(7-11)

当然，当组分比较复杂或浓度变化范围大、K 值不保持恒定时，就要做吸光度比 A' 与组分浓度比的变化曲线，需要一系列已知组分比的样品才能得到上述曲线。

此外，也可以用内标法进行某组分的定量，它与比例法相似。在制样品时内标物和试样都是经过精确称量的，所以它们的质量比（即浓度比）是已知的，如果遵守比尔-朗伯吸收定律，就可以按照上面的方法求出 K 值和计算某组分的浓度。

7.5.4 应用案例

傅里叶红外光谱提供了物质官能团的特征频率，利用谱图中基团的特征频率，再结合参考数据，可以分析、鉴定产物中新的基团，如果将傅里叶红外光谱分析技术与俄歇电子能谱分析技术、X 射线衍射分析技术等联合使用，可以了解材料在大气环境试验中腐蚀产物的组分、结构及腐蚀进程，为防护工程设计提供必要的数据。

图 7-15 为材料 Zn 在大气环境下暴露过程的腐蚀产物的傅里叶红外光谱分析结果。发现作为参考样品的碱式碳酸锌与暴露的样品的谱图相近。从谱图中可看出，从碱式碳酸锌中检测到的 OH^-、CO_3^{2-} 与空气中 H_2O 和 CO_2 的谱图非常接近，说明 Zn 在大气暴露中首先和空气中的水、二氧化碳作用，然后才和不同环境中其他介质作用[10]。

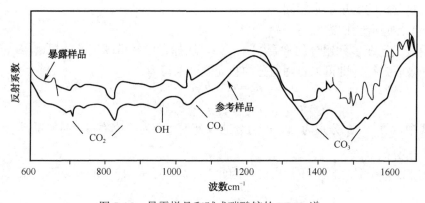

图 7-15　暴露样品和碱式碳酸锌的 FT-IR 谱

7.6 内部气氛分析仪

7.6.1 原理

内部气氛分析仪采用的分析方法是分压力质谱分析法。其主要原理是从密封器件内部取样后进行电离，然后采用质谱仪进行质量分离计数，最后给出各种气体的分压比。内部气氛分析方法的基础理论包括气体静力学、质谱分析理论。

1. 气体静力学理论

根据理想气体状态方程：

$$PV = nRT \qquad (7\text{-}12)$$

即某种气体压强 P 与该气体物质的量 n（摩尔数）、温度 T 成正比，与体积 V 成反比。式中，R 为理想气体常数。对于封装内部的各种气氛，由于其体积相同（均为封装腔体体积），温度相同（仅考虑平衡状态下的封装内部气氛），因此气体含量（气体物质的量）的比，即各种气体分压力的比为：

$$P_1 : P_2 : 1 : P_m = n_1 : n_2 : 1 : n_m \qquad (7\text{-}13)$$

而宏观上物质的量即微观上分子的数量。因此，对封装内部气氛进行取样，测定这个样本中各种气体分子数量的比例，即可得到封装内各种气氛含量的相对比例。

2. 质谱分析理论

质谱法是一种通过测定离子质荷比来确定物质成分的分析方法，其基本原理是使试样中的成分在离子源中发生电离，生成不同质荷比的带正电荷的离子，经加速电场的作用，形成离子束，进入质量分析器。在质量分析器中，再利用电场或磁场使不同质荷比的离子在空间上或时间上分离，将它们分别聚焦到检测器，进而得到质谱图，从而获得质量与浓度（或分压）相关的图谱。

7.6.2 设备和主要指标

1. 设备

内部气氛分析仪由真空系统、取样系统、分析系统、数据处理系统及样品夹具组成。样品穿刺后，利用压力差使样品内的气氛进入分析系统。分析系统为由离子源、分析器、检测器组成的四极质谱仪。离子源将气体分子电离为离子，离子化的分子沿分析器的 Z 方向进入四极场内，受到 X、Y 方向电场的作用，实现质量分离，利用检测器测量不同质量的离子的分压强，达到气氛成分分析的目的。

自第一台质谱仪问世至今已有 90 余年，现代质谱仪种类繁多，这里只针对内部气氛分析仪所采用的质谱仪介绍仪器的离子源、质量分析器和检测器三部分。

（1）电子电离（EI）源

电子电离源又称 EI 源，是应用最广泛的离子源，它主要用于挥发性（常温或质谱仪工作温度下为气态）样品的电离，样品以气体形式进入离子源，由灯丝发出的电子与样品分子发生碰撞，使样品分子电离。一般情况下，灯丝与接收极之间的电压为 70V，所有的标准质谱图都是在 70ev 下做出的。在 70eV 电子碰撞作用下，气体分子可能被打掉一个电子，形成分子离子，也可能会发生化学键的断裂，形成碎片离子。根据分子离子可以确定化合物分子量，根据碎片离子可以得到化合物的结构。

实际应用中的 EI 源一般还需要电场透镜，以聚焦离子束，有的可选配磁聚集部件，以提高电离效率。

（2）质量分析器

IVA110S 和 IVA210S 采用的均是相同的四极质量分析器。四个棒状电状形成一个四极电场，离子从离子源进入四极场后，在时变电场的作用下产生振动，如果质量为 m_i，电荷为 e 的离子从 Z 方向进入四极场，四极场只允许一种质荷比的离子通过，其余离子则振幅不断增大，最后碰到四极杆而被吸收。通过四极杆的离子到达检测器后被检测。改变电场电压值，可以使另外质荷比的离子顺序通过四极场，实现质量扫描，检测器检测到的离子就会从 m_1 变化到 m_2，即得到 m_1 到 m_2 的质谱。

（3）电子倍增器检测器

质谱仪的检测主要使用电子倍增器实现，IVA110S 与 IVA210S 使用的检测器均为二次电子倍增管（SEM），由四极杆质量分析器出来的离子打到高能打拿极，产生电子，电子经电子倍增器产生电流信号，记录不同离子的电流信号即得到质谱。信号增益与倍增器电压有关。到达第一打拿极的离子产生的电流一般为 pA 级，而 SEM 能够提供 10e6～10e8 的信号增益，借助相连的放大器，又能够得到 10e6～10e9 的信号增益，最终形成的电流被转化为电压信号。由倍增器输出的电信号被送入计算机储存，这些信号经计算机处理后可以得到质谱图及其他各种信息。

2. 主要指标

如图 7-16 所示，以 IVA-210S 型内部气氛分析仪为例，其主要技术指标如下。

图 7-16 IVA-210S 型内部
气氛分析仪外观

仪器全系统的技术指标主要有：

（1）IVA 应用中质谱仪典型的实际可用范围为 1～100AMU；

（2）系统的水汽测试精度范围如下：2500ppmV 时为 +/-20% 或更优；5000ppmV 时为 +/-10% 或更优；7500ppmV 时为+/-10%或更优。

3. 内部气氛分析仪质谱图的解析技术

质谱分析器得到的原始信息如图 7-17 左侧所示，是各质荷比处的信号强度，在理想状态下，各质荷比处的信号间不发生交叠，其包络均应是光滑、对称的高斯函数。质谱仪根据原始信号进行有限脉冲响应滤波，采集各质荷比处的信号强度，形成如图 7-17 右侧所示的由谱线构成的质谱图。

气体分子经电子轰击电离后，会形成分子离子和碎片离子两类正离子。通常

（但不必然），最高质荷比处的峰由完整的电离分子形成，称为分子离子，记作 M^{+1}，带一个单位正电荷，质量数与分子相同。分子离子峰通常伴有一系列较低质荷比的峰，这些较低质荷比的峰是由分子离子分裂后形成的碎片形成的，这些碎片称为碎片离子，结果就在质谱图中分别形成了碎片离子峰。图 7-17 右侧所示质谱图中，质荷比 18 处即为水汽的分子离子峰，而相邻的质荷比分别为 17、16 的谱线即为水汽的碎片离子峰。

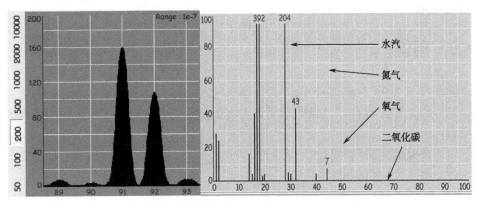

图 7-17　内部气氛分析质谱图

图 7-17 左侧为原始信号强度信息（被测物为甲苯），右侧为质谱图（被测物为室内空气）。

原始质谱图中含有各种物质的分子离子谱线和碎片离子谱线，解析质谱图信息的第一步就是将纷繁的谱线重建为各种物质。这一过程现在通常通过计算机自动处理，简单来说，就如下的过程：

（1）质量数由高到低，假定找到的第一根谱线为某种物质的分子离子；

（2）查询标准质谱库或仪器内置的数据库，确定该种物质可能存在的所有质荷比离子的谱线，以及这些谱线的强度比；

（3）如果这些质谱图中各谱线数据在一定误差范围内符合数据库中的谱图，则判断为存在该种物质，并对该种物质进行定量；

（4）从原始谱图中减去该种物质的各不同质荷比谱线，形成剩余谱；

（5）继续对剩余谱进行上述分析过程，直到重建所有物质的信息。

为了进行上述过程，需要知道两类数据：一是某种物质离子化后可能产生的离子的质荷比；二是这些质荷比位置谱线的强度比。上述信息有两个来源：一是从质谱数据库（如美国国家标准技术研究所 NIST）等标准质谱库；二是通过对已知物质的实际测定获取。

NIST 质谱数据库中存有超过 192 000 种物质的 222 000 种 EI 谱，包括该物质可能形成的所有不同质荷比谱线的位置和强度比，这类质谱数据库可用于识别封装气氛内的未知物质。

由于封装气氛中可能含有的主要物质实际上是可预知的，可以通过制备标准物质，来进行这些成分的实际测定，如室内空气中必定含有的氮气、氧气、氩气的测定，以及标定混合气体中的水汽、氢气、二氧化碳、氦气等的实际测定。虽然标准质谱数据库中的数据是在同样的 70eV 电离条件下得到的，但由于具体仪器系统的差异，实际得到的谱不可能与标准谱图完全一致，为了准确定量，必须通过对标准物质的实测来校正质谱数据库。

7.6.3　用途

内部气氛分析仪是全面评价产品封装条件及内部材料和材料处理工艺的主要工具，是开展电子元器件产品研究和质量控制的重要工具，它是以下工作中用到的辅助工具：

（1）产品的更新和产品的工艺改进；
（2）产品的材料研究；
（3）工艺条件的改进；
（4）材料选择决策；
（5）产品内部环境检测；
（6）失效分析。

7.6.4　应用案例

以 MQ5028 金属外壳组装的混合微电路试验样品为器件内腔气氛含量的分析研究对象。该电路内部组装材料主要有：PC40 磁芯、漆包线、菲磁骨架、电阻、电容等元器件，H37 和 H70E-2 导电胶，裸芯片及基板等。导电胶固化条件为：150℃，30min。组装样品共 5 只，密封前在平行缝焊设备的真空烘箱中进行真空烘焙，条件为 150℃，48h。封帽过程在密封工作仓内进行，封帽后样品按 GJB548B 标准的方法 1014.2 进行密封检验。样品密封合格后进行 150℃、1000h 的高温储存，然后进行密封检验，合格后送水汽测试。表 7-1 为样品内腔残余气氛含量[11]。

表 7-1　样品内腔残余气氛含量

项　目	编　号				
	1	2	3	4	5
氮气/%	96.7	97.3	97.8	96.1	98.5
水汽/×10^{-3}	6.372	4.926	7.061	6.865	3.989

续表

项　目	编　号				
	1	2	3	4	5
氩气/×10⁻⁶	110	184	<100	107	123
氢气/×10⁻⁶	703	257	727	1254	559
CO_2/%	1.08	0.4	0.43	1.82	1.0
乙醇/×10⁻⁶	170	169	371	496	568
氦/×10⁻⁶	1028	15 000	2700	17 600	1563
丙酮/×10⁻⁶	454	235	ND	2446	458
氧/×10⁻⁶	ND	ND	ND	ND	ND
甲醇/×10⁻⁶	263	225	163	334	369
甲苯/×10⁻⁶	153	<100	ND	ND	345

　　分析测试数据，在 5 只样品中有 1#、3#、4#共 3 只样品水汽含量不合格，其中 2#号样品水汽含量高达 $4.926×10^{-3}$，接近失效值 $5.0×10^{-3}$。样品中 CO_2 含量普遍偏高，有三只都达到 $1.0×10^{-2}$ 以上，同时伴随有大量的有机物杂质成分。

参 考 文 献

[1] Lander J J. Phys Rev, 1953, 91:1382.

[2] 杜希文，原续波. 材料分析方法. 天津：天津大学出版社，2014.

[3] Wu N J. Doctor Thesis. Tokyo:University of Electron-Communication, 1991.

[4] Yasunaga H, Yoda S. Jpn J Appl Phys, 1991, 30:1822.

[5] Cao L L, Shi F X, Song W J, Zhu Y F. Surf Interf Anal, 1999, 28:258-163.

[6] Childs K D, Paul D E. PHI Application Note, 1996:96-120.

[7] www.fa-lab.com 21k.

[8] 郑国祥，李越生，宗祥福. 用 TOF-SIMS 研究半导体芯片铝键合点上的有机沾污. 半导体学报，1998，19（9）：702-706.

[9] 王晓春，张希艳. 材料现代分析与测试技术. 北京：国防工业出版社，2013.

[10] 朱蕾，苏艳. 傅里叶红外光谱分析在环境试验中的应用. 环境技术，2002，3：5-9.

[11] 牛付林，魏建中. 气密封器件内部残存气氛的检测和控制技术. 封装、检测与设备，2011，36（1）：84-87.

第8章

应力试验技术

在电子元器件失效分析和质量归零过程中，需要对其故障模式进行复现。这需要根据失效样品的工作条件、应用环境及器件特点来开展有针对性的应力试验，激发故障，复现失效模式。本章将介绍多种应力试验技术，辅助查明根本失效原因。

8.1 应力影响分析及试验基本原则

电子元器件的失效均与应力有关，这些应力包括温度、湿度、电压、电流、功率、机械振动、机械冲击、恒定加速度、热冲击和温度循环试验等。在开展电子元器件的失效分析和质量归零工作时，需要辅助开展一些应力试验来故障复现，确定样品失效的根本原因。

在开展应力试验前，我们首先应分析应力环境对电子元器件的影响，以便施加有针对性的应力来复现故障，激发缺陷和薄弱环节。环境应力以不同的方式影响零部件，不同的试验应力会对系统、电子元器件和材料带来不同的影响。表 8-1 列出了单一应力带来的作用及影响。除了单一应力，在故障复现时还需要开展组合应力试验，组合应力效应更能充分暴露和激发产品的故障。根据产品特点的应用工况，可开展相应的组合应力试验，如：

① 频繁的开关机/上下电；

② 高温工作、高温储存；

③ 低温工作、低温储存；

④ 湿热、交变湿热；

⑤ 温度循环、冲击；

⑥ 静电模拟、电压脉冲、高温反偏；

⑦ 振动、冲击等应力，充分激发产品的薄弱环节，实现故障复现。

表 8-1 单一环境应力的作用及影响

环境应力因素	主 要 效 应	典型相关失效
高温	热老化； 氧化； 结构改变； 化学反应； 软化、熔化及升华； 黏度降低及蒸发； 物理膨胀	绝缘失效； 电气性能的变化； 结构失效； 材料老化； 丧失润滑性能； 结构失效； 机械应力增大，运动部件磨损增强
低温	黏度增大及凝固； 脆化； 物理收缩	丧失润滑性能； 活性降低，电性能变化； 丧失机械强度； 裂纹，结构疲劳失效，运动部件磨损增强
高相对湿度	水汽吸收； 化学反应； 腐蚀； 电解腐蚀	膨胀，腔体破裂； 物理分解，丧失电气强度； 丧失机械强度； 功能退化，绝缘部件的电导率增大
低相对湿度	干燥； 材料脆化； 表面粗糙	丧失机械强度； 结构瓦解；电气性能改变，粉末化
盐雾	化学反应； 腐蚀； 电解腐蚀	加速磨损。丧失机械强度；电气性能改变；功能退化；表面退化；结构被削弱；电导率增大
温度冲击	机械应力	结构瓦解或削弱，密封性被破坏
臭氧	化学反应； 龟裂，裂纹； 材料脆化； 粗糙； 降低空气的介电强度	快速氧化； 电性能改变，丧失机械强度，粉末化； 功能受到干扰； 绝缘材料被击穿或出现电弧放电
分解的气体	化学反应； 污染； 减低介电强度	腐蚀； 物理和电性能改变； 绝缘材料被击穿或出现电弧放电
冲击/加速度	机械应力	结构瓦解
振动	机械应力	丧失机械强度，功能受到干扰，磨损加剧，结构瓦解
磁场	磁化	功能受到干扰，电特性改变，诱发加热效应
电压	电场强度增大	介质击穿，绝缘性能下降，加速电化学腐蚀
电流	电流密度增大	参数退化，过热烧毁
功率	功耗增加	参数退化，过热烧毁

在失效分析工作时，开展的应力试验的基本原则包括：①应力剖面应与样品应用的工况相一致，应力值可适当提高，但不能产生破坏性；②根据器件的工作原理、常见故障模式，采取有针对性的试验方案；③根据样品的典型应用电路、开展模拟电学激励试验。应力试验的基本方法如图8-1所示，基本技术流程如图8-2所示。

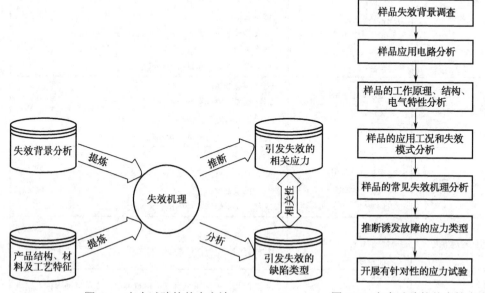

图 8-1　应力试验的基本方法　　　　图 8-2　应力试验的基本技术流程

8.2　温度应力试验

8.2.1　高温应力试验

高温会导致电子元器件的引脚镀层氧化、器件性能参数漂移、有机材料的老化或龟裂、工作寿命缩短甚至烧毁。同时，高温也有驱除水汽、改善漏电等作用。

在分析和验证电子元器件的失效原因时，高温应力试验的主要目的有：①确定高温环境下的储存、工作的适应性及温度范围，暴露薄弱环节；②排除水汽对元器件的影响；③确定半导体器件的结温和热阻的影响。

适应范围：适用于可能遇到高温环境的产品，验证器件的热稳定性，驱除水汽和改善可动离子导致的漏电。

试验内容：高温储存、高温工作，其参考标准和应力条件见表8-2。

表 8-2　高温应力试验相关标准及条件

高温试验	参考标准	应力条件
高温储存	JESD 22A-103C	+125℃（−0/+10）℃； +150（−0/+10）℃； +105℃； +85（−0/+10）℃； 时间不得小于 24 小时，视具体情况而定
稳定性烘焙	GJB 548B 方法 1008-1	125℃，168h； 150℃，24h； 155℃，20h； 160℃，16h； 165℃，12h； 除非有其他规定，最小时间应大于 24h

注意事项如下。

（1）不能超出金属焊料的熔点，否则会导致焊接界面的退化。

（2）不能导致封装材料退化，如超出塑封料的玻璃化转变温度、有机材料的热稳定性温度。

（3）不能超过硅器件的工作上限或最高储存温度，如导致非易失性存储器的电荷损失。

（4）应在冷却 2 小时后、48 小时内完成样品的参数测试。

在高温环境下通电工作的主要目的是考核电子元器件在高温环境下的稳定性，模拟器件的实际工作状态，暴露薄弱环节，激发故障复现。高温工作的温度值、施加功率等可根据应用工况和经验来确定。

8.2.2　低温应力试验

低温会带来许多可靠性问题，如电解液活性下降、连接器的粘连、非金属部件的脆化龟裂、塑封器件的界面分层等。对于某些间歇性失效（如晶体振荡器停振、塑封电路间歇性开路等），可以在低温环境下复现。

低温应力试验条件可参考 JESD 22-A119 低温储存，参考的应力条件如下。

① 条件 A：−40(−10/+0)℃。

② 条件 B：−55(−10/+0)℃。

③ 条件 C：−65(−10/+0)℃。

8.2.3 温度变化应力试验

环境温度的快速变化会产生额外的机械应力，这会在元器件、整机的结构中产生较大的内部机械应力，特别是在这些结构中使用了不同的材料的情况下。热冲击应力引起的问题，包括接缝的开裂、分层、丧失气密性、填充气体/液体的泄漏、元器件的封装材料从元件和封装表面脱离从而产生空洞、引起支撑构件的扭曲变形等。

通常，温度变化使用温度循环、温度冲击试验，其目的是考核和验证器件承受极端高温、极端低温的能力，以及极端高温和极端低温交替变化对元器件的影响。温度循环和温度冲击的参考标准、应力条件见表 8-3。

表 8-3 温度循环和温度冲击相关标准和应力条件

温度变化试验	参 考 标 准	应 力 条 件
温度循环	GJB 548B-方法 1010.1	A：−55℃（0/−10）～85℃（+10/0）； B：−55℃（0/−10）～125℃（+15/0）； C：−65℃（0/−10）～150℃（+15/0）； 转换时间≤1min，停留时间≥10min
	JESD22-A104D	A：−55℃（0/−10）～85℃（+10/0）； B：−55℃（0/−10）～125℃（+15/0）； C：−65℃（0/−10）～150℃（+15/0）； G：−40℃（0/−10）～150℃（+15/0）； 可根据不同的失效模式和机理来选择高低温停留模式和时间，详见该标准
温度冲击	GJB 548B-方法 1011.1	A：0℃（+2/−10）～100℃（+10/−2）； B：−55℃（0/−10）～125℃（+10/0）； C：−65℃（0/−10）～150℃（+10/0）； 液-液转换，转换时间≤10s，停留时间≥2min
	JESD22-A106B	A：−40℃（+0/−10）～85℃（+10/−0）； B：0℃（+0/−10）～100℃（+10/−0）； C：−55℃（+0/−10）～125℃（+10/−0）； D：−65℃（+0/−10）～150℃（+10/−0）； 液-液转换，转换时间≤10s，停留时间≥2min

8.3 温度–湿度应力试验

8.3.1 稳态湿热应力试验

湿热会对器件产生物理和化学影响，导致吸湿膨胀、绝缘电阻下降、管壳锈蚀、漏电、短路等失效。在潮湿和电学应力作用下还会导致金属材料的电化学迁移。

稳态恒定湿热应力的常规应力试验有：85℃/85%RH、温度-湿度偏压（THB）、高压蒸煮及高加速温湿度应力试验（HAST），其相关标准和试验应力水平见表 8-4。在高相对湿度条件下，可有效诱发电化学腐蚀导致的各种失效模式。

表 8-4　恒定湿热试验相关标准和应力条件

试验名称	试验别名	相关标准		温度条件（℃）	湿度条件（%RH）
		JESD 22	EC 68 id t GB-T 2423		
85℃/85%RH	主要用于元件加速的恒定湿热	A 101	68-2-67 id t 2423.50	85	85
高压蒸煮	饱和高压蒸汽试验	A 102	—	121	100
高加速温湿度应力	未饱和高压蒸汽试验	A110/A118	68-2-66 id t 2423.40	130	85
				120	85
				110	85

试验名称	试验时间					
	严酷度等级					
	I	II	III	IV	V	VI
85℃/85%RH	168	504	1000	2000	—	—
高压蒸煮	24	48	96	168	240	336
高加速温湿度应力	24	48	96	—	—	—
	48	96	192	—	—	—
	96	192	408	—	—	—

8.3.2　交变湿热应力试验

交变湿热的目的是加强器件表面的呼吸和凝露，加速水汽的侵入和腐蚀。在低温时，产品表面产生凝露或结霜；在高温时蒸发或融化，如此反复作用的结果导致和加速了产品的腐蚀。相对于稳态湿热试验，交变湿热为了验证和显现器件在凝露条件下的失效。典型的交变湿热应力试验如图 8-3 所示。

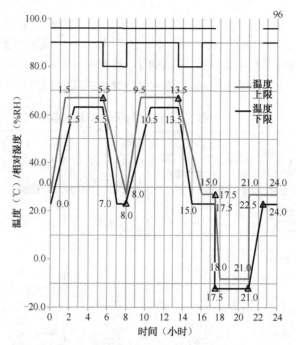

图 8-3　交变湿热试验的典型应力剖面

8.3.3　潮湿敏感性试验

对于非气密封装的集成电路，易受潮汽的侵入。当封装暴露在回流焊的高温下时，非气密封装内的湿气蒸汽压有极大的增加。在这种条件下，这些压力可能造成从封装材料到芯片和/或引线框架/基板分层的内部分层、没有伸展到封装外部的内部裂纹、键损伤、引线缩颈、键漂移、芯片漂移、薄膜裂纹或键下面形成坑洞。在严重的情况下这压力可能导致封装外部裂开，即"爆米花"现象。

在失效分析过程中，有时需要确认或验证是否是潮湿敏感的问题所致，需要开展潮湿敏感性试验。通常，采用 J-STD-020D《非气密性固态 SMD 器件的水汽/回流焊敏感度分类》来评估，其主要程序包括：初始电测试、外目检查、烘烤预处理、吸湿、回流焊、外部目检、电学终测试、C-SAM 检查。

8.3.4　应用案例

如表 8-5 所示，某晶体振荡器因水汽导致停振和频率漂移。湿热应力试验的目的是加速水汽在封装材料的渗透、激发和验证潮气导致的失效。

表 8-5　水汽导致晶体振荡器失效的典型案例

案　例	故障现象描述	应 力 试 验	内部水汽含量	结论及说明
1	使用约 1 年，无输出	晶体不起振，100℃高温烘烤 24 小时，可短时间恢复起振，放置 2 小时后又不起振	2.57%（样品 A） 4.52%（样品 B）	腔体内水汽含量高会导致晶体有效电极表面对水汽的吸附，引起频率漂移；更严重的是，有效电极表面凝露严重改变了晶体的质荷比，进而破坏其振荡性能，引起振荡不稳定，甚至停振
2	使用约 2 年，输出不稳定	晶体时振时不振，高温 60℃ 开始起振，10℃以再次出现不稳定，0℃以下不起振。开封后，样品可以起振	1.22%	
3	使用约 1 年，频率漂移	晶体频率漂移，100℃烘烤 24 小时后漂移度从 10ppm 减小到 7ppm，但不能完全恢复	0.87%	

8.4　电学激励试验

电子元器件失效与使用工况密切相关，在失效分析过程中，需要根据应用工况开展相应的电学模拟和激励试验，故障复现。电学激励试验见表 8-6。

表 8-6　电学激励试验

应 力 类 型	试 验 项 目	参 考 标 准
电压	静电	GJB 548B 《微电子器件试验方法和程序》，方法 3015 静电放电敏感度的等级
	闩锁	JESD 78A-2006 《集成电路闩锁测试》
	高温反偏	GJB 128A 《半导体分立器件试验方法》，高温反偏和老炼要求 JESD 22 A108C《温度偏压工作寿命》
	开关机/脉冲电压	根据应用工况，施加脉冲电压，模拟开关机脉冲或信号干扰脉冲
	重复读写	针对存储器单元失效反复读写，确定失效位置
电流	反向漏电	根据器件的详细规范，测试器件漏电情况
	浪涌试验	根据器件详细规范，施加大电流，模拟电流过载情况
功率	过载试验	根据器件详细规范，施加超过额定功率的负载，模拟过载情况

某智能功率模块（IPM）用于某制冷设备中。整机交付客户后在使用中大批量失效，失效表现为 IPM 模块短路或塑封料炸裂，失效率达几千 ppm。对未装配到整机的电控板样品进行故障复现试验，试验时加衬底温度 50℃，失效复现率很高。为查明失效原因，开展了一系列的应力试验。

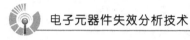

首先，抽样对库存样品开展温度冲击试验和潮热试验，在试验采用应力条件下未能发现器件漏电流发生明显变化见表 8-7。

表 8-7 温度冲击试验、潮热试验条件

试 验 项 目	试 验 条 件	备　　注
温度冲击	−40℃～85℃，10min/cycle	循环次数 100
潮热	55℃，85%RH	试验进行 12h

同时，对样品进行潮热试验后的常温反偏试验，试验条件见表 8-8。试验前后 IGBT 芯片 CE 间漏电流并没有发生明显变化。

表 8-8 潮热试验、常温反偏试验条件

试 验 项 目	试 验 条 件	试验进行时间
潮热	85℃，85%RH	48h
常温反偏	CE 间加反偏电压 600V	192h

对另一组样品进行高温反偏试验，试验条件见表 8-9。试验前后 IGBT 芯片 CE 间漏电流测试结果见表 8-10 和表 8-11。在试验采用应力条件下 1#、2#样品测试 IGBT 漏电流明显增大，击穿电压降至 400V 左右。其中，2#样品在试验 30 分钟左右即出现漏电流增大现象。

表 8-9 高温反偏试验条件

试 验 项 目	试 验 条 件	试验进行时间
高温反偏	CE 间加反偏电压 500V，每个样品串联 100mA 熔丝限流	12h

表 8-10 试验前各样品 IGBT 芯片 CE 间漏电流测试结果

样 品 名 称	IGBT 芯片 CE 间漏电流测试条件：V_{CE}=600V，单位：A，I_{CE} 应小于 2mA					
	上半桥			下半桥		
	U	V	W	U	V	W
1#	7.45	7.61	8-69	8-04	9.32	9.64
2#	3.41	3.93	3.89	9.20	9.82	7.98

表 8-11 试验后各样品 IGBT 芯片 CE 间漏电流测试结果

样 品 名 称	IGBT 芯片 CE 间漏电流测试条件：V_{CE}=600V，单位：A，I_{CE} 应小于 2mA					
	上半桥			下半桥		
	U	V	W	U	V	W
1#	8.98	击穿电压<400V	8.23	7.89	9.82	9.56
2#	击穿电压降至 400V 左右	3.89	3.83	9.28	10.74	7.90

高温反偏试验主要加速半导体表面各种可动离子及钝化层等材料中的杂质电荷的运动，并使可动离子在承受电场强度的位置聚集。样品在高温反偏试验中失效，说明样品失效机理可能与内部可动离子等表面电荷问题有关。我们随即采取机械方法在塑封料与铝基 PCBA 界面的接触面取样，进行离子色谱分析，检测塑封料与铝基 PCBA 界面的接触面是否存在可动离子。

采取机械方法在样品塑封料与铝基 PCBA 界面的接触面取样，进行离子色谱分析。分析结果见表 8-12 和表 8-13。分析结果表示塑封料与铝基 PCBA 界面的接触面存在可动离子。Na 离子、SO_4 离子含量明显。

表 8-12　离子色谱阴离子检测结果

序号	保留时间（min）	峰名称	类型	面积（μS*min）	高度（μS）	结果（mg/kg）
1	4.21	Cl	BMB	0.018	0.093	28.96
2	8.72	NO^3	BMB^	0.011	0.038	30.52
3	10.84	SO^4	BMB*	0.198	0.434	459.46
	合计			0.23	0.57	518.94

表 8-13　离子色谱阳离子检测结果

序号	保留时间（min）	峰名称	类型	面积（μS*min）	高度（μS）	结果（mg/kg）
1	5.04	Na^+	BMb*^	1.512	8.099	1268.33
2	5.73	NH^{4+}	bMB*^	0.012	0.053	10.24
3	7.37	K^+	BMB*^	0.055	0.176	81.54
4	14.44	Ca^{2+}	BMB	1.087	1.764	708-89
	合计			2.67	8.09	2065.01

由上述应力试验及结果分析，可以确定可动离子是该智能功率模块的主要失效原因。经工艺改进后，该失效模式已得到控制。

8.5　振动冲击试验

某些元器件的失效与振动、机械冲击有关，在失效分析过程中模拟其应力环境，验证其失效模式，查明根本失效原因。振动和冲击试验可参考 GJB 548B《微电子器件试验方法和程序》方法 2002.1（机械冲击试验）、方法 2028.1（随机振动试验），GJB 360A—1996《电子电器元件试验方法》方法 213 冲击试验、方法 214（随机振动试验），具体的应力水平可根据产品在应用过程中所受到的振动冲击工况确定。

表 8-14　机械冲击试验相关标准

试 验 项 目	参 考 标 准	参 考 应 力 条 件
振动疲劳	GJB 548B 方法 2005	条件 A：频率范围 60±20Hz，峰值加速度 20g，X/Y/Z 每个方向上维持 32±8h，且总时间至少为 96h。 条件 B：峰值加速度 50g，其余同条件 A。 条件 C：峰值加速度 70g，其余同条件 A
随机振动	GJB 360A—96 方法 214	条件 A：加速度谱密度，2（m/s²）2/Hz，总均方根加速度值 53.5m/s²g； 条件 B：加速度谱密度，4（m/s²）2/Hz，总均方根加速度值 75.6m/s²； 条件 C：加速度谱密度，6（m/s²）2/Hz，总均方根加速度值 92.6m/s²
扫频振动	GJB 548B 方法 2028.1	频率范围 20～2000Hz 内近似地按对数变化，应在不少于 4min 的时间内经受 20Hz～2000Hz～20Hz 的整个频率范围内作用，X/Y/Z 轴三个方向上各进行四次这样的循环，共 12 次，整个周期所需时间至少约 48min。 条件 A：峰值加速度 20g； 条件 B：峰值加速度 50g； 条件 C：峰值加速度 70g
	GJB 360A 方法 201	频率范围为 10～55Hz；位移幅度为 0.75mm；持续时间：X/Y/Z 三方向，共 6h
	GJB 360A 方法 204	条件 A：频率范围为 10～500Hz；位移幅值/加速度为 0.75/10g；交越频率为 57.7Hz。 条件 B：频率范围为 10～2000Hz；位移幅值/加速度为 0.75/10g；交越频率为 57.7Hz。 条件 D：频率范围为 10～2000Hz；位移幅值/加速度为 0.75/20g；交越频率为 81.6Hz
机械冲击	GJB 548B 方法 2002.1	条件 A：500g/1.0ms； 条件 B：1500g/0.5ms； 条件 C：3000g/0.3ms； 条件 D：5000g/0.3ms； 条件 E：10000g/0.2ms； 条件 F：20000g/0.2ms； 条件 G：30000g/0.12ms
	GJB 360A-96 方法 213	条件 A：50g/11ms，半正弦波； 条件 B：75g/6ms，半正弦波； 条件 C：100g/6ms，半正弦波； 条件 D：500g/1ms，半正弦波； 条件 E：1000g/0.5ms，半正弦波

8.6 腐蚀性气体试验

湿度和含盐、酸的空气环境会降低设备的性能，因为它们会加剧金属部件的腐蚀。它们也可能导致原电池的产生，特别是在不同的金属相接触的情况下。湿度和盐、酸空气环境中的另一个有害的效果是在非金属部件的表面形成膜。形成的这些膜会产生漏电通道，并使受影响材料的绝缘和介电性能退化。绝缘材料吸收水分也可能引起体积电导率和材料损耗因子的显著增大。针对湿度和含盐大气环境的可靠性的改进方法包括使用气密封装、防潮材料、除湿剂、防护涂料、防护罩，并且避免或减少使用不同的金属。

腐蚀性气体的试验主要有盐雾，可参照相关标准，见表 8-15。

表 8-15　腐蚀性气体试验条件

试验项目	参考标准	参考应力条件
盐雾	GJB 548B 微电子器件试验方法和程序 方法 1009.2 盐雾	0.5%～3.0%的去离子水或蒸馏水溶液，pH 值为 6.5～7.2。 条件 A：24h； 条件 B：48h； 条件 C：96h； 条件 D：240h
	GJB 360A—96 电子电气元件试验方法 方法 101 盐雾试验	5±1% 的盐水，电阻率不小于 500Ω·m，温度为 35±2Ω，pH 值为 6.5～7.2，沉降速率为 1.0～2.0ml/h。 条件 A：96h； 条件 B：48h
	GJB 128A—97 半导体分立器件试验方法 方法 1046 盐雾（腐蚀）	20%盐水，其余参照 GJB 360A—1996 方法 101
	JESD 22-A107B 盐雾	35℃/100%0RH，5%盐水
流动混合气体腐蚀试验	GB/T 2423.511—2000 电工电子产品环境试验 第 2 部分：试验方法——流动混合气体腐蚀试验	—
	GB/T 2424.11—1993 电工电子产品基本环境试验规程 接触点和连接件的二氧化硫试验导则	二氧化硫浓度 25ppm，相对湿度为 75%，温度为 25±2℃，建议用 4 天、10 天和 21 天作为优先选用的试验严酷程度
	GB/T 2424.12—1993 电工电子产品基本环境试验规程 接触点和连接件的硫化氢试验导则	硫化氢浓度为 15ppm，湿度小于 85%，温度为 25±2℃

参 考 文 献

[1] GJB548B 微电子器件试验方法和程序.

[2] GJB128A 半导体分立器件试验方法.

[3] GJB360A-96 电子电气元件试验方法.

[4] GB/T 2423.511-2000 电工电子产品环境试验标准.

[5] J-STD-020D 非气密性固态 SMD 器件的水汽/回流焊敏感度分类.

[6] JESD 22-A100C CYCLED TEMPERATURE HUMIDITY BIAS LIFE TEST.

[7] JESD22-A100C Cycled Temperature-Humidity-Bias Life Test.

[8] JESD22-A101C Steady State Temperature Humidity Bias Life Test.

[9] JESD22-A102-C Accelerated Moisture Resistance -Unbiased Autoclave.

[10] JESD22-A103C High Temperature Storage Life.

[11] JESD22-A104D Temperature Cycling.

[12] JESD22-A105C Power and Temperature Cycling.

[13] JESD22-A106B Thermal Shock.

[14] JESD22-A107B Salt Atmosphere.

[15] JESD22-A108C Temperature, Bias, and Operating Life.

[16] JESD22-A110C Highly Accelerated Temperature and Humidity Stress Test(HAST).

[17] JESD22-A114F Electrostatic Discharge(ESD) Sensitivity Testing Human Body Model(HBM).

[18] JESD22-A115A Electrostatic Discharge(ESD) Sensitivity Testing Machine Model(MM).

[19] JESD22-A117B Electrically Erasable Programmable ROM(EEPROM) Program/Erase Endurance and Data Retention Stress Test.

[20] JESD22-A118 Accelerated Moisture Resistance -Unbiased HAST.

[21] JESD22-A119 Low Temperature Storage Life.

[22] JESD22-A121A Test Method for Measuring Whisker Growth on Tin and Tin Alloy Surface Finishes.

[23] JESD22-B103B Vibration, Variable Frequency.

[24] JESD22-B104C Mechanical Shock.

[25] JESD201 Environmental Acceptance Requirements for Tin Whisker Susceptibility of Tin and Tin Alloy Surface Finishes.

[26] IPC/JEDEC J-STD-020D.1 Moisture/Reflow Sensitivity Classification for Nonhermetic Solid State Surface Mount Devices.

第**9**章

解剖制样技术

9.1 概述

    X 射线透视技术、扫描声学显微术等无损失效分析技术只能解决有限的失效分析问题（如内引线断裂、芯片黏结失效等）。由于电子元器件封装材料和多层布线结构的不透明性，对于大部分失效分析问题，必须采用解剖制样技术，实现芯片表面和内部的可观察性和可探测性。失效分析必须有选择地进行剥层分析，称为样品制备过程。以失效分析为目的的样品制备技术的主要步骤包括：打开封装、去钝化层。对于多层结构芯片来说，还需要去层间介质。但必须保留金属化层及金属化层正下方的介质，还需要保留硅材料。为观察芯片内部缺陷，经常采用剖切面技术和染色技术。

    由于钝化层的不导电性和对观察和测试芯片的阻碍作用，去钝化层成为样品制备的重要步骤。用机械探针进行失效分析时，探针必须与金属化层直接接触，由于钝化层不导电，妨碍了这种接触。采用扫描电镜（SEM）和电子束测试（EBT）技术进行失效分析时，由于钝化层不导电，其荷电作用影响了图像和波形测试的质量。

    对多层结构芯片的下层金属进行测试和观察，必须克服层间介质的障碍，去除层间介质是一种有效的解决办法。然而去除层间介质的同时，必须保留金属化层，这是信号寻迹法失效定位的需要。金属化层是导电的通道，只有导电才能实现信号寻迹并进行失效定位。去除层间介质，还要保留金属化层正下方的介质，只有这样才能使金属化层有所依托。去除层间介质，还要保留硅材料，这是器件的核心，否则器件就不存在了，更谈不上失效定位。

    去钝化层和层间介质，保留金属化层和硅材料，要求样品制备技术具有选择性。保留金属化层及其正下方的介质，要求样品制备技术具有方向性。

在集成电路中，除了传统的 Si、SiO$_2$、SiN、Al、新材料（如 Cu 及阻挡层）、低 k 介质、高 k 栅介质及应用于高引脚数量封装的新的封装材料都被应用于器件中，干/湿法刻蚀技术、截面技术、各种显微技术及开封和封装背面加固处理技术等都面临新的问题。

由于失效样品的数量极少，内含重要信息，进行样品制备有很大风险，稍有不慎，就会引入新的缺陷，造成失效分析结果的失真，或完全损毁样品，造成失效信息的丢失。研究样品制备技术的工艺条件及其监控技术，对降低制样风险有重要意义。

9.2 开封技术

样品开封的目的是暴露封装内部器件芯片，以便进一步进行芯片表面的电探测和形貌观察。按封装材料及形式来分，电子元器件的封装种类包括玻璃封装（二极管）、金属壳封装、陶瓷封装、塑料封装、倒装芯片封装、3D 叠层封装等，引线键合丝有铝丝、金丝、铜丝。开封的方法有机械开封方法、化学腐蚀开封方法和激光开封法。

9.2.1 机械开封

密封性器件，因其有一定的空腔，开封相对容易，可采用适当的工具，打开封盖后，芯片直接裸露出来，可直接对芯片表面进行检查。大部分礼帽状金属壳封装可用手动式晶体管开帽器打开，这种开帽器有钳状式和旋转式两种。陶瓷扁平封装可用扁平封装剪切开封器开封。金属盖陶瓷封装可在研磨后用利器揭开；如果金属盖是用软焊料焊的，则可加热，将焊料熔化后揭开金属盖。由于封装形式种类繁多，不可能逐一列出各自的步骤。但是，在机械开封前，必须通过 X 射线透视了解器件的封装结构，必要时可用一个同类封装结构的产品进行试验性开封，取得经验后再对分析对象开封。

如需研磨，不管是水磨或干磨，要不断地在显微镜下观察，在快要磨穿时立即停止，再用利器揭盖，防止碎屑进入封装内。常见的机械开封机外观如图 9-1 所示。

图 9-2 为利用机械开封法去除封盖之后的形貌，可对封装内空腔、芯片、引线等进行观察。

（a）钳状式　　　　　　　　　　　（b）旋转式

图 9-1　机械开封机外观

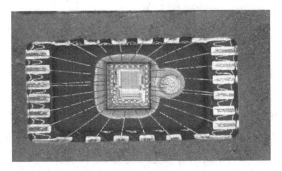

图 9-2　机械开封的样品图

9.2.2　化学开封

　　塑封器件的封装材料主要是环氧模塑料。以环氧树脂为基体树脂，以酚醛树脂为固化剂，再加上一些填料（如填充剂、阻燃剂、着色剂、偶联剂等微量组分），在热和固化剂的作用下环氧树脂的环氧基开环与酚醛树脂发生化学反应，产生交联固化作用，使之成为热固性塑料，这就是环氧模塑料。环氧树脂的种类和其所占比例的不同，直接影响着环氧模塑料的流动特性、热性能和电特性。

　　塑料封装器件需采用化学腐蚀法开封，又可分为化学干法腐蚀和化学湿法腐蚀两种。

1. 化学干法腐蚀

　　化学干法腐蚀也称为等离子刻蚀，是利用高电压产生强电场，引起反应室内的气体电离产生等离子体，利用等离子体将环氧树脂裂变成粉末，这样取出的芯片性能变化最小。等离子刻蚀的速度和位置可精确控制，能够逐层剥离封装材料，一般用于高集成度的器件开封或进行失效分析。但是由于干法开封过程非常缓慢，实际操作上也主要应用于芯片表面的钝化层及多层金属化之间氧化层的刻蚀。

2. 化学湿法腐蚀

化学湿法腐蚀开封法需要选用对塑封材料有高效分解作用的蚀刻剂,如发烟硝酸和浓硫酸。

1)发烟硫酸腐蚀法

脱水硫酸对塑料有较强的腐蚀作用,但对铝金属化层的腐蚀作用较弱,常用于塑料封装器件的开封。具体方法是:先通过 X 射线透视确定芯片的位置,在芯片位置处的塑料表面开一个与芯片面积相当的小坑,深度以不触及芯片和引线为限。然后把温度为 280℃的脱水硫酸滴在坑中,或把样品浸入硫酸中,这时要掌握时间。当判定芯片已裸露出来时,便把样品立即放入已准备好的冷硫酸中,浸泡 3~4s 后放到无水乙醇或丙酮中漂洗,最后用去离子水清洗,并进行干燥。

2)发烟硝酸腐蚀法

方法同上,但硝酸只需加热到发烟即可。

塑封器件喷射腐蚀开封机(见图 9-3)可对塑封器件的封装进行局部开封,在暴露芯片表面的同时保留芯片、引脚和内引线及压焊点的完整性。该方法常用于暴露塑料封装器件的芯片,以便进一步进行芯片表面的电探测和形貌观察。先通过 X射线透视确定芯片的位置,再在芯片位置处的塑料表面开一个与芯片面积相当的小坑,然后用聚四氟乙烯掩模确定塑封器件的开封区域。腐蚀开封机能通过进液管把腐蚀液(加热的脱水硫酸或发烟硝酸)连续喷射至坑中,用过的腐蚀液经出液管收集到容器中。经过一定时间,当判定芯片已裸露出来时,塑封器件腐蚀开封机可自动结束腐蚀过程。

图 9-3　喷射腐蚀开封机

根据不同的器件封装材料和尺寸,可设定不同的试验条件进行定位刻蚀。主要可设置的试验参数包括:采用刻蚀酸的种类、刻蚀酸的比例、蚀刻温度、蚀刻时间、酸的流量(酸的用量)、清洗的时间等。同时采取漩涡喷酸的方式,大大减少用酸量，从而比较精确地去除芯片表面的封装材料，达到较好的开封效果。根据器件的不同封装形式，可选取不同封装开口模具来控制开口的位置和大小。开口模具有多种，基本满足目前的封装需要，适用 DIP/SIP、PLCC、QFP、PBGA、芯片倒装 BGA 和 SO 小外形封装等。

3. 开封时应注意的几个问题

（1）化学开封的首要问题是安全问题，必须注意安全防护。必须在具有抽风系统的通风柜中进行操作；操作者必须带防护手套和防护眼镜；必须严格按化学实验室的安全操作规程操作。

（2）开封之前可以先进行 X 光扫描，确定芯片位置和芯片尺寸，这样有助于确定开封位置和选择封装开口模具。

（3）开封后，应使用超声波清洗器对器件进行清洗，将残留在芯片表面上的残渣及废酸去掉，清洗液可选用异丙醇或无水乙醇，最后用去离子水清洗干净并烘干。

（4）应注意尽量不暴露引线架上的键合丝，因为刻蚀酸会与引线框架上的镀层发生反应，可能会影响到键合强度。

图 9-4 是某塑封器件进行化学腐蚀开封后的照片。可见开封后芯片及键合丝都裸露出来了，芯片上的键合点未受任何影响，开封效果可满足后续试验和分析的要求。

图 9-4　化学开封的样品图

9.2.3　激光开封

铜键合丝具有成本优势、高导电性与导热性、较低的金属间化合物产生速率、高温下较佳的可靠度等优点，逐渐成为金铝键合丝的最佳替代品，用于密集引线键合的封装中。采用铜键合丝的一般为塑料封装，采用化学开封法开封时，由于酸与铜引线之间的化学作用，在去除塑封材料的同时，会把铜键合丝也腐蚀掉，失去了开封的意义。因此，针对铜引线键合的器件，可采用激光开封法进行开封。激光开封机（见图 9-5）通过激光将封装器件上的模塑料去掉，避免化学腐蚀直接开封法会对铜引线造成的腐蚀损伤。

激光开封机由计算机来设置开封区域和大小，并且控制激光的能量和扫描次数，完成对铜引线键合封装器件的开封。激光波长（Laser Wavelength）通常为1064nm，功率为 4.5W，激光级别为 Class-4。

图 9-5　激光开封机

　　激光开封的方法主要用于以下场合。

　　（1）半导体器件的失效分析开封（盖）。塑封材料的高效去除，取代传统的低效率化学品开封，解决化学品开封对铜线及内部器件的破坏。

　　（2）塑封工艺设计和工艺参数有效性的验证。解决 X 射线透视无法检测铝线塑封后冲丝/塌陷的问题，使完全开封后对铜线/金线的打线点的仔细观察成为可能。

　　（3）应用于模块使用厂家，进料检验时完全打开器件以观察内部是否存在设计或生产缺陷。

　　图 9-6 为利用激光开封法开封的小尺寸封装器件的形貌，可见开封之后铜引线键合丝完好，开封精度高，减少了化学腐蚀液对铜线及内部器件的破坏。

图 9-6　激光开封样品图

9.3 芯片剥层技术

9.3.1 去钝化层技术

1. 化学腐蚀去钝化层

化学腐蚀去钝化层的优点是实验条件简单，缺点是缺乏材料选择性和腐蚀方向性。用该方法去钝化层的同时也腐蚀了内引线和金属化层未钝化的部分，如内引线键合点。去 SiO_2 钝化层的配方为 $HF : H_2O = 1 : 1$；去 SiNx 钝化层的配方为 85% HPO_3，腐蚀液温度为 160℃；去硼磷硅玻璃（BPSG）的配方为 10ml H_2O 加 100ml 36%的 HCl 加 10ml 40%的 HF。

2. 等离子腐蚀（PIE）去钝化层

等离子腐蚀（PIE）去钝化层又叫干法去钝化层。等离子腐蚀（PIE）是在一个反应室中进行的。在抽真空到一定程度后，向反应室注入腐蚀性气体或混合气体。有足够的射频功率的电源作用在两个电极之间，反应室形成等离子体，它是由反应室中的气体形成的。等离子体包括自由基、带电离子和电子。自由基打到样品表面，产生腐蚀过程，反应的副产品在抽真空时被抽出反应室。等离子腐蚀具有一定的材料选择性，如果采用的反应气体为 $CF_4 + O_2$，等离子腐蚀可去除芯片的多种钝化层，包括 SiO_2、Si_3N_4 和聚酰亚胺，但不会对 Al 等金属化层产生严重的腐蚀作用。但等离子腐蚀是各向同性的，即同一种材料沿多个方向进行均匀腐蚀，腐蚀后金属化层与介质层间的接触面积减小（见图 9-7），金属化层会向上升高，脱离介质层，容易造成新的样品失效模式。

为避免腐蚀不足和腐蚀过度，必须严格监控腐蚀过程。最常用的方法是每隔一定时间便停止反应，取出样品，用光学显微镜观察，根据颜色变化确定腐蚀程度。

反应气体的压强越大，流量越大，离子腐蚀速率越快。

等离子腐蚀机的反应室采用立式结构，装片量大，占地少，适用于大批量生产；工艺重复性好，腐蚀速度快、均匀性好、批处理时间短；工艺过程采用自动控制，工作压力闭环全自动控制；工作气体为 O_2 和 N_2。

等离子腐蚀机在失效分析中主要用于大规模集成电路芯片的掺杂硅膜层和氮化硅膜层的周边刻蚀，具有较低的制样风险。

3. 多层结构芯片的反应离子腐蚀（RIE）技术

缺乏方向性的腐蚀技术叫各向同性腐蚀技术，其结果如图 9-7 所示，有明显方向性的腐蚀技术叫各向异性腐蚀技术，其结果如图 9-8 所示。

图 9-7　各向同性腐蚀技术　　　　图 9-8　各向异性腐蚀技术

溅射腐蚀技术是各向异性腐蚀技术。在等离子反应室中通入惰性气体（如氩气或氙气），在电场的加速作用下，等离子体轰击样品表面，利用等离子的高动能，通过碰撞，从样品表面蚀刻材料。这种技术材料选择性较差，对不同材料的腐蚀速度由材料的硬度决定，其选择性通过掩模来实现。但这种技术具有各向异性，腐蚀方向垂直于材料的表面。腐蚀速度由射频功率、靶材料硬度和气体的平均自由程决定。气体压强越小，平均自由程越大，腐蚀速度越快。

反应离子腐蚀技术是等离子腐蚀技术和溅射腐蚀技术折中的产物，是上述两种技术的合成，同时具有材料选择性和方向性。能满足 VLSI 芯片失效分析的需要，具有较低的制样风险。

反应离子腐蚀（RIE）与等离子腐蚀（PIE）的工作条件的主要区别如下。

（1）RIE 的反应室的工作压强远小于 PIE，约为 10 毫巴（mbar）比 100～500 毫巴，前者用涡轮分子泵，后者用机械泵。

（2）RIE 的射频频率高于 PIE，用于产生电极间的大电场，约为 13.56MHz 比 450kHz。

（3）反应离子腐蚀机的全部硬件和工艺均由计算机控制，工作效率高，操作简便。RIE 工艺真空腔带有单个观察窗及 160mm 直径抽气管路，保证了反应的副产物可以及时排出。反应室真空压力自动控制系统，保证工艺过程压力的稳定。真空泵的使用使得可以快速达到工艺试验所需的真空环境。存储了 97 种刻蚀配方，包括压力控制、气体流量、腐蚀时间、射频功率输出及温度。温度控制系统能保证稳定地腐蚀。

反应离子腐蚀机通常用于刻蚀多层布线的集成电路，特别适用于亚微米线路和边沿陡直图形的腐蚀。能满足 InP、GaAs、GaN 等材料、SiO_2、SiNx 及各种金属的腐蚀需要，具有较低的制样风险。

图 9-9 为反应离子腐蚀（RIE）机的外观。图 9-10 为经反应离子刻蚀的三层金属化结构 CPU 486 芯片局部 SEM 照片。

图 9-9　反应离子腐蚀
（RIE）机的外观

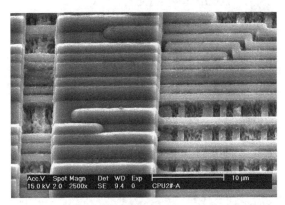

图 9-10　经反应离子刻蚀的三层金属化结构
CPU 486 芯片局部 SEM 照片

9.3.2　去金属化层技术

观察 CMOS 电路的氧化层针孔和 Al-Si 互溶引起的 PN 结穿钉现象，以及确定存储器的字线或位线对地短路或开路的失效定位，时常需要去除金属化层。湿法去除 Al 层的配方为 30%HCl 溶液或 30% H_2SO_4 溶液，溶液温度范围从室温到 50℃。该配方对腐蚀液浓度要求不严格，浓度只影响腐蚀速率。该配方对氧化层和 Si 无损伤。

铜布线去层需要采用改进的湿法化学腐蚀方法。即在合适的化学腐蚀液中加入含氢胶态凝胶，该凝胶是一种惰性的亲水性聚合体，充当载体，会吸附刻蚀剂，但不会和它们发生反应。它的颗粒成分较大，平均颗粒大小约为 1mm，通过控制腐蚀液的流速、流向及分子之间的张力，大大减少了流动性强的化学腐蚀液渗透入微小通孔的可能性，从而减少对下层铜布线的损伤。这种方法是各向同性的，在使不平整的表面平坦化的同时，不会产生多余的附加物，不会影响后续的刻蚀过程。图 9-11 是去金属化铝后硅接触窗过合金 SEM 形貌，Si 扩散进 Al 中形成空洞。

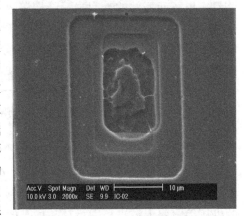

图 9-11　去金属化铝后硅接触窗过合金
SEM 形貌

9.4 剖面制样技术

对于芯片内部的纵深缺陷观察或结深测量来说，样品的制备非常重要，应根据观察的目的截取适当的观察面，使所要观察的缺陷与观察面相交。主要方法有金相切片和聚焦离子束剖面制样技术。

9.4.1 金相切片

金相切片又名切片（cross-section、x-section），是用特制液态树脂将样品包裹固封，然后进行研磨抛光的一种制样方法。检测流程包括取样、固封、研磨、抛光，最后提供形貌照片、开裂分层大小判断或尺寸等数据。它是一种观察样品截面组织结构情况的最常用的制样手段。图 9-12 为常见的金相切片研磨机。

金相切片后的样品常用立体显微镜或金相显微镜观察形貌，如固态镀层或焊点、连接部位的结合情况、是否有开裂或微小缝隙（1μm 以上的）、截断面不同成分的组织结构的截面形貌、金属间化合物的形貌与尺寸

图 9-12　常见的金相切片研磨机

测量、电子元器件的长宽高等结构参数。失效分析的时候磨掉阻碍观察的结构，露出需要观察的部分，如异物嵌入的部位等，进行观察或失效定位，也可以用 SEM/EDS 扫描电镜与能谱观察形貌与分析成分。做完无损检测（如 X-ray、SAM）的样品若发现疑似异常开裂、异物嵌入等情况，同样可以用切片的方法来验证。

金相切片试验步骤：取样—镶嵌—切片—抛磨—腐蚀—观察。其中镶嵌约需一天的时间，如果采用的是快速固化，则需要 2 小时。

金相切片的限制因素如下。

（1）样品如果大于 5cm×5cm×2cm，需用切割等方法取样后再进行固封与研磨。

（2）最小观察长度为 1μm，再小的就需要用到 FIB 来继续做显微切口。

（3）常规固化比快速固化对结果有利，因为发热较少、速度慢，样品固封在内的受压缩膨胀力较小，固封料与样品的黏结强度高，在研磨时极少发生样品与固封树脂结合面开裂的情况。

（4）金相切片是破坏性的分析手段，要小心操作，一旦被固封或切除、研磨，

样品就不可能恢复原貌。

图 9-13 为利用金相切片制作剖面，获得焊点界面结构的形貌像。

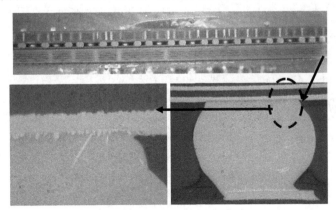

图 9-13 利用金相切片制作剖面

9.4.2 聚焦离子束剖面制样技术

聚焦离子束（FIB）技术类似于聚焦电子束技术，其主要不同是用离子源代替电子源，用离子光学系统代替电子光学系统。FIB 系统用镓或铟作为离子源，在离子束流较小的情况下用作扫描离子显微镜，其原理与 SEM 类似。在离子束流较大的情况下，可局部去除和淀积靶材料，作芯片电路修改和局部剖切面。图 9-14 是 FIB/SEM 双束聚焦离子束系统的外观照片。

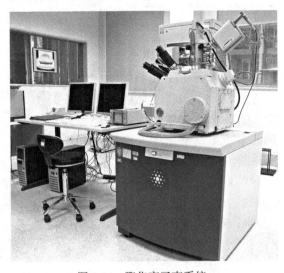

图 9-14　聚集离子束系统

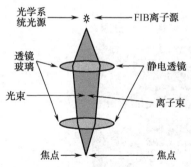

图 9-15 聚焦离子束的工作原理图

聚焦式离子束系统利用静电透镜将 Ga（镓）元素离子离子化成 Ga^+，并将离子束聚焦成非常小的尺寸，聚焦于材料的表面（见图 9-15），根据不同的束流强度通入不同的辅助气体，对微电路进行加工、修复等，并可对三维纳米精度的物体进行制备加工。利用聚焦离子束产生大量的离子（Ga），通过溅射刻蚀或辅助气体溅射刻蚀制作剖面，剖面的深度和宽度可根据缺陷尺寸来确定。先用大束流（$0.5\sim2nA$）条件刻蚀出阶梯剖面，该步往往需要 $10\sim15min$ 才能完成。为了节省加工时间，在刻蚀过程中可以采用辅助气体增强刻蚀，以大大缩短加工时间。在大量材料被刻蚀掉以后，用适中的离子束流（$250\sim500pA$）对剖面进行精细加工，把表面清理干净。之后，再利用小束流（28pA）对剖面进行抛光加工。剖面抛光后，将试样倾斜 $52°$，用 FIB 的最小束流对剖面进行扫描，用二次电子或二次离子成像来分析剖面缺陷。图 9-16 为 FIB 制作的集成电路剖面图。

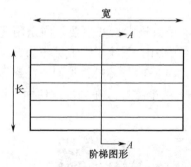

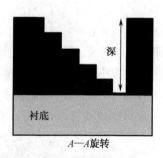

图 9-16 FIB 制作器件剖面示意图

聚焦离子束剖面制样技术可用于元器件失效分析、生产线工艺异常分析、IC 工艺监控（如光刻胶的切割）等。分析失效电路的设计错误或制作缺陷、分析电路制造中低成品率的原因及研究和改进对电路制造过程的控制时，在怀疑有问题的器件位置制作一个阶梯式的剖面，以便对缺陷进行观察分析。

利用 FIB 的剖面技术，对功率放大器的金属层间连接通孔质量进行分析。发现通孔存在填充不良现象，存在空洞，如图 9-17 所示。

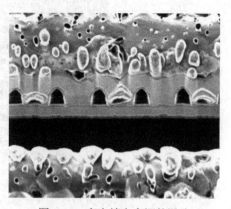

图 9-17 存在填充空洞的通孔

9.5 局部电路修改验证技术

在失效分析的过程中，有时需要调整失效产品的芯片、圆片或模块的布局布线，以验证产品的失效原因，测试可能存在的故障，采用聚焦离子束局部电路修改验证技术可以解决这个问题，而不需要投入资源、时间及经费进行新的掩模和工艺，也可以为对特定功能进行新的电路设计或改进提供指导。

由于 FIB 产生了大量的离子，因此可用于材料溅射；通过使用化学反应气体调节工作参数，FIB 可以局部的、选择性地去除导体和绝缘体；也可以用来做选择性的材料蒸镀，以离子束的能量分解有机金属蒸汽或气相绝缘材料，在局部区域做导体或非导体的沉积，可供金属和氧化层的沉积，常见的金属沉积有铂和钨两种。FIB 设备带有反应气体增强装置，允许刻蚀，因而可以在样品的选定位置切断和淀积材料。通孔可以通过钝化层被切断，随后在两个通孔之间淀积互连层与金属连接，改变电路的几何连接。切断现有的金属线，隔开电路连接，隔离要评估的区间。去除钝化层，打开探针窗口，从而可以直接用探针探测，也可以钻孔，形成通孔，与下层金属连接，从而可以独立测量电路的下层结点。

随着半导体工艺制程与封装技术的不断演进，倒装芯片、多层金属互连层数等限制了 FIB 无法从芯片正面进行电路修改，电路修改须从硅芯片背面进行。最为有效的方法是采用共腔同轴的光束和离子束为背面电路修改的定位及正面或背面电路修改的精确研磨提供实时影像。同轴的离子束和光束可以使用户透过硅衬底进行观察，从而使 FIB 和 CAD 影像得以精确地对齐和定位。FIB 的研磨和光学成像可以同时进行，从而提供绝佳的电路修改精确度和控制。因为离子束和光束同轴，因此可以避免器件在成像和研磨位置之间来回移动，从而极大地提高了准确度和效率。

聚焦离子束的分辨率可达 5nm，最小线宽小于 0.13μm，能进行 150mm 以上圆片加工与分析能力，具有 E-T 二次电子探测器、TLD 二次电子/背散射电子探测器、CDEM 离子探测器、样品室红外 CCD、STEM 和固体背散射探测器等，气体注入系统（GIS）有 Pt 沉积气体、W 沉积气体、C 沉积气体、金属增强蚀刻气体、氧化物增强蚀刻气体等，具有 3 维重构、STEM 分析、能谱分析、EBSP 等丰富的分析功能。加速电压范围一般为 5～30kV。

可用于背面电路修改的 FIB 的性能参数如下。共轴离子腔：离子源为 Ga。LMIS 探针直径小于 5～500nm（14mmWD）。离子束能量为 5～30keV。离子束电流为 0.5～2000pA。光学参数：精度 0.6μm at 500nm（Green-Blue）、1.0μm at 850nm（Near-IR）、1.2μm at 1000nm（Near-IR）。

在进行电路修改之前，需要做好前期准备工作，对芯片的整体布局、所要修改的位置心中有数。先对器件进行测量，以排除本身已经丧失功能或参数已经变化的芯片。再者，需要了解目标点所在局部区域的结构，尽量避免因对修复部位周边结构不了解而导致所做修复对它们形成额外的潜在损伤。例如，若不知道所要沉积金属连接的部位下方有电容或其他有源器件存在，则所做的修复可能会使电容受损。放置样品时，必须保证样品固定在样品台上，同时，必须保证样品表面良好地接地，以便及时泄放表面积累的电荷。成像时，若在样品表面覆盖一层碳膜，并采用40pA 的电流成像，将获得较好的成像效果，其损伤也会比较小。当确定好位置之后，则可以进行钻孔。钻孔时，下层的孔比上层的大，同时，为了减少离子束的损伤，针对不同的材质刻蚀时，可以采用辅助气体刻蚀 GAE，以加快刻蚀速度。刻蚀的电流范围在 30～50pA 内比较好。钻孔完毕后，进行孔洞填充，需要避免空洞的产生。如果填充时速度过快，很有可能会出现空洞，不能与底层金属实现连接。通过这一系列措施，可以尽量减小离子束的损伤，提高成功的概率。图 9-18 为利用聚焦离子束进行局部电路修改，图 9-18（a）为俯视图，包括互连线的切割及沉积金属实现局部重新连接，图 9-18（b）为切割部位的放大图。

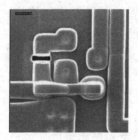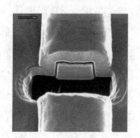

（a）俯视图　　　　　　　　　（b）切割部位的放大图

图 9-18　利用聚焦离子束进行局部电路修改

聚焦离子束系统是一种多用途的工具，可作为扫描离子显微镜，对样品进行形貌观察；可作为样品制备工具，对样品进行局部剖切面、局部淀积金属和介质层；可作为集成电路的小工艺线，对集成电路芯片的电路进行修改。在失效分析中主要用于线路修补和布局验证。由于离子束系统是聚焦的，对芯片的局部加工不需要任何掩模。FIB 不仅允许设计工程师调试设计错误，而且可以验证设计难点，发现由初始设计错误引起的其他设计问题。FIB 可以在产品中调整失效的芯片、圆片或模块的布局布线，而不需要投入资源、时间及金钱进行新的掩模和工艺。

9.6　芯片减薄技术

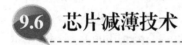

倒装芯片封装/多层布线结构集成电路正面失效定位难，需要从芯片背面进行失

效定位。进行背面失效分析，首先需采用芯片减薄技术解决红外光对硅芯片的穿透问题。芯片减薄技术是个复杂且要求非常高的技术，包括去除 IC 的封装材料（塑料封装或陶瓷封装）、芯片的底座（die paddle）、芯片背面减薄（silicon thinning），最后对经过减薄的芯片进行抛光。其中，芯片背面减薄是最为关键的制备过程。

芯片减薄法主要为化学机械研磨法（CMP），抛光头自动旋转，以一定的压力将样品压在旋转工作台的抛光垫上；供给系统以均匀的速率将抛光液注入抛光头和抛光垫之间，抛光液在抛光垫的传输和旋转离心力的作用下，均匀分布其上，在芯片和抛光垫之间形成一层液体薄膜，液体中的化学成分与硅片表面产生化学反应，将不溶物质转化为易溶物质，然后通过磨粒和抛光垫的微机械摩擦作用去除硅片表面的化学反应产物，溶入流动的液体中带走，即在化学成膜和机械去膜的交替过程中实现超精密表面加工，从而达到平坦化的目的，实现硅片的减薄。化学机械研磨示意图如图 9-19 所示。化学机械抛光法比较适合倒装芯片封装的器件，由于抛光减薄时是针对整个平面进行的；而对于非倒装芯片封装的器件，由于内部引线、外部引脚的影响，限制了 CMP 的使用。

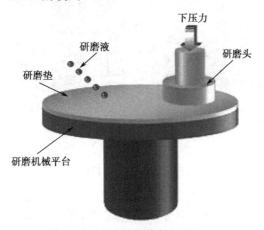

图 9-19　化学机械研磨示意图

芯片减薄过多，将使 Si 衬底失去支撑作用；若减薄不足，将削弱 Si 衬底对红外光的穿透作用，影响成像分析结果。由于减薄之前已经获得芯片的原始厚度，所以，在芯片减薄过程中可通过进度控制器实时监控已减薄的厚度，根据抛光头转速及研磨时间的乘积得出减薄的厚度，实现实时监控，防止过度减薄或减薄不足。

芯片减薄之后，需要进一步抛光，以使芯片表面平坦化，减少毛刺或研磨过程中残留的微粒。否则，光发射观察法的有效性将大受影响。此时，需将浆料换成由 pH 值在 10.7～11.2 之间的 NaOH 溶液和平均粒径在 25～60nm 之间的磨粒组成的抛光液。

无论是化学腐蚀还是机械法，都需要样品器件表面处于平面状态。因此，必要时，需要对样品的引脚进行一定的处理，如进行一定的弯曲。

化学机械研磨技术综合了化学研磨和机械研磨的优势。单纯的化学研磨，表面精度较高，损伤低，完整性好，不容易出现表面/亚表面损伤，但是研磨速度较慢，材料去除效率较低，不能修正表面型面精度，研磨一致性比较差；单纯的机械研磨，研磨一致性好，表面平整度高，研磨效率高，但是容易出现表面层/亚表面层损伤，表面粗糙度值比较低。化学机械研磨吸收了两者的优点，可以在保证材料去除效率的同时获得较完美的表面，得到的平整度比单纯使用这两种研磨要高出 1～2 个数量级，并且可以实现微米级到纳米级的表面粗糙度。图 9-20 为倒装封装的 CPU 芯片减薄前（见图 9-20（a））后（见图 9-20（b））对比照。

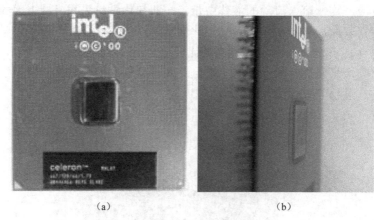

(a)　　　　　　　　　　　　　(b)

图 9-20　CPU 芯片减薄前后对比照

参 考 文 献

[1] 田民波. 电子封装工程. 北京：清华大学出版社，2003.

[2] 张素娟，李海岸. 新型塑封器件开封方法以及封装缺陷. 2006.

[3] 董桂芳，袁宏远，汪健如. 镓液态金属离子源的制备. 微细加工技术，1998，3：42-45.

[4] 雷红，雒建斌，张朝辉. 化学机械抛光技术的研究进展. 上海大学学报（自然科学版），2003（6）.

[5] 宋晓岚，李宇焜，江楠，等. 化学机械抛光技术研究进展. 化工进展，2008（1）.

[6] 葛益娴，王鸣，戎华. 硅的反应离子刻蚀工艺参数研究. 南京师范大学学报（工程技术版），2006（3）.

[7] 马向国，刘同娟，顾文琪. 聚焦离子束技术及其在微纳加工技术中的应用.

真空，2007，44（6）.

[8] 尹颖，朱卫良. 塑封器件无损开封技术介绍. 电子与封装，2009，9（9）.

[9] Jet Etch. 自动开封机使用操作说明书. Nisene Technology Group，2007.

[10] 张素娟，李海岸. 新型塑封器件开封方法以及封装缺陷. 封装测试技术，2006.

[11] 张继成，唐永建，吴卫东. 聚焦离子束系统在微米/纳米加工技术中的应用. 材料导报，2006，20（专辑Ⅶ）：40-46.

[12] Mair G L R. Electrohydro dynamic instabilities and the energy spread of ions drawn from liquid metals.J Phys. D: Appl Phys, 1996, 29: 2186-2192.

[13] 西门纪业. 电子和离子光学原理及像差导论. 北京：科学出版社，1983.

[14] 顾文琪，马向国，李文萍. 聚焦离子束微纳加工技术. 北京：北京工业大学出版社，2006.

[15] K.N.Hooghn, K.S.Wills, P.A.Rodriguez, etc.Integrated Circuit Device Repair Using FIB System: Tips, Tricks, and Strategies.ISTFA proceedings, 1999: 247-254.

[16] Neil J Bassom, Tung Mai.Modeling and Optimizing XeF2-enhanced FIB Milling of Silicon. ISTFA proceedings, 1999: 255-261.

[17] Ann N.Campbell, PaiboonTangyunyong, Jeffrey R.jessing, etc.Focused Ion Beam Induced Effects on MOS Transistor Parameters. ISTFA proceedings, 1999: 247-254.

[18] 章壮. 聚焦离子束原理及其工业应用. 内江科技，2008，（1）：119-120.

[19] C. C. Wu, J. C. Lee, J. H. Chuang, T. T. Li. Single Device Characterization by Nano-probing to Identify Failure Root Cause. ISTFA Proceedings, 2005:183-185.

[20] J. C. Lee and J. H. Chuang. Fault Localization in Contact Level by Using Conductive Atomic Force Microscopy. ISTFA proceedings, 2003:413-418.

[21] S.B. Herschbein, L. S. Fischer and A. D. Shore. Basic Technology and Practical Applications of Focused Ion Beam for the Laboratory Workplace. Microelectronic Failure Analysis, Desk Reference 4th Edition:517-526.

[22] J. Myers, M. Abramo, M. Anderson and M. W. Phaneuf. A Novel Approach for Enhancing Critical FIB Imaging for Failure Analysis and Circuit Edit Applications. ISTFA proceedings, 2004:151-156.

第三篇 电子元器件失效分析方法和程序

第 10 章 通用元件的失效分析方法和程序

第 11 章 机电元件的失效分析方法和程序

第 12 章 分立器件与集成电路的失效分析方法和程序

第 13 章 混合集成电路的失效分析方法和程序

第 14 章 半导体微波器件的失效分析方法和程序

第 15 章 板级组件的失效分析方法和程序

第 16 章 电真空器件的失效分析方法和程序

第 10 章

通用元件的失效分析方法和程序

元件通常包括电阻、电容、电感、谐振器、滤波器、继电器、开关、连接器及各类敏感器件等，而通用元件所指的一般是电阻、电容和电感。电子元件被广泛地应用于电子线路中，其质量的好坏对电路工作的稳定性有极大的影响。因此，了解电子元件的结构与工艺，以及常见的失效模式和失效机理，对于电子元件的正确使用、预防其失效具有重要意义。

10.1 电阻器失效分析方法和程序

电阻器发展至今已有百年的历史，在新技术和自动化生产线的帮助下，其质量及生产规模已提高至新的水平。它作为一种通用电子元件，在电路中主要起到稳定和调节电路中电流和电压的作用。电阻器在电子设备中占元件总数的 30% 以上，它的可靠性决定着线路的稳定性，所以电阻器的正确使用及可靠性研究具有重要意义。

10.1.1 工艺及结构特点

随着电子技术的不断发展，电阻器已发展出较多的品种。根据电阻器的用途可将其分为通用电阻器、精密电阻器、高频电阻器、高压电阻器、高阻电阻器五大类[1]。按电阻体材料进行的分类如图 10-1 所示。其中非绕线电阻器按电阻体所用材料的不同可分为合金型、薄膜型、厚膜型和合成型四大类。

（1）合金型电阻器：合金型电阻器是指用块状电阻合金线或块状电阻合金箔所制成的电阻器。用电阻合金线制造绕线电阻器，用电阻合金箔制造合金箔电阻器，它们都具有块状合金的优良稳定性。

（2）薄膜型电阻器：在玻璃或陶瓷基体上用各种工艺方法淀积一层电阻膜。其膜厚从几纳米到几百纳米，包括碳膜、金属膜、金属氧化膜等。

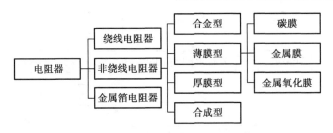

图 10-1 按电阻体材料进行的分类

（3）厚膜型电阻器：在陶瓷基体上印制一层金属玻璃电阻浆料，经烧结而形成电阻膜。其膜厚一般以微米来衡量。阻值范围宽（1Ω～100MΩ），用于各种电路的限流、电流取样及承受大电流、高电压、高温、大功率、高频的电子线路。

（4）合成型电阻器：电阻体是由导电颗粒和有机（或无机）黏合剂组成的，可以制成薄膜和实芯两种形式，如合成碳膜、合成实芯和金属玻璃釉电阻器等。

电阻器种类繁多，下面主要介绍的是薄膜电阻器、厚膜电阻器及电位器的主要结构和工艺。

1. 薄膜电阻器的工艺及结构特点

薄膜电阻器（见图 10-2）是在陶瓷基体表面沉积一层导电膜，两端加引线帽，经刻槽调阻后，在表面上涂覆一层保护漆，并打上标志而制成的，图 10-3 为薄膜电阻器的实物图。

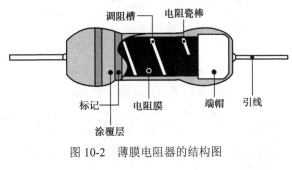

图 10-2 薄膜电阻器的结构图

（a）有引线　　　　　　　　（b）无引线

图 10-3 薄膜电阻器的实物图

不同种类的薄膜电阻器，其生产制造除了膜层形成方法不同外，其余的生产工艺基本是相同的，其典型的工艺流程如图 10-4 所示。

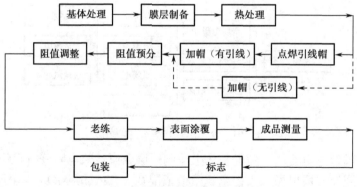

图 10-4　薄膜电阻器的典型工艺流程

2. 厚膜电阻器的工艺及结构特点

厚膜电阻器通常通过丝网印制透过模板分别将导体浆料和电阻膜浆料印制在陶瓷基片表面上，经高温烧结后调整阻值，制作侧面电极，再在电阻体表面上制作绝缘保护层，并打上标志而制成，其结构和工艺流程如图 10-5 和图 10-6 所示。

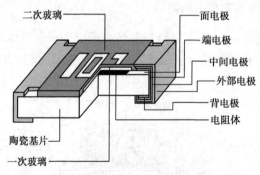

图 10-5　厚膜电阻器的结构图

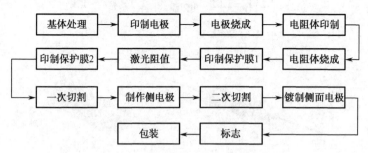

图 10-6　厚膜电阻器的工艺流程

3. 电位器的结构特点

电位器是通过一定方式（如接触刷在电阻体上滑动等）改变某一参量（如电阻

值等），从而改变输出电位的一种可调电子元件。通常电位器有三个引出端，其中两个引出端分别与电阻体的始端和终端连接，这两个固定引出端分别称为引出端 1 和 3；而另一个引出端与沿电阻体表面运动的接触刷连接，称为活动引出端 2，几种常见电位器的结构如图 10-7 所示。

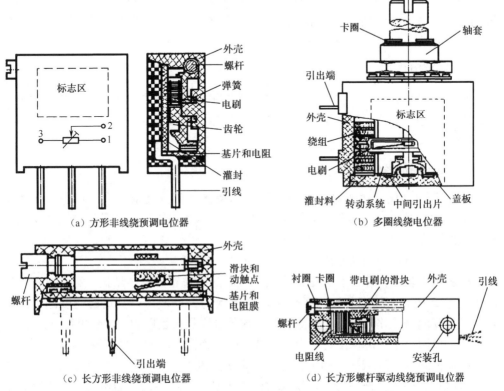

图 10-7　几种常见电位器的结构

10.1.2　失效模式和机理

对于固定电阻器，其主要失效模式有开路、电参数漂移等；而对于电位器，其主要失效模式有开路、电参数漂移、噪声增大等。其主要失效机理和因素有以下几个方面。

1. 电阻体的不均匀发热

（1）轴向发热不均匀：电阻器两端帽盖不是发热体，通过引线传导散热却是捷径，因此造成近引线的两端温度要比电阻体沿长度方向的中部温度低。

（2）径向发热不均匀：电阻体产生的热量首先沿半径方向（厚度方向）传导到

电阻体的表层，再通过保护层向周围环境散热。

（3）刻槽电阻器的不均匀发热：在刻槽电阻器中，发热主要集中在刻槽的电阻膜层内，两端未刻槽部分负荷功耗很小，刻槽时形成的槽旋宽度不均匀，以及刻槽后电阻膜截面积的减小使得电阻膜的内在缺陷影响增大，使电阻器局部过热现象加重。

（4）电阻体结构不均匀：各种类型的电阻体，在制造过程中由于工艺因素不可避免地存在着电阻体结构上的不一致性，造成电阻膜各部分阻值分布的不均匀，导致负荷分布的不均匀，形成局部过热。

2. 额定电压

根据额定功耗计算出的电压称为电阻器的额定电压。当加到电阻器两端的电压不断升高，超过额定电压时会发生击穿现象，导致电阻器阻值不可逆的增大，严重时还会烧毁膜层以致开路。

3. 电阻器的老化

电阻器的老化是由于导电材料、黏结剂及接触部分逐渐产生不可逆变化的结果，老化过程是在工作条件和环境条件下，电阻器的电阻发生各种物理和化学的形成过程的综合。

（1）导电材料结构的变化。

薄膜电阻器中，用沉积方法制得的导电膜是不完整的晶体结构，存在一定程度的无定型结构。在储存和工作条件下，导电膜的无定型体以一定的速度趋于结晶化。导电膜的结晶化一般使电阻值降低，这种过程是很缓慢的，影响也很小。

（2）电阻合金在冷加工过程中因机械应力而使内部结构发生应变。

拉制的线径越细或碾压的箔材越薄，则所受到的应力也越大。合金线在制造线阻的绕线过程中也会产生应力，绕线时的拉力越大则产生的应力也越大。电阻体中残余的内应力在长期的存放或工作过程中会慢慢消除，同时电阻值也发生变化。

（3）吸附和解吸。

非绕线电阻器的电阻体内总含有少量的气体，或吸附在结晶体的棱边，或吸附在导电颗粒和黏结剂中。虽然所吸附的气体量非常少，但是吸附气体构成了晶体间的间隙，减弱了导电颗粒间的接触，因此对电阻值有明显影响。同时，电阻器在制造和工作时温度和气压不同，是造成电阻值变化的原因之一。由于吸附和解吸过程首先发生在电阻体的外层，所以对薄膜电阻器的影响较大。

（4）氧化。

电阻器电阻体的氧化将使电阻值增大，是造成电阻器老化的最主要因素。除了贵金属及合金制成的电阻体外，其他材料都会受到空气中氧的破坏。氧化作用是长期作用的，当其他因素的影响逐渐减弱后，氧化作用将成为主要因素。

温度越高、湿度越大，氧化作用越强。氧化从电阻体表面开始逐渐延伸到内部。对于薄膜层的电阻器，氧化作用尤为明显。对于精密电阻器和高阻值电阻器，防止氧化的根本措施是密封保护。密封材料应采用无机材料，如金属、陶瓷、玻璃等。有机保护层，如塑料、涂漆、灌封等，都不能完成防止透湿和透气，对氧化和吸附作用只能起延缓作用，而且必须考虑有机保护层可能引起一些新的老化因素的影响。

（5）黏结剂的老化。

对于有机合成型电阻器，有机黏结剂的老化是影响电阻器稳定性的主要因素。有机黏结剂主要是合成树脂，在电阻器的制造过程中，合成树脂经热处理转变为高聚合度的热固性聚合物。

引起聚合物老化的主要因素是氧化。氧化生成的游离基引起聚合物分子键的铰链，从而使聚合物进一步固化、变脆，丧失弹性和发生机械破坏。黏结剂的固化使电阻器体积收缩，导电颗粒之间的接触压力增大，接触电阻变小，使电阻值减小。但黏结剂的机械破坏也会使电阻值增大。通常，黏结剂的固化发生在前，机械破坏发生在后，所以有机合成型电阻器的电阻值呈现出：在开始阶段有些下降，然后转为增大，且有不断增大的趋势。

由于聚合物的老化与温度、光照密切相关，所以在高温环境和强烈光线照射下，合成电阻器会加速老化。

（6）保护层的影响。

有机材料的保护层经常放出挥发物或溶剂蒸气。在热处理过程中，挥发物的一部分会扩散到电阻体中，引起阻值增大。当表面涂层还未完全干燥时，这种挥发物向电阻体扩散的过程还会持续一段时间。电阻器制成后，在一段时间内被电阻体吸附的挥发物又逐渐向外排出，这是一个缓慢的过程。同时，保护层的进一步固化会对导电膜造成附加压力，也影响电阻器的老化。

（7）接触部分的老化。

对于低阻值电阻器，接触部分的接触电阻改变对阻值的影响最显著。接触电阻受各种因素的影响而发生变化。薄膜电阻器的老化主要是氧化作用；合成型电阻器的老化主要是黏结剂老化的作用；帽盖弹性疲劳，弹力变小也是因为接触电阻发生了变化，接触电阻通常随时间的延长而变大。

（8）电负荷下的老化。

对电阻器施加负荷会加速其老化过程。一般加负荷引起的加速老化比升高环境温度引起的加速老化要大。因为在电负荷下，电阻器内部结构缺陷和不均匀性造成的局部温升会超过电阻器的平均发热温升。

在直流负荷下，电解作用会损坏薄膜电阻器。电解发生在刻槽电阻器的槽间。如果电阻基体为含有碱金属离子的陶瓷或玻璃材料，则离子在槽间电场的作用下移动。在潮湿环境下，此过程进行得更为剧烈。

电解的破坏作用包括氧化和还原两个方面。在阳极一侧使薄膜氧化，在阴极一侧使薄膜还原。对于碳膜、金属膜电阻，主要是氧化的破坏；对于金属氧化膜电阻，主要是还原的破坏。

常见电阻器的主要失效模式和失效机理见表 10-1。

表 10-1　常见电阻器的主要失效模式和失效机理

电阻器门类	失 效 模 式	失 效 机 理
绕线电阻器	开路	绕组断线；电流腐蚀；引线接合不牢；焊点接触不良
	电参数漂移	线材绝缘不好；老化不充分
薄膜电阻器	开路	瓷芯基体破裂；电阻膜破裂；电阻膜（腐蚀）分解；引线断裂；接触不良；使用不当
	短路	电晕放电
	阻值漂移	电阻膜的厚度不均匀、有疵点；电阻膜层的刻槽间有导电粘污物；膜层与帽盖接触不良；膜层螺旋刻槽不当
厚膜电阻器	开路	端电极损伤；面电极腐蚀（硫化）；过电烧毁；陶瓷基体断裂
	阻值漂移	银迁移
电位器	开路	绕线电位器：断线；接触不良；机械损伤。非绕线电位器：电刷脱落；电阻带烧坏；接触不良
	动噪声变大	电流变化；阻值变化；接触电阻变化
	电参数漂移	绕线电位器：电阻材料弥散；接触道粗糙；转动系统磨损；电刷接点摩擦振动。非绕线电位器：电阻带端头部分烧坏；电刷氧化或老化；转动系统磨损；银迁移；沾污

10.1.3　失效分析方法和程序

失效分析的原则：先进行非破坏性分析，后进行破坏性分析；先外部分析，后内部分析。采用的基本程序和方法是：失效样品接收、失效信息调查、外观检查、电测、非破坏性分析、破坏性分析、确定失效机理和原因、失效分析报告编写。由于产品结构、材料和制造工艺的差别，各种电阻器的失效分析方法也有所不同，图 10-8 为电阻器失效分析的基本流程和方法。

（1）失效信息收集：主要是了解其失效背景信息，如失效率、失效模式、使用时间、技术规范资料等。必要时，接收同批次的良品进行分析。

（2）外观检查：外观检查时重点观察保护层有无破损、端电极有无损伤等，具体的方法可以参考现有的 GJB 4027。对于异常部位要进行照相记录。对于开路失效的片式电阻，必要时借助扫描电子显微镜对电阻器表面进行成分分析，确认端电极附近是否含有硫化银，如图 10-9 所示。

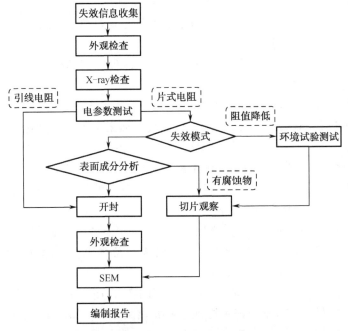

图 10-8 电阻器的失效分析程序和方法

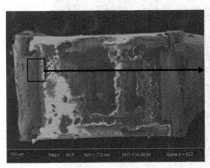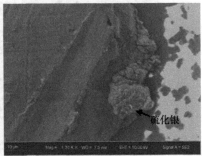

图 10-9 片式电阻的正面 SEM 形貌

（3）X-ray 检查：对于电阻器来说，X-ray 的主要目的是检查电阻体有无异常。对于片式电阻，重点关注的是面电极有无断开，X-ray 对于面电极断开的观察是非常有效的一种手段，图 10-10 为某片式电阻电极断开处的 X 射线形貌。

（4）电参数测试：对于电阻器来说，其测试时主要关注的参数是电阻值，一般来说，现有的

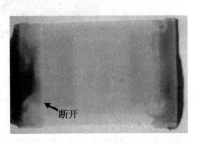

图 10-10 片式电阻的 X 射线形貌

测试仪器都可以很简单地对其电阻器进行测试。

（5）环境试验测试：对于贴片电阻阻值降低的失效模式来说，必须排除引起其电阻值降低的外部原因，之后才能对其进行相应的破坏性物理分析，因此在固封研磨之前，必须进行一系列的环境试验。

① 清洗。用酒精对电阻器外表面进行清洗，保证将其外表面清洗干净。测试其电阻值，与未清洗的进行比较。

② 烘烤。选取适当的温度，对清洗过的电阻器高温处理 24 小时。待冷却至室温后对电阻值进行测试，与未清洗的进行比较。如果电阻值达到标称值，则进行相关潮热试验后重新测试电阻值并与标称值比较。若减小，则再烘烤，重新测试电阻值；若达到标称值，则可以确定其由于离子导电引起，可以不进行固封研磨等相关试验。在所有测试过程中，如果电阻值都保持清洗前的状态，与标称值相比仍偏低较多，则必须进行固封研磨过程分析。

（6）固封研磨观察分析：将电阻器用环氧树脂固封，待环氧树脂固化后用研磨的方法观察元件内部的结构和形貌。固封时需注意电阻器研磨面的放置。一般来说，固封面必须为电阻器的侧面。

固封研磨后可以检查电阻器的电阻膜、内电极、端电极和陶瓷基体。利用扫描电子显微镜对电阻器失效部位进行微观分析和显微分析，如图 10-11 所示。

图 10-11　片式电阻的切片 SEM 形貌

（7）扫描电子显微镜（SEM）或其他分析方法：为了进一步确认失效的模式，可以用 SEM 或其他分析方法来对异常的地方进行分析，确定是否有腐蚀性的元素等。

（8）失效分析报告的编写：失效分析报告是各项失效分析工作的总结。根据检测、开封或解剖分析、失效部位微观分析和显微分析，根据失效特征，结合失效物理的理论和经验，系统地总结电阻器失效的原因和失效机理，科学阐明导致该失效模式的原因。

必要时，根据上述分析研究，提出能够消除失效根源、提高产品质量和可靠性的措施建议，包括产品设计、结构、采用原材料、制造工艺、使用条件及其筛选方法各个方面。

10.1.4 失效分析案例

【案例 1】绕线电阻腐蚀失效。

（1）样品：绕线电阻器。

（2）失效模式：开路。

（3）失效机理：电阻由于电阻丝被 Cl 电化学腐蚀而造成电阻的开路。

（4）分析说明：图 10-12 为电阻丝腐蚀断开位置的 X 射线形貌，从图中能清晰地见到电阻丝已断裂。图 10-13 为去掉包封层后观察到的电阻丝断裂的形貌。在电阻丝断口进行能谱分析，结果证明断裂处含有大量的 Cl⁻。故判断该绕线电阻器由于电阻丝被 Cl 电化学腐蚀而造成电阻开路。

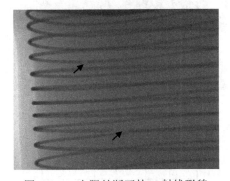

图 10-12　电阻丝断开的 X 射线形貌

图 10-13　电阻丝断裂的光学形貌

【案例 2】非绕线电位器参数漂移失效。

（1）样品：非绕线电位器。

（2）失效模式：电参数漂移。

（3）失效机理：电位器的银电极发生迁移导致阻值漂移失效。

（4）分析说明：开封后，可见样品的银电极附近存在明显的银迁移物（见图 10-14），银迁移物处于电位器中间引脚（2 号引脚）与其他引脚之间的绝缘区域，可判断电位器由于银迁移导致阻值漂移失效。

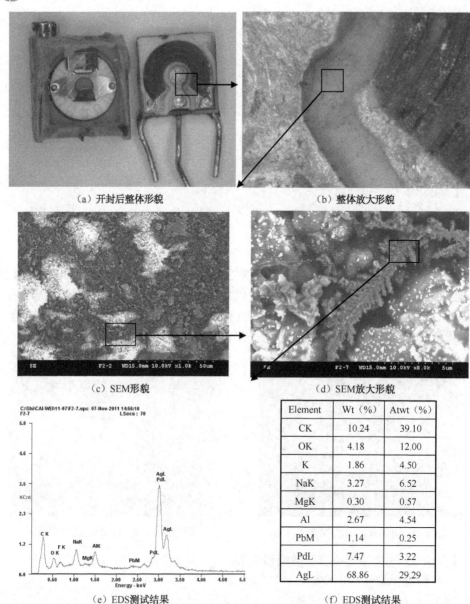

（a）开封后整体形貌　　　　　　　　　（b）整体放大形貌

（c）SEM形貌　　　　　　　　　　　　（d）SEM放大形貌

Element	Wt（%）	Atwt（%）
CK	10.24	39.10
OK	4.18	12.00
K	1.86	4.50
NaK	3.27	6.52
MgK	0.30	0.57
Al	2.67	4.54
PbM	1.14	0.25
PdL	7.47	3.22
AgL	68.86	29.29

（e）EDS测试结果　　　　　　　　　　（f）EDS测试结果

图 10-14　非绕线电位器

10.2　电容器失效分析方法和程序

电容器是由介质隔开的两层电极构成的电子元件，作为电子设备中主要的无源元件，被广泛地用于储能和传递信息。随着电子信息技术的日新月异，电子产品的更新换代速度越来越快，以笔记本电脑、平板电视、数码相机等产品为主的消费类电子产品产销量持续增长，带动了电容器产业的增长。与此同时，人们对电容器提出了更加严格的要求，其中高可靠性成为其发展方向。

10.2.1　工艺及结构特点

电容器有固定电容器和电解电容器两大类。固定电容器是无极性的电容器，电解电容器是有极性的电容器。固定电容器包括陶瓷电容器、云母电容器、有机薄膜电容器、纸介电容器及其他种类的电容器。电解电容器按照介质材料的电解质的不同，可以分为液态电解电容器和固态电解电容器等。按照介质材料的不同，主要分为钽电解电容器和铝电解电容器等。

根据所用的介质材料，可将电容器分为无机介质电容器、有机介质电容器和电解电容器三大类（见图 10-15）。各种电容器的结构和生产工艺各不相同，本节将简单介绍瓷介电容器和电解电容器（包括铝电解电容器和钽电解电容器）的主要结构和生产工艺。

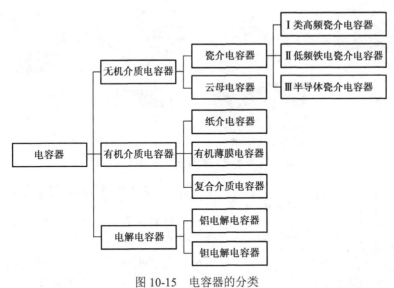

图 10-15　电容器的分类

1. 瓷介电容器的工艺及结构特点

以陶瓷材料为介质材料的电容器称为瓷介电容器，它主要由陶瓷介质、内电极、端电极等组成。瓷介电容器的生产工艺按流程大致为原料加工—制备坯料—成型—烧结成型—装配—电性能检验等基本单元。

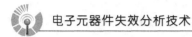

瓷介电容器作为电容器的一个重要分支，在元器件的小型化进程中逐渐转向片式化，多层片式陶瓷电容器（MLCC）因其体积小、容量大等特点而成为用量最大、发展最为迅速的一种无源元件，其结构和制作工艺如图 10-16 和图 10-17 所示。

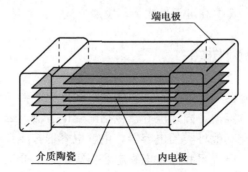

图 10-16　多层片式陶瓷电容器的结构图

图 10-17　多层片式陶瓷电容器的制作工艺

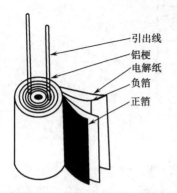

图 10-18　铝电解电容器的结构示意图

2. 铝电解电容器的工艺及结构特点

铝电解电容器由正箔、负箔和电解纸卷成芯子构成，正箔和负箔分别用引线引出正负极，含浸电解液后通过导针引出，用铝壳和胶粒密封起来，其主要结构如图 10-18 所示。

铝电解电容器的生产工艺流程大致为铝箔退火—腐蚀—清洗—形成—开片、回片—芯包卷绕—浸工作电解液—装配—老练—电性能检验。

3. 钽电解电容器的工艺及结构特点

目前钽电解电容器主要有烧结型固体、箔形卷绕固体、烧结型液体等三大类，其中烧结性固体钽电解电容器较为常见。不同钽电解电容器的结构是不同的，图 10-19 和图 10-20 分别为烧结性固体钽电解电容器的典型结构和制作工艺。

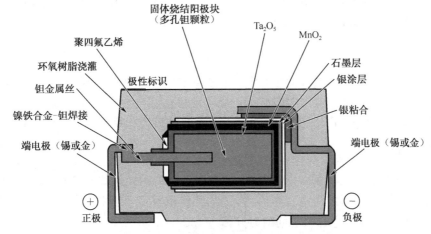

图 10-19　烧结性固体钽电解电容器的典型结构

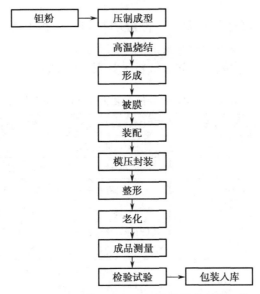

图 10-20　烧结性固体钽电解电容器的制作工艺

10.2.2 失效模式和机理

由于电容器种类繁多,各种电容器的材料、结构、制造工艺、性能及使用环境各不相同,因此电容器的失效模式和失效机理是多种多样的。对于电容器而言,常见的失效模式有短路、开路、电参数退化(包括电容量变化、损耗角正切值增大和绝缘电阻降低)、漏液和引线腐蚀断裂等。

1. 短路

短路的主要失效机理:①介质中有疵点和缺陷,存在杂质和导电粒子;②电介质的老化;③电介质的电化学击穿;④离子迁移;⑤电介质在制造过程中的机械损伤;⑥在高湿和低气压下极间边缘飞弧;⑦在机械应力作用下电介质瞬时短路。

2. 开路

开路的主要失效机理:①由于引出线及电极接触处氧化,造成低电平不通;②阳极引出箔腐蚀断裂(电解电容器);③工作电解液干涸和冻结;④在机械应力作用下工作电解质和电介质之间瞬时开路。

3. 电参数退化

电参数退化的主要失效机理:①潮湿的影响;②离子迁移;③残余应力松弛(卷绕式电容器);④表面污染;⑤内部缺陷。

常见电容器的主要失效模式和失效机理如表 10-2 所示。

表 10-2 常见电容器的主要失效模式和失效机理

电容器门类	失 效 模 式	失 效 机 理
瓷介电容器	开裂	热应力;机械应力
	短路	介质材料缺陷;生产工艺缺陷;银电极迁移
	低电压失效	介质内部存在空洞、裂纹和气孔等缺陷
铝电解电容器	漏液	密封不佳;橡胶老化龟裂;高温高压下电解液的挥发
	炸裂	工作电压中交流成分过大;氧化膜介质缺陷;存在氯离子或硫酸根之类的有害离子;内气压过高
	开路	电极引出线的电化学腐蚀;引出箔片和电极接触不良;电极引出箔片和焊片的部分氧化
	击穿	阳极氧化膜破裂;氧化膜的局部损伤;电解液的老化或干涸;工艺缺陷
	电容量下降与损耗增大	电解液损耗较多;低温下电解液黏度较大

续表

电容器门类	失效模式	失 效 机 理
铝电解电容器	漏电流增加	氧化膜致密性差；氧化膜损伤；氯离子严重沾污；工作电解液配方不佳；原材料纯度不高；铝箔纯度不高
液体钽电解电容器	漏液	密封不佳；阳极钽丝表面粗糙；负极镍引线焊接不当
	瞬时开路	电解液数量不足
	电参数变化	电解液消耗；在储存条件下电解液中的水分通过密封橡胶向外扩散；工作条件下水分产生电化学离解
固体钽电解电容器	短路	氧化膜缺陷；钽块与阳极引出线产生相对位移；阳极引出钽丝晃动

10.2.3　失效分析方法和程序

由于产品结构、材料和制造工艺的差别，各种电容器的失效分析方法也有所不同，电容器失效分析的基本流程和方法如图 10-21 所示。

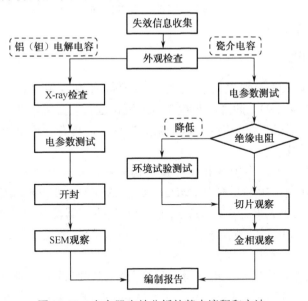

图 10-21　电容器失效分析的基本流程和方法

1. 失效信息收集

主要是了解其失效背景信息，如失效率、失效模式、技术规范资料等。必要时，接收同批次的良品进行分析。

2. 外观检查

（1）对于片式多层陶瓷电容器（MLCC）：外观检查主要重点观察陶瓷介质有无裂纹、端电极有无损伤等，具体的方法可以参考现有的 GJB 4027。对于异常部位要进行照相记录。

（2）对于铝电解电容器：外观检查时重点观察电容器有无漏液或底部有无鼓起等异常。引出线表面应光亮，不应有发黄、发黑、脱锡、黑斑、锈蚀、伤痕、弯曲和未成型等现象。

（3）对于固体钽电解电容器：外观检查时重点观察电容器外表包封层有无炭化、标称有无异常等。对于有引线的固体钽电解电容器，其引出线表面应光亮，不应有发黄、发黑、脱锡、黑斑、锈蚀、伤痕、弯曲和未成型等现象。

3. X-ray 观察

（1）对于铝电解电容器：观察电容器内部有无击穿点、电容器引出片有没有接触到铝壳底部等。

（2）对于钽电解电容器：观察电容器内部的阳极钽丝、钽丝与阳极引出片、钽芯、阴极端等有无异常。

4. 电性能测试

对于电容器来说，测试时主要关注的参数有电容量（C）、损耗角的正切（$\tan\delta$）和绝缘电阻（R）。此外，在绝缘电阻测试过程中必须注意：测试电压必须首先尽可能低，在确认其无短路或绝缘电阻的情况下，再在额定电压下进行测试，以保证其失效特征的原貌。

（1）对于 MLCC：电容量和损耗角正切的测试条件都相同。一般来说，对于 $C<1000\text{pF}$ 的，其测试频率要求为 1MHz，$V_{rms}=1\text{V}$；对于 $1000\text{pF}\leqslant C<10\mu\text{F}$ 的，其测试频率要求为 1kHz，$V_{rms}=1\text{V}$；对于 $C\geqslant 10\mu\text{F}$ 的，其测试频率要求为 120Hz，$V_{rms}=1\text{V}$；对于绝缘电阻的测试条件，一般要求在规定的额定电压条件下进行测试，而测试的时间必须参考技术规范书来定。

（2）对于铝电解电容器：电容量和损耗角正切的测试条件都相同，一般来说，其测试频率要求为 120Hz，$V_{rms}=1\text{V}$；对于漏电流的测试条件，一般要求在规定的额定电压条件下进行测试，测试的时间必须参考技术规范书来定。

（3）对于固体钽电解电容器：电容量和损耗角正切的测试条件都相同，一般来说，其测试频率要求为 120Hz，$V_{rms}=1\text{V}$；对于漏电流的测试条件，一般要求在规定的额定电压条件下进行测试，测试的时间必须参考技术规范书来定。同时，为了避免电容器发生电流"雪崩现象"，建议在测试漏电流时串联 1kΩ 的电阻。

5. 开封观察分析

（1）对于铝电解电容器，采用机械的方法进行开封。

首先进行 pH 值的粗测，其目的主要是测试其电解液的酸碱性，判断对铝箔有无腐蚀性。然后对电容器的各部分进行检查，观察有无异常。

铝箔：要求其表面均匀一致，其表面不允许出现影响使用效果的斑点、针孔、皱折、箔边的不平整、粉状物、裂口等。

电解纸：纸的厚度、紧度和纤维组织应均匀，纸面平整，不应有明显的匀度不良和透光；不许有硬质块、折子、破沿、皱纹和粗纤维束；不允许存在有害杂质、尘埃。

封口橡胶：其表面颜色应均匀，要平整光滑，不应有影响使用的废边、毛刺或其他缺陷，不应有喷霜、喷黑和喷硫等现象。

热收缩塑料套管：表面应光滑、厚薄均匀、无明显斑点和颗粒、无机械损伤等。

铝壳：表面应无继续损伤、铝壳内壁无油污、无脏物和无明显水迹。切口应平整、无明显毛刺等。

刺铆：要求刺铆花瓣要翻得开，花瓣要大、清晰。花瓣在引线中心，几个花瓣中心在一条直线上。花瓣要有 3/4 以上为合格。不能裂箔和刮箔。

电容器芯子卷绕：要求芯子的中心点与两根引线应成直线，而不能出现偏芯、抽芯、螺旋形、高低脚等异常。图 10-22 为铝电解电容芯包的整体形貌。

（2）对于固体钽电解电容器：在距外壳 1mm 处将样品的阴极引线剪掉，按钽芯在外壳中的位置，在空腔部位的上部对外壳进行圆周切割，然后夹住外壳，将阴极端垂直浸入熔融的焊料槽中，使焊料液面离切割部位有一段距离，待壳内焊料熔化后将钽块抽出。将钽块表面的 MnO_2、石墨、铅锡焊料去除，从而获得钽芯。钽芯用清水冲洗，用蒸馏水或去离子水浸泡，使钽芯呈中性，再用无水酒精脱水、烘干。观察钽芯表面氧化膜的颜色及有无击穿烧毁点等异常。图 10-23 为钽电容钽芯的整体形貌。

图 10-22　铝电解电容芯包的整体形貌

图 10-23　钽电容钽芯的整体形貌

6. 环境试验测试

对于 MLCC 绝缘电阻降低的失效模式来说，必须排除引起其绝缘电阻的外部原因才能对其进行相应的破坏性物理分析，因此，在固封研磨之前，必须进行一系列的环境试验，步骤如下。

（1）清洗。用酒精对多层片式陶瓷电容器外表进行清洗，保证将其外表清洗干净。测试其绝缘电阻，与未清洗的进行比较。

（2）烘烤。选取适当的温度，对清洗过的电容器高温烘烤 24 小时。待冷却至室温后对绝缘电阻进行测试，与未清洗的进行比较。如果绝缘电阻达到标称值，则进行相关潮热试验后重新测试绝缘电阻值，并与标称值比较，如减小，则再烘烤，重新测试绝缘电阻值，如果达到标称值，则可以确定其由离子导电引起，可以不进行下面的固封研磨等相关试验。在所有测试过程中，如果绝缘电阻都保持清洗前的状态，与标称值相比仍偏低较多，则必须进行固封研磨过程分析。

7. 切片观察

对于 MLCC 来说，固封研磨制作切片观察是重要的一个环节。将电容器用环氧树脂固封，待环氧树脂固化后用研磨的方法来观察元件的内部结构和形貌。固封时需注意电容器研磨面的放置。一般来说，研磨的侧面必须是垂直内电极且长边的方向。固封研磨后可以重点观察陶瓷介质有无裂纹、空洞、分层等，以及内电极有无结瘤等异常，具体观察的内容可以参考现行的 GJB 4027。图 10-24 为 MLCC 的金相切片形貌。

图 10-24　MLCC 的金相切片形貌

8. SEM 或其他分析方法

为了进一步确认失效的模式，可以用 SEM 或其他分析方法来对异常的地方进行分析。

9. 失效分析报告的编写

失效分析报告是各项失效分析工作的总结。在检测、开封或解剖分析、失效部位微观分析和显微分析基础上，根据失效特征，结合失效物理的理论和经验，系统总结电容器失效的原因和失效机理，科学阐明该失效模式的诱发原因。

10.2.4 失效分析案例

【案例1】陶瓷电容短路失效。

（1）样品：陶瓷电容。

（2）失效模式：短路。

（3）失效机理：由于样品内部存在电极结瘤，导致其发生短路而失效。

（4）分析说明：失效样品内部电极分布不均匀，存在电极结瘤现象，突变的电极结瘤使得本来不相连的电极层之间发生短路，失效形貌如图 10-25 所示。显然这种电极结瘤造成了样品的短路失效，而电极结瘤的产生与样品的制造过程有关。

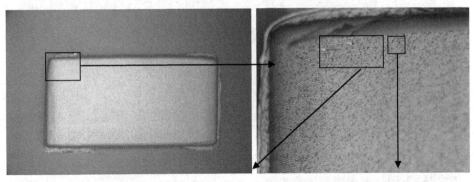

（a）切片整体形貌　　　　　　　　　　（b）切片放大形貌

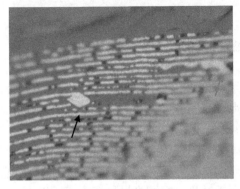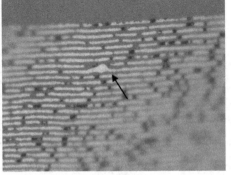

（c）切片放大形貌　　　　　　　　　（d）切片放大形貌

图 10-25　陶瓷电容的金相切片形貌

【案例2】铝电解电容电化学腐蚀失效。

（1）样品：铝电解电容。

（2）失效模式：开路。

（3）失效机理：卤素离子在电场作用下的电化学腐蚀使阳极引出片腐蚀断裂而开路失效。

（4）分析说明：正极端铝片的断开是由电化学腐蚀造成的。腐蚀的原因是：电容器内部存在卤素离子（Cl^-、Br^-）。卤素离子（Cl^-、Br^-）在电场作用下趋向电容器的正极，与电容器正极引出铝片发生下列反应（式中 X 指卤素离子）：

$$Al^{3+} + 3X^- \rightarrow AlX_3 \; ; \quad AlX_3 + 3H_2O \rightarrow Al(OH)_3 + 3H^+ + 3X^-$$

化学反应生成的卤素离子继续腐蚀正极引出铝片，如此不断循环。所以少量卤素离子的存在会使电容器正极引出铝片产生大量的腐蚀，直至将正极引出铝片腐蚀断裂开，导致电容器开路失效，失效形貌如图 10-26 所示。

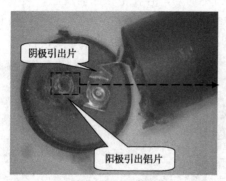

（a）开封后样品的整体形貌　　　（b）阳极引出铝片腐蚀断裂的放大形貌

图 10-26　阳极引出铝片腐蚀断裂的形貌

【案例3】固体钽电容器短路失效。

（1）样品：固体钽电容器。

（2）失效模式：短路。

（3）失效机理：外部存在较高电压的脉冲，棱边或局部缺陷处由于电场集中而造成局部点击穿和局部区域性过电流烧毁，导致钽电容因短路而失效。

（4）分析说明：从钽块上的失效点位置来看，失效点集中在钽块的棱角或棱边上。因为在钽块表面，棱角、边缘由于压坯工艺，可引起孔结构不容——孔多、比容大、散热较大，使得在该位置电流密度较大，引起表面局部过电流，从而导致过热击穿。图 10-27 显示了固体钽电容烧毁区域集中在棱边，在烧毁区域氧化膜介质已经完全被破坏。钽电容的微观结构决定了钽块在承受过大的瞬时充、放电电流时，容易产生局部大电流而导致该部位的介质过热击穿短路。

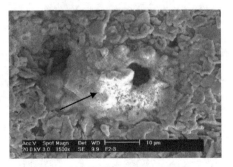

（a）固体钽电容烧毁的形貌　　　　　　　（b）氧化膜场致晶化的 SEM 形貌

图 10-27　固体钽电容器

10.3 电感器失效分析方法和程序

电感器应用范围较广，在电子线路中可作为实现调谐、振荡、耦合、匹配、滤波、延迟及补偿等功能的主要器件。电感器的基本参数和结构形式根据其用途、工作频率、工作环境和尺寸大小而有不同的需求，使得其类型和结构多种多样。电感器性能的优劣对整机的性能指标有较大的影响。

10.3.1　工艺及结构特点

根据有无引线结构可将电感器分为有引线电感器和片式电感器，具体分类如图 10-28 所示。有引线电感器一般由骨架、绕组、屏蔽罩、封装材料、磁芯或铁芯等组成，这里不做介绍，而下面将简单介绍片式电感器的工艺和结构特点。

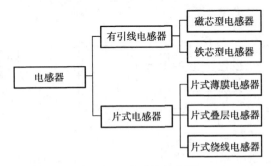

图 10-28　电感器的分类

1. 片式绕线电感器的工艺及结构特点

片式绕线电感器是对传统绕线电感器的一种改进，通常采用微小工字形磁芯，经绕线、焊接、电极成型、塑封等工序制成，如图 10-29 所示。

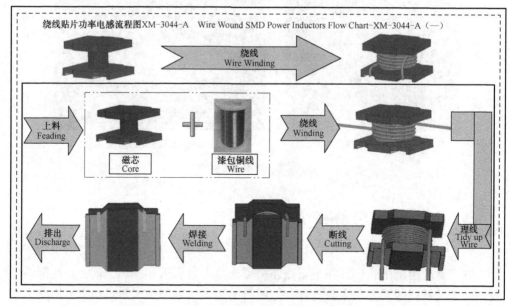

图 10-29　片式绕线电感器的制作工艺

2. 片式叠层电感器的工艺及结构特点

片式叠层电感器不用绕线，用铁氧体浆料或陶瓷浆料和导电浆料交替进行多层印制，然后通过高温烧结，形成有闭合磁路的电感线圈，或者将微米级铁氧体薄片进行叠层，每个磁性层有印制的导体图案和孔，孔中填充导体材料，从而把上层图案和下层图案连接起来，经过加压、烧结，形成一体化的多层电感器，其典型结构及制作工艺分别如图 10-30 和图 10-31 所示。

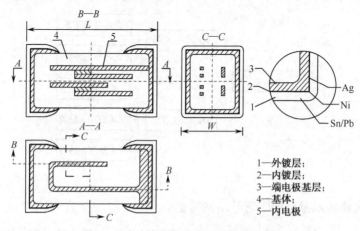

图 10-30　片式叠层电感器的典型结构

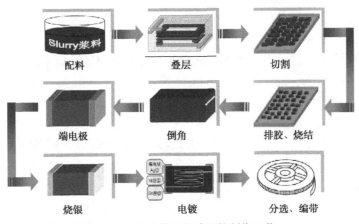

图 10-31　片式叠层电感器的制作工艺

10.3.2　失效模式和机理

电感器的失效模式有开路、电参数漂移等。常见电感器的主要失效模式和失效机理如表 10-3 所示。

表 10-3　常见电感器的主要失效模式和失效机理

电感器门类	失 效 模 式	失 效 机 理
绕线电感器	开路	绕组断线；过电流；电化学腐蚀
	电参数漂移	线材绝缘不好
片式叠层电感器	开路	内部电极印制图案不完整或局部缺损；连接点印制不完整或与内电极连接不可靠；使用或试验操作不当
	瓷体断裂	热应力；机械应力
	虚焊	端电极质量差，锡铅镀层、镍中间层不完整或局部薄弱等；焊料浸润性差或助焊剂质量差；端电极被氧化或腐蚀

10.3.3　失效分析方法和程序

对于电感器，分析流程与电阻器类似，图 10-32 为电感器的失效分析程序和方法。

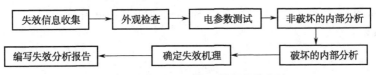

图 10-32　电感器的失效分析程序和方法

（1）失效信息收集：包括产品批次、使用时间、工作条件、失效详情等。必要时，接收同批次的良品进行分析。

（2）外观检查：通过肉眼或借助光学显微镜和金相显微镜来检查失效电感器外观与良品之间的差异。

（3）电参数测试：通过测量电感器的感量等参数确认电感器失效与否及其失效模式。

（4）非破坏的内部分析：通过 X 射线检查确定电感器的内部结构，检查电感器内部的缺陷。对于片式叠层电感器，有必要借助三维立体成像 X 射线显微镜来确认其内部结构。

（5）破坏的内部分析：为了对电感器进行进一步的分析，需要开封电感器，将其内部结构暴露出来，寻找失效点。对于线圈开路的绕线电感器，可结合扫描电子显微镜对电感器线圈断口进行微观分析和显微分析。而对于片式叠层电感器，有必要在三维立体成像 X 射线显微镜定位到失效点后，对样品进行切片观察。

（6）确定失效机理和原因：根据失效分析过程，提出并确定样品的失效机理和失效原因。

（7）失效分析报告编写：整理数据，确认失效模式、失效机理，提出结论和建议，编写完整的失效分析报告。

10.3.4　失效分析案例

【案例 1】片式绕线电感器开路失效。

（1）样品：片式绕线电感器（见图 10-33）。

（2）失效模式：开路。

（3）失效机理：样品由于线圈的漆包线被含 Cl、Br 的物质腐蚀，导致断开，进而开路失效。

（4）分析说明：对样品进行开封检查，发现样品线圈的漆包线在某一段之间断开。从断口的 SEM 形貌可见，样品的断口表面无明显的拉伸韧窝形貌，其质地疏松，呈腐蚀断裂的特征，且在断口上发现含 Cl、Br 的物质。因此，样品的开路失效是由线圈漆包线被含 Cl、Br 的物质腐蚀导致断开而引起的。

此外，样品表面存在残留物，EDS 测试结果表明该物质应该是焊接残留的助焊剂，该助焊剂中含有 Cl、Br。因此，样品漆包线腐蚀断开应该是残留助焊剂中含 Cl、Br 所致。

（a）样品整体形貌

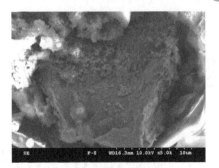

（b）样品断口SEM放大形貌

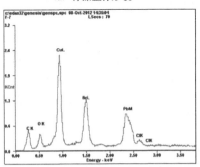

（c）样品漆包线断口EDS谱图

Element	Wt（%）	At（%）
CK	15.73	53.67
OK	3.82	9.79
CuL	30.31	19.55
BrL	17.73	9.09
PbM	30.86	6.10
ClK	1.55	1.79

（d）样品漆包线断口EDS谱图

图 10-33　片式绕线电感器

参 考 文 献

[1] 卜寿彭. 固定电阻器. 北京：电子工业出版社，1995.

[2] 梁瑞林. 贴片式电子元件. 北京：科学出版社，2008.

[3] 陈国光. 电解电容器. 西安：西安交通大学出版社，1986.

[4] 孔学东. 电子元器件失效分析与典型案例. 北京：国防工业出版社，2006.

[5] 蒋锦燕. 叠层片式电感器开路、短路失效模式研究. 电子科技大学硕士学位论文，2012.

[6] 曹华春. 叠层片式电感器可靠性研究. 电子科技大学硕士学位论文，2012.

第11章

机电元件的失效分析方法和程序

机电元件主要包括电连接器、继电器、开关等，它们利用机械的压力使导体和导体彼此接触，并具有导通电流的能力，也称接触元件。继电器、连接器等接触元件属于可靠性较差的电子元器件，特别是电磁继电器，由于具有电磁和机械可动系统，影响可靠性的因素较多，因而问题显得更加突出。本章介绍机电元件的失效分析方法、失效模式和失效机理，以及典型案例。

11.1 电连接器失效分析方法和程序

11.1.1 工艺及结构特点

1. 电连接器的结构特点

电连接器的基本组成部分有五个：接触件、绝缘体、壳体、锁紧键及连接环、尾部附件。下面介绍其各部分结构的基本特点。

（1）接触件

插针（阳接触件）、插孔（阴接触件）统称为接触件，接触件是连接器中的导电部分和核心零件。它将来自连接器尾部所连电线和电缆的电压或信号传递到与其相配的连接器对应接触件上，通常插孔与插针一一对应。

接触件的接触部分形状为：阳接触件为插针形；阴接触件为插孔形。用这种接触件的电连接器能有大的接触面积和高质量的端接结构。

阳接触件通常分为刚性和弹性两种：刚性接触件形状为圆柱体或立方体（圆插针或方插针）；弹性接触件（麻花针）为鼓形；接触件一般由铜材制成。前端是实现插针与插孔有效接触的部位，后端是用于与导线、印制板等连接的端接部位。

阴接触件通常也分为弹性和刚性两种：弹性阴接触件对应于刚性阳接触件，有直开槽、侧开槽、双曲线簧和栅栏式管簧等多种结构形式，依靠弹性结构，在与插针插合时发生弹性变形，从而产生正压力，保持紧密接触。刚性阴接触件对应于弹性接触件（麻花针）。高可靠性、长寿命的电连接器中采用插孔劈槽后套上不锈钢外筒的圆柱体接触件。

根据接触件在绝缘体中能否被拆卸，可分为不可拆卸和可拆卸两种接触件。

（2）绝缘体（绝缘安装板、基座）

绝缘体也常称为绝缘安装板或基座，是电连接器中的绝缘部分。其作用是使接触件保持正确的位置，并使接触件之间及接触件与壳体之间相互绝缘。良好的绝缘电阻、耐电压性能及易加工性是将绝缘材料加工成绝缘体的基本要求。没有壳体的电连接器中，绝缘体兼有壳体作用。

（3）壳体（连接器外罩）

壳体是电连接器的外罩，其内装有绝缘体和接触件，插合的一对连接器壳体通常也为伸出的接触件提供精确的对中和保护，同时也是把连接器固定到设备上的支架。金属壳体还兼有电磁屏蔽作用。有许多连接器不需要单独的壳体，因为绝缘体本身的结构兼有壳体功能。如目前许多家电、汽车等连接器组件都没有壳体。

（4）锁紧键及连接环

锁紧键及连接环等附件安装在圆形连接器的壳体上，用以锁定插头和插座，保证插合时的准确定位和锁紧，构成了快速连接分离系统。在许多要求很大插合力的高密度接触件的圆形连接器中，该零件有利于插合操作。各种结构形式的锁紧装置对确保连接器的可靠工作非常重要，要求一对插合的连接器在各种动态应力的使用环境下也接触可靠。在振动等动态环境下，由于某些锁紧零件失效会导致整个连接器解体，使原来插合的接触件不正常分离。

（5）尾部附件（尾罩或线夹）

电缆穿过尾部附件，并与连接器接触件端接，然后把尾部附件再固定在连接器壳体上，罩住接触件端子，同时使连接器与电缆连接。它也可作为连接器与电缆消除应力的构件，使导线端接处不易断裂。装配时若电缆穿过尾部附件后尚有较大间隙，必须用弹性绝缘材料填充后将线夹压紧，以保证电缆受外力时其电缆端接处（压接或焊接）少受力或不受力。

2. 电连接器的连接和锁紧方式

电连接器通过插头和插座的插合和分离来实现电路的连接和分离，故不同结构形式的连接器有各种不同的插头和插座连接和锁紧方式，它直接关系到插合状态电连接的可靠性和操作适宜性。

对于圆形电连接器，常见的有螺纹连接、卡口连接、推拉式连接、卡锁连接四种连接和锁紧方式。其中，螺纹连接的加工工艺简单、成本低、适用范围广，是最常用和稳固性最好的连接方式，但连接速度慢、无到位警示声、不适宜频繁插拔和快速连接的场合，且容易产生金属多余物。直插（推拉）式连接只需直线运动就能实现插合、分离和锁紧，操作空间小，不易产生金属多余物，无到位警示声，适用于总分离力不大的电连接器。直插（推拉）式连接占有空间小，易实现高密度多个连接器的安装。卡口连接靠三条螺旋槽与卡钉配合导向插合，连接速度快，并有到位警示声。但制造工艺较复杂、成本较高，广泛应用于航空、航天等军用领域。卡锁式连接具有卡锁（类似高压锅的盖与锅体之间的连接）和多头螺纹连接结构，具有快速连接和分离、耐力学环境性能较高、抗电磁干扰性能好和盲插等优点，并有到位警示声。但它加工工艺复杂、制作成本高、外形较大，使用范围有所限制。

常见的矩形电连接器的连接和锁紧方式有二次挂钩锁紧、扣环连接、机柜式连接、螺钉连接和背板连接等。二次挂钩锁紧靠钩住壳体上凸台和簧片插合锁紧，操作空间小、可靠性高。扣环连接操作空间大，且为防脱落往往还需要捆扎熔丝。机柜式连接器的一半安装在电子设备的框架或面板上，另一半安装在机屉上，机屉便于拉出检查和置换，能在框架与底盘设备中提供最大的空间利用率。螺钉锁紧式连接在矩形电连接器中较常见，它加工工艺简单、制造成本低、适用范围广；但连接分离速度慢，不适宜频繁插拔和快速连接的场合。背板连接器主要用于印制电路板与印制电路板之间的连接，它省去了原来印制电路板与印制电路板之间的微带连接电缆，直接用水平或90°背板连接器实现对接。

3. 连接器中接触件的接触和端接方式

无论何种形式的接触件，它总是有接触和端接两端，即一端为阴、阳接触件接触插合端，另一端为接触件和导线的端接端。

插孔有侧开槽、直开槽、双曲线孔等形式，大多数插孔都属各种类型的弹性件，使插针到达确切位置，产生紧密接触。其中双曲线插孔是由多根弹性金属丝按单叶回转双曲面的直母线排列的，形成两端大、中间小的鼠笼式插孔。当插针插入这种插孔内时，多根弹性金属丝均匀而紧紧地包络在插针四周表面上。它与其他接触件相比，具有接触电阻低、插入和拔出力小、耐磨损、机械寿命高等特点，在振动、冲击条件下性能可靠，质量一致性高。

插针有实心、麻花针等形式。插针在连接器中起着悬臂梁的作用，要具有较高的机械强度。插针端部为球形或斜面，这有助于插针导入插孔，并能校正弯曲的插针。在三股芯缆铜线外包着七股铍青铜线构成的弹性线缆做成一段缆束，再压接到套筒上，最后鼓腰，即形成麻花插针，它配合的插孔为非弹性管。由于插入时麻花插针外面七股线变形，紧密接触插孔管壁，产生可靠的电接触。插合后耐振动、冲击和加速度的作用，不会出现瞬间断电现象。

接触件的端接方式有焊接、压接、绕接、穿刺、表面贴装和压入集中方式。

导线焊接在接触件焊槽内，最常用的是锡焊，要保证焊锡料和被焊接触件端接表面的金属连续性。一根导线应在 4～5s 内焊好，强烈和长时间的加热会损坏气密性和绝缘性，而加热温度低会造成"虚焊"。另外，焊孔直径与所选用导线直径要匹配，焊点不应超过焊孔直径。

压接是将导线压在接触件筒内，通过金属在规定的限度内压缩和位移将导线连接到接触件上的一种技术。可通过接触件拆卸工具将其与连接器分离。可拆卸接触件分前卸式和后卸式两种，选用哪种取决于接触件拆卸需要插入到连接器的前部还是后部，推荐采用后卸式。好的压接连接能产生金属互熔流动，使导线和接触件对称变形，得到较好的机械强度和电连续性，能承受十分恶劣的环境条件。目前普遍认为正确的压接连接比锡焊好，特别是在大电流场合，必须使用压接。压接时须采用专用压接钳或自动、半自动压接机。应根据导线截面选择接触件的导线筒。选用压接方式时，只有当绝缘体内保持器、接触件、导线、压接工具和压接工艺程序都正确受控时，才能保证压接质量。压接是永久性连接，仅能使用一次。

绕接是将裸的韧性金属导线直接缠绕在带棱角的接触件绕线柱上，绕线时导线在张力受到控制的情况下进行缠绕压入并固定在接触件绕线柱上，以形成气密性接触。导线韧性不好就会使接触面不均匀。一般要求绕接导线直径应在 0.25～1.0mm 范围内。

穿刺连接不需要剥去电缆绝缘层，靠连接器的 U 形接触簧片尖端刺入绝缘层中，使电缆导体滑进接触簧片的槽中，并被夹持住，从而使电缆导体和电连接器接触簧片间形成紧密的电连续性。它广泛应用于各种印制电路板之间的带状电缆连接。

表面贴装技术（SMT）是一种面向系统的制造方法，用于把无引线或短引线的表面贴装电连接器直接贴装在基片表面上。通孔插板焊接式印制电路板电连接器间距通常为 0.1 英寸、0.15 英寸、0.2 英寸，而表面贴装电连接器间距可达 0.05 英寸甚至 0.025 英寸。可节省电路板的空间，适用于使用自动拾取和贴装元件，要求较少使用通孔引线的多层板。表面贴装电连接器节省了印制电路板加工孔和孔金属化的费用，放置率是通孔的 3～10 倍。若基片所有元器件均采用表面贴装，只需回流焊一种作业，成本更低，也更有效。

压入是将接触件直接压入印制电路板孔内，依靠接触件机械力将接触件固定在印制电路板上，无须焊接等其他固定方式。一般应用于不允许锡焊的特殊场合，它对印制电路板和连接器的制造工艺要求都非常高。

11.1.2　失效模式和机理

1. 低频连接器常见失效模式和失效机理分析

（1）断路

产生断路的原因很多，如设计选材不合理或热处理工艺质量差、插孔材料硬脆造成插孔簧片断裂、插孔材料太软造成插孔松弛；胶接工艺质量差，造成插孔与插针插合间粘有多余的胶液；装配工艺质量差，二次锁紧装置装配不到位；连接器组件生产过程中，导线剥线线芯断裂或受机械损伤而使线芯断裂，压接孔与导线线径不匹配、压接钳使用不当造成虚压；等等。这些都会造成作为连接器组件的核心零件接触件的接触部位断路失效。

（2）接触不良

造成连接器接触不良的因素很多，接触件结构设计不合理，材料选用错误，机械加工尺寸超差、表面粗糙、热处理、胶接及表面处理等工艺不合理，储存使用环境恶劣和操作使用不当，都会在接触件的接触部位和端接部位造成接触不良。设计、制造、检验、储存和使用等所有环节都有可能造成连接器接触不良，必须在摸清失效机理的基础上，有的放矢地提出整改措施，避免和预防类似失效案例重现。

接触不良和断路是有区别的。接触不良检测的目的是检测并剔除某些接触不良、存在高阻抗接点而导致回路电阻增大的产品。因为采用一般的导通仪导通检测时，回路电阻低于通断电阻判定值时仪器都反映为通路。而实际在导通回路中有可能存在接触不良的高阻抗接点。对于通信电缆组件，有的回路工作电流和工作电压仅为数十毫安和数十毫伏，由此要求回路电阻尽可能低，一般不应超过几毫欧至数十毫欧。若回路中存在虚焊、虚压、线芯损伤等造成的高阻抗接点，使回路电阻超过规定值，将影响信号的正常传输。

（3）瞬间断电

连接器组件端子（接触件）接触电阻的大小主要与接触压力有关。当接触压力保持不变或其变化几乎可忽略时所对应的是静态接触电阻。而当连接器在振动、冲击、碰撞等动态使用环境下，其接触电阻会随接触压力的量值、方向及时间的变化而变化，称之为动态接触电阻。由于这种变化是受外界动态环境影响在极短的时间内发生的；插合的一对接触件有可能受挤压而导致接触电阻减小，也可能受牵引而导致接触电阻增加，甚至造成瞬间断电。这种瞬间断电现象只要持续几微秒就足以导致系统死机。

瞬断检测是在静态导通基础上对产品进一步的动态考核，以考核连接器组件（线束）在动态环境下的接触可靠性。瞬断检测时除选用符合产品技术标准规定要求的瞬断检测仪外，还必须配备一个能提供符合产品技术标准规定的频率和加速度的振动、冲击和碰撞试验条件的设备，以考核连接器及其组件（线束）中插合的接触件在动态应力情况下有无瞬间断电现象。一般认为：插合的一对接触件两端电压降超过电源的 50%或接触电阻瞬间增大超过规定值，可判定为瞬间断电失效故障。故判定是否发生瞬断有两个条件：持续时间和电压降（或接触电阻增量），两者缺一不可。

（4）绝缘不良

通过对某一检测点施加高电压，测量与非导通点之间的漏电流来判定绝缘电阻是否合格。漏电流大于设定值为不合格，小于或等于设定值为合格。

绝缘电阻主要受绝缘体材料、温度、湿度、污损、试验电压及连续施加测试电压的持续时间等因素影响。绝缘体表面或内部存在金属多余物、表面尘埃、焊剂等，或污染受潮，有机材料析出物及有害气体吸附膜与表面水膜溶合形成离子性导电通道，吸潮、长霉、绝缘材料老化等原因，都会造成短路、漏电、击穿、绝缘电阻低等绝缘不良现象。

（5）短路（击穿）

短路是指连接器组件中不该导通的回路被导通的失效故障，是危及安全使用性能的致命缺陷。绝缘材料质量低劣及湿热、盐雾、灰尘等恶劣的环境条件，装配中的错误接线，压接质量差等，都是造成短路失效故障的直接原因。

击穿是指绝缘体内有缺陷，在施加试验电压后，必然产生击穿放电或损坏。击穿放电表现为拉弧（表面放电）、火花放电（空气放电）或击穿（击穿放电）等失效现象。

（6）误配线

误配线是指在连接器组件生产装配时，由于操作者的人为失误所造成的错接线故障。例如正常配线为 A1—B1、A2—B2，现误配线为 A1—B2、A2—B1，用导通检测仪检验时同时出现 A1—B1、A2—B2 断路，A1—B2、A2—B1 短路，则可判定为误配线故障。

（7）固定不良

固定不良，轻者影响接触可靠性，造成瞬间断电，重者电连接器组件在插合状态下由于材料、设计、工艺等原因导致结构不可靠，会造成连接器的插头与插座之间、绝缘体与接触件之间、插针与插孔之间产生不正常分离甚至解体，由此将造成控制系统电能传输和信号控制中断的严重后果。

设计结构不可靠，选材错误，成型工艺选择不当，热处理、模具、压接、装配等工艺质量差，弹性零件变形断裂，二次锁紧机构失灵和压接装配不到位等都会造成固定不良现象。

（8）密封不良

对于有密封性要求的电连接器，必须严格按标准规定要求 100%地逐只检测密封性，剔除漏率超标产品。由于壳体互换性差、绝缘体注塑质量差、接触件插配不良等，造成绝缘体与接触件界面处应力集中，存在微裂纹、气泡等缺陷，都会引起密封不良失效。

例如，某型号密封电连接器壳体与绝缘体之间采用 771 胶胶粘固化，密封性检查时发现漏气，经失效分析，证实是由于胶粘剂固化不完全，结合力差，固化后收缩产生较大空洞所致。

2. 射频连接器常见失效模式和失效机理分析

虽射频连接器品种很多，但从可靠性角度分析，许多问题是共性的。下面以目前应用最广泛、品种最多的螺纹连接型射频同轴连接器为例进行失效模式和机理分析。

（1）连接失效

① 连接螺母脱落。

这是射频同轴连接器最常见的失效现象，特别是小型连接器，如 SMA、SMC、L6，出现该失效的概率更大。其产生原因是：设计人员选材不当，为降低成本误用非弹性的黄铜作为卡环材料；加工时，螺母安装卡环的沟槽槽深不够，导致连接时稍加力矩螺母即脱落；或虽材料选择正确，但工艺不稳定，铍青铜弹性处理未达到图纸规定的硬度值，卡环无弹性，导致螺母脱落；或使用测试时，没使用力矩扳手，而用普通扳手拧紧螺母，使拧紧力矩大大超过军标规定值，导致螺母（卡环）遭到损坏而脱落。

② 配对失误。

主要是指用户使用不当，插头座配对失误。例如，把市场上买到的 Q9 的电缆插头误认为是国际上通用的 BNC 电缆插头，因其形状和 BNC 电缆插头完全一样，只是尺寸稍有差别，结果造成与进口仪器 BNC 插座无法插合，不能兼容。

③ 内导体松动或脱落。

有些设计人员在内导体介质支撑处把内导体分为两个，然后用螺纹连接起来。但是对小型射频同轴连接器而言，内导体本身尺寸仅 $\phi1\sim2mm$，在内导体上加工螺纹，若不在螺纹连接处涂以导电胶，那么内导体连接强度是很差的。连接器经多次连接，在扭力和拉力长期作用下，极易造成内导体螺纹松动、脱落，致使连接失效。

（2）反射失效

① 反射增大。

任何一种连接器都有一定的使用寿命。以 SMA 连接器为例，美军标和我国军标规定其寿命为 500 次。这是因为当连接器经长期使用，反复插拔超过 500 次后，插针、插孔已造成不同程度的磨损，接触已不是最佳状态，所以在使用时，反射可能急剧增大。

② 断路。

在以往的工作中发现，个别用户把 N 型 50Ω插头误连到 N 型 75Ω插座上。由于 50Ω的插针直径远大于 75Ω的插孔尺寸，致使插孔尺寸超过弹性极限，不能恢复到原来的尺寸。再次使用时发现断路，原来 75Ω插座的插孔已损坏。

③ 短路。

在测试密封连接器时，发现少数连接器电压驻波比很大，甚至全反射。经反复仔细检查，发现此密封连接器在焊接内导体时焊锡流到玻璃绝缘子表面，造成全部或局部短路，使性能不合格。

（3）电接触失效

① 插针、插孔不接触。

通常插孔零件材料应选用铍青铜或锡磷青铜。如果采用黄铜做插孔，插拔一两次后插孔处于涨口状态，当插针再次插入插孔时根本不接触。即使都选用铍青铜做弹性件，由于工作中检验不严，将铣槽后未收口的个别零件混入收口合格零件中，进行时效处理并镀金，装配时又未发现，结果导致连接时不接触。直到测试时发现驻波很大，甚至全反射。经仔细检查才发现原因是将不合格插孔装在产品中。

② 接触不良。

接触不良常导致信号时有时无，电性能时好时坏。这种现象在连接器使用中时有发生。产生原因是：插孔材料时效处理不足，零件硬度未达到图纸要求，造成多次插拔后弹性逐渐丧失，接触压力明显下降；插孔和插针尺寸超差，插针直径偏小或插孔内径偏大；插针、插孔使用时间过长已严重磨损，都会造成接触不良。

③ 锈蚀。

内导体大都采用铜合金加工后镀金或镀银，镀镍的较少；外导体大都采用铜合金加工后镀镍或铬。与国外产品相比，我国产品大多数镀纯金，而国外镀金合金，所以国内产品耐磨性差，镍层有时起皮、剥落等，也容易引起氧化。特别是国内部分工厂为降低成本而采用导体镀银，又没有涂有效的防护氧化层，所以镀银表面极易氧化发黑。尤其是在恶劣环境下使用，更加速了内、外导体表面的氧化，导致接触电阻和插入损耗激增，电接触失效。

（4）电缆组件的失效

电缆组件通常是由电缆连接器与高频电缆两部分组成的，因此前面所讨论的射频同轴连接器的失效模式与机理同样完全适合于电缆组件。但电缆组件失效模式和机理又有别于一般的连接器，即电缆与电缆连接器尾端连接部位产生失效也将导致整个电缆组件的失效。由于电缆连接尾部结构不同，其失效模式与机理也不同。表 11-1 列出了三种结构形式电缆组件端接部位的常见失效模式和原因分析。

必须强调指出的是，这些失效模式往往不是孤立的，它们相互间有密切的联系。若插针与插孔不接触或接触不良，不仅导致开路或接触电阻激增，也会导致插入损耗激增和反射失效。所以实际上任何一种失效都有可能导致连接器和整个组件失效。当然，除了上述失效模式外，还出现了零件漏工序或尺寸差错及产生误装、漏装等一些偶然失效因子。例如，不同电缆连接器有时内导体尺寸形状完全相同，仅与电缆相配的孔径尺寸略有不同，加工时把图纸误配，检验时疏忽漏检，直到装配电缆时才发现连接器内导体孔径与电缆内导体尺寸不匹配，无法装配。

表 11-1　电缆组件端接部位的常见失效模式和原因分析

尾部附件结构形式	失 效 模 式	失 效 机 理
螺母压紧型	接触电阻、插入损耗增加	在振动条件下，螺母未锁紧造成松动压力不足。大气电化腐蚀、屏蔽层及垫片镀银层严重氧化
	电缆拉脱力降低	过分压紧，屏蔽网受损部位拉断。拧紧压力不足
焊接型	接触电阻、插入损耗增加	套筒与屏蔽网或插针与电缆内导体虚焊
	电缆拉脱力降低	套筒与屏蔽网虚焊。电缆组件测试时频繁连接，在扭力和拉力的反复作用下屏蔽网产生蠕变应力松弛，抗拉力降低直至拉断
压接型	接触电阻、插入损耗增加	压接工具选择不当，尺寸大或压接套筒偏小造成压接不足。套筒内外超差过大，导致套筒内孔与屏蔽网接触不良。大气和电化学环境腐蚀
	电缆拉脱力降低	操作失误或工具选择不当，造成压接不足或过分

11.1.3　失效分析方法和程序

1. 失效背景调查

首先应了解装配质量和有关存放、使用和维护等历史记录，同时了解电连接器所用材料情况、加工工艺和设计图纸文件、产品标准（如电性能、力学性能、工作温度、湿度和环境介质等）要求。涉及被插合的连接器及其组件损坏时，还应同时调查相配合的连接器及其组件情况。

2. 外观检查

为防止失效分析过程中引入新的人为失效模式，失效分析必须遵循"先外观后内部、先整体后局部、先非破坏性后破坏性"的分析程序。即先用肉眼或低倍放大镜、立体显微镜等仔细观察发生接触不良（断路、瞬断或接触电阻超差等）或绝缘不良（绝缘电阻超差、短路、火花放电或击穿等）部位的零件外貌特征，观察金属零件表面有无弯曲变形、开裂或裂纹扩展，非金属零件表面有无金属多余物、污损、表面烧蚀放电等痕迹，以初步判断连接器使用过程中的受力状态和通电状态，初步推断导致失效的几种可能性。

3. 电学测试

测试电连接器各接触对的导通电阻值，判断是否出现接触电阻增大、短路和开路等情况。测量接触对与接触对之间的绝缘电阻值、耐压，判断是否符合产品的详细规范。

4. X 射线透视检查

对电连接器进行 X 射线透视检查，分析其插针、插座等的连接情况，有效发现短路、开路、多余物等情况。

5. 解剖，制样（必要时）

对连接进行解剖，在立体显微镜下检查其结构、接触对是否存在异常。必要时开展剖面制样，对其微观形貌及化学成分进行分析。

6. 微观形貌及化学成分分析

对壳体、接触对、绝缘体进行微观形貌分析，分析其表面形貌，如腐蚀、裂纹、熔融、沾污等，结合应用工况判别其失效的原因。如果发现有机沾污，还可进行红外光谱分析，判别沾污物的来源，查明沾污的原因。

综合利用各种失效分析方法和各种试验方法及分析技术进行分析，得出初步结论。然后将初步分析和详细分析结果归纳整理，列出要素和证据，提出失效机理和原因假设，并补充不足的数据。在有条件的情况下，可进行失效故障重现的验证试验。

最后确定电连接器的失效机理、原因，提出改进措施，撰写失效分析报告。失效分析报告包括失效背景、检查分析过程、综合分析、结论及改进建议等主要内容。

11.1.4 失效分析案例

1. 设计原因引起的失效

（1）接触件断路

某 55 芯玻璃烧结密封插座在基地电测时发现第 18 和 37 点信号断路。经分析，原因是：该产品模样阶段原为整体 4J-29 低膨胀合金插针，由于其合金电阻率大，满负荷使用时温升高，且插针细长，烧结后硬度下降，不易插合，影响互换性。后经设计评审，更改为铜合金插针与 4J-29 低膨胀合金插针进行转接过渡的机构，且在玻璃绝缘面和塑料绝缘面之间（即转接插件弹性接触处）灌封硅橡胶。因灌胶时硅橡胶进入转接插针与 4J-29 低膨胀合金插针配合部位的缝隙内，影响到转接插针与 4J-29 低膨胀合金插针之间的电接触，造成断路失效。

（2）绝缘体失效

某矩形电连接器，除 7 芯、50 芯外，其余型号接点排列均为轴对称的，加上该产品壳体采用铝合金冷挤压工艺，壁厚仅 1.5mm，设计的防误插凹凸槽加工又不明显。结果导致正、反两个方向都能插合，其后果十分危险。后经改进，采用厚铝板整体加工壳体，使结构刚度明显提高，绝缘体外形也由矩形改为等腰梯形，锁紧机构又采用了凸台加锁钩的双保险机构。这样既避免了误插，又提高了结构的稳定性和可靠性。

某圆形连接器原设计选用酚醛玻纤塑料和增强尼龙等注塑绝缘体，因含极性基团、吸湿性大，常温下绝缘性尚可满足要求，但高温湿热条件下绝缘体性能下降。后设计改用 PES 特种工程塑料，经 200℃、1000h 高温湿热试验绝缘电阻变化小，但仍在 105MΩ 以上。

（3）壳体失效

选用电连接器壳体和接触件时，除考虑导电性、导热性和结构刚度外，对于相互配合和接触的材料，还应考虑电化学相容性和硬度匹配性。例如，某厂生产的玻璃烧结密封圆形电连接器插座采用 4J-29 低膨胀合金、插头采用 HPb59-1 黄铜。由于两种材料硬度相差较大，结构又为螺纹连接，因此插合分离时常不可避免地产生丝状金属多余物。

（4）锁紧定位装置失效

某 GJB 598 系列Ⅱ耐环境快速连接压接式圆形连接器组件，用户在牢固性检查时发现，由于卡环装配不到位，造成整个连接器解体失效。由于原设计挡圈与连接环间隙为 1.3mm，而卡环宽度为 1.2mm。当连接环定位槽深度不够或卡环弹性不够时，在外来扭矩或其他旋转力的作用下，有可能将卡环旋出，造成插头解体失效。

某 38 芯矩形插孔插头在总装联试时发现插合时弹簧片推不到位。查明原因是该产品应某研究所要求，设计时将锁紧板的锁钩宽度由 5.8mm 改为 7.5mm，锁钩凸台宽度也相应地由 4.0mm 缩小至 2.5mm。经更改，提高了产品强度和防误插性，但造成更改前后产品不能互换。

2. 材料原因引起的失效

（1）接触件微裂纹

某圆形连接器插针插孔均采用 2mm 的 QSn4-3 锡青铜丝经打孔、铣扁等加工后（外圆为非加工表面），剩余的壁厚只有 0.3mm，由于原材料外表面局部浅层存在微裂纹，加工后扩展成裂缝，但裂缝较小，在随后检验中没有及时发现。直至用户验收时发现接触件尾部焊线部位有 2～10mm 的纵向微裂纹缺陷。

（2）绝缘体绝缘电阻不合格

某 GJB 598A—96 系列Ⅱ压接式圆形连接器，标准规定常温绝缘电阻应不小于 4000MΩ，用同批聚胺酯（PBT）塑料粉连续试压三次均不合格（1000～2000MΩ），需重新购买和更换绝缘材料。

（3）壳体材料强度低

某矩形壳体采用 LD10 热轧厚铝板铣切加工。生产中发现某批材料粘刀、加工表面粗糙、阳极氧化表面光泽灰暗。经查图纸，规定应采用 LD10CS 淬火人工时效状态材料，实际上为 LD10R 热轧状态材料。热轧状态比淬火人工时效状态材料强度低、切削性差。

（4）定位锁紧装置材料脆断

某厂生产的 CX2-4 圆形插头 20 只，发现其中 7 只因压簧脆断而不能锁紧。经分析发现，图纸规定淬回火后硬度应符合 HRC 40～45。实测硬度为 HRC 50～52。分析认为系回火温度偏低，材料太硬，受力后造成脆断。

某厂生产的矩形插座定位极孔零件为外协件，采用 HPb59-1 黄铜带加工，在使用中发生断裂。通过对外协定位极孔零件及材料的分析对比和验证试验发现：该批材料化学成分有问题，HPb59-1 黄铜不应含 Sn，含 Sn 材料易脆断，且机械抗拉强度低。

3. 工艺原因引起的失效

（1）接触件加工公差超标

某矩形模式连接器联试时发现个别插孔后移 2mm，造成该接点接触不良。经检查，与其相配的 22 号插针尺寸超差为 0.78mm，该连接器接触件采用数控自动车床加工，尺寸一致性很好，一般均为 0.72～0.73mm。该尺寸超差系数控自动车床偶然失控所致。

某 SMA 连接器样品在使用时发现信号传输损耗变大、驻波变差，导致设备不能正常工作。经外观检查发现，由于连接器金属内导体的金属片变形，金属片之间的间距变大，导致内导体金属片和插座插针之间的接触电阻变大或开路，最后导致连接器的电压驻波比变差，损耗变大。失效样品和正常样品导体孔形貌对比如图 11-1 所示。

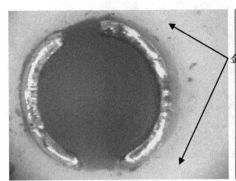

金属片分开

（a）失效样品内导体孔变形形貌　　　　　（b）正常样品内导体孔形貌

图 11-1　正常样品和失效样品电连接器接触件的形貌对比

对失效品进行剖面分析，经过 SEM 观察测量（见图 11-2），发现失效样品内导体金属片之间的间距约为 1.0mm，大于插座插针的直径，以至于在连接器进行连接后，使得连接处的接触电阻增大，接触电阻的增大会导致连接器的电压驻波比变差、损耗变大。

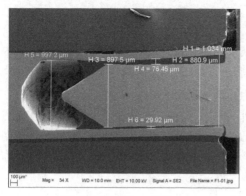

（a）解除对剖面 SEM 形貌　　　　　　　（b）接触件间隙局部 SEM 形貌

图 11-2　接触件工件工艺不良

（2）绝缘体灌封胶不洁导致耐压下降

某连接器组件耐压要求 1000V、1min 不击穿，绝缘电阻要求大于 1000MΩ。用户复验时发现有一连接器组件接触件之间绝缘电阻、耐压均不合格。绝缘电阻仅有 20MΩ，耐压 700V 即击穿。解剖分析发现，绝缘体芯间有炭黑状击穿痕迹（见图 11-3）。其原因是胶接绝缘体采用的灌封胶不洁，混有个别金属多余物，导致绝缘电阻下降。

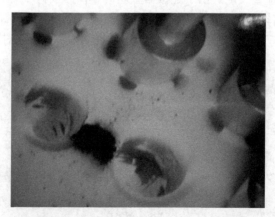

图 11-3　绝缘体芯间有炭黑状击穿痕迹

（3）壳体加工精度不良

某批某型号 14 芯圆形插头连接螺帽尺寸超差，使插头座对接不到位，盐雾试验中进盐水，使插针腐蚀折断。

某厂生产的 L12-J5 射频插头连接螺帽部位，因镀金前处理不良造成镀层起皮，用粘胶纸贴标签时即引起大面积镀层剥落，并污染整个组件系统。

某圆形插座线扎靠近底座边框走向，与边框间距较小，夹于底板边框与印制底板部分线受挤压磨损，导致第 5 点和第 9 点连线因磨损两点短路并与机壳相通。

某玻璃烧结圆形密封电连接器壳体原采用一般车床加工，螺纹精度差，在装拆电缆罩或做插合分离互换性检查时经常产生金属多余物，装拆时凭手感或声音即可知晓其配合好坏。后改用加工中心和柔性加工技术加工，螺纹精度和表面粗糙度明显改善，降低了产生多余物的可能性。

（4）锁紧定位装置工艺不良

某型号 120 芯圆形插孔插头因卡帽垫圈变形失去弹性，使平垫圈与滚珠架间隙超过 1mm，造成对接时滚珠脱落。

某型号 50 芯矩形插针插座因装配工作疏忽未点胶，将螺钉拧紧，检验又漏检，造成锁钩松动、固定不良。

某 YB 插头在做联试后发现三个卡钉中有一个脱落，导致插头锁不住。分析认为系装配卡钉时漏铆所致。

某 SMA-JB2 射频插头因卡环用 65Mn 弹簧钢带冲制而成，卡环侧面带小圆弧角，装入螺套定位槽后，在外力作用下极易因卡环脱落而造成插头解体。后改用线切割成型加工，避免了类似失效现象的出现。

（5）尾部附件定位销脱落

某 38 芯矩形插孔插头电缆罩定位销孔冲制加工去毛刺和用钻头对外腔孔口倒角，造成定位销孔增大，铆接有效壁厚减小。使用过程中因铆接基体金属强度下降而使定位销脱落。

4. 检验原因引起的失效

（1）失效部位：接触件

某厂生产的单芯插针插孔连接器单孔分离力应不大于 0.3N，验收 1400 只，先抽 5%，60 只中发现 4 只不合格。后对该批连接器逐只检查，又发现 55 只不合格。

（2）失效部位：绝缘体

某圆形插头因绝缘体存在缺陷返工，再次装配时将故障产品绝缘体Ⅰ号位插头错装成Ⅴ号位，返工后检验未再进行互换性检查，造成不能对接插合。

某圆形插座验收时绝缘电阻和耐压不合格。经分析，原因是：生产厂为提高检测速度，擅自将保压时间由标准规定的 1min 缩短为 10s，因耐压试验时有一个电容充电过程，保压时间太短，即使绝缘体安装孔之间存在金属多余物，也不一定被击穿。

（3）失效部位：壳体

某圆形穿墙插座壳体焊接面与两对接面间气密性检查时，应双向加压，分别检测。现仅单向加压检测，造成误判，导致壳体有泄漏现象。

某批某型号圆形插头连接螺帽双头矩形螺纹应采用专用量规检查，现仅使用通用量具检查。由于螺纹尺寸一致性差，导致插头和插座不能互换插合。

5. 选用/使用原因引起的失效

（1）失效部位：接触件

某电连接器在系统中的作用是为电路板提供电源和控制信号，样品的失效模式为短路，其失效形貌如图 11-4（a）所示。可见，烧毁处金属插针在靠近塑料的一侧明显过热熔断，而靠近连接器可焊端的一侧的插针都没有熔融。结合样品的信号方向，02#样品的电流方向为连接器插针到连接器的可焊端，而烧毁并没有出现在可焊端之后的电路中，而是在靠近插针的内部塑料壳边缘。失效样品的剖面分析结果如图 11-4（b）所示，进一步证实了连接器内部塑料界面为样品烧毁的起始点。由此可推断连接器内侧塑料界面是导致烧毁的起始处。

插针熔断是高温造成的结果，连接器的作用是为电路板提供电源和控制信号。因此除了直接短路外，不可能提供如此大的能量，使得连接器的插针熔断。鉴于样品失效的潮热环境条件，分析认为连接器的烧毁应该是连接器的内部塑料界面存在漏电，导致插针之间的爬电距离减小，使得插针之间发生飞弧打火，并最终导致连接器插针之间短路，以致过热烧毁。

（a）连接器烧毁形貌　　　　　　　　　（b）样品烧毁处截面形貌

图 11-4　连接器插针短路烧毁

（2）失效部位：绝缘体

某 GJB598 系列 II 55 芯圆形连接器，在进行长寿命真空热试验时，未考虑长时间处于绝热状态的连接器内部温升，导致连接器绝缘体烧毁。

（3）失效部位：尾部附件

某型号圆形连接器对接插合困难，原因是电缆罩自行设计加工不合理，出线口变形后使电缆夹紧，沿轴向施加力时失稳，力与插头轴线偏斜，导致薄壁壳体变形折弯，与连接卡帽端面出现偏斜。

6. 储存原因引起的失效

某玻璃烧结密封连接器组件振动试验时出现信号不稳定，插针与壳体间有短路现象。经观察发现，出现短路的接触件与玻璃烧结壳体间有一条由于镀层起皮产生的金属多余物粘连在一起。分析认为是由于储存环境条件差，造成镀层起皮产生金属多余物。

7. 操作原因引起的失效

（1）失效部位：接触件

某型号分离插头因短路片与接触片之间有润滑脂形成的绝缘膜，导致接触片不能导通给出解锁到位信号。

（2）失效部位：绝缘体

某圆形连接器在联试对接时发现第 15 芯插孔轴向窜动 2mm，经解剖分析，发现该芯插孔焊接时由于停留时间过长，导致安装孔定位半月槽周边部分绝缘体熔化。

某设备在待机状态工作 20min，突然发生故障，进一步检查，发现矩形连接器供电的多个温度传感器损坏。经外观观察，样品的公头正面的蓝色塑料表面附着大量异物，母头的正面和背面同样有大量异物附着，如图 11-5 所示。

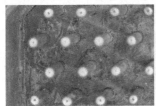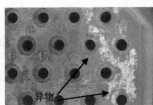

異物→

（a）连接器公头　　　　（b）连接器母头正面局部　　　　（c）连接器母头背面局部

图 11-5　连接器公头和母头都有异物沾污

分别取出母头的正面和背面所附着的一部分异物，使用扫描电子显微镜观察，并对其进行能谱分析，可见异物的成分中含有 C、O、Cu、Zn、Mg、Al、Si、S、Cl 等元素，如图 11-6 所示。

因此，分析认为样品由于表面沾染具有流动性的导电异物，异物通过母头插孔渗入到母头内部，并在母头的上部分和下部分的接触面上形成漏电通道，导致金属插针发生打火现象，使金属插针局部发生熔融，最终引起金属插针之间短路而导致样品失效。

（3）失效部位：定位锁紧装置

某型号矩形插头没推到位，即将 3 只螺钉拧紧，造成与插座不能插合到位。

某型号推拉式圆形多芯连接器，在基地做联机试验时发现型谱中局部（成片）接点断路。重新拔出后再插合，失效现象即排除。分析认为系使用时操作人员未准确插合定位锁紧所致。

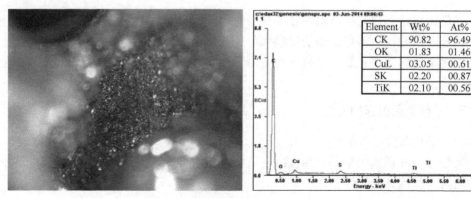

图 11-6　母头插孔间烧毁处的 EDS 成分分析

某型号分离插头，因使用中不慎将一颗硬质硅钢多余物混入锁紧机构顶杆根部，导致顶杆轴向滑动时产生侧向应力，使顶杆因根部应力集中而断裂。

（4）失效部位：尾部附件

某型号分离脱落插头，电缆罩两侧与机械手相连的 8 个 M6 螺钉由用户自行选取，由于螺钉过长，内侧又无绝缘片，安装时螺钉扎破导线绝缘层，造成短路故障。

11.2　继电器的失效分析

11.2.1　工艺及结构特点

继电器作为一种自动电气开关，种类繁多。按照动作原理分类，可分为电气继电器、辅助继电器、电磁继电器、静态继电器、固体继电器、固体延时继电器、混合延时继电器、恒温继电器、热继电器和舌簧继电器等。按照用途可分为民用继电器、军用继电器两类。不论继电器的动作原理、结构形式如何千差万别，它们都是由感应机构、比较机构和执行机构三部分组成的，其动作原理框图如图 11-7 所示。

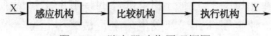

图 11-7　继电器动作原理框图

本节重点介绍用途最广泛的电磁继电器。电磁继电器是一种由控制电流通过线圈时产生的电磁吸力来驱动磁路中的可动部分，从而实现触点的开、闭或转换功能的控制元件。电磁继电器具有转换深度高、多路同步切换、输入/输出比大、抗干扰能力强的特点，常作为控制元件，被广泛应用于现代国防军事、工业自动化、交通运输及农业机械等领域中。

典型的电磁继电器的外形与结构如图 11-8 所示，它主要由铁芯、线圈、动静接点、衔铁、返回弹簧等构成。当线圈通电时，就产生磁场。由铁芯、轭铁、衔铁及气隙组成的磁路内有磁流通过，增大线圈电流，使磁通增加到一定程度，衔铁就被吸到铁芯，进而带动动触点转换。当线圈电流切断或降低到一定程度时，磁路中的磁通消失或减少到一定程度，衔铁靠返回弹簧回到初始位置（对于保持继电器，则需要反向激励才能复归）。

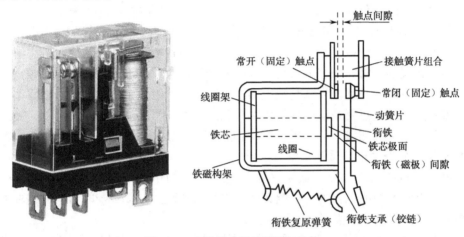

图 11-8　电磁继电器的外形与结构

1. 电磁继电器的基本组成部分

（1）电磁系统

电磁系统是由线圈和闭合磁路（包括铁芯、磁铁、衔铁及气隙）等构成的实现电磁能转换的组件。它是继电器结构的重要组成部分之一。电磁继电器的电磁系统是一种依靠工作气隙和衔铁将电磁能转变为机械能的能量转换组件。

线圈的功能是在通电后产生磁场，这是继电器工作的基础能量。所以线圈有继电器"心脏"之称。铁芯是电磁系统的又一个重要零件，它位于线圈的中心孔内，并与轭铁牢固结合。铁芯一般都采用高导磁的软磁材料，根据设计要求加工成所需的形状并与线圈孔配合。铁芯端面或铁芯极靴面和衔铁之间必须构成一定的空气隙，这就是工作气隙。轭铁、衔铁也是电磁系统的两个软磁材料的部件。铁芯、轭铁、衔铁一起构成低磁阻的磁通路，把线圈产生的磁通能量集中到工作气隙中去，从而提高继电器的灵敏度，降低线圈在工作时的功耗。

在电磁系统中，铁芯的作用是集中线圈产生的磁通量，提高磁导和磁场强度。轭铁的作用是形成一条磁阻最小的闭合磁路，同时起支撑铁芯、线圈、衔铁和其他零件的作用。衔铁是电磁系统中的一个可动部件，除起导磁作用外，它还是一个驱动机构，推动接触系统，从而实现继电器切换电路的功能。工作气隙是衔铁运动所必需的空间，它是磁路中不可缺少的组成部分。

在交流继电器中，还有一个重要零件——短路环（或分磁环）。短路环的主要作用是通过它的磁场滞后变化来消除衔铁在吸合期间由于交流电周期过零而产生的衔铁颤动或交流声，如 JY-16A、JLX-1F、JQX-14F、JQX-24F 等。

（2）接触系统

接触系统是继电器的主要部件之一，是输出电路的执行机构。接触系统的组成形式因继电器的结构不同而异。非密封继电器常用簧片组合式，这种接触系统触点组可根据需要进行组合，如一组常开、常闭转换直至多组常开、常闭转换均可实现。

接触系统可按继电器的不同结构设计为由一对或多对触点组组成。触点组又分为关断、转换触点组。每个触点组至少由两个触点（或触点簧片）组成。触点有动触点、静触点之分。动触点就是继电器工作时，触点组件中由驱动件直接驱动的接触件或触点。静触点就是继电器工作时，触点组件中不主动动作的接触件。簧片和触点实际是连接外部电路的一个开关，它们必须与继电器的其他部位隔离，才能保证继电器的输入/输出信号互不影响。一个簧片上铆一个触点的叫单触点，一个簧片上铆两个触点的叫双触点。把铆有触点的簧片组合叫铆点簧片或接触簧片。在小型、超小型和微型继电器中，接触簧片采用触点和簧片二者合一的结构，省去了触点铆接工序，提高了触点工作的可靠性。

根据不同的使用要求，继电器的簧片可以是刚性的，也可以是弹性的。电子设备中使用的继电器簧片，特别是动簧片，大多数是弹性的。弹性簧片除导电外，还可以产生触点压力和触点跟踪。在簧片为刚性时，触点压力和跟踪是借助其他弹性零件（如螺旋弹簧等）产生的。这种结构较为复杂，但其优点是能通过较强的电流。如 JX-3 和 JX-4 型继电器能通过 25～40A 的电流。优势为减少了衔铁的动程，提高了动作灵敏度，刚性触点又称为硬触点，如 JRM-1 和 JRC-1M 型继电器的触点。

（3）附属部分

继电器附属部分一般指驱动机构、返回结构及支承机构，下面分别介绍它们的结构。

① 驱动机构。从某种意义上讲，驱动机构也是一个能量传递机构，它是将衔铁的动能传递给接触系统的组件。继电器的驱动机构大多安装在电磁系统的衔铁上，或直接由衔铁来推动。根据结构不同，可以有三种驱动方式。第一种是衔铁与动簧片合为一个部件，衔铁动作时直接带动动簧片动作，称之为直接推动式。其结构简单，动作可靠。小型和超小型继电器中常采用这种结构，如 JRC-1M、JQX-18F、JZC-5F 型继电器。平衡力式继电器中采用这种结构时，常采用软连线或 U 形卡子将动触点与引出端相连。第二种是推杆式的结构，也是应用最广泛的一种。它不仅适用于直推式接触系统，也适用于放开式接触系统，如 JRW-8M、JZX-10M、

JZC-1M 型继电器等均采用推杆驱动机构。第三种是杠杆式，驱动机构比较复杂，只有当继电器在结构上有特殊要求时才采用。

② 返回机构。返回机构也叫返回系统，它是促使继电器衔铁返回到初始状态的组件。常采用的返回机构可分为三类：弹簧（簧片）、永久磁钢和重力。在继电器中应用最广泛的是弹簧返回，它结构简单、易于加工、返回力可调整。常用的形式有：复原簧片和复原弹簧（拉簧、扭簧、游丝盘簧等）。永久磁钢返回的优点是衔铁在初始位置上有较大的保持力，能承受较强的冲击和振动，在吸合过程中，它的反力是逐渐减小的而不是增大的，这正好与复原弹簧、复原簧片在吸合过程中力的变化是相反的，故动作安匝值可相应减小。因此，航空、航天及低气压场合使用的继电器大多采用此返回机构。其缺点是两个气隙的保持力不易平衡，只有通过改变磁钢磁性大小或更换磁钢才可调整。其次，永久磁钢会吸附磁性颗粒，故不能用于敞开式继电器。重力返回机构是靠衔铁本身及其附加的质量使继电器衔铁复位的。这使得继电器的质量和材料增加了许多，且工作位置受到严格的限制，只能用在地面静止设备上，目前只有铁路信号设备上使用这种继电器装置。

③ 支承机构。限定衔铁位置和运动方式的组件叫支承机构。支承机构大多数附属在电磁系统中，一般分为轴支承、刀口支承、簧片悬挂式支承、导套滑动式支承四种。旋转式衔铁的电磁系统多用轴支承，如 JZC-1M、JRC-10M、JZX-6MA 型继电器，它的优点是耐磨损、机械寿命长、旋转灵活性好。拍合式衔铁电磁系统大都采用刀口支承，如 JRX-27F、JQX-18FD 型继电器。

2. 电磁继电器的结构及特点

（1）非密封继电器

非密封继电器结构简单、技术性能指标相对较低，制造容易，零件加工和装配工序少，流程短，无须或较少使用复杂的工艺及设备。使用的各种材料国内一般都可满足，其成本也较低，价格便宜，安装维修方便，对工作状态便于观察，便于失效分析。但相应地也存在工作可靠性对工作环境的敏感性强、使用场合受到一定限制的缺点。另外，触点易污染损坏，线圈容易被潮气、杂质污染产生腐蚀，触点与线圈因受环境影响而故障率较高。因而，非密封继电器一般被大量用于要求不高的地面通信设备及工农业自动化设备及家用电器上，在航空航天、军用通信设备中用得较少。

（2）密封继电器

密封继电器采用金属气密封装，其泄漏率水平普遍为 $10^{-3}\mathrm{Pa \cdot cm^3/s}$ 以下。所谓密封式结构，指继电器主体用外壳完全密封起来，外壳内外几乎没有机器交换的结构方式。密封的目的是为继电器触点和线圈等保证稳定的工作气氛，提高继电器对恶劣环境的适应性和可靠性。

11.2.2　失效模式和机理

继电器的主要失效模式有下列几种。

触点失效：表现为该接通时不通，或接触电阻（压降）过大；该断开时不断或压降过小；个别表现为触点脱落、触点簧片断裂或烧穿。

线圈失效：常见的有线圈断线、电阻值超差或短路。

绝缘失效：绝缘电阻变小，介质耐压降低。

参数漂移：动作、保持或释放电压（或电流）超出规定界限，时间参数增大，超出合格界限。

密封失效：泄漏率过大或不密封。继电器常见的失效模式和失效机理见表 11-2，失效与应力环境之间的关系见表 11-3。后面将详细介绍继电器的主要失效机理。

表 11-2　继电器常见的失效模式和失效机理

失 效 部 位	失 效 模 式	失 效 机 理
接触失效	接触电阻增大或时断时通	污染物结合燃弧形成的碳化物沉积在触点表面（1.触点材料氧化与潮湿环境下镀层的电化学腐蚀效应；2.生产工艺污染；3.内部有机气氛污染）
	触点黏结	电场作用下的电腐蚀造成触点金属转移，或污染物导致表面凹凸不平，造成熔焊或桥接
	触点断开故障	内部多余物使衔铁运动受阻
	吸合/释放电压漂移	触点腐蚀、磨损；机械参数变化或磁性下降
线圈失效	线圈断线	线圈引出端虚焊，疲劳折断
	线圈电阻超差或短路	带有腐蚀性的焊剂腐蚀漆包线，线圈绕制、包扎不良；漆包线超期或高温老化；线圈层间绝缘或引出线绝缘不好；线圈过电压击穿绝缘层
其他失效	密封失效	工艺参数调整不当或因零部件污染使封边虚焊；玻璃绝缘子损伤
	绝缘失效（绝缘电阻变小，介质耐压低）	密封不良，使外部的有害气体侵入，造成绝缘性能下降；烧结温度过低或玻璃粉配方不当，引起绝缘下降；底座电镀后镀液未清洗干净

表 11-3　继电器应用环境及其失效影响

环 境 因 素	失 效 机 理	失 效 模 式
高温	触点材料氧化，加剧表面膜电阻的形成	接触电阻增大或时断时通
	焊弧困难，触点腐蚀加剧	触点黏结故障
	漆包线高温老化	线圈电阻超差或短路

续表

环 境 因 素	失 效 机 理	失 效 模 式
相对湿度	加剧触点膜电阻的形成	接触电阻增大或时断时通
	密封不良，使外部湿气侵入，造成绝缘性能下降	绝缘失效（绝缘电阻变小，介质耐压降低）
振动与冲击	触点簧片接触不稳定	接触电阻增大或时断时通
	改变机械特性，导致机械参数变化	参数（吸合/释放电压）漂移
	内部多余物落入转动支承处，造成衔铁运动受阻	触点断开故障
沙尘、盐雾	触点磨损、腐蚀	接触电阻增大或时断时通

1. 触点污染和腐蚀

电磁继电器的残留物来源主要有两个：一是生产过程中清洗工艺不足导致的残留；二是使用一段时间后由于振动环境影响或疲劳老化导致结构附着物脱落或破碎。而残留气体的主要来源是使用过程中内部材料释放的杂质气体。

残留气体会污染腐蚀部件，尤其是在触点处微粒的堆积会形成微粒污染膜，氧化物、硫化物、氯化物等环境气氛会形成腐蚀膜，表面水蒸气结成水膜后会形成化学腐蚀膜，有机物气氛会形成有机化学膜。实验表明，密封继电器的生产工艺过程中涉及的松香、真空胶是形成这种触点表面各类污染膜的主要因素。污染膜的形成会导致电磁继电器触点的接触电阻过大甚至超标而使器件失效。

在密封失效或非密封的情况下，各种外部杂质和有害气体（水汽、卤素气体等）会进入腔体，引起电磁继电器触点的接触失效，其失效机理类似于残留物和残留气体引起的失效。

2. 触点黏结与熔焊

触点黏结是指表面完全清洁的两触点由于金属表面原子接近到晶格距离，靠原子的相互吸引而结合的现象。如果相互接触的触点表面存在微观尖峰，触点的接触压力会使尖峰发生塑性变形，或由于扩展接触而使接触压力显著增加时，触点就会发生严重的黏结现象，导致触点工作失效。

触点黏结通常发生在触点静态接触时，由于接触电阻使导电斑点及附近的材料温度升高，从而导致扩散速度的极大提高和接触面积的大幅扩大。触点接触部位的金属分子互相挤压渗透所形成的分子力是导致触点黏结的内在因素；触点间的滑动摩擦是加速分子挤压渗透和积聚黏结力的必要条件。黏结力的大小取决于触点材料的刚性与导致分子挤压渗透的物理条件，触点间是否黏结取决于黏结力是否大于簧片的返回力。

触点的熔焊是指两电极接触区域靠金属熔化而结合在一起的现象，根据形成原因，熔焊可分为静熔焊和动熔焊。由接触电阻产生的焦耳热使两触点接触部分熔化、结合、不能断开的现象称为静熔焊。而在触点控制外部电路的过程中，触点的接触压力在零值及以上变化时，触点之间产生液态金属桥接，或由于电弧热流使触点熔化而发生熔焊的现象则称为动熔焊。

静熔焊失效机理：当触点处于闭合状态承载电流时，由于接触电阻的存在，使导电斑点区域内有更多的电能转化为热能，引起导电斑点区域的触点材料强烈发热。根据导电斑点区域电流密度分布研究的结果，导电斑点内电流密度的分布在各个区域是不一样的。在导电斑点区域的边缘，电流密度最大。

动熔焊失效机理：与静熔焊形成机理不同，动熔焊发生在密封继电器触点接通或断开外部电路的过程中。电弧对触点弧根区域瞬时而集中的热流输入，是触点材料强烈发热的热源。在触点接通外部电路的过程中，通常可能发生两种状况，一种是所谓预击穿电弧，另一种是动触点的弹跳。预击穿电弧或弹跳电弧能使触点在局部区域熔化，触点闭合后，熔化的金属冷却，因此结合在一起，发生熔焊。在分断电路的过程中，触点间的电弧也会使触点在弧根区域熔化，当触点再次闭合时，熔化的触点结合在一起，如果触点的返回力不能使触点分离，则发生熔焊。

3. 电弧侵蚀

触点材料电弧侵蚀是指电极表面受电弧热流输入和电弧力的作用，使触点材料以蒸发或液体喷溅、固态脱落等形式脱离触点本体的过程。电弧侵蚀是影响密封继电器工作寿命和工作可靠性的关键因素，也是引起触点材料损失的主要形式。影响电弧侵蚀的主要因素，一是电弧特性及其对电极热流和力的作用，二是触点材料对电弧热、力作用的响应。总的来说，电弧侵蚀的主要形式有两类：第一类是表层材料由固态转变成液态后，再转变为气态，脱离触点的过程。在一定的条件下，触点材料也存在从固态直接变为气态的升华过程。第二类是液态喷溅，在电弧能量的作用下，触点的表面某一区域熔化形成液池，液池内的液态金属在各种力的作用下，以微小液滴的形式飞溅出去，造成材料较大损耗。这些力包括斑点压力、静电场力、电磁力、物质运动的作用力及反作用力、表面张力等。

电弧侵蚀的形式随着触点材料和负载电流条件的不同而变化。当负载电流较小时，触点材料的侵蚀以汽化蒸发侵蚀为主。

当负载电流很大时，则不仅有材料的汽化蒸发，还会出现液态金属的喷溅现象，进一步增大电流时，金属的液态喷溅则成为触点材料侵蚀的主要形式。在感性负载中，特别是电动机，开始通电时，电动机启动转矩最大，启动电流就大，启动瞬态电流可达平均电流的 5～15 倍。如果选用的电磁继电器余量过小，启动时的瞬态启动电流会大大超出继电器的接触电流范围。在电磁继电器动作吸合过程中，由于刚接触时簧片的弹性，会产生短时间的回跳现象，正是瞬态接触电流最大的时候，因接触面积不够大，产生吸合接触瞬态大电流而接触面积又小的情况，从而产生接触电弧，电弧又产生高温，使接触点周围的金属熔化，即产生了由于接触电流过大导致的接触点熔坑。

4. 线圈失效

焊接安装不当或线圈绕制时受机械应力，会使继电器线圈发生引出线断裂。继电器在绕制漆包线的过程中受到过机械应力的损伤，造成导电截面积减小、导电性能下降，产生过热，致使使用中的漆包线因过热而熔断失效。

在非密封或密封性不良的情况下，因外部水汽、污染卤素离子的渗透，容易在线圈漆包线端头处产生腐蚀，或在线圈破损处腐蚀，导致线圈开路或电阻增加。

5. 机械卡死

机械部件是加工过程中受到外机械应力而成型的，由于机械部件使用的是金属材料，具有一定的刚性，经过一段时间后会通过应力释放而发生变形。另外，机械部件在使用过程中长期受到应力作用也会发生疲劳变形。各个机械部件中，动触簧、静触簧、推动杆的变形会导致触点行程不够而失效。而支架的变形会使运动桥两侧支架和整体支架间隙变小，导致拨杆的微小变形、拨杆珠到动触点的间距变大，从而造成虚行程过大。

6. 多余物导致失效

继电器内部多余物就是继电器中存在的、由外部进入或内部产生的、与继电器规定状态无关的一切物质。通常把它们分为金属多余物和非金属多余物两大类。金属多余物的主要来源：一方面是金属零件自身的质量问题带来的多余物，如金属零件的毛刺、孔中夹杂的金属屑及表面涂覆层的氧化锈蚀、脱皮等；另一方面是继电器的零件、组件在点焊过程中产生的焊接飞溅物，这些焊接飞溅物虽附着在零件、组件上，但附着力差，在环境应力的作用下，也会脱离附着机体而形成自由活动的金属多余物。非金属多余物的产生主要与线圈包扎材料、生产环境及操作人员穿着的衣物等有关。其中有些多余物是可以自由活动的，这些活动的多余物一旦进入继电器驱动部位，就会引起继电器动作受阻而不能正常工作；若进入触点之间，非金属多余物会引起触点不通或接触电阻大等失效模式，金属多余物则会引起触点间短路或击穿等失效模式。这些失效都是隐性失效，对整机的潜在危害很大。

11.2.3 失效分析方法和程序

对电磁继电器进行全面的失效物理分析，剖析失效机理与失效模式，可以发现

电子元器件失效分析技术

电磁继电器的固有质量问题，也可以发现因不按规定条件使用而失效的使用质量问题。通过对产品及其结构、使用和技术文件进行系统研究，鉴别失效模式，找出失效原因和失效机理，提出改进措施。

　　继电器比较完整的失效分析流程如图 11-9 所示。首先，从失效现场及信息收集入手，对故障背景进行调查和分析；然后，进行外观分析，观察有无机械损伤及绝缘子是否破损等；随后，进行电测试失效分析，包括基本功能测试、绕阻电阻测试、吸合电压和释放电压测试、触点接触电阻测试及时间参数等电性能测试，通过电测试技术，研究继电器在测试过程中表现出来的失效现象，对照失效件结构的受力特点、工作和使用环境、制造工艺、材料组织与性能，初步判定失效模式；通过密封、X 射线检查、粒子碰撞试验、振动等非破坏性试验，对失效部位做进一步判定；最后开封，做内目检、微观检查、物理化学成分分析等，确定失效位置、程度或根源，验证失效模式，分析产品失效机理，提出预防再失效的可靠性改进措施。继电器的详细分析步骤、分析内容和相关仪器设备见表 11-4。

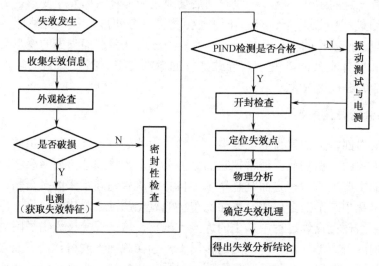

图 11-9　失效分析流程

表 11-4　失效分析基本程序表

序　号	分 析 项 目	分 析 内 容	仪 器 设 备
1	外观检查	物理损伤、污染、外部缺陷、密封缺陷	立体显微镜
2	电学测试	测试吸合电压、释放电压、接触电阻、吸合/释放时间、绝缘电阻、线圈电阻	继电器综合测试仪，或电源、毫欧计、高阻仪、示波器等
3	X-ray 透视检查	内部污染物、多余物，内部短路或开路、密封处的漏孔、零件损伤、结构完整性等	X 射线透视系统

续表

序 号	分析项目	分析内容	仪器设备
4	粒子碰撞噪声检查（PIND）	内部多余物	微粒碰撞噪声仪
5	密封性检查	壳体、绝缘子的密封性	氦质谱仪或加压充气法
6	内部气氛分析	内部气体成分及有机气体污染成分	内部气氛分析仪
7	开封	—	专用工具，铣、锉、撬尽量不引入污染物及破坏内部原有状态
8	内部目检	触点间隙、压力、复原反力、衔铁间隙、动程	拉力计、厚薄规、显微镜等
9	内部电气检查	零件配合问题、电磁吸力并重复自检内容、电器参数	常用仪表、示波器等
10	触点表面及材料分析	分析触点表面微观形貌、材料成分变化、杂质价态及晶体变化、微量污染	扫描电镜、电子能谱仪、红外光谱仪、二次离子质谱仪
11	物理化学分析	分析多余物的成分、触点表面沾污的成分及含量，进行专项分析	扫描电镜、电子能谱仪、红外光谱仪、X射线谱仪等

11.2.4 失效分析案例

1. 触点污染导致的失效

（1）触点有机沾污失效

失效背景：某整机筛选试验后常态测试正常，但隔段时间测试出现故障。经排查发现该继电器在线圈掉电后，1#引脚与7#引脚仍然导通（正常情况下应断开），导通电阻为0.3Ω，并且失效现象表现出不稳定的特征。

分析过程：该样品的失效模式为偶发接点黏结，但是导通状态测试未见明显异常。开封后SEM分析发现F1#样品1#静触片接点部位存在脏污（见图11-10（a）），EDS分析表明脏污部位C、O元素含量偏高（见图11-10（b）），表明该脏污为有机物，它可能导致样品在使用过程中动触片与静触片粘连，最终导致样品1#引脚与7#引脚在线圈掉电后继续导通。

分析结论：由于接点部位存在有机沾污，导致样品偶发接点黏结失效。

（2）塑料外壳有机物挥发导致触点沾污失效

失效背景：某继电器动作后，四对通过底座串联的常开触点偶发不通，导致开关合闸回路延时合闸。

分析过程：对样品的触点进行SEM和EDS分析，典型的结果如图11-11所示。样品的常开触点上都存在沾污，在沾污物的位置上存在磷（P）、硫（S）等异常元素成分。这种物质的成分与底座材料的成分类似。这是从黑色底座中增塑剂中释放出来的含 P 物质腐蚀引脚 Ni 层而形成的含 Ni 的化合物，其主要原因是在继电器插拔过程中，表面的镀层受到破损所致。在长期的使用过程中，这些有机挥发物凝附在触点上，导致接触点污染。触点的沾污会引起样品接触不良，对于轻微的沾污，在触点动作时可以将其恢复正常；而对于比较严重的沾污，则可能引起偶发接触不良失效。

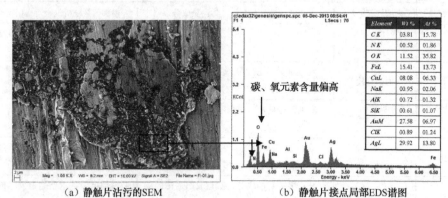

(a) 静触片沾污的SEM   (b) 静触片接点局部EDS谱图

图 11-10   触点沾污形貌及成分分析

分析结论：塑料外壳的有机物挥发导致触点沾污，使得常开触点偶发不通。

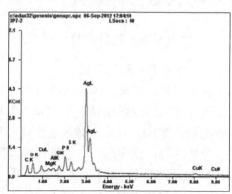

(a) 触点的 SEM 形貌   (b) 触点沾污的成分分析

图 11-11   触点沾污形貌

2. 触点粘连和熔焊的失效

（1）拉弧放电导致触点簧片烧蚀

失效背景：某整机在测试时，发现图像发射设备功率放大器未上电，经排查，不能排除单板上继电器（失效样品）工作异常。线圈电压一直施加了十几分钟后，继电器的常开端（引脚 1、3）触点之间恢复导通，恢复后连续加电测试，继电器能正常工作。放置了 6 天后，再次对继电器加电，第一次上电，样品的常开端又出现不导通情况，线圈电压一直施加了 28 分钟（触点上也加负载），样品的常开端又恢复导通。

分析过程：对失效样品进行开封检查，未发现样品的衔铁等动作部位存在可能引起样品不动作的异常，对样品的触点簧片进行 SEM 观察和 EDS 分析，发现其常开端触点（引脚 1 和引脚 3）簧片金属上存在明显的烧蚀痕迹，如图 11-12 所示，且在常开静触点的烧蚀位置上还发现了若干嵌入到熔融的簧片金属中的粉尘。

分析结论：触点拉弧放电导致簧片烧蚀。

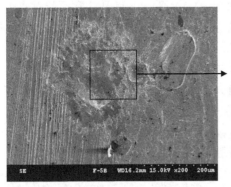
（a）触点烧蚀形貌

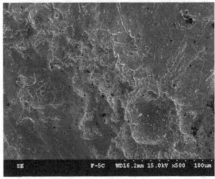
（b）触点烧蚀形貌局部

图 11-12　触点簧片烧蚀处的 SEM 形貌

（2）触点粘连失效

某继电器失效样品焊接在印制电路板上，装配在整机内。整机经历了高低温试验、振动试验后，常态测试失效。高低温试验过程中，部分时间整机加电，失效样品处于默认态（1、3 引脚导通）。振动试验全程整机加电，器件处于默认态。试验结束后需要切换继电器状态，使引脚 1、2 导通，但失败。

把失效样品的触点簧片取下，可观察到其 1 脚与 3 脚的簧片上均出现熔融烧蚀，3 脚的簧片上已形成了凸起的金属块（见图 11-13），而与之对应的 1 脚簧片上则出现一个熔坑，熔坑的周围还有向外溅射状的银颗粒。

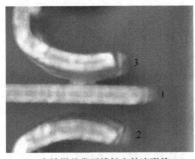
（a）失效样品常开端触点粘连形貌

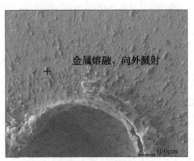
（b）簧片烧蚀的形貌

图 11-13　簧片粘连及烧蚀痕迹

分析结论：样品由于触点粘连而失效，原因是触点断开时触点之间产生的拉弧放电。

（3）拉弧放电导致触点表面熔融

失效背景：某继电器表现的失效模式为常闭触点在线圈加电后不断开。该产品曾经出现过常闭端触点粘连而不断开的失效，在样品拆卸下来后，失效现象得以恢复。

分析过程：样品开封后，可观察到样品的常闭端触点存在明显的烧蚀形貌，烧蚀位置的触点金属已融熔并向外飞溅，如图 11-14 所示。良品的常闭端触点也存在轻微的烧蚀形貌。当样品的常闭触点的烧蚀融熔得较严重时，会容易引起样品的触点在金属熔融的时候发生粘连，从而导致样品发生线圈加电后"当断不断"的失效。而当样品在拆装过程中受到外力振动的时候，粘连的触点又有可能由于粘连得不牢而断开，从而造成样品的失效现象消失。结合样品的触点电压为 160V DC，当这种高电压施在触点闭合的时候，会容易引起触点间拉弧打火，从而引起样品的触点发生烧蚀融熔。

分析结论：样品的触点表面烧蚀，与触点间的拉弧有关。

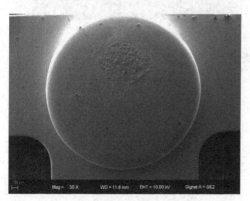 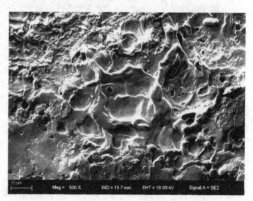

（a）常闭动触点的 SEM 形貌　　　　　　　　　（b）常闭动触点表面烧蚀的放大形貌

图 11-14　触点烧蚀微观形貌

（4）触点粘连失效

失效背景：继电器样品随整机进行调试，在整机调试过程中，正常使用了约 10 天，在一次正常关机过程失效，失效模式为短路。

分析过程：样品内部所有触点均明显烧毁，典型失效形貌如图 11-15 所示。从触点的烧毁形貌来看，触点烧毁处未见明显腐蚀或拉弧导致的击穿形貌，具有典型的过热熔融烧毁特征，而且所有触点的烧毁区域只是触点的部分区域，而不是整个触点区域，可见触点在工作时并不是整个触点完全接触上，没有过热熔融的区域在工作时应该没有很好地接触。根据失效信息，样品的负载为容性负载，可见在样品接通瞬间，线路上存在较大的电流浪涌。结合上述分析和检测结果，分析认为触点之间接触不完全，导致触点接触面的电流密度增大，最终使得样品触点过热熔融短路失效。

分析结论：样品触点存在触点之间接触不完全，使得触点间接触面积减小，导致触点接触面的电流密度增大，最终使得样品触点过热熔融粘连失效。

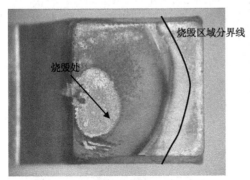

（a）触点烧毁 　　　　　　　　　　　　　（b）触点粘连

图 11-15　触点粘连及界面微观成分分析

3. 线圈腐蚀导致的失效

失效背景：某继电器样品装机前进行过高低温和振动筛选，样品在现场（室外）使用 300 小时后失效。

分析过程：电参数测试表明样品的线圈已开路。对样品进行开封检查，发现样品线圈的漆包线在某一段之间断开。从断口的 SEM 形貌（见图 11-16）可见，样品的断口呈腐蚀特性，且在断口上发现含 Cl 的物质，而含有离子性的氯（Cl）的物质通常腐蚀性极高。

分析结论：继电器线圈漆包线被含 Cl 的物质腐蚀，导致断开。

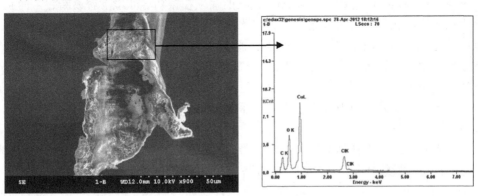

（a）断口 SEM 形貌 　　　　　　　　　　（b）断口的 EDS 谱图

图 11-16　线圈漆包线腐蚀断开

4. 机械振动导致的结构变形

失效背景：继电器样品出现开路失效。

分析过程：经开封分析，内部 U 形簧片移位或脱落，如图 11-17 所示。样品由于受到较大的振动应力作用，从而导致样品的常闭触点出现开路或不稳定开路而失效。

分析结论：继电器内 U 形簧片移位或脱落。

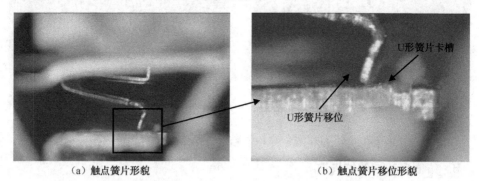

（a）触点簧片形貌　　　　　　　　　　　　（b）触点簧片移位形貌

图 11-17　继电器簧片脱落

5. 锡须生长导致的失效

失效背景：继电器在使用过程中出现偶尔不会动作的情况。

分析过程：测试过程中发现，样品出现失效后，对其进行敲打后，样品恢复正常，可见样品的失效为可恢复性偶发失效，进行了故障复现。经开封和立体显微镜观察和 SEM 形貌分析（见图 11-18），电位器金属外壳表面的生长了较多的锡须，部分锡须的锡须长度可达 2.914mm，较长的锡须在振动等环境下容易断裂，而且锡须为锡的细丝状单晶，为导电物质。因此，当锡须断裂的部分落在了样品内部的焊点或其他裸露的金属表面上时，容易因部分短路而导致样品出现功能失效。而锡须断裂后产生的金属多余物在样品内部导致的失效现象也符合测试的表现。因此，分析认为，由于样品金属外壳电位器表面生长锡须，锡须断裂后的多余物在样品内部移动，导致样品内部出现局部短路，从而导致样品出现偶发性开路失效。样品的失效属于老化失效。

分析结论：由于样品金属外壳电位器表面生长锡须，锡须断裂后的多余物在样品内部移动，导致样品内部局部出现短路，从而导致样品出现偶发性开路失效。

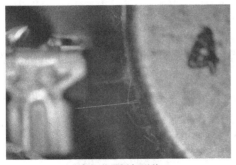

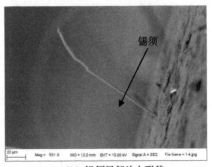

锡须

（a）内部电位器局部形貌　　　　　　　　（b）锡须局部放大形貌

图 11-18　锡须导致继电器短路

参 考 文 献

[1] 杨奋为. 电连接器的常见失效分析. 上海航天，1996，（2）：43-47.

[2] 杨奋为. 电连接器的共性技术研究. 机电元件，2011，31（3）：7-14.

[3] 杨奋为. 军用电连接器的应用及发展. 机电元件，2007，27（3）：42-49.

[4] 杨奋为. 军用电连接器创新发展研讨. 机电元件，2012，32（4）：52-61.

[5] 杨奋为. 航天用电连接器金属多余物的失效分析. 机电元件，1999，19（1）：25-29.

[6] 杨奋为. 电连接器及其组件检验技术. 内部讲义，2013.

[7] 雒悦豪，陈学永，田赐天，等. 接触件配合误差对连接器可靠性影响的分析. 航空精密制造技术，2013，49（10）：29-31.

[8] 何志刚，周庆波，龚国虎，等. 某高压电连接器的失效分析. 太赫兹科学与电子信息学报，2014，12（6）：942-945.

[9] 曹政，刘向朋. 水密电连接器水密失效分析与思考. 机电元件，2013，33（6）：21-24.

[10] 骆燕燕，王振，李晓宁. 电连接器热循环加速试验与失效分析研究. 2014，35（11）：1908-1913.

[11] 张彬彬，杨猛，万成安. 航天器电子产品用板间电连接器典型失效模式研究. 电子工艺技术，2013，34（4）：209-213.

[12] 陈守金. 连接器失效分析方法与应用. 机电元件，2011，31（5）：35-38.

[13] 王瑶. GJQX-6MC 型电磁继电器失效分析及机理研究. 环境技术，2010（8）：23-28.

[14] 马跃，邓杰，孟彦辰，等. 不同负载条件下航天继电器接触失效机理分析. 低压电器，2013（23）：14-19.

[15] 黄娇英，胡振益，高成，等. 军用电磁继电器失效分析研究. 现代电子技术，2013，36（10）：131-138.

[16] 阮菊红，史学飞. 密封继电器内部多余物的预防和控制. 机电元件，2002，23（2）：33-35.

[17] 张富贵，陈进勇，张柯柯. 密封继电器触点的失效模式与失效机理研究. 贵州大学学报（自然科学版），2010，27（5）：47-50.

[18] 刘帼巾，陆俭国，王海涛，等. 接触器式继电器的失效分析. 电工技术学报，2011，26（1）：81-85.

[19] 王淑娟，余琼，翟国富. 电磁继电器接触失效判别方法. 电工技术学报，2010，25（8）：38-44.

[20] 王香芬，高成，付桂翠. 电磁继电器电测失效分析技术研究. 低压电器，2011（2）：6-9.

[21] 李震彪，徐金玲，黄良，等. 电磁继电器触点动熔焊机理分析. 低压电器，2007（5）：1-3.

[22] 陈主荣，林秀华. 电磁继电器触点磨损的理化分析. 厦门大学学报（自然科学版），1998，37（3）：368-373.

[23] 陆俭国，骆燕燕，李文华. 航天继电器储存寿命试验及失效分析. 电工技术学报，2009，24（2）：54-59.

第12章

分立器件与集成电路的失效分析方法和程序

半导体分立器件按大类分为二极管、双极型晶体管、MOS 场效应管、晶闸管和绝缘栅双极型晶体管。集成电路应用范围广泛，门类繁多，其分类方法也多种多样。根据集成电路的功能不同可分为 3 类，即数字集成电路、模拟集成电路和数模混合集成电路。数字集成电路是处理数字信号的集成电路，即采用二进制方式进行数字计算和逻辑函数运算的一类集成电路。模拟集成电路是指对模拟信号（即连续变化的信号）进行放大、转换、调制运算等处理的一类集成电路。数模混合集成电路是指在一个芯片上同时包含数字电路和模拟电路的集成电路。

半导体器件的失效与芯片本身带有的缺陷有关，同时与器件的封装、运输、存储及后续使用也有关，失效分析的目的就是找到器件失效的原因，避免后续失效的发生。

12.1 结构及工艺特点

12.1.1 分立器件的主要结构及其生产工艺

1. 二极管的工艺及结构

根据 PN 结构造面的特点，二极管可以有多种分类，主要有平面型和台面结两种工艺。台面工艺由于结与平面形成一定的角度，扩展了空间电荷区，可以降低边缘电场强度，台面边缘主要由机械抛光形成。对于平面结二极管，为了提高其边缘耐压，会在边缘扩散 P 型电压环作为保护环或增加场板结构，其电场最大的位置是最靠近阳极的保护环。根据封装方式的不同，主要采用 OJ（Open Junction）和 GPP（Glass Passivated Pellet）的方式对芯片结区进行保护，两种封装方式的截面图如图 12-1 所示。

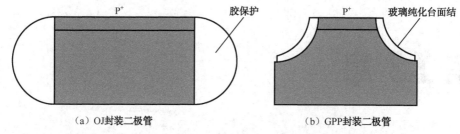

图 12-1 二极管的封装方式

另一种常用的二极管则是肖特基二极管，采用金属-半导体接触形成肖特基势垒。肖特基二极管耐压低，但是开关速度快，反向恢复时间短，常用作开关二极管和低压大电流整流二极管。为了提高肖特基二极管的耐压，在有源区上扩散 P 型区域来减少边缘电场效应和电势分布，采用重扩散 P 型区来增大电流（见图 12-2）。

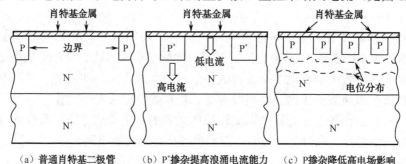

（a）普通肖特基二极管　　（b）P⁺掺杂提高浪涌电流能力　　（c）P掺杂降低高电场影响

图 12-2 肖特基二极管的结构

2. 双极型晶体管的工艺及结构

双极型晶体管是电流控制型器件，为 NPN 结构或 PNP 结构，常采用插指状结构来提高电流能力，其剖面结构如图 12-3 所示。集电极采用低掺杂的 N⁻外延层来提高电场，采用重掺杂的 N⁺衬底。因此，为提高双极型晶体管的耐压，必须增大 N⁻外延层宽度，但这样会导致电流增益下降。同时，为了达到较大的集电极电流，基极电流也会增大。为了减小基极电流、提高耐压和电流能力，采用双晶体管的达林顿结构。由于硅结构的耐压有限，晶体管在高电压下的应用逐渐被 IGBT （Insulated Gate Bipolar Transistors，绝缘栅双极型晶体管）取代。

双极型晶体管的发射结在正偏工作时，电流在发射极存在集边效应，发射区边缘金属化电流密度较大，反偏时击穿电流在发射区中心存在集缩效应，发射区出现局部温升不均匀现象。

3. MOS 场效应管的工艺及结构

金属氧化物半导体场效应管（MOSFET）常用作开关功率器件，在 DC/DC 开关电源中起开关作用，此类 MOS 管常采用垂直结构，称为 VDMOS（Vertical Double Diffused MOS），如图 12-4（a）所示，也有横向结构的，称为 LDMOS（Lateral Double Diffused MOS），如图 12-4（b）所示。

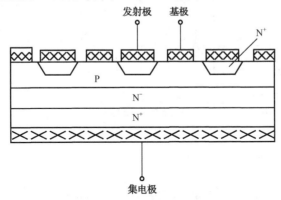

图 12-3　NPN 晶体管结构图

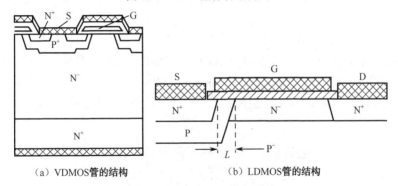

（a）VDMOS管的结构　　　　　　（b）LDMOS管的结构

图 12-4　MOS 场效应管的结构

N⁻区域为漏极外延层，电场主要集中在这里，对于 LDMOS，由于 N⁻占据了 LDMOS 表面面积，其电流能力较弱，而 VDMOS 充分利用半导体空间提高容量，其电场为垂直方向的，可提高耐压，芯片表面形成元胞结构，提高了电流值。

4. 晶闸管工艺及结构

早期的晶闸管也称为控硅整流器，主要用于低频开关场合，如应用于输入控制整流的 50～60Hz 电网，广泛应用于铁路或工业用电场合。相比于其他分立器件，晶闸管能达到很高的电压和电流，如 8kV/5.6kA 产品。

图 12-5 为晶闸管的简图，器件包含四层结构、三组 PN 结，底部为 P 型掺杂的阳极，依次为 N 型衬底、P 型衬底、N⁺的阴极层。如果将 P 型衬底和 N 型衬底分开来看，是一个 PNP 晶体管和 NPN 晶体管连接构成的"闩锁"结构电路。当栅极注入电流达到一定条件时，触发闩锁结构导通，阳极和阴极间形成低阻的大电流通道。

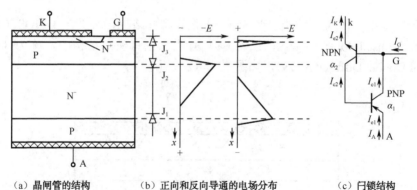

（a）晶闸管的结构　　　　（b）正向和反向导通的电场分布　　　　（c）闩锁结构

图 12-5　晶闸管的结构及电场分布图

5. IGBT 工艺及结构

IGBT（Insulated Gate Bipolar Transistor）结合了双极型晶体管的大电流能力及 MOSFET 的电压控制的优势。图 12-6 显示了最简单的 IGBT 结构，其底层是 P⁻层，而 MOSFET 的底部是 N⁺层。当栅极电压大于阈值电压时，沟道产生，沟道内电子流向集电极，集电极正偏的二极管产生空穴，注入低掺杂的中间层，从而大量载流子开始运动，PNP 晶体管工作。虽然 IGBT 的 PNPN 结构与晶闸管相似，但是发射极金属阻抗非常低，在低电流下，其寄生的 NPN 晶体管可忽略，而在大电流下（特别是在 IGBT 关断瞬间），寄生晶体管则有可能触发闩锁结构，形成大电流导通状态。

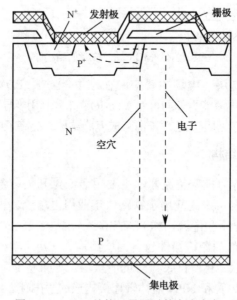

图 12-6　IGBT 结构及导通时的电流走向

12.1.2 集成电路的主要结构及其生产工艺

1. 双极集成电路的主要结构及其生产工艺

双极集成电路的主要结构如图 12-7 所示，它由三极管、二极管和电阻组成，器件都做在一个隔离岛上，隔离岛下有一层薄的 N^+ 埋层，用来给集电极提供低阻的电流通道，隔离岛之间用 P^+ 隔离墙进行隔离，器件之间则用金属条进行连接。

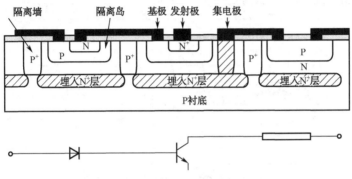

图 12-7 PN 结隔离集成电路的芯片结构

双极集成电路的各生产工序分别是衬底制备、埋层氧化、埋层光刻、埋层扩散、外延、隔离氧化、隔离光刻、隔离扩散、基区氧化、基区光刻、基区扩散、发射区光刻、发射区扩散、引线孔氧化、光刻引线孔、蒸铝、铝反刻、合金化、初测划片、烧结、键合、封装、工艺筛选、喷漆打印和包装。

2. CMOS 集成电路的主要结构及其生产工艺

CMOS 工艺技术是当代 VLSI 工艺的主流工艺技术，它是在 NMOS 工艺基础上发展起来的。CMOS 工艺是将 NMOS 工艺和 PMOS 工艺器件同时制作在同一硅衬片上，通常有两种不同的工艺，即 P 阱 CMOS 工艺和 N 阱 CMOS 工艺。P 阱 CMOS 工艺以 N 型单晶硅为衬底，在其中制作 P 阱，NMOS 管做在 P 阱内，PMOS 管做在 N 型衬底上。P 阱接最负电位，N 衬底接最正电位，通过反向偏置的 PN 结实现 PMOS 器件和 NMOS 器件之间的相互隔离，而 N 阱 CMOS 工艺正好和 P 阱 CMOS 工艺相反，但 N 阱 CMOS 工艺比 P 阱 CMOS 工艺有更多的优点，因为 N 阱 CMOS 工艺更接近于 NMOS 工艺，NMOS 管直接在 P 型衬底上制作，因此更有利于发挥 NMOS 器件高速的优点。

随着工艺的进步，线条尺寸不断缩小，传统的单阱工艺已不能满足需要。特征尺寸小于 $2\mu m$ 的工艺多采用双阱工艺或准双阱工艺，它是在 P 型高阻衬底上用离子注入的方法同时制作 N 阱和 P 阱，由于 N 型杂质和 P 型杂质的相互补偿作用，使得阱结位置基本在设计位置附近，其他工艺和单阱工艺一样。双阱工艺不但提高了器件密度，而且能有效地控制寄生晶体管的影响、抑制闩锁效应的产生。

（1）CMOS 集成电路的主要结构。CMOS 集成电路的典型结构如图 12-8 所示，由 PMOS 管与 NMOS 管组成，PMOS 管的源极与 NMOS 管的漏极相连。P 阱与 N 阱做在 N⁻外延层上，NMOS 管做在 P 阱中，PMOS 管做在 N 阱中，N 阱接高电位，P 阱接低电位，使 PN 结反偏，以实现器件之间相互隔离的目的。

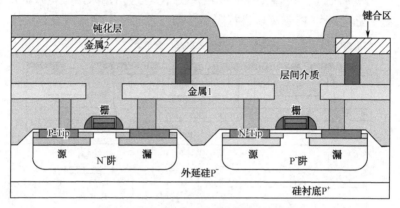

图 12-8　CMOS 集成电路的典型结构图

（2）CMOS 集成电路的基本生产工艺。CMOS 集成电路的各工序分别是衬底制备、氧化和生长氮化硅膜、光刻 P 阱、P 阱腐蚀和 P 阱注入、去光刻胶、生长 SiO_2 膜、推阱、腐蚀 Si_3N_4、N 阱注入与扩散、光刻有源区、生长 Si_3N_4 膜、场注入光刻、场注入、场氧化、栅氧化和沟道掺杂、多晶硅淀积、多晶硅光刻、多晶硅腐蚀、N 管 LDD 光刻、N 管 LDD 注入、P 管 LDD 光刻、P 管 LDD 注入、N 管 S/D 光刻、N⁺注入、P 管 S/D 光刻、P⁺注入、接触孔光刻、接触孔腐蚀、N⁺光刻、N⁺注入、淀积铝、光刻铝、腐蚀铝。

3. Bi-CMOS 集成电路的主要结构及工艺

用双极工艺可以制造出速度高、驱动能力强、模拟精度高的器件，但双极器件在功耗和集成度方面无法满足集成规模越来越大的系统集成的要求；而 CMOS 工艺可以制造出功耗低、集成度高和抗干扰能力强的 CMOS 器件，但其速度低、驱动能力差，在既要求高集成度又要求高速的领域中也无能为力。Bi-CMOS 工艺中，把双极器件和 CMOS 器件同时制作在同一芯片上，它综合了双极器件高跨导、强负载驱动能力和 CMOS 器件高集成度、低功耗的优点，使其互相取长补短，发挥各自的优点，它给高速、高集成度、高性能的 LSI 及 VLSI 的发展开辟了一条新的道路。图 12-9 是以 N 阱 CMOS 为基础的 Bi-CMOS 结构，纵向的 NPN 管做在 N 阱中。

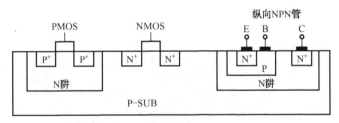

图 12-9　以 N 阱 CMOS 为基础的 Bi-CMOS 结构

　　对 Bi-CMOS 工艺的基本要求是：将两种器件组合在同一芯片上，由此得到的芯片具有良好的综合性能，而且相对双极和 CMOS 工艺来说，不增加过多的工艺步骤。目前，已开发出许多种各具特色的 Bi-CMOS 工艺，归纳起来，大致可分为两大类，一类是以 CMOS 工艺为基础的 Bi-CMOS 工艺，其中包括 P 阱 Bi-CMOS 和 N 阱 Bi-CMOS 两种工艺。图 12-10 是以 P 阱 CMOS 为基础的 Bi-CMOS 结构。

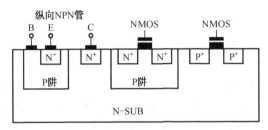

图 12-10　以 P 阱 CMOS 为基础的 Bi-CMOS 结构

　　另一类是以标准双极工艺为基础的 Bi-CMOS 工艺，其中包括 P 阱 Bi-CMOS 和双阱 Bi-CMOS 两种工艺。图 12-11 是以双极型工艺为基础的 P 阱 Bi-CMOS 结构剖面图。图 12-12 是以 PN 结隔离双极型工艺为基础的双阱 Bi-CMOS 结构剖面图。

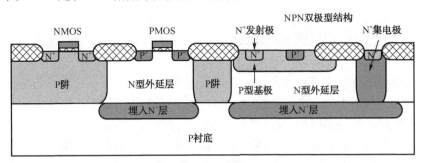

图 12-11　以 PN 结隔离双极型工艺为基础的 P 阱 Bi-CMOS 结构

　　以 CMOS 工艺为基础的 Bi-CMOS 工艺，对保证 CMOS 器件的性能比较有利，而以双极工艺为基础的 Bi-CMOS 工艺，对提高双极器件的性能有利。影响 Bi-CMOS 器件性能的主要是双极部分，因此以双极工艺为基础的 Bi-CMOS 工艺用得最多。

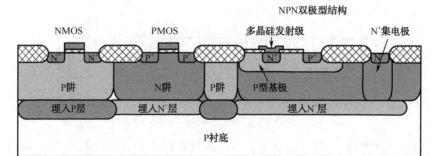

图 12-12 以 PN 结隔离双极型工艺为基础的双阱 Bi-CMOS 结构

12.2 失效模式和机理

失效模式是指器件失效的形式，只讨论器件是"怎样"失效的，并不讨论器件为什么失效。通常器件失效的表现形式多种多样，从外观上看有涂层脱落、标志不清、外引线断、松动、封装不完整、管壳明显缺陷、漏气等。从电测上看有电参数漂移、PN 结特性退化或结穿通、电路开路或短路、电路无功能、所存储数据丢失、保护电路烧毁等。从芯片内部的结构来看则有芯片与底座黏结不良或脱开、内引线断裂、内引线尾部过长、键合点变形或抬起、键合位置不当、内引线与引脚键合不良、芯片涂敷不良、芯片上有外来异物、芯片裂缝、铝穿透、氧化层划伤、断裂、针孔、过薄、龟裂、介质强度差、光刻对准不佳、钻蚀、毛刺现象等。

12.2.1 分立器件的失效模式

随着半导体生产工艺的完善，由生产工艺引起的失效正在减少，越来越多的分立器件是由于使用不当造成失效的，主要失效模式及所占比例如图 12-13 所示。

（1）开路，包括引线断、芯片烧毁、芯片黏结脱落和芯片开裂等。

（2）电参数漂移，包括耐压值降低、漏电流超标、饱和压降增大、开启电压漂移、直流放大系数 h_{FE} 退化、导通电阻增大、沟道漏电和表面漏电等。

（3）短路，包括完全短路或呈现电阻特性。

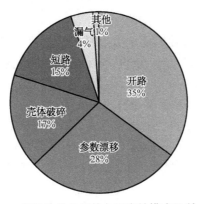

图 12-13　半导体分立器件主要失效模式及所占比例

12.2.2　集成电路的失效模式

集成电路的失效模式多种多样，将集成电路的主要失效模式列于表 12-1 中，失效模式的分类按失效发生的部位划分。

表 12-1　集成电路的主要失效模式

芯片体内	结特性退化、低击穿、芯片裂纹、漏电或短路、参数漂移；金属互连系统的开路、短路、漏电、烧毁
装片	芯片脱开龟裂、热点
键合引线	键合引线弯曲、焊盘凹陷、键合引线损伤、键合引线断裂和脱落、键合引线和焊盘腐蚀、键合引线框架腐蚀、键合引线框架的低粘附性及脱层、焊点疲劳损伤
封装	包封料破裂、包封材料疲劳裂缝、芯片表面漏电、芯片上的铝膜腐蚀、开路或短路、芯片裂纹、引脚脆裂开路、存储数据丢失
外部因素 （机械振动、冲击、过电应力、电源跳动）	瞬间开路、短路、栅介质击穿或熔融烧毁

从表 12-1 中可见，集成电路的主要失效模式有栅介层击穿短路、电参数退化、金属化互连线开路、芯片烧毁、电路漏电、电路无功能、存储数据丢失、保护电路烧毁、二次击穿和铝穿透，下面分别予以介绍。

（1）栅介层击穿短路。随着超大规模集成电路器件尺寸的等比例缩小，在器件生产过程中薄栅氧化层上的高电场是影响器件成品率和可靠性的主要因素。当有电荷注入氧化层时，会产生结构变化（陷阱、界面态等），引起局部电流的增大，当有足够多的电荷注入进氧化层时，会产生热损伤，导致氧化层有一条低的电阻通路，在介质层上产生不可恢复的漏电，即发生栅介层的击穿短路，这种击穿可以在介质层上施加电流或施加一个高电场来获得。

（2）电参数退化。电参数退化是指双极型器件的电流增益下降、PN 结反向漏电流增加、击穿电压蠕变等。对 MOS 器件则是平带电压、阈值电压漂移、跨导下降、线性区漏极电流和饱和区漏极电流减小甚至源-漏击穿；对电荷耦合器件则是转移效率下降；对光电器件则是发光效率降低等。

（3）金属化互连线开路。金属化互连线的开路是指芯片上用于电连接的铝连线产生了开路，开路的原因与芯片的加工工艺和使用条件有关。

多层金属布线中，采用腐蚀法刻蚀铝和介质层上的通孔会造成金属边缘和氧化层台阶处第二层金属膜厚的不均匀，从而引起断条，产生开路。

使用中，金属条中流过的电流密度过大，产生了金属原子的迁移，从而导致金属化互连线的断裂，产生开路。

（4）芯片烧毁。当过大的输入信号或电源电压加到芯片上时，产生器件的大面积烧毁或芯片上产生严重的过应力击穿点，这就是芯片烧毁。

在 CMOS 电路中存在 NPNP 寄生晶闸管结构，在一定条件下会被触发，电源到地之间便会流过较大的电流，并在 NPNP 寄生晶闸管结构中同时形成正反馈过程，此时寄生晶闸管结构处于导通状态，只要电源电压不降至临界值以下，即使触发信号消失，已经形成的导通电流也不会消失，引起器件的烧毁。CMOS 电路的寄生晶闸管效应也称闩锁效应。

（5）电路漏电。电路漏电是指器件中本应绝缘或小电流的位置产生了大得多的电流，而且是数量级上的增加，电流的大小与器件中的受损部位有关。

多层金属布线中，两层布线间有氧化层针孔及因第一层金属不平整或介质膜过厚而引起的介质膜裂纹，破坏了介质的绝缘性能而产生漏电。

（6）电路无功能。电路无功能是指本应有信号输出的电路端口没有信号输出，影响电路无功能的因素有内因和外因两个方面：内因有输出信号端口的键合引线烧断使信号无法输出、键合引线的键合端腐蚀开路造成信号无法输出、内部电路短路使信号被旁路到地；外因主要是供电不足使电路不能输出信号。

（7）存储数据丢失。存储数据丢失是指在外界因素作用下产生的电路误动作，使动态存储器存储的电荷丢失、静态 RAM（随机存储器）的存储单元翻转、动态逻辑电路信息丢失的现象，与器件本身的物理缺陷无关。

（8）保护电路烧毁。微电子器件在加工、生产、组装、储存及运输过程中，可能与带静电的容器、测试设备及操作人员相接触，所带静电经过器件引线放电到地，使器件受到损伤或失效，这叫静电放电损伤（ESD）。它对各类器件都有损伤，而对于 MOS 器件特别敏感。器件抗静电能力与器件类型、输入端保护结构、版图设计、制造工艺及使用情况有关。

器件的 ESD 分成 1、2、3 三个等级，其抗静电电压分别为小于 2kV，在

2000～3999V 之间及大于 4kV。在过电应力或过高的静电压作用下，保护电路会被击穿或烧毁，从而使器件失去功能，导致失效。

（9）二次击穿。当器件被偏置在某一特殊工作点时，电压突然降落，电流突然上升，出现负阻的物理现象叫二次击穿。这时若无限流或其他保护措施，器件将烧毁。

二次击穿和雪崩击穿不同，雪崩击穿是电击穿，一旦反偏压下降，器件（若击穿是在限流控制下发生的）又可恢复正常，是可逆的、非破坏性的。二次击穿是破坏性的热击穿，为不可逆的过程，有过量电流流过 PN 结，温度很高，使 PN 结烧毁。

（10）铝穿透。当硅溶进覆盖的铝膜后，在连接孔退火时铝会穿过连接窗，这种现象常被称为铝膜尖峰或连接坑。熔进铝膜的硅在硅片的温度下降后会析出，或者在氧化层上形成小岛，或者作为连接孔的外延硅，从而导致有效接触面积减少、接触电阻增大，甚至阻塞整个连接处。

12.2.3　分立器件的主要失效机理

由于分立器件的种类较多，因各自功能和工艺不同，失效表现有较大差异，有其特殊性。然而，作为半导体工艺形成的基本器件，其失效物理则有一定的相似性。

（1）热致击穿。热致击穿或二次击穿失效是影响半导体功率器件的主要失效机理，使用过程中的损坏多半与二次击穿现象有关。二次击穿分为正向偏置二次击穿和反向偏置二次击穿。前者与器件自身的热性能有关，如器件的掺杂浓度、本征浓度等，后者与空间电荷区（如集电极附近）载流子雪崩倍增有关，两者总是伴随着器件内部的电流集中。

（2）过流烧毁。对于整流用二极管或晶闸管，工作时出现瞬时过流脉冲，由过流脉冲造成的失效原因包括顶层金属化熔融，特别是键合工艺的二极管；机械损伤、器件裂纹，这是由于热膨胀导致的热和机械应力的作用；由于温度升高导致的电阻负温度效应，二极管正向压降降低，正反馈形成，导致局部范围内大电流形成热点。

（3）过压击穿。分立器件的反向击穿电压受雪崩击穿的限制，可以短时间工作于雪崩击穿状态。对于平面结器件，边缘位置限制了反向最大电压（MOSFET 除外，元胞结构决定了雪崩击穿最初始于元胞下方），因此，雪崩击穿最先从边缘开始。例如，对于带有保护环的平面结二极管，P 型阳极与最近的电压环之间的电场强度最大，如果这里发生击穿，则与电压有关。

（4）动态雪崩。动态关断过程中，器件内部所发生的由电流控制的受自由载流子浓度影响的碰撞电离现象，引起动态雪崩，该现象在双极型器件、二极管和 IGBT 中都可能发生。

（5）芯片焊接失效。理想的焊接界面应不存在内应力、无裂纹和空洞、低欧姆接触和具有低的地接触热阻。实际上，由于硅片底面和底座镀金层的污染、天然氧化和镀金层影响，芯片的焊接界面存在不可靠因素。

由于芯片与焊料是不同的材料，其热膨胀系数不同，在高温下存在热失配问题。另外，焊接空洞的存在会增大器件热阻，使散热变差，在局部区域形成热点，使结温升高，引起电迁移等与温度相关的失效发生。

（6）内引线键合失效。键合点的腐蚀失效，在水汽、氯元素等作用下，产生铝的腐蚀。热循环或振动循环导致铝键合引线疲劳断裂。模块封装的 IGBT 体积较大，如果安装方式不当，极易形成应力集中，导致模块内部引线发生疲劳断裂。对于功率器件，采用铝-铝键合系统，键合压力过大会产生键合弹坑等损伤。

12.2.4　集成电路的主要失效机理

集成电路的失效机理与设计有关，版图、电路和结构方面的设计缺陷会引起器件特性的劣化。集成电路的失效机理与工艺过程有关，表面沾污、掩模不准、可动离子含量高、欧姆接触不良、金属条与氧化层的粘附力差、台阶覆盖不好、氧化层上的针孔、键合点损伤等都会使生产出来的器件失效。集成电路的失效机理也和使用环境有关，潮湿环境中的水汽、静电或电浪涌产生的损伤、过高的使用温度及在辐射环境下使用未经抗辐射加固的集成电路也会引起器件的失效。表 12-2 列出了集成电路的主要失效机理。

表 12-2　集成电路的主要失效机理

双极集成电路	芯片	（1）结特性退化、放大倍数衰退、噪声增加等； （2）辐射损伤产生结特性退化、放大倍数衰退等； （3）晶体缺陷产生的反向击穿电压下降、结特性退化等
	多层金属互连	（1）与铝有关的界面反应、电迁移导致两层铝金属间的短路或漏电； （2）铝膜损伤、粘附不良、电迁移产生金属引线开路或电阻增加； （3）局部焦耳热、电迁移、工艺缺陷等造成金属互连线短路； （4）电迁移、铝膜损伤等造成的台阶处开路
	键合引线	键合不良、黏结疲劳
	封装	（1）密封不严导致结退化、表面漏电，金属互连线腐蚀造成开路或短路； （2）陶瓷基座盖板碎裂，产生的表面漏电、金属互连线腐蚀造成开路或短路； （3）热应力使管壳出现裂纹、引线封接处裂开、焊接层破坏； （4）钝化层破裂

续表

MOS 集成电路	芯片	（1）氧化层中的电荷、热载流子注入效应、与时间有关的介质击穿、pMOSFET 的负偏置温度不稳定性、封装材料中的α射线产生的软误差等； （2）辐射损伤产生的阈值电压漂移、漏电等； （3）闩锁效应、ESD、晶体缺陷产生的失效等； （4）层间介质破裂，钝化层破裂
	多层金属互连	（1）铝膜退化、电迁移导致两层铝金属间的短路或漏电； （2）铝膜损伤、粘附不良、电迁移、应力迁移产生金属引线开路或电阻增加； （3）局部焦耳热、电迁移、工艺缺陷等造成互连引线短路； （4）电迁移、铝膜损伤等导致台阶处开路
	键合引线	键合不良、金属间化合物、黏结疲劳、碰丝
	封装	（1）密封不严导致表面漏电、金属互连线腐蚀造成开路或短路； （2）陶瓷基座盖板碎裂，产生的表面漏电、金属互连线腐蚀造成开路或短路； （3）热应力使管壳出现裂纹、引线封接处裂开、焊接层破坏

（1）氧化层中的电荷是指存在于 Si/SiO$_2$ 界面处的 SiO$_2$ 一侧的四种氧化层电荷，分别是固定氧化层电荷、可动电荷、界面陷阱电荷和氧化层陷阱电荷，这些电荷会引起器件参数的变化，从而导致失效现象的发生。

（2）热载流子注入效应（Hot Carrier Injection，HCI）。热载流子注入是指高能载流子打断 Si/SiO$_2$ 界面处的能键，或注入 Si/SiO$_2$ 中而被俘获，从而产生氧化层陷阱电荷和界面态的现象。

（3）与时间有关的栅氧化层击穿（Time Dependant Dielectric Breakdown，TDDB）。与时间有关的介质击穿是指施加在介质上的电场低于介质的本征击穿场强，并未引起介质的本征击穿，但经历一段时间后仍发生了击穿的现象。

（4）金属化电迁移（Electro Migration，EM）。电迁移是指置于电场中的导体体内的离子发生定向移动而产生的质量输运现象。

（5）负偏置温度不稳定性（Negative Bias Temperature Instability，NBTI）。在高温和负偏置条件下，PMOSFET 的 Si/SiO$_2$ 界面处产生施主型界面态和正的固定电荷，导致器件参数退化的现象。器件参数的退化依赖于栅氧的电场和器件的沟道温度。

（6）CMOS 电路的闩锁效应（Latch-up）。闩锁效应是指 CMOS 电路的晶闸管效应，当 CMOS 电路处于正常工作状态时，如果没有外来干扰噪声的干扰，所有寄生晶闸管处于截止状态，不会出现闩锁效应。只有当外来干扰噪声使某个寄生晶闸管被触发导通时，才可能诱发闩锁。

闩锁效应一旦触发，电源到地之间便会流过较大的电流，并在 NPNP 寄生晶闸管结构中同时形成正反馈过程，此时寄生晶闸管结构处于导通状态。只要电源不切断，即使触发信号消失，已经形成的导通电流也不会随之消失。

（7）封装材料α射线引起的软误差。铀等放射性元素是集成电路封装材料中天然存在的杂质，这些材料发射的α粒子可使集成电路发生软误差。

当α粒子进入硅中时，在粒子经过的路径上产生电子-空穴对，这些电子-空穴对在电场的作用下，被电路结点收集，引起电路误动作，使动态存储器存储的电荷丢失、静态随机存储器（RAM）存储单元翻转、动态逻辑电路信息丢失或其他逻辑单元的电路中器件漏极耗尽区中储存的信息丢失。

（8）辐射损伤。在地球及外层空间中，辐射环境来自自然界和人造环境两个方面。自然界中存在天然辐射带、宇宙射线、太阳风和太阳耀斑，它们都是一些带电或不带电的粒子，包括质子、电子、中子、X射线和γ射线等，其中有的能量很高。人造环境如高空核武器爆炸环境，爆炸除产生大火球和蘑菇云之外，还会产生冲击波、光、辐射热、放射性尘埃、核辐射（在各种核反应堆中，从原子核内部释放的粒子和电磁辐射，都叫核辐射）和核电磁脉冲等。它们不仅在爆炸瞬间对电子系统及设备产生巨大的破坏作用，爆炸后在地磁场作用下会形成人工辐射带，继续其破坏作用。而且人工辐射带（主要是高能电子）的强度比天然辐射带强得多。此外，核反应堆附近也存在一定的辐射，主要是中子和γ射线。所以在辐射环境中，器件会受到这些粒子的伤害（即辐射损伤）。

辐射对微电子器件的损伤可分为永久损伤、半永久损伤及瞬时损伤等几种情况。永久损伤就是指辐射源去除后，器件仍不可能恢复其应有的性能。半永久损伤是指辐射源去除后，在较短时间内可逐渐自行恢复其性能；而瞬时损伤是指在去除辐射源后，器件性能可立即自行恢复。

（9）与铝有关的界面效应。在以硅基为材料的微电子器件中，SiO_2层作为一种介质膜是用得很广泛的，而铝常用作互连线的材料，SiO_2与铝在高温时将发生化学反应，使铝层变薄，若SiO_2层因反应消耗而耗尽，将造成铝硅直接接触，这是一种潜在的失效机制，尤其对于功率器件，结温高，易产生热斑，热斑处$Al-SiO_2$反应会造成PN结短路。

铝与硅产生的物理机制为形成固溶体、硅在铝中的电迁移和铝在硅中的热迁移。铝-硅界面因局部电流集中出现热斑而发生的上述三个物理过程，它们几乎同时发生，而且相互影响，加速器件失效。硅向铝中溶解，硅留下大量空位，加剧了硅在铝中的电热迁移，反过来，铝中空位浓度增加，又加剧了硅在铝中的扩散和电迁移。

金引出线与铝互连线或铝键合丝与管壳镀金引线的键合处，会产生Au-Al界面接触。由于这两种金属的化学势不同，经长期使用或200℃以上高温存储后将产生多种金属间化合物，如Au_5Al_2、Au_2Al、Au_4Al、$AuAl$、$AuAl_2$等，其晶格常数和热膨胀系数均不同，在键合点内产生很大的应力，电导率较小。Au-Al反应造成Al层变薄，粘附力下降，造成半断线状态，接触电阻增加，最后导致开路失效。

（10）金属化腐蚀。芯片上用于互连的金属铝是化学活泼金属，容易受到水汽的腐蚀。由于价格便宜和容易大量生产，许多集成电路是用树脂包封的，然而水汽可以穿过树脂到达铝互连线处，从外部带入的外部杂质或溶解的树脂中的杂质与金属铝作用，使铝互连线产生腐蚀。对于集成电路来说，金属铝的腐蚀有两种机制：化学腐蚀和电化学腐蚀。

（11）热电效应。热量的散失有传导、辐射、对流三种方式。半导体芯片上有源区产生的热量通过热传导向四周传热，使芯片各处温度不均匀，并呈一定规律分布，即产生温度场。

在一般情况下，经过截面传出的热量与该方向的温度梯度成正比。在热传递路径上，任意两点间的温差与热流之比称为热阻，是热传递路径上的阻力。热量与功耗成正比，因此晶体管热阻可定义为单位功耗引起的结温升，单位是℃/W。当热阻过大时，产生的热量难以散发出去，会使结温过高，引起晶体管过热烧毁。

事实上，晶体管在开关及脉冲电压驱动下，有源区温度要经过一定的弛豫时间才能逐步达到稳态，温度场及热阻才达到稳定。在此之前，它们都是随时间呈指数变化的函数。

（12）静电放电损伤（Electrostatic Discharge，ESD）。静电放电失效机理可分为过电压场致失效和过电流热致失效。过电压场致失效多发生于 MOS 类器件（包括MESFET 器件），表现为栅-源或栅-漏之间短路。过电流热致失效则多发生于双极器件，包括输入用 PN 结二极管保护的 MOS 电路及肖特基二极管，由于静电放电形成的是短时大电流，使局部结温达到甚至超过材料的本征温度，使结区局部或多处熔化导致 PN 结短路，器件彻底失效。

（13）电浪涌损伤。电浪涌即电瞬变，是过电应力（Electrical Over Stress，EOS）的一种，虽然平均功率很小，但瞬时功率很大，并且电浪涌的出现是随机的，所以对半导体器件带来的危害特别大，轻则引起电路出现逻辑错误，重则使器件受到损伤或引起功能失效。

电浪涌是一种随机的短时间的电压或电流冲击，常见的电浪涌来源有：交流220V 电压突跳、核爆炸瞬间、信号系统浪涌、电感负载的反电动势、大电容负载和白炽灯泡负载产生的电流浪涌。

（14）水汽引起的分层效应。塑封 IC 是指以塑料等树脂类聚合物材料封装的集成电路，除了塑封材料与金属框架和芯片间发生分层效应（俗称"爆米花"效应）外，由于树脂类材料具有吸附水汽的特性，由水汽吸附引起的分层效应也会使器件失效。

失效机理是塑封料中的水分在高温下迅速膨胀，使塑封料与其附着的其他材料间发生分离，严重时会使塑封体爆裂。

（15）键合引线失效。键合引线的作用是在芯片与金属引线框架之间建立电连接，键合引线的失效会使相应的引脚失去功能，从而使器件失效，是超大规模集成电路常见的失效形式。其失效机理是由于化学腐蚀或机械应力损伤及键合工艺不当，使键合引线没有起到应有的电连接的作用。

（16）芯片黏结空洞。芯片黏结不良是指芯片与底座的黏结存在局部空洞，这种缺陷是集成电路芯片常见的可靠性隐患。产生的机理是硅片背面的金属化被氧化、沾污，烧结时的温度、气氛没有控制好，焊料选择不当，或者导电胶的性能没有掌握好，胶的固化温度没有控制好，导电胶没有保存在合适的环境中，工艺操作中导电胶没有涂满芯片的黏结表面，所有上述因素都会导致芯片黏结空洞。

12.3 失效分析方法和程序

12.3.1 分立器件的失效分析方法和程序

分立器件失效分析方法的操作遵循如下几个基本原则：①先外部后内部；②先非破坏性后半破坏性；③过程中绝对避免引进新的失效机理。具体的分析流程如图 12-14 所示。

1）样品接收与失效信息调查

接收样品的同时应收集失效信息，包括失效样品信息和失效样品的失效信息，了解样品的工艺、结构、功能，这有助于进行失效复现、失效故障树等的建立。而样品的失效信息即失效现象（无功能、参数变坏、开路、短路）和失效类型（特性退化、完全失效或间歇性失效）。还应有样品的使用记录，样品的失效一般发生在具体的工作环境条件下，因此，失效样品的工作或储存条件即室内/室外、温度、湿度、大气压、失效发生前的操作等也应记录。

2）非破坏性分析

非破坏性分析包括外观检查、电测试、结构、封装特性分析、环境验证等，了解样品结构和样品的物理特性。失效分析采用自外而内、从封装到芯片、从结构到材料的分析步骤，如果没有定位到失效点而进行破坏性分析，很可能会引入新的破坏，从而无法找到失效点。

3）半破坏性分析

当封装、结构问题排除后，就进入到芯片级的失效分析，利用微探针、红外发光显微技术、激光束诱导电阻变化等进行失效定位，找出可能的短路、开路或漏电位置。

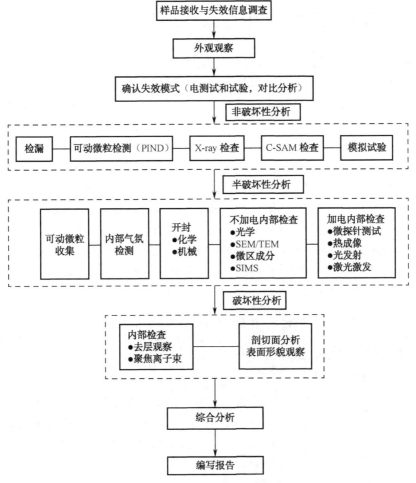

图 12-14　分立器件失效分析流程

4）破坏性分析

破坏性分析一般是在完成失效定位后进行的，利用刻蚀、化学腐蚀、研磨等制样手段进行破坏性分析。聚焦离子束系统可用于失效点的剖面观察，验证失效机理。对于多层互连结构，可利用反应离子刻蚀仪进行去层处理，逐层进行分析，观察失效发生的形貌。

5）综合分析

在破坏性分析阶段，找到失效形貌后，再进一步进行失效机理分析。为了验证失效机理，在条件允许的情况下，有必要进行良品的失效验证，验证失效发生的机理。

12.3.2 集成电路的失效分析方法和程序

集成电路的失效是指电路的功能异常，产生异常的原因有内部金属化的电迁移产生的短路或开路、热载流子注入效应引起的器件参数飘移、与时间有关的栅介质击穿引起的电源电流突变和输出信号异常、键合引线开路使器件无输出信号、芯片黏结不良导致的烧毁等。

集成电路的失效分析是指借助显微镜、X 射线透视、电检测、声学扫描、扫描电镜、聚焦离子束系统等技术，找到失效发生的部位，分析产生失效的原因。

集成电路失效分析的主要内容包括：①收集并记录有关的失效现场信息；②对失效的集成电路进行电检测，确认其失效模式；③失效部位的检测；④物理、化学分析；⑤将所有数据进行综合分析，确定其失效机理，提出对策。失效分析的方法见表 12-3，序号 10 中的 EMMI 是红外发光显微技术（Emission Microscopy），序号 11 中的 OBIRCH 是激光束诱导电阻变化（Optical Beam Induced Resistance Change），失效分析流程如图 12-15 所示。

表 12-3 失效分析的方法与分析的内容

序　号	失效分析方法	分 析 内 容
1	外目检	外观检查，检查器件的尺寸、材料、结构、标志等；确认外涂层异常，检测污染物；外观的缺陷或破损
2	内目检	（1）键合引线检查：引线焊接缺陷、金属间化合物、电化学腐蚀、介质破裂。 （2）芯片检查：芯片焊接缺陷、机械损伤或破裂、热疲劳产生的损伤。 （3）金属化层检查：光刻工艺缺陷或划伤、过电应力引起的熔融、电迁移产生的开路、台阶覆盖不良。 （4）PN 结缺陷。 （5）多余物质、表面沾污
3	电性能测试（功能、特性）	电性能参数测试及外引脚之间的 IV 特性测试，分析失效的部位及相关参数值
4	模拟试验	（1）失效现象（特别是时好时坏的失效现象）再现观察、确认； （2）失效现象在同批好品中的再现； （3）分析并验证失效与环境的关系
5	X 射线透视	检测封装结构缺陷及金属多余物；芯片焊接质量；内部引线短、断路
6	颗粒碰撞噪声检测	确定气密封装的失效与多余导电微粒的关系，以及导电微粒的性质、来源
7	内部水汽分析	气密封装内部水汽含量分析
8	氦质谱检漏细检、氟油冒泡法粗检	密封性检查、检查漏气率及大漏孔位置

续表

序 号	失效分析方法	分 析 内 容
9	露点检测	气密封装内部水汽露点温度,确认失效与内部水汽含量的关系
10	EMMI 检测	测量器件表面的发光强度
11	OBIRCH 检测	测量器件内部的开路或短路位置
12	探针测量	确认失效部位
13	键合引线拉力测量	键合引线拉力强度检测
14	液晶显示	显示热点
15	电镜分析	失效部位的成分及形貌
16	剖面分析	扩散层厚度、结深、金属间化合物厚度、内部缺陷
17	化学腐蚀	去掉金属化层,观察氧化层针孔,铝-硅渗透
18	DPA 分析	检查集成电路的材料设计、结构和工艺质量

集成电路失效分析的原则是先调查了解与失效有关的情况,后进行失效样品的失效分析,遵循"先进行非破坏性分析,后进行破坏性分析,先外部分析,后内部分析"的基本原则,采用的基本程序和方法如下。

1. 失效样品接收

接收的分析样品应包括失效品和良品。在接收失效样品的同时,要求委托方提供一定数量的良品,良品包括未经使用(或试验)的同一厂家同批同型号的良品和经使用(或试验)的同一厂家同批同型号的良品,若无同批次产品,也可用非同批次产品代替,但在分析过程中需要注意这一区别。根据分析目的和分析需要确定良品的类型和数量,失效品应尽量保持失效时的状态,必要时可到失效现场取样,在样品接收时需要委托方提供样品的详细信息。

2. 失效信息调查

围绕失效样品需要了解如下信息。

(1)样品失效的地点和时间、工艺过程、外场使用情况及失效日期。

(2)样品的使用记录。样品在制造和装配工艺过程中的工艺条件、交货日期、条件和可接受的检查结果、装配条件和相同失效发生的有关记录等。

(3)样品的工作或储存条件。室内/室外、温度、湿度、大气压、失效发生前的操作。

(4)样品的失效信息。失效现象(无功能、参数变坏、开路、短路)、失效类型(特性退化、完全失效或间歇性失效)。

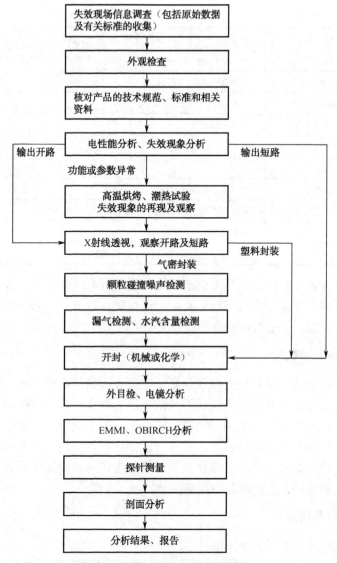

图 12-15　集成电路失效分析流程

3. 外观检查

失效样品的初始外观检查十分重要，它往往会为后续分析提供重要的信息。外观检查通常在 40～80 倍的光学显微镜下观察。

外观检查的作用之一是验证失效样品与标准、规范的一致性。只验证集成电路的标志（如型号、质量等级、产品批号）、材料、结构、工艺等。外观检查的作用之二是寻找可能导致失效的疑点。例如，外观或封接口的裂纹，可能使外部环境气体进入器件内部引起电性能变化或腐蚀。由于失效分析可能要做去掉外壳的解剖工作，外观检查的对象可能不再存在，因此外观检查必须拍照记录，外壳上的数据必须记录下来（其中包括生产日期、生产批号、产地等）。除此以外，还必须记录有无灰尘、沾污、金属变色、由压力引起的引线断裂、机械引线损坏、封装裂缝、金属化裂缝等。

4. 核对产品的技术规范、标准和相关资料

集成电路种类繁多，功能结构均不一样，规模变得越来越大，要进行集成电路的失效分析，就必须得到拟分析产品的技术规范、标准和相关资料，通过这些资料了解集成电路的功能和各个引脚的作用，方便进行后续分析，避免分析的盲目性。

5. 电测

电测的目的是确定失效发生的部位和失效模式确认，即产品是完全失效、部分功能失效，还是间隙性失效。

对于功能测试，在集成电路测试系统 UltraFLEX 的测试环境下编制功能测试向量并进行器件的功能测试。电参数测试可以调用集成电路测试系统 UltraFLEX 的交直流参数测试函数进行测试，也可以使用 B1500A 半导体参数测试仪进行测试。对于一些特殊的测试要求，如高精度、实时监测波形等，需要扩展集成电路测试系统 UltraFLEX 的测试能力，可用实验室的其他设备如 HP3458A 多用表、HP54522A 示波器等与集成电路测试系统 UltraFLEX 一起搭建测试系统，通过 HPVEE 编程环境进行控制和测试，做好测试中各项数据的记录。

对于功能或参数异常的样品，为进行失效现象的再现及观察，应在高温和潮热环境中进行一段时间的试验，观察失效现象是否与环境应力相关。高温试验包括试验持续时间、试验温度、试验负载、试验期间的测量和恢复条件等。恒定湿热试验包括试验持续时间、试验温度、试验湿度、试验负载、试验期间的测量和恢复条件等。

对于输出开路的样品，直接进行 X 射线透视，观察样品是否开路，对于输出短路的样品，将样品开封以进行后续的分析。

6. 非破坏性分析

非破坏性分析是用于检查元器件内部状态而不打开或移动封装的技术，通常包括 X 射线检查、超声波检查、密封性检查等。

（1）X 射线检查。目的是检查芯片的黏结是否良好、键合金丝是否断开等。失效分析用 X 射线透视技术的原理与医用 X 射线透视技术完全相同。样品局部缺陷造成该处吸收系数异常，引起 X 射线透视像的局部衬度异常，如图 12-16 所示。

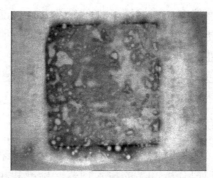

图 12-16　X 射线检查表明空隙超过整个接触面积的 50%

（2）颗粒碰撞噪声检测（Particle Impact Noise Detection，PIND）。对于气密封装的集成电路，器件开封前需要进行颗粒碰撞噪声检测，当封装中存在导电颗粒时，会在引线间产生漏电或短路现象。通过 PIND 测试，确定气密封装的失效与多余导电微粒的关系，以及导电微粒的性质、来源。

（3）密封性检查。芯片上用于互连的金属铝是化学活泼金属，容易受水汽的腐蚀，引起集成电路的开路、短路和漏电，因此失效分析时需要进行密封性检查，分别是粗检漏和细检漏：氦原子示踪法检测细小的泄漏、氟碳化合物检测较大的泄漏。

（4）超声波检查。目的是检查芯片与底座的黏结、芯片与塑封料、塑封料与框架的黏结等是否良好，超声检测是利用超声波在固体介质中的传播特性，根据反射波或透射波的强度、相位、指向等声学指标进行目标探测。目前，较为常用的超声波检测方法为脉冲回波法。通过对超声波探头施加时间很短的脉冲电压激励，使探头被激发出一个窄脉冲超声波。入射声波在物体内部遇到具有显著声阻抗差异的界面时将发生反射，通过对反射回波的幅值、相位等特征量进行提取，建立能够表现被测物体内部结构特征的图像，进而观察和分析物体内部的缺陷或结构。

（5）内部水汽分析。当气密封装的集成电路的密封性没有问题时，还应实行内部水汽分析，过量的水汽容易使金属互连线产生腐蚀现象，同样会引起集成电路开路、短路和漏电现象的发生。

7. 样品的开封与制样

解剖技术是暴露更深层次或内部问题所必需的技术。常用的解剖技术有机械开封和化学开封两种。

（1）机械开封，对于金属壳或陶瓷封装的集成电路，常采用机械开封的方法，如研磨机等。金属壳封装样品的开封过程是：手执样品，使样品盖的一条边与研磨机转台接触，磨至很薄，但不能磨穿，依次将 4 条边都磨好，然后，用刀片或其他利器将器件划开。研磨时不管是水磨或干磨，要注意观察研磨的位置，在快要磨穿时立即停止，再用利器揭盖，防止碎屑进入封装内。

对于陶瓷封装的样品，应把样品放在剪切开封器的样品台上，旋转样品台，使开封器刀口对准器件封盖与基座的接缝处，旋动刀具，推动旋钮，直至把样品盖剪开。

（2）化学开封，适用于塑封集成电路的开封。可采用发烟硫酸和发烟硝酸进行开封，发烟硫酸对塑料有较强的腐蚀作用，但对铝金属化层的腐蚀作用缓慢，常用于塑料封装器件的开封，但需要加热到较高的温度。发烟硝酸对塑封料有较强的腐蚀作用，对铝金属化层的腐蚀作用缓慢，常用于 GaAs 类器件的开封，发烟硝酸加热到发烟时的温度较低，对器件的腐蚀小。

（3）样品的研磨。当要进行金相磨面观察、分析及需要进行镀层厚度测量时，需要对样品进行研磨。研磨样品需根据样品磨面的粗糙度选择不同晶粒度的砂纸，开始研磨。一般来说，开始研磨时，宜用 280＃左右的砂纸进行起始研磨，以加快研磨速度，等到快到观察位置时，改用 500＃砂纸研磨，磨平后再换较细的砂纸，以后每换一道砂纸时，应先在金相显微镜下观察，看到前面一道粗砂纸的磨痕已经磨掉，才能更换更细的砂纸，直至换到 1500＃或 2000＃砂纸为止，之后便可以转为抛光。

抛光时，一般用 1μm 的抛光膏，可抛出足够适合光学显微镜和电子显微镜观察的金相磨面。从抛光膏容器中挤出几滴抛光膏，滴到转动的抛光布上（挤之前要摇匀），手拿样品，轻轻接触抛光布，持续几分钟后在金相显微镜下观察，看是否已把磨痕抛掉，如果没有，则重复以上动作，直至把磨痕抛掉。

8. 外目检

外目检就是通过光学显微镜初步分析观察缺陷产生的部位。光学显微分析技术利用光学显微分析镜进行电子元器件失效分析。在集成电路失效分析中使用的光学显微镜主要有立体显微镜和金相显微镜。立体显微镜的放大倍数小但景深大，而金相显微镜的放大倍数大但景深小，两者在失效分析中需要结合使用，以进行集成电路的外观及失效部位的位置、形状、分布、尺寸等的观察。

当用立体显微镜进行观察时，需要调节聚焦位置，进行聚焦调节和屈光调节，使两只眼睛能同时看到样品的清晰图像，调节放大倍数旋钮，找到观测的最佳位置。观察过程中对于异常或表面沾污等部位，应用数码相机记录下来，以形成分析记录。在立体显微镜下重点观察以下几方面：

（1）键合引线是否完好；

（2）外引脚是否焊接良好。

在立体显微镜下可观察到芯片表面较大面积的局部烧毁、键合引线断裂、芯片局部破损及芯片与底座的黏结是否良好等缺陷，如图 12-17 和图 12-18 所示。如有必要，需要结合 SEM 的微观形貌分析，找到产生这些缺陷的相关原因。

图 12-17　键合引线断裂

图 12-18　芯片与底座的黏结有较多的空隙

　　金相显微镜的聚焦深度较浅，要求试样表面平整，为了避免损伤物镜，放样品前应将样品台调低至合适位置，以防碰伤物镜，样品应放置在载物台上，观察时移动载物台使样品至物镜下。

　　观察过程中应调节光源旋钮至合适光强的位置，调节目镜的瞳孔间距至合适位置，调整载物台在 X 轴和 Y 轴方向移动，使得在目镜中能看到合适的样品位置，同时，调整样品台的粗调聚焦旋钮，使得从目镜中看到样品的形貌，调节微调聚焦旋钮，使样品形貌清晰可见，以上步骤不断重复，直到找到最佳观测位置，当改变物镜时，也需要重复上述步骤，以获得最佳观测位置。

　　金相显微镜下重点观察以下几方面：

　　（1）芯片表面是否有较小的损伤；

　　（2）键合引线的焊盘是否脱落；

　　（3）芯片表面是否有较小的沾污或附着物；

　　（4）芯片表面是否有多余物生成；

　　（5）芯片表面是否被腐蚀。

　　在金相显微镜下可观察到芯片表面较小的烧毁或损伤、芯片局部破损等，典型图片如图 12-19 和图 12-20 所示。对于芯片烧毁或击穿的具体原因，在很多情况下需要结合 SEM 的微观形貌观察做进一步的分析，以找到产生这些缺陷的原因。

图 12-19　CMOS 电路的焊盘脱落

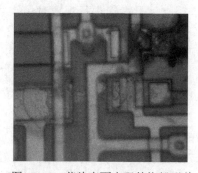

图 12-20　芯片表面出现的烧毁形貌

9. EMMI 和 OBIRCH 分析

对于表面无明显缺陷的器件，还需利用 EMMI 和 OBIRCH 分析技术进行缺陷的定位与分析。光辐射显微分析技术就是显微探测光辐射现象的技术，这是因为导体器件内部载流子发生能级跃迁都会伴有一定的光子发射，产生光辐射现象。半导体器件和集成电路中的光辐射现象有：①非平衡少子注入势垒和扩散区并与多子复合而产生光子；②在局部强场作用下，高速载流子与晶格原子发生碰撞离化，发射出光子；③介质发光，在高电场下，有隧道电流流过二氧化硅和氮化硅等介质薄膜时，就会有光子发射。

光辐射显微分析在失效分析方面的应用主要有：①探测多类缺陷和损伤，如漏电结、接触尖峰、PN 结缺陷、栅氧化缺陷、栅针孔、静电放电（ESD）损伤、闩锁效应、热载流子、饱和态晶体管及开关态晶体管等，以及微漏电点失效定位；②光辐射显微技术无须专门制样，也不用对样品进行剥离或对失效部位进行隔离，对样品没有破坏性，不需要真空环境，可方便地施加各种静态或动态的电应力等。

10. 电镜分析

扫描电子显微镜用于对微小缺陷和形成缺陷的材料成分进行分析，以验证失效发生的机理。扫描电镜用聚焦得很细的电子束照射被检测的样品表面，用 X 射线能谱仪或波谱仪测量电子与样品相互作用所产生的特征 X 射线的波长与强度，从而对微小区域所含元素进行定性或定量分析，并可以用二次电子或背散射电子等进行形貌观察。它们是现代固体材料显微分析（微区成分、形貌和结构分析）的最有用仪器之一，可获得材料和器件芯片失效的物理和化学根源。

由于放大倍数大，在半导体器件的失效分析和失效机理研究中，可用二次电子像来观察芯片表面金属互连线的短路、开路、电迁移、受腐蚀的情况及氧化层的针孔，也可用来观察硅片的层错、位错和抛光情况还可用来做芯片微结构的尺寸测量等。

由于芯片表面存在一层不导电的钝化层，在进行扫描电镜观察前，需要将样品剖面镀金，以形成导电的表面。微小的击穿形貌在光学显微镜下无法观察到，而在扫描电镜下可以清晰地露出缺陷形貌，芯片上 ESD 保护二极管的微小击穿形貌如图 12-21 所示。

另外，利用扫描电镜对芯片表面的整体成像，也可以对失效部位进行查找，如图 12-22 所示，图中出现白色的地方是因为该处的键合引线焊盘被腐蚀，没有电流通过所致。

为对失效部位进行确认，时常需要用扫描电镜中的能谱仪或波谱仪进行失效部位的成分分析，通过成分分析，对失效部位的失效机理进行进一步确认，如图 12-23 所示。例如，一只电路出现功能失常现象，扫描电镜观察发现，相邻的两个金属条之间有一条白色的多余物，紧紧粘在金属表面，电测表明，该两条金属线之间有漏电现象，怀疑是铝原子的迁移所致。利用能谱仪对该条白色多余物进行成分分析，分析表明，该条白色多余物的主要成分是金属铝，从而验证了电测结果。

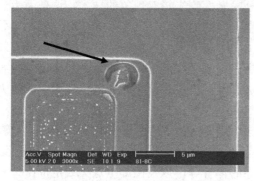

图 12-21   CMOS 电路的输入保护
二极管的击穿形貌

图 12-22   利用扫描电镜进行芯片的
失效分析

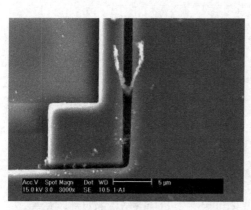

（a）芯片上的金属迁移图形

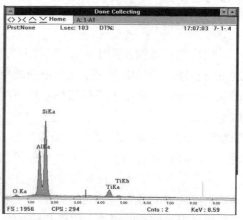

（b）对应的铝原子能谱图

图 12-23   利用能谱仪进行失效机理的确认

11. FIB 分析

聚焦离子束显微（Focused Ion beam，FIB）系统是利用电子透镜将离子束聚集成尺寸非常小的显微精细切割仪器，聚焦离子束显微镜的基本功能可分为四种：①精细切割，利用粒子的物理碰撞来达到切割的目的；②选择性的材料蒸镀，以离子束的能量分解有机金属蒸汽或气相绝缘材料，在局部区域做导体或非导体的沉积，可供金属和氧化层的沉积，常见的金属沉积有铂和钨两种；③增强刻蚀或选择性刻蚀，辅以腐蚀性气体，加速切割的效率或做选择性的材料去除；④刻蚀终点检测，检测二次离子的信号，以此了解切割或刻蚀的进行状况。

鉴于聚焦离子束显微系统的上述功能，其在集成电路的失效分析中有重要作用，当一块电路的失效部位确定以后，有时需要借助 FIB 分析，对失效机理进行最终确认。一典型案例如图 12-24 所示，该芯片在金相显微镜下观察时发现，该芯片表面有一块附着物，但无法分辨该附着物是外来物质还是该处存在缺陷，为此利用 FIB 对该处进行了剖面制作，剖面观察表明，该处是因为内部击穿而形成的局部隆起，在金相显微镜下观察时该处就好像有一块附着物似的。

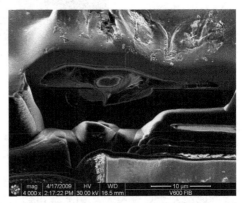

（a）芯片表面有一块附着物　　　　（b）FIB 制样发现该处击穿烧毁

图 12-24　利用 FIB 分析芯片上的失效机理

12. 失效分析报告编写

根据上述失效分析过程，编写失效分析报告，在试验和测试的基础上，提出并确定样品的失效机理，给出分析结论和建议，编写完整的失效分析报告。

12.4　失效分析案例

12.4.1　分立器件的失效分析案例

1. 功率 MOS 管的热致击穿失效分析

一只功率 MOS 产生了短路失效，该样品是 DC/DC 电源模块的开关器件，用于驱动 IGBT 模块。使用中发现 IGBT 不能关断，开封后发现 MOS 管过热烧毁，热点位于芯片中心（见图 12-25），靠近键合区域。用良品替换失效的 MOS 管后，驱动板工作正常。

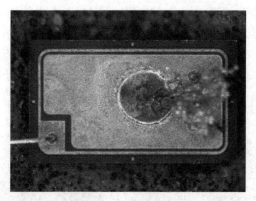

图 12-25　开封后芯片全貌

2. 功率 MOS 管的 ESD 失效

一只功率 MOS 产生了漏电失效，开封后观察，MOS 管的芯片表面金属化未见明显异常，表面栅极无明显裂纹、过电损伤等缺陷。通过 OBIRCH 失效定位，如图 12-26（a）所示，定位到位于栅极附近的栅条存在异常，去除表面的金属层后，可见栅条存在异常黑点，用扫描电镜放大观察，栅条呈现局部熔融形貌，如图 12-26（b）所示，有明显击穿的形貌。由于击穿点面积小，击穿能量小，分析认为应是静电产生的损伤。

 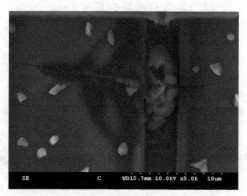

（a）OBIRCH 定位到漏电位置　　　　　　　　（b）栅极击穿形貌

图 12-26　功率 MOS 管的 ESD 失效

12.4.2　集成电路的失效分析案例

失效样品只有 1 只，装机前已做过的筛选项目有：温循-55℃～+125℃，5 次；Y1 方向的 2000g 恒力加速度，按国军标 548B—2005 方法 2020 做了粒子碰撞噪声

（PIND）测试，在 125℃的环境下做了 240 小时的功率老化，在-55℃～+125℃间做了高低温测试，按国军标 548B—2005 方法 1014 做了粗、细检漏，没有发现漏气现象。

装机后，失效样品在现场进行温循，温度是-40℃～70℃，累计 10 次温循后出现失效，第 8 脚输出负脉冲。

1）电学特性测量

从原理图可知，电路中包含 4 个二输入与门电路，第三单元的输入端是第 9、10 脚，第 8 脚是输出端。分别对输入端做 IV 测试，发现 9 脚没有 I-V 特性且低电平失控，其他单元输入端的 IV 特性正常，控制作用也正常。尽管 9 脚失去控制作用，但 8 脚仍能输出高低逻辑电平，当 10 脚输入高电平时，8 脚输出高电平，当 10 脚输入低电平时，8 脚输出低电平。

当输入端全是高电平时，连续测量时静态电源电流 I_{CC} 的值会从 1.07mA 下降到 0.832mA，停止测试 5 分钟后再测试，I_{CC} 的值又会恢复到 1.07mA，且连续测量时 I_{CC} 的值又会下降；当输入端全是低电平时，现象类似，静态电源电流 I_{CC} 的值会从 1.23mA 下降到 1.07mA，停止测试 5 分钟后再测试，I_{CC} 的值又会恢复到 1.23mA，且连续测量时 I_{CC} 的值又会下降。1mA 左右的静态电源电流值超出 40μA 的最大静态电源电流值。

开封前做了水汽检测，测量结果表明，水汽含量正常，符合规范值。

2）开封及探针测量

将失效样品的金属封盖打开后，发现 9 脚至芯片的键合引线已被烧断，如图 12-27（a）所示。将开封后的样品在金相显微镜下检查，芯片表面未见电损伤痕迹，这时测量静态电源电流只有 40nA，符合规范值。

当用从器件上取下的金属封盖重新盖上开封后的器件，屏蔽外部干扰信号时，静态电源电流又上升到 2mA，拿掉金属封盖时，静态电源电流再次回到 40nA，说明电路中没有漏电通道存在，芯片功能正常，超标的静态电源电流是由寄生振荡引起的。

尽管 9 脚的引线被烧断，用探针测量时，该单元电路的输入电流、逻辑功能均正常，在与 9 脚相连的输入 PAD 上加低电平、与 10 脚相连的输入 PAD 上加高电平时，8 脚输出低电平，而在与 9 脚相连的输入 PAD 上加高电平时，由于该电路是二输入与非门，此时 8 脚的输出值由 10 脚的输入值决定，当 10 脚输入高电平时，8 脚输出高电平；当 10 脚输入低电平时，8 脚输出低电平。

在探针台上，测量了芯片上与 9 脚相连的输入 PAD 对地的 IV 曲线，如图 12-27（b）所示，同时测量了与正常输入端相连的芯片上的 PAD 对地的 IV 曲线，如图 12-28（a）所示。

（a）失效品的开封后的外观版图

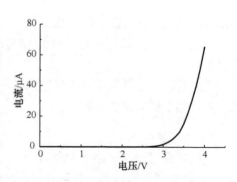

（b）芯片上与9脚对地端的IV曲线

图 12-27 9 脚至芯片的引线已被烧断

在探针台上的多次测量发现，芯片上与 9 脚相连的输入 PAD 对地端的 I-V 曲线有寄生振荡存在，在 IV 曲线的顶部出现了振荡波形（见图 12-28（b）），同时也发现该 IV 曲线不稳定，输入电流会有相当大的波动（见图 12-29（a）），此现象应是由寄生振荡引起的。

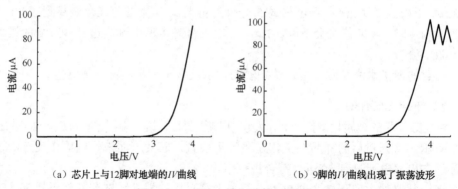

（a）芯片上与12脚对地端的IV曲线

（b）9脚的IV曲线出现了振荡波形

图 12-28 芯片上输入端的 IV 曲线

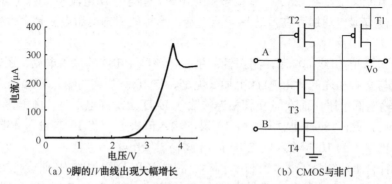

（a）9脚的IV曲线出现大幅增长

（b）CMOS与非门

图 12-29   与 9 脚相连的输入 PAD 对地端的 IV 曲线出现大幅增长

3）结果分析

当 CMOS 电路的任何一个输入端发生浮空时，在外部干扰信号的作用下，容易发生自激振荡。输入缓慢变化的脉冲时也容易引起振荡，这是因为输入缓慢变化的脉冲使输入端处于电源电压的一半的时间增长，导致输出端出现不稳定的时间增长，容易诱发 CMOS 电路发生振荡。振荡后电路功耗增大（电源电流可高达 200mA），发生过电应力损伤芯片。

本案例中的失效品是硅栅 CMOS 四单元二输入与门电路，一个典型的 CMOS 与门电路，图形如图 12-29（b）所示，当输出端的信号反馈到输入端，满足相位与振幅条件时，自激振荡就建立起来了。一旦输入端有高电平信号进入，键合引线上就可能有较大的电流流过，短时间内烧断键合引线。

本案例中，第 9 脚键合引线的烧断就是因为电路中存在寄生振荡，当输入端有高电平信号进入时，产生大的输入电流波形，烧断键合引线，使电路失效。

至于芯片上没有出现过热点是因为使用时间较短，且振荡后电路功耗也不是太大（静态电源电流为 2mA），累计 10 次温循出现失效后即中止了实验，防止了失效的进一步扩展。

防止寄生的自激振荡可采取如下措施，不允许 CMOS 电路的任何一个输入端出现浮空状态，输入脉冲的上升和下降时间应有要求，普通 CMOS 电路的上升时间应小于 10μs；而对于计数器和移位寄存器电路，5V 时应小于 5μs，10V 时应小于 1μs，15V 时应小于 200ns。利用施密特触发器进行电路波形的整形，去除可能产生的幅度较大的尖脉冲触发电路的自激振荡。

参 考 文 献

[1] 高光勃，李学信. 半导体器件可靠性物理. 北京：科学出版社，1987.

[2] 卢其庆，张安康. 半导体器件可靠性与失效分析. 南京：江苏科学技术出版社，1981.

[3] 史保华，贾新章，张德胜. 微电子器件可靠性. 西安：西安电子科技大学出版社，1999.

[4] 孔学东，恩云飞. 电子元器件失效分析与典型案例. 北京：国防工业出版社，2006.

[5] 贾新章，郝跃. 微电子技术概论. 北京：国防工业出版社，1995.

[6] 夏海良，张安康. 半导体器件制造工艺. 上海：上海科学技术出版社，1988.

[7] 黄汉尧，李乃平. 半导体器件工艺原理. 上海：上海科学技术出版社，1985.

[8] 高保嘉. MOS VLSI 分析与设计. 北京：电子工业出版社，2002.

[9] 林晓玲，费庆宇. 闩锁效应对 CMOS 器件的影响分析. 中国电子学会可靠性分会第十二届学术年会论文选，2004.

[10] Mil-Std-883G. 微电子器件试验方法与标准. 2010.

第13章

混合集成电路的失效分析方法和程序

混合集成电路（Hybird Integrated Circuit，HIC）是从 20 世纪 40 年代为适用电子产品小型化和性能高精度要求，从印制电路板（Printed Circuit Board）PCB 组装电路发展起来的高密度组装产品，是一种体积和功率介于 PCB 板级组件与半导体单片集成电路（IC）之间的集成电路。虽然随着单片半导体 IC 的迅猛发展，大量采用单片半导体 IC 替代 HIC，但 HIC 具有设计容易、承载功率大、小批量生产成本低的优势，因此仍大量用于单片 IC 难以胜任又十分需要集成化的通信设备、军事/航天设备、计算机外围设备。

混合集成电路的失效，从产品结构上划分主要有两大类：组装封装互连结构失效、内装元器件失效。其中，组装互连结构是指电路中元器件与基板之间形成的电连接互连点和互连线；封装是指电路整个的封装体，包括气密性金属壳封装、塑封；内装元器件是指功能电路中所有的有源器件和无源元件。

由于混合集成电路内装元器件本身的失效机理在其他各章节已有详细介绍，在此不再重复，本章将分别介绍混合集成电路组装封装互连结构、封装结构的工艺特点和失效模式、失效机理、板级组件互连失效问题，以及失效分析技术，并给出失效分析典型案例。

13.1 定义和分类

13.1.1 混合集成电路的定义

从 20 世纪 40 年代至今，混合集成电路工艺技术不断进步更新，从早期的 PCB 板组装电路到今天的厚薄膜电路和先进封装形式的多芯片组件（Multichip Modul，

MCM），混合集成电路的组装结构多种多样，因此，相关标准就混合集成电路的术语给出了专门的定义。

（1）GJB 2438A—2002 混合集成电路通用规范[1]。

混合集成电路 HIC：应是两个或两个以上下列元件的组合，并且至少有一个是有源器件：①膜微电路；②单片微电路；③半导体分立器件；④片式的、印制或淀积在基片上的无源元件。

多芯片组件 MCM：一种混合集成电路，其内部装有两个或两个以上有超过100 000 个结的微电路。

膜微电路 FMC（或膜集成电路 FIC）：一种仅在绝缘基片表面或内部形成膜元件的微电路。

（2）GB/T 12842—1991 膜集成电路和混合膜集成电路术语[2]。

混合集成电路：由半导体集成电路与膜集成电路任意结合，或由任意这些电路与分立元件结合而形成的集成电路。

混合膜集成电路：至少含有一个封装或未封装外贴元器件的膜集成电路。

膜集成电路：元件和互连均以膜形式在绝缘基片表面上形成的集成电路。膜元件可以是有源或无源的。

根据标准所给出的定义，本章所描述的混合集成电路是一种在绝缘基片上形成膜互连布线、膜元件并外贴元器件形成功能的膜集成电路，它们包括厚膜集成电路、薄膜集成电路和多芯片组件（MCM）。

13.1.2 混合集成电路的分类

1. 按功能分类

混合集成电路技术以其设计生产灵活、集成度高、质量可靠的优势，弥补了单片半导体 IC 的不足，通过各种电子技术的混合集成应用，实现了高功率、高可靠、高稳定的混合集成电路，为军用电子装备小型化、多功能化、高性能化和高可靠性提供了一条不可缺少的技术途径。军用混合集成电路的主要使用范围内，按功能不同可分为 7 大类[3]。

（1）混合集成放大器（前置、脉冲、高频放大器等）；

（2）电源组件（DC/DC、AC/DC 变换器、EMI 滤波器等）；

（3）功率组件（功率放大器、电动机伺服电路、功率振荡器等）；

（4）数/模、模/数转换器（A/C、D/A 转换器）；

（5）轴角-数字转换器（同步机-数字转换器/分解器、双数转换器等）；

（6）信号处理电路（采样保持电路、调制解调电路等）；

（7）微波电路（10MHz 以上）。

2. 按工艺结构分类

传统的混合集成电路，按基片表面的厚膜导带、薄膜导带工艺不同分为厚膜混合集成电路和薄膜混合集成电路两大类；某些小型的印制电路板（PCB）电路，由于印制电路是以膜的形式在平整板表面形成导电图形的，也归类为混合集成电路。随着 MCM 组件这一先进混合集成电路的出现，其基板特有的多层布线结构和通孔工艺技术，已使 MCM 组件成为混合集成电路中一种高密度互连结构的代名词，MCM 所采用的基板又包括：薄膜多层、厚膜多层、高温共烧、低温共烧、硅基、PCB 多层基板等。因此按混合集成电路布线的工艺技术特点不同，混合集成电路可分为以下几种：

（1）厚膜混合集成电路，如图 13-1 所示；

（2）薄膜混合集成电路，如图 13-1 所示；

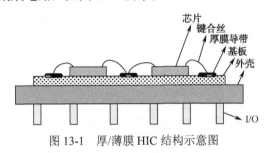

图 13-1　厚/薄膜 HIC 结构示意图

（3）多芯片组件（MCM），见图 13-2。

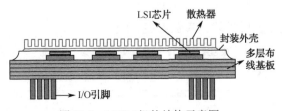

图 13-2　MCM 组件结构示意图

3. 按质量等级分类

为了适应军用、民用不同使用场合对产品可靠性的要求，各类标准对混合集成电路在生产、试验、筛选过程中制定了不同等级的质量控制水平，对应各自的质量等级（即质量保证等级），反映用户所能得到的电路符合规范要求的保证程度。不同的质量等级，代表着相同功能的产品在同样的工作和使用环境条件下，具有不同失效率水平[4]，我们可以根据使用需要选择相应质量等级的产品。

混合集成电路的标准化质量等级，分为军用标准（GJB）规定的质量等级和工业标准（GB）规定的质量等级或评定水平，其等级要求是产品研制、生产和使用的重要依据，也是产品失效分析中确定质量问题或使用不当问题的重要参考依据。

13.2 主要结构、工艺及要求

混合集成电路的结构设计与板级组件电路类似，首先需要将电路原理图转换为厚、薄膜工艺所需要的平面布局或 MCM 工艺所需要的多层布线结构，为了选择最优布局，可以借助计算机辅助设计，完成混合集成电路的平面化或多层布线结构的设计。

混合集成电路的失效与其工艺结构和材料有着密切的关系，三大类混合集成电路中，它们各自的结构和工艺既有不同点也有相同点，相同的是都采用混合制作技术——将膜集成技术制造的无源元件与半导体技术制造的有源元件（芯片）采用灵活的组装技术安装在绝缘基片上形成集成电路，不同的是膜集成技术有薄膜和厚膜之分、基片布线技术有单层的表面布线和多层的内部布线之分，这就形成了厚膜混合集成电路、薄膜混合集成电路和 MCM 组件。

13.2.1 电路基本结构

混合集成电路气密性封装结构如图 13-3 所示，无论是厚膜电路、薄膜电路还是 MCM 组件，其主要由三个部分组成：

（1）成膜基片（厚膜、薄膜、多层布线）；

（2）内装元器件（表贴元器件、裸芯片等）；

（3）封装外壳（金属封装、陶瓷封装、塑封）。

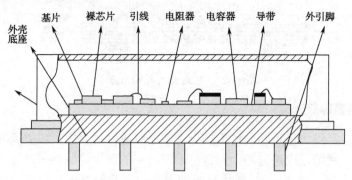

图 13-3　混合集成电路气密性封装结构

成膜基片的作用是实现内装元器件和膜元件的机械支撑和电互连，保证电路的设计功能，它包括陶瓷基片、成膜导体、成膜元件、绝缘介质；内装元器件是功能电路的最基本单元，它们根据电路设计的功能而选用，包括半导体芯片、片式元件、声表面波器件等；封装外壳的作用是保护内部电路布线和元器件的原有性能，避免外部环境因素的直接影响，如潮气、污染物等，因此根据使用要求，有金属或陶瓷的气密性封装及塑封的非气密性封装。

13.2.2 厚膜成膜基片

厚膜基片的成膜导体是用金属、玻璃、有机物混合成的浆料通过丝网印制及烧结工艺制作而成的，烧成后称为厚膜成膜基片。丝网印制工艺中，先将各类浆料沉积在陶瓷基片上，再通过高温烧结获得导带（电互连线）、电阻、电容等。厚膜基片的导电膜标准厚度为 $25.4\mu m$[5]，正是因为厚度较厚，故称为厚膜。

厚膜混合集成电路对厚膜成膜基片、材料及性能要求如下。

（1）基片

厚膜基片要求有良好的机械强度、高热导率、低电导率，并且耐高温、化学稳定性好、与厚膜导体附着力好。通常厚膜基片采用氧化铝（Al_2O_3）、氧化铍（BeO）、氮化铝（AlN）等陶瓷材料，在一些特殊用途中，厚膜基片也采用滑石（镁硅酸盐）、被釉钢、碳化硅（SiC）材料。

（2）厚膜导体

成膜基片上的厚膜导体是由功能相（金属）、无机黏结相（玻璃、氧化物）通过高温烧结而成的。理想的厚膜导体要求具有良好的导电性、与基片较好的附着强度、稳定的化学特性。常见的厚膜贵金属有银（Ag）、金（Au）、铂-金（Pt-Au）、钯-金（Pd-Au）、钯-银（Pd-Ag）、铂-钯-银（Pt-Pd-Ag）、铂-钯-金（Pt-Pd-Au），厚膜贱金属有铜（Cu）、镍（Ni）。

（3）厚膜电阻

厚膜成膜基片中最常见的厚膜元件是厚膜电阻，通过电阻浆料印制烧结而成，理想的厚膜电阻要求具有良好的阻值稳定性、TCR 相对低的特性。常见的厚膜贵金属系电阻材料[5]：钯银厚膜电阻浆料、钌系厚膜电阻浆料。其中，钯银电阻浆料的导电相材料有钯、银及氧化钯三种，钯银厚膜电阻的问题：$10K\Omega/\square$ 以上的电阻噪声系数较大，高阻范围的电阻温度系数较高（为 100ppm/℃）。钌系厚膜电阻的导电微粒是 RuO_2 或 $M_2Ru_2O_{7-x}$（M 为金属）等，它们是类金属性的高导电材料，在电阻膜内这些导电微粒之间相互隔着一层玻璃绝缘膜，该绝缘层的结构成为隧道层，电阻大小为导电微粒电阻 R_m 与隧道层电阻 R_b 之和，相比钯银电阻，钌系厚膜电阻的优点：阻值范围宽（$1.5\Omega/\square\sim10\Omega/\square$）、电阻温度系数低（一般为 100ppm/℃）、阻值重现性好和热稳定性好，但对于高压高阻性的钌系厚膜电阻，当一个大电压加到这种厚膜电阻上时，在某些导电微粒接触点将产生很高的电位差，从而引起电压击穿和不可逆的电阻变化，若导电微粒穿透玻璃区域而形成新的导电细丝，则会引起电阻值下降；若局部过热，则会使导电细丝烧毁，引起阻值增大。

（4）厚膜介质

厚膜介质用来制造厚膜电容器，以及多层布线和交叉线的隔离和包封。对厚膜介质的基本要求是：能与厚膜电极和基片材料匹配，相互间没有化学反应和扩散，理想的厚膜介质要致密、耐压强度高、损耗小、绝缘电阻大。作为电容介质时，电容温度系数要小、介电常数 K 要大，介电常数为 3000～5000，介电损耗为（2～5）%左右[6]。作为导体隔离材料时，介电常数 K 要小，绝缘电阻要高（大于 $10^{10}\Omega$）。

厚膜电容器有单层结构，也有多层结构。单层结构的电容器由下电极、介质、上电极和保护层组成。多层结构的电容器由电极和介质相互交替印制，将相应电极连接，并联成一个多层结构的电容器。电容介质材料主要有：铁电材料介质，介电常数高；钛酸钡为基的玻璃-陶瓷复合介质，介电常数较高；二氧化钛为主的玻璃-陶瓷复合介质，介电常数中等。导体隔离介质材料主要有：玻璃、晶化玻璃，玻璃陶瓷。高频电路应用中，因陶瓷填料介质不能满足低 K 的要求，可采用石英、聚酰亚胺、酞福龙或其他低 K 介质。

厚膜介质重要的工程参数有：电性能（绝缘电阻、介电常数、损耗因数、击穿电压）、膜的完整性（没有针孔和气孔）和通孔分辨率。

（5）厚膜成膜基片的评价考核要求

为保证产品高可靠性要求，军用混合集成电路要求在产品组装前对成膜基片进行评价，如 GJB 2438A—2002《混合集成电路通用规范》、MIL-PRF-38534E 混合微电路总规范，在标准的一般性能鉴定中均规定了此要求。

厚膜成膜基片的评价包括基片、导体、介质和膜元件及成膜基片的工艺适应性。从物理性能和电性能两个方面考核。

13.2.3　薄膜成膜基片

为了获得比厚膜电路更高的稳定性和更高组装密度，基片互连线导体采用薄膜技术是一种很好的途径。薄膜成膜基片导体采用蒸发或溅射等沉积方式制成，称为薄膜成膜基片。薄膜导体沉积方式除了采用传统的电阻加热真空蒸发技术（物理气相沉积 PVD）外，还包括溅射、离子束淀积技术（IBD）、化学气相沉积（CVD）及晶体外延技术，制成薄膜互连导体和薄膜电阻、电容、电感。薄膜基片的导电薄膜厚度定义为 20nm～2μm[7]。

薄膜混合集成电路对薄膜成膜基片、材料及性能要求如下。

（1）基片

与厚膜基片一样，理想的薄膜基片要求具有良好的机械强度、高的热导率、低的电导率、稳定的化学性能、耐热能力强。但为了满足精细的薄膜导体工艺，增强薄膜的附着力，对基片的表面条件有特殊的要求，表面光洁度要达到原子级，基片表面越光滑，电阻值越稳定，同时基片与薄膜膜层有相似的热膨胀系数。常用的薄膜基片有：微晶玻璃、石英玻璃、单晶基片（硅 Si、锗 Ge、蓝宝石）、碳化硅（SiC）等。99.5%氧化铝（Al_2O_3）的烧结陶瓷一般不能满足直接淀积薄膜的条件，可以在陶瓷表面涂敷由颗粒非常精细的陶瓷组成的玻璃状薄层。

（2）薄膜导体

理想的薄膜导体要求导电性好、附着性好、化学稳定性高、可焊性和耐焊性好。薄膜导体的电阻率高于块状导体。为满足薄膜导体的导电性及与基片的附着性，薄膜混合集成电路的薄膜导体一般是复合薄膜，其结构由底层和顶层两部分组成。底层起粘附作用，称为粘附层，使顶层导体膜能牢固地附着在基片上；顶层起着导电和焊接作用，称为导电层。

常用的顶层薄膜导体材料有：金（Au）、铝（Al）、银（Ag）、铜（Cu）等；常用的粘附层薄膜金属材料有：铬（Cr）、镍-铬（Ni-Cr）、钛（Ti）、钨（W）、钼（Mo）等。形成的复合薄膜导体有：铝（Al）、铬-金（Cr-Au）、镍-铬-金（Ni-Cr-Au）、钛-金（Ti-Au）、钛-钯-金（Ti-Pd-Au）、钛-铂-金（Ti-Pt-Au）、镍-铬-钯/铂-金（Ni-Cr-Pd/Pt-Au）、镍-铬-铜-钯/铂-金（Ni-Cr-Cu-P/Pt-Au）、钛-铜-镍-金（Ti-Cu-Ni-Au）、铬-铜-镍-金（Cr-Cu-Ni-Au）、铁-铬-铝-铜-金（Fe-Cr-Al-Cu-Au）等。其中，银、铝薄膜的弱点是容易发生电迁移，而金薄膜的附着性较差，为了权衡导电性、附着性及抗电迁移性和可键合性，采用复合膜形式淀积在基片上，如钛-钯-金-钛金属系数具有优秀的可焊性、抗电迁移性及附着力，代价是牺牲了单一金系统的良好导电性。

（3）薄膜电阻

薄膜电阻是薄膜电路中最常见的薄膜元件，在电路中常起降压、分压、分流、扼流和负载的作用。理想的薄膜电阻材料要求具有高电阻率、低电阻温度系数（TCR）、与基片附着性强、性能长期稳定和可靠。

常用的薄膜电阻材料有以下几类。

① 合金类，如镍-铬（Ni-Cr）、钴-铬（Co-Cr）、钽-钨（Ta-W）、钽-铝（Ta-Al）、钽-硅（Ta-Si）。

② 金属陶瓷类：铬--氧化硅（Cr-SiO）、钛-二氧化硅（Ti-SiO$_2$）、金-二氧化硅（Au-SiO$_2$）。

③ 金属化合物类：氮化钽（TaN）、氮化钛（TiN）。

其中最常用的三种是：镍-铬、氮化钽、铬硅氧化物金属陶瓷。为防止电阻材料与金导体之间发生相互扩散，所有金端头的导体中均使用阻挡层，将电阻与金导体隔离开。例如，镍-铬/镍/金系统中，中间层镍的作用是阻止铬扩散到金导体中；

氧化钽/钯/金系统中，中间层钯的作用是阻止钽扩散。扩散会引发两种潜在的可靠性问题：导致薄膜电阻的不稳定，金焊盘被扩散金属沾污后丝键合困难。

淀积光刻形成薄膜电阻后，还需要退火、稳定烘烤（老化）和激光调阻。一般退化条件为 225～350℃、4～5h；老化条件为 150℃、50h[7]，激光调阻要求与厚膜电阻类似。

（4）薄膜电容、电感

薄膜电容器在电路中主要起储能、耦合、滤波旁路、分压等作用。用于电容器介质薄膜的材料要求具有介电常数 K 值大、绝缘电阻率高、介质损耗小、电容温度系数 TCR 小，以及与基片的附着力强、化学稳定性好。常用的有：一氧化硅（SiO）、二氧化硅（SiO_2）、氮化硅（Si_3N_4）、氧化钽（Ta_2O_5）、钛酸钡（$BaTiO_3$）、二氧化钛（TiO_2）、氧化钇（Y_2O_3）、聚酰亚胺（PI）等。

薄膜电感器用导体薄膜和磁性薄膜制成，多为螺旋状。但由于超小型薄膜电感器制造困难，所以在实际应用中常用外贴电感器。

（5）薄膜成膜基片的评价考核要求

薄膜成膜基片的评价考核要求与厚膜相同。

13.2.4　多层布线基片

多层布线基片的特点是在基片内部形成多层金属布线，大大提高了组装密度并缩小了产品体积，主要用于 MCM 组件。其结构特点是在基片上制造多层导体、介质及电容器和电阻器，得到高密度的互连基片。多层布线基片的类别主要有：厚膜多层布线基片（TFM）、薄膜多层布线基片、低温共烧陶瓷多层基片（Low Temperature Co-fired Ceramics，LTCC）、高温共烧陶瓷多层基片（High Temprature Co-fired Ceramics，HTCC）、印制板多层布线基板（PCB 多层基板）、混合多层布线基片。它们分别应用于 MCM-L 组件、MCM-C 组件、MCM-D 组件、MCM-C/D 组件和 MCM-L/D 组件。

（1）厚膜多层布线基片（TFM）

厚膜多层布线基片是在厚膜成膜基片基础上发展起来的，目的是提高厚膜混合集成电路的组装密度。

厚膜多层布线基片是在陶瓷基片表面逐层交替印制、分次烧结厚膜导体浆料和玻璃介质浆料而形成的多层布线结构，布线导体之间通过通孔进行互连。据报道，典型的厚膜多层基片的布线层数，设计要求大于或等于 8 层，常见的是 3～5 层。由于每层厚膜导体和介质都要经过丝网印制、烘干、烧结等工序，布线图形的不连续性使表层覆盖介质凹凸不平。

厚膜多层布线基片的工艺与厚膜成膜基片基本相同，不同的是多了通孔工艺，而且每一层的导体浆料、介质浆料、通孔浆料制作都需要分别进行印制（或填充）、烘干及烧结。

厚膜多层布线基片成品的结构材料包括：陶瓷基片、厚膜布线导体、厚膜绝缘介质、厚膜电阻、表层保护层。常用的材料类型如下。①基片：氧化铝（Al_2O_3 96%）陶瓷、氮化铝（AlN）陶瓷、氧化铍（BeO）陶瓷。②布线导体：银（Ag）、金（Au）、铂-金（Pt-Au）、钯-金（Pd-Au）、钯-银（Pd-Ag）、铜（Cu）、铝（Al）、镍（Ni）。③介质：玻璃陶瓷。

（2）薄膜多层布线基片

薄膜多层布线基片的优点在于信号传输延迟小、传输速度快、线间串扰小。由于其低 K 介电常数的介质特性，可以获得比厚膜多层布线基片和共烧陶瓷多层基片信号延迟更小的传输。

薄膜多层布线基片的结构：在底部基片的基础上，通过逐层交替蒸发或溅射和电镀金属层、涂敷介质层，形成多层布线，一般表面两层是信号层，其他导体层为电源层和接地层。

薄膜多层布线基片的工艺与半导体芯片工艺有相类似的地方，不同的是增加了平坦化技术和元器件内埋置技术，目的是解决多层布线可能带来的不平整问题和提高组装密度。

薄膜多层布线基片成品结构的材料包括：基片、薄膜布线导体、薄膜绝缘介质。常见的材料类型如下。①基片：陶瓷（99.5%以上 Al_2O_3）、SiC、玻璃等绝缘基片，硅片，铝、铜金属基板。②薄膜导体：Cr/Cu/Cr、Cr/Cu/Ni/Au、NiCr/Cu/Ni/Au、Ti/Cu/Ni/Au、Ti（TiW）/Cu/Pd（Pt）/Au 等复合金属薄膜[8]，其中，粘附层用 Cr、NiCr、Ti、TiW，主导电层用 Cu，阻挡层用 Ni、Pd、Pt，界面层用 Cr，顶层用 Au。③绝缘介质：聚酰亚胺（PI）、苯并环丁烯（BCB）等聚合物介质、硅基的 SiO_2 或 Si_3N_4、铝基的 Al_2O_3 无机介质膜。

（3）低温共烧陶瓷多层基片（LTCC）

低温共烧陶瓷多层基板（LTCC：～850℃烧结）是为适应高导电性导体材料的应用，在高温共烧陶瓷多层基板（HTCC：～1850℃烧结）基础上发展起来的新型低温共烧陶瓷基板，具有布线密度高、介电常数低、布线导体方阻小、可内埋置元件的特点。但相对于 HTCC 基片，LTCC 基片的机械强度和热导率较低。

LTCC 基片的结构类似通孔填充型的薄膜多层布线基片，由厚膜导体和陶瓷绝缘介质交替叠加形成电互连结构，典型的布线层数设计要求小于或等于 15 层，顶层为焊接、键合层，中上层为信号层，中下层为电源层和接地层。与厚膜多层布线基片的介质、导体分次烧结工艺相比，LTCC 基片的工艺特点是印制导体、瓷片介质共同烧结、一次完成，工艺效率高；同时，由于低温共烧温度在 800～950℃，可适应金、银、钯银、铜导体浆料较低的烧结温度特性，制成适用于高速电路的高电导率布线基片，并且可以内埋置膜元件共烧。

LTCC 基片成品结构的材料有：介质材料、导体材料、电阻材料。

常用的介质材料有三类。①玻璃陶瓷（玻璃～50wt%）Al_2O_3+玻璃，用于 Pd-Ag 导体；SiO_2+玻璃，用于 Au 导体；Al_2O_3+$CaZrO_3$+玻璃，用于 Au、Ag、Pd-Ag 导体，等等。②晶化玻璃堇青石系 $ZnO.MgO.Al_2O_3.SiO_2$，用于 Au、Cu、Pd-Ag。③非玻璃介质 $Al_2O_3.CaO.SiO_2.B_2O_2$，用于 Cu、Ni、Ag 导体。

常用的厚膜导体材料有：①顶层导体 Au、Pd-Au、Pd-Ag 导体；②内层导体 Au、Ag、Pd-Ag 导体。

常用的厚膜电阻材料有：①顶层电阻——标准厚膜电阻；②内埋置电阻 RuO_2+$Ru_2Pb_2O_7$（或 $Ru_2Bi_2O_7$）+玻璃，方阻 $10\Omega/\square$～$1M\Omega/\square$。

（4）高温共烧陶瓷多层基片（HTCC）

高温共烧陶瓷多层基板（HTCC）是为适应多层陶瓷高温烧结的特性，而采用难熔高温金属作为布线导体的一种高温共烧基板。与 LTCC 基片相比，HTCC 基片工艺形成更早，技术成熟稳定，其特点是：抗弯强度高、热导率高、体电阻率高、化学性能稳定、气密性好。但不可避免的缺点是：陶瓷介质的介电常数、高熔点的金属化导体电阻率较高，不适用于高速电路。

HTCC 基片的结构与 LTCC 基本相同，但通孔尺寸较大，典型的布线层数设计要求≤15 层。

HTCC 基片的工艺流程与 LTCC 类似，但烧结温度高达 1600～1800℃。由于高温烧结，必须采用高熔点金属作为导体，同时烧结过程中还需要采取保护措施，防止金属导体氧化。例如，以 96%氧化铝烧结为例，共烧气氛采用湿氢保护。

HTCC 基片成品结构的材料有陶瓷介质和导体材料。

常用的陶瓷介质有四种：①氧化铝陶瓷（92%～98% Al_2O_3），优点是机械强度高，缺点是热导率较低、热膨胀系数较高，与硅芯片严重失配；②氮化铝陶瓷（95% AlN），优点是热导率高，缺点是工艺成本高；③氧化铍陶瓷（99% BeO），优点是热导率高，缺点是工艺过程有毒性；④碳化硅半导体（98% SiC），优点是热导率极高，缺点是介电常数和介质损耗较高，只能在低频大功率方面替代氧化铝或氮化铝陶瓷。

常用的高熔点导体材料有钨（W）、钼（Mo）、锰（Mn）。为防止顶层金属化被氧化，保证可焊性和可键合性，在金属化表面先后镀上保护层镍、金，镍可以保证可焊性，金可以防止被氧化。

（5）印制板多层布线基板（PCB 多层基板）

印制板多层布线基板是在 PCB 板基础上为适应更高密度组装、配合板上芯片技术（COB）而发展起来的一种高密度多层布线叠层板。与传统的 PCB 组装技术不同，这种叠层板采用裸芯片焊接（丝键合）、载带焊（TAB）、芯片倒装焊等组装技术，形成组装密度较高的 MCM-L 组件，但同时比其他 MCM-C、MCM-D 组件的组装成本更低。

印制板多层布线基板的基本工艺是在传统的 PCB 基础上增加了层压和多层通孔金属化。典型工艺流程：制备覆铜板、图形制作、层压、钻孔、通孔金属化、表面金属化电镀。影响多层板组装密度的主要因素是通孔、盲孔和埋孔的尺寸。

用于 MCM-L 组件的多层布线基板的材料主要包含两种：基板、布线导体。

基板材料类型很多，根据不同的应用领域，选用不同的类型的基板。常用的基板材料有：有机树脂玻璃布基多层板（如 FR-4）、刚挠多层板、挠性多层板。布线导体材料常见的是覆铜材料。对于环氧、强化纤维的多层板，一般介质层厚为 25～500μm，铜导体层厚为 9～105μm，线宽为 50μm，孔径为 200μm。

印制板多层布线基板材料的基本要求主要两个方面：电性能和物理性能。电性能要求：互连电阻小、介电常数小、介质损耗小、特性阻抗可控。物理性能要求：良好的平整度、耐热性，以及高的玻璃转化温度和低的吸湿率。

但用于 MCM 组件芯片级的组装时，对印制板多层布线基板性能更关注的是热膨胀系数（CTE）、介电常数（ε）和平整度。基板 CTE 的大小直接影响板上硅芯片的界面及多层板通孔金属化的热匹配问题；介电常数 ε 主要影响 MCM 组件的特性阻抗匹配稳定性；平整度对 TAB、FC 芯片组装十分重要，一般要求平整度≤50μm，翘曲度<0.1%[8]。

（6）混合多层布线基片

混合多层布线基片是为了发挥各种多层布线技术的综合优势并获得最佳性价比而发展起来的。

混合多层布线基片的类型主要有共烧陶瓷-薄膜混合型、印制板-薄膜混合型。其中，共烧陶瓷-薄膜混合型又分为高温共烧陶瓷-薄膜混合型和低温共烧陶瓷-薄膜混合型，由它组装的组件称为 MCM-C/D，实际应用中 HTCC 混合的薄膜布线达到 8 层、基片有 15 层；LTCC 混合的薄膜达到 4 层、基片有 15 层。印制板-薄膜混合型基板组装时，应结合芯片、元件的埋置，组件称为 MCM-L/D。基片的薄膜多层布线层一般用于高速信号传输，而承载薄膜多层布线的多层陶瓷基片或印制板的布线作为电源线、接地线和 I/O 引出端。

共烧陶瓷-薄膜混合型基片的结构材料包括基片陶瓷、厚膜导体、薄膜介质、薄膜导体。常用的基片陶瓷为：低温共烧的玻璃陶瓷（Al_2O_3+玻璃）、高温共烧的陶瓷（95% AlN）。厚膜导体：Cu、Au、Pd-Ag。薄膜介质：聚酰亚胺（PI）。薄膜导体：内层 Ti/Cu/Ti、Cr/Cu/Cr，顶层 Ti/Cu/Ni（或 Pd）/Au、Cr/Cu/Ni（或 Pd）/Au。

印制板-薄膜混合型基板的结构材料包括 PCB 基板、布线导体、薄膜介质、薄膜导体。常用的 PCB 基板即树脂玻璃布基多层板（如 FR-4）；布线导体覆铜；薄膜介质为聚酰亚胺（PI）；薄膜导体为 Cu/Ti。

13.2.5　内装元器件

1. 元器件的选择

在电路组装之前，能否正确选择和筛选元器件，将直接影响电路的性能、组装技术和可靠性。组装用元器件的选择应从三个方面考虑：①应满足电路功能对元器件的电性能要求；②应满足组装工艺对元器件结构形式、体积、质量的要求；③应满足电路产品的可靠性考核要求。

元器件的电性能要求在混合集成电路设计时已完全规定，因此不存在更多的疑问。元器件结构形式的要求可根据实际工艺情况选择。

2. 元器件的评价

元器件选择定型后，还需要经过评价合格后方可投入组装。关于内装元器件的评价，可参考 GJB 2438A—2002 混合集成电路通用规范附录 C "混合和多芯片组件技术的一般性鉴定"。在用于组装前或至少成品电路交货前，元器件必须通过标准规定的评价考核。只在两种条件下不需要评价，一是已按 GJB 33 半导体分立器件总规范和 GJB 597 半导体集成电路总规范鉴定合格的分立器件和集成电路芯片；二是已列入合格产品一览表（QPL）的有可靠性指标的元件。

应正确选择元器件类型并通过规定的评价考核，满足配套组装电路的工艺要求，避免元器件质量不良带来的失效问题。

13.2.6　元器件组装与互连

各类混合集成电路的生产工艺流程基本相同：产品设计→基片制造→组装封装→质量鉴定，基本工艺流程如图 13-4 所示，关键工艺是成膜基片制造和元器件组装。

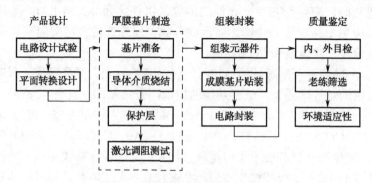

图 13-4　混合集成电路制造工艺基本流程

元器件组装的工序包括：芯片、元件黏结/焊接，基片黏结，元器件引线键合，清洗。

元器件的组装工艺的主要类型列于表 13-1。清洗的目的是清洗组装操作过程带来的污物，如人体、化妆品和衣服散落的粒子、纤维等，这些污物可分为粒子、离子剩余物、有机剩余物。助焊剂对内引线键合点特别有害，残存的助焊剂容易引起键合点腐蚀失效。

清洗工艺有两种：湿法清洗和干法清洗。湿法是指用溶剂清洗，溶剂浸渍、喷淋、蒸发去油、超声振动顺序组合；干法是指采用等离子清洗，如二氧化碳"雪"喷雾清洗，能十分有效地去除元器件表面的沾污物。

表 13-1 厚膜混合集成电路的组装工艺类型

部 位	工 艺		材 料	限 制 条 件
半导体芯片	黏结		环氧导电胶 环氧绝缘胶	150～180℃
	再流焊		PbSn 焊膏	220℃
	正焊烧结		Au-Si、Au-Sb 焊片	250～270℃
	倒装焊（C4）		PbSn 焊料、Cu 球	220℃
内引线键合	热压焊	楔形	Al 丝	衬底 300℃ 压刀 150℃
		球形	Au 丝	
	超声焊	楔形	Al 丝	由铝丝粗细调节超声功率
		球形	Au 丝	
	热声焊		Al 丝、Au 丝	—
	TAB 载带焊		梁式引线	—
片式元件	黏结		环氧导电胶 环氧绝缘胶 红漆	150℃
	再流焊		PbSn 焊膏	230℃
陶瓷基片	黏结		环氧导电胶 环氧绝缘胶	150℃
	再流焊		PbSn 焊膏	230℃
微型变压器	黏结		绝缘导热黏结膜	150℃

13.2.7 外壳封装

厚膜混合集成电路生产的最后一道工艺是封装，目的是保护电路内部的芯片和其他元件，使电路的性能避免受到外部环境的影响而失效。

电路封装金属壳的类型和尺寸可参照 GB/T 15138—1994《膜集成电路和混合集成电路外形尺寸》定制，也可根据整机设计的要求专门定制。电路封装分气密性封装和非气密性封装两类，气密性封装有金属封装和陶瓷封装，非气密性封装有塑封和灌封，封装类型信息列于表 13-2，典型封装形式如图 13-5 和图 13-6 所示。

表 13-2　混合集成电路封装形式及分类

类　　别	形　　式	名　　称	代　　号
气密性封装	金属封装	金属双列封装	M 型
		金属四周封装	Ms 型
		金属扁平封装	Mb 型
		金属圆形封装	T 型
		金属圆形四周封装	Ts 型
	陶瓷封装	陶瓷双列封装	D 型
		陶瓷熔封双列封装	J 型
		陶瓷扁平封装	F 型
		陶瓷针栅阵列封装	G 型
非气密性封装	塑料封装	塑料双列封装	P 型
		塑料双列弯引线封装	O 型
		塑料四面引线扁平封装	N 型
	其他封装	单列敷形涂覆封装	Ft
		双列灌注封装（灌封）	Gf

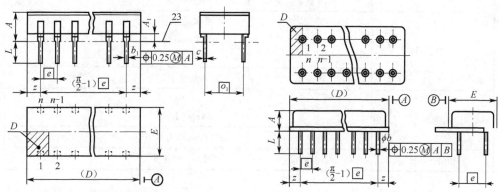

图 13-5　金属双列封装 M 型（浅腔 Q 型）　　图 13-6　陶瓷双列封装 D 型（宽体 K 型）

混合集成电路金属封装的密封方法，采用钎焊法、冷压焊法、电阻焊法，还有电子束焊、超声焊、激光焊。最后的组装操作是真空烘烤和密封，真空烘烤所用的烘箱应该能保持至少 150℃的温度和 50μm 汞柱的真空，真空烘烤后将干燥氮气引入箱体，并在干燥箱内进行密封，密封后的电路内部水汽含量需控制在小于5000ppm（GJB 548 要求）。

13.3 主要失效模式和机理

厚/薄膜混合集成电路的失效主要表现在三个方面：内部互连失效、气密性封装失效和热失效。这些失效分别与成膜基片的互连、元器件的贴装、内引线的键合、封装的密封性和产品的热性能有关。

13.3.1 厚膜基片及互连失效

作为混合集成电路内部承载元器件并保证功能电互连的厚膜成膜基片，其失效约占厚膜混合集成电路总失效的9%[7]，包括机械损伤失效和电气性能失效。

1. 陶瓷基片失效

陶瓷基片的失效模式：基片开裂造成电开路失效。

基片开裂的失效机理：外部作用应力大于陶瓷基片固有的机械强度；陶瓷基片存在潜在缺陷，降低了基片抗开裂的机械强度。

导致基片开裂的作用应力类型：机械冲击力、温变应力。

产生这些作用应力的原因：产品跌落产生的机械冲击力、锡焊操作带来的热冲击、基片翘曲不平引起的额外应力、基片与金属外壳和黏结料之间热失配产生的横向拉伸应力、基片内部缺陷造成的机械应力或热应力集中、基片钻孔和基片切割局部微裂造成的潜在损伤。

为避免陶瓷基片本身缺陷引起的机械开裂，应从控制基片尺寸偏差、提高机械性能和减少材料热失配方面考虑。对基片尺寸的要求：长（宽）度偏差为±0.5%，厚度偏差为±7%，翘曲度（弯曲度）为 0.3%～0.5%[5]。基片的机械及物理性能要求：厚膜电路，工艺中基片可能经受多次高温、热冲击过程，制成后需要经历冲击、振动、恒定加速度试验机械应力，以及焊接、封装过程的热冲击，因此要求基片具有高的机械强度和稳定的物理化学性能。基片材料的热膨胀性能要求：基片的热膨胀系数应与表面的厚膜元件材料和表贴元器件接近，否则在变化温度作用下，由于热膨胀系数失配，易造成膜元件和表贴元器件开裂，也可能对厚膜电阻的温度系数带来很大的影响。

2. 厚膜导体互连失效

厚膜导体互连的主要失效模式：金属厚膜与基片附着不良或脱落、金属厚膜间发生电化学迁移短路、与焊料结合的金属厚膜开裂断路。

厚膜导体互连失效机理及原因分析。

（1）由于陶瓷基片表面的有机残留或玻璃相过多，导致厚膜导体层附着力下降和脱落。应控制印制导体前的基片清洗，优化导体烧结周期。

（2）覆盖了 Pb/Sn 焊料的 Pd-Ag 导体，在 130℃高温长时间后，由于锡元素大量向导体扩散，形成钯锡合金，造成厚膜导体与基片的附着力下降。钯锡合金有六种金属间化合物：Pd_3Sn_2、Pd_2Sn、Pd_3Sn、$PdSn$、Ag_5Sn、Ag_3Sn_4，金属间化合物导致 Pd-Ag 导体体积膨胀，这是厚膜导体附着力下降的主要原因。环境温度越高、Pd-Ag 导体的钯元素含量越高，这种现象就越明显。可以通过 Pd 与 Ag 的配比优化选择浆料减缓退化，或者采用 Pt-Au、Pt-Ag 导体避免退化。实验对比结果表明，Pd∶Ag/1∶3 的厚膜导体 130℃/40h 老化后、Pd∶Ag/1∶8 厚膜导体 130℃/100h 老化后，附着力强度明显下降[9]。覆盖了 Pb/Sn 含量的 Pd-Au 导体，在 150℃高温长时间老化后，也存在相同的附着力下降问题，并且这种失效机理已经在使用中为不含锡焊料焊接的厚膜导带具有较好附着力所证实[10]。厚膜导体层附着力的检测可参考 GJB2438A—2002 标准，采用胶带黏结后观察基片与摩擦的起皮或剥落情况，对钯银导体可采用焊接引线后测拉力的方法。

（3）含银类厚膜导体容易发生银迁移，造成相邻导体间短路。例如厚膜 Pd-Ag、Pt-Ag 导体，在潮气和外加电场作用下，银离子通过潮气层迁移，形成枝晶状迁移物，使相邻导体之间的绝缘电阻下降、漏电流增加，甚至发生短路、电弧现象。枝晶状迁移物的形成机理与电场作用下产生的 Ag^+ 离子、水的 OH^- 离子有关，金属 Ag 在带正电的导体阳极被氧化后成为 Ag^+ 离子，在相邻导体电场作用下，向带负电的导体阴极运动，并与水的 OH^- 离子发生化学反应，生成乳白色可溶于水的物质 AgOH，很快再次分解成 Ag^+ 和 OH^- 离子，Ag^+ 离子沿导体形成的电场不停地向阴极运动，直到在场强最高的阴极尖端处被还原和沉淀，Ag^+ 离子的不断迁移和沉淀，逐步在阴极形成丝状物，产生枝晶长大现象。

阳极反应：$Ag-e \rightarrow Ag^+$（氧化）

介质溶液反应：$Ag^+ + OH^- \rightarrow AgOH$

$$AgOH \rightarrow Ag^+ + OH^-$$

阴极反应：$Ag^+ + e \rightarrow Ag$（还原）

厚膜 Au 导体也会发生同样的迁移，但迁移效率很低；而 PtAu 导体则几乎没有迁移现象[15]。减少 Ag^+ 离子迁移的方法有：应避免采用纯银导体；采用 PdAg、PtAg 导体设计电路时，要避免相邻导体间出现较大的偏压；保证电路表面的清洁度；电路采用气密性封装。

（4）Pd-Ag 导体与片式元件用 Pb/Sn 焊料焊接后，在温度循环试验后，Pd-Ag 导体在焊点尾部出现纵向开裂。其机理是 Pb/Sn 焊料中锡元素大量向 Pd-Ag 导体扩散，并形成较脆的 Ag_2Sn 金属间化合物，导致厚膜导体在温循应力下断裂。改进方法：增加厚膜浆料中 Pd-Ag 导体组分的比例，减少玻璃相成分，可以降低导体纵向断裂的风险；采用 Pt-Ag 导体，可以降低 Sn 元素的扩散速率，不能大量形成脆性 Ag_2Sn 合金，提高导体与 Pb/Sn 焊料的界面匹配性。

3. 厚膜电阻器的失效

厚膜电阻器的主要失效模式：参数漂移和参数不稳定。

厚膜电阻器失效机理及原因分析如下。

（1）对于 Pd-Ag 电阻器，在温度、耐湿试验中，化学组分的变化导致阻值不稳定。温度试验中阻值增加的原因是钯、银元素被氧化；长期耐湿试验中阻值减少的原因是银的还原。

（2）Pd-Ag 电阻器直接暴露于氢气中时参数不稳定。在含氢气气氛的工艺过程中，如封装中的环氧树脂、粘接剂、焊剂等，若电阻表面保护层玻璃釉不良，则可能接触氢气。

（3）厚膜电阻在界面应力作用下导致开裂，应力来源包括：电阻膜与其保护玻璃釉膜界面之间的应力失配，灌封电路树脂固封时热胀冷缩对电阻膜产生的机械应力。

（4）激光调阻引入的缺陷，造成阻值的不稳定，如过分微调热点。

（5）在高压脉冲使用情况下，厚膜电阻产生很大的阻值变化，称为厚膜电阻器的电压漂移。这种阻值变化的相关因素有两个方面：厚膜中导体金属与玻璃之间、导体金属颗粒之间存在不完全浸润；高压脉冲击穿局部膜层中的玻璃相，电阻等效网络变化引起阻值变化。

4. 厚膜电容器的失效

厚膜电容器的主要失效模式：击穿短路、绝缘电阻下降、介质破裂开路、电容量漂移。

厚膜电容器失效机理及原因分析：

（1）电介质针孔、电极材料表面毛刺而引发短路或绝缘电阻下降；

（2）电介质氧化、电介质开裂而造成电容量漂移或开路。

13.3.2　薄膜基片及互连失效

（1）薄膜导体的主要失效模式是开路和导体之间短路。其失效原因：电化学腐蚀，薄膜金属与环境介质带来的其他离子发生化学反应形成金属化合物，损坏薄膜金属的完整性。

（2）薄膜金属电迁移导致布线烧毁。电迁移是薄膜金属受到电场作用使金属原子移动的现象，电迁移效应将使金属阳极附近出现迁移原子堆集，而在金属阴极附近形成空隙，造成薄膜金属的严重破坏、局部电流密度增大，甚至过热烧毁。

（3）Cr/Cu/Au 薄膜导体与 Pb-Sn 焊料结合后，若存在污染和水汽的环境，会出现明显的铅锡枝晶状迁移物或大面积的铜迁移物，并且元素迁移与 C、O、Cl、S 沾污元素有关，以及与相邻导体间电位差有关。

（4）薄膜电容器的静电放电（ESD）损伤，研究发现线宽大于 60μm 金导体薄膜对 ESD 不敏感；薄膜电容器在相同工作电压下容量小的比容量大的对 ESD 更敏感，而相同容量的薄膜电容器工作电压高的比工作电压低的对 ESD 更敏感；在薄膜电路 ESD 测试中，薄膜电容器的 ESD 最为敏感，这是因为人体模型（HBM）多次充放电导致的电容充电累积效应。

（5）SiO 薄膜电容器失效。薄膜电容器下电极边缘"台阶"处电场畸变，且"台阶"处电介质膜层较薄，容易在"台阶"处发生介质击穿，导致电容电极短路，并且在短路的瞬间使电容上电极膜层局部蒸发，造成电容器短路。

13.3.3 元器件与厚膜导体的焊接失效

混合集成电路内装元器件与厚膜导体的焊接部位是实现电路功能的重要互连部位。与厚膜导体焊接的元器件主要有片式元件和半导体芯片。

焊接结构主要失效模式：元器件脱落、片式元件/芯片开裂、焊接缺陷导致散热不良。

主要失效机理及原因分析如下。

（1）与元器件的锡焊组装中，含金类厚膜导体溶解在焊料中或形成金-铅-锡金属间化合物，有可能使基片与元器件的焊接互连强度下降。

（2）厚膜导体氧化或烧结不当引起表面玻璃釉堆集，可能造成厚膜导体可焊性不良，元器件焊接互连强度下降。

（3）PbSn 焊料、Au-Pt-Pd 厚膜导体结构，焊料与厚膜导体间会形成金属间化合物（IMC）$AuSn_4$、$PtSn_4$、$PdSn_4$，这是良好焊接的必要条件，但若长期工作在高温条件下，较为脆性的 IMC 层将继续生长加厚，导致芯片抗温度循环能力下降，甚至使芯片或片式元件开裂。

（4）片式陶瓷元件采用 PbSn 焊料、Pd-Ag 导体，和 Pt-Ag 导体焊接比较，温度循环元件焊接部位有两种失效模式：Pd-Ag 导体在焊点尾部纵向开裂（非导带剥离失效），原因是 PbSn 焊料中的锡元素大量向 Pd-Ag 导体扩散，并形成 Ag_2Sn 合金

（相对脆性），导致导体断裂；Pt-Ag 导体在焊料与导体界面横向开裂，机理是焊料中的 Sn 向 Pt-Ag 导体扩散的速度远远小于向 Pd-Ag 导体扩散的速度，只是形成少量 Ag_2Sn 的金属间化合物薄层，并且在富 Pb 层焊料处横向开裂。试验结果表明：在 SnPb 焊料中，Pd-Ag 宽度越窄，抗温循能力越低，越容易断裂；Pd-Ag 与 Pt-Ag 导体焊接相比，SnPb 焊料与 Pt-Ag 导体的焊接结构抗温循能力更强。

（5）表贴片式电容器端电极开裂。常见的片式电容器有三种端电极结构：银（Ag）、钯-银（Pd-Ag）、钯-银/镍/铅-锡（Pd-Ag/Ni/Pb-Sn）。若焊接后焊点为凸状外形，则导致焊点边缘应力高度集中，在温度冲击应力作用下，导致裂纹由端头延伸至瓷体内部而开裂，如图 13-7 所示。理想的焊点应是凹型焊点，焊料的高度为元件高度的 1/2～1/3 如图 13-8 所示，这种焊点具有较好的柔性趋向，且强度适中，大大地减少和缓解了电容器所承受的应力，元件、基板承受的应力明显下降。

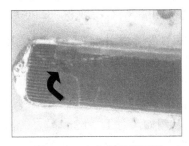

图 13-7　电容器内部开裂

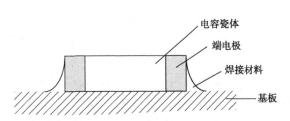

图 13-8　片式元件表贴界面

（6）芯片焊接结构在温度循环应力的反复作用下（外部温度循环或自身功率循环），会导致焊料层热疲劳，造成芯片黏结强度下降、热阻增加，甚至芯片破裂。对于锡基类的韧性焊料，温循应力作用导致的焊料层热疲劳，是由于芯片与基片或底座间热膨胀系数 CTE 不同，使焊料产生位移形变或剪切形变，多次反复后，焊料层随着疲劳裂纹扩展和延伸，最终导致焊接层疲劳失效。主要失效表现为：热阻增加、二次击穿、PN 结破裂、SOA 减小、收集极引线损伤。提高焊料层抗疲劳的能力应从两方面着手：一是减少焊接层中的空洞，避免应力集中；二是减少金属底座中的杂质含量。

（7）功率芯片烧结缺陷导致热击穿烧毁。其机理分析有几个方面：芯片烧结工艺控制不当，造成烧结面积不足、不平整，影响了芯片焊接的机械强度，如图 13-9 和 13-10 所示，白色部位本身焊料良好，黑色部位表示焊接空洞。在温度应力的作用下，由于工艺缺陷引起焊接界面裂纹、热阻增加，导致功率芯片热性能退化、焊接强度下降；芯片背面金属化可烧结性差，难以形成良好的欧姆接触，如衬底 Cr/Ni/Au 的芯片背面 Ni 阻挡层和 Au 层结构的设计不合理，影响了芯片 Si 与焊料中 Au 的互扩散和共熔，不能形成良好的 AuSi 共晶焊接层，造成焊接层空洞和缝隙。改进方法：烧结工艺准备，按要求放置石英盖板并施加压力，防止芯片倾斜和接触不良；根据不同芯片背面材料选择烧结焊料，同时注意芯片背面金属化层与烧结工艺的适应性，避免选择背面镀 Ni 层设计不合理的芯片。

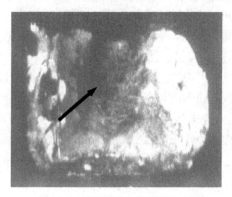

图 13-9　焊接连通面积不足 15%

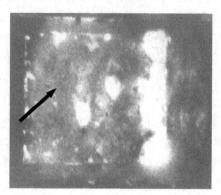

图 13-10　焊接连通面积不足 30%

（8）芯片倒装焊在稳态温度条件下的失效模式表现为：芯片焊盘（BLM）和基片焊盘（TSM）与焊料球界面的金属间化合生长导致键合界面接触电阻的增加和键合强度的下降，同时也导致在温循条件下的键合界面开裂。其失效机理与 BLM 和 TSM 材料、结构、几何尺寸、焊料、基片材料、工作环境温度相关。芯片倒装焊的再流焊温度条件对键合点以后的失效模式影响极大。例如，对于 PbSn 焊点，再流焊峰值温度 T 在 340℃时，裂纹出现在 BLM-焊料界面；而再流焊峰值温度在 365℃时，裂纹出现在 TSM-焊料界面，失效模式的改变，是因为在高温条件下 TSM-焊料界面的 AuSn 金属间化合物的生长增长较快。对于 PbIn 焊点，再流焊峰值温度在 265℃时，裂纹出现在 TSM-焊料的界面的 Cu_7In_4 附近，而再流焊峰值温度在 265～325℃时，由于 TSM 界面失去了 Cu_7In_4，裂纹出现在 BLM-焊料界面。铅铟比铅锡焊料具有更好的抗疲劳性能，铅铟焊料能有效减少焊盘中金元素的熔入。而且与脆性金锡合金（AuSn、Au4Sn）相比，$AuIn_2$ 金铟合金的脆性明显较低。为减少界面金属的扩散，选择常用的 50Pb-50In 的铅铟焊料较为合适，但是，铅铟焊料的最大弱点是：在潮湿环境下 In 容易被腐蚀，所以要根据使用环境条件确定焊料。

13.3.4　元器件与厚膜导体的黏结失效

元器件与厚膜导体的黏结采用两种有机胶：固定用有机胶、固定/导电用有机胶。黏结主要失效模式：元器件脱落、开裂，黏结材料老化引起芯片电参数漂移。

主要失效机理及原因分析如下。

（1）采用环氧银导电胶黏结小功率芯片和混合电路，125℃/1000h 老化后，常表现的失效模式是芯片脱落或晶体管芯片的饱和压降 V_{CES} 增大，主要原因有：工艺过程中芯片黏结倾斜过度（>15°），致使银浆外流；配方不当，导电胶偏少，致使黏结的物理机械性能差；烘干固化速度太快，氧化银未充分还原，聚合树脂未能很好地固化反应；高温应力条件下，在电应力的作用下银离子发生迁移，造成导电材料的"空洞"，使接触变差，导致非欧姆接触；封装内部的有害残余气体在高温作用下使导电胶加速老化，导致接触电阻增大。

（2）导电胶的主要成分：粘接剂、导电填料、增韧剂、溶剂。粘接剂的作用是黏结；导电填料的作用是电导通；增韧剂的作用是改善粘接剂的抗冲击性和提高剥离强度；溶剂的作用是调节黏度。粘接剂的热老化是导致导电胶黏结强度退化的主要失效原因。在高温储存条件下，导电胶的黏结强度随时间而降低。对于导电胶的抗老化寿命评价，目前依据经典的 Arrhenius 模型，进行高温储存试验，其加速系数：

$$A_f = \exp\left[\frac{E_a}{K} \cdot \left(\frac{1}{T_u} - \frac{1}{T_t}\right)\right] \tag{13-1}$$

式中，A_f 是加速度因子，E_a 是激活能，T_u 是使用环境温度，T_t 是试验环境温度，K 为玻耳兹曼常数。

热老化 1000h 试验后的体积电阻率合格性能要求在 $10^{-4} \sim 10^{-5}$（$\Omega \cdot cm$）之间[11]。元器件黏结强度的检验可参照 GJB 548 方法 2019A 芯片剪切强度。

13.3.5 元器件与薄膜基片的焊接失效

传统的薄膜微带基片采用 Ni-Cr/Au 金属化膜，若采用锡焊工艺，温度控制稍高或时间稍长，薄膜表层金镀层极易熔于焊锡，并暴露出与锡不浸润的 Ni-Cr 层，导致焊接失效。即使焊接好的基片，也会在高温使用过程中因金-锡继续互熔而使可靠性降低。改进方法：在 Ni-Cr/Au 金属化膜的基础上镀 Ni/Sn-Bi，在 Ni-Cr/Au/Ni/Sn-Bi 多层结构中，化学镀镍层作为焊接中间阻挡层，表面金属锡-铋合金电镀层作为焊接层。

混合集成电路的内引线键合主要有两种形式：双金属键合、单一金属键合。内引线键合失效模式：键合拉力下降、键合点脱开。键合失效占混合集成电路总失效的23%[7]。

主要失效机理及原因分析。

（1）Au/Al 双金属键合拉力下降，如常见的铝丝与厚膜金导体的键合，在高温条件下或长期工作后，Au/Al 键合界面严重退化，导致键合拉力下降。造成引线键合界面退化的失效机理主要是：键合界面金属元素过分扩散，形成过量的脆性金属间化合物及 Kirkendall 空洞，造成键合界面接触电阻增大、强度下降，甚至脱开失效。铝丝与厚膜金导体的 Al/Au 键合系统，除了经典的界面退化开裂模式外，还存在键合颈部因铝原子向 IMC 过渡迁移而形成铝丝内部空洞，导致在铝丝颈部断裂的模式。

（2）Au/Cu 双金属键合界面退化，Au/Cu 键合是指铜引线与镀金引线框架、厚膜铜层的键合，或者金丝与铜引线框架的键合，在 200～300℃的老化条件下，界面间会形成柔韧的金属间化合物 Cu_3Au、$AuCu$、Au_3Cu，并形成界面 Kirkendall 空洞，长时间后导致键合强度下降。Au/Cu 键合在 150℃/3000h 条件下键合强度只有很小的退化，在 250℃/3000h 条件下没有发现失效。但在高于 300℃时会加速金属间化合物的生长，因此建议在 300℃以上的工作温度条件不能使用 Au/Cu 键合。

（3）Cu/Al 键合是指铜引线与芯片铝的键合，在 100～500℃的老化条件下，界面通孔相互扩散生成金属间化合物：$CuAl_2$、$CuAl$、$CuAl_2$、Cu_9Al_4，Cu/Al 键合界面不会生成 Kirkendall 空洞，但是由于主要金属间化合物 $CuAl_2$ 的脆性，剪切强度会明显下降。铜引线最大的问题是容易氧化。

（4）Al/Ag 键合是指铝引线与镀银引线框架的键合。在一般温度条件下，Al/Ag 键合的相互扩散和退化比较明显，生成多种复杂的金相结构，因此在 175℃以上一般不使用 Al/Ag 键合，其原因是金属间化合物加速生长并生成 Kirkendall 空洞，同时银表面极易被氧化而影响键合可靠性。

13.3.6　基板与外壳的焊接失效

基板与外壳焊接的失效模式、失效机理和工艺原因主要总结如下。

（1）由于基板焊接结构设计和工艺控制不当，引起焊接浸析，导致基板附着力下降。原因是基板背面金属化层过薄、焊接温度过高、再流焊次数过多。

（2）因焊料选择不当，影响了基板焊接的附着强度和长期可靠性，原因是在基板与镀 Au 外壳间的焊接使用了含 In 的焊料（Pb-In）。

（3）失效控制对策及控制基板浸析现象的措施：一是加厚金属化层的厚度，二是严格控制工艺过程中再流焊的次数。例如，在某组件基板的焊接工艺中，采用了加厚基板金属化层一倍、再流焊次数由原来的 2 次调整为 1 次的改进方法，取得了良好的效果。从浸析试验看，改进工艺后样品的耐浸析次数由原来的 5 次提高到 17 次（10s/次），同时基板的可焊性、附着性、抗拉强度都提高了。限制采用 Pb-In 焊料，在外壳镀金层大于 1.2μm 时，禁止使用含 In 焊料，以提高基板焊接的长期可靠性。

13.3.7　气密性封装失效

气密性封装按材料分有两种形式：金属气密性封装、陶瓷金属气密性封装。气密性封装的失效模式：水汽超标（GJB 548 规定水汽含量<5000ppm）。

主要失效机理及原因分析如下。

（1）气密性封装内部水汽超标的来源有三个：腔体内各部分材料表面和内部吸附的水汽随温度变化而解吸；封盖操作时封口气氛中的水汽；外壳漏气部位渗入的水汽。表 13-4 所示的是某 HIC 产品内部水汽超标的案例，电路内部水汽含量超出标准规定的要求达到近 1000 倍，严重影响 HIC 产品的可靠性。

表 13-3　某电路内部水汽超标气氛成分（压力：553.0 torr）

气体成分	单 位	含 量
氮气	%	96.4
氩气	ppm	111
水汽	%	2.89
氢气	ppm	706
氦气	ppm	<100
甲醇	ppm	435
丁酮	ppm	224
二氧化碳	ppm	4.793
THF 气体	ppm	764

注：1% = 10 000ppm

（2）混合电路在老化后内部水汽超标导致漏电增加。研究发现，封装后 125℃老化后，发现助焊剂热退化产生超量的水汽，除了水汽外，气体分析时还检测出二氧化碳、异丙醇、甲醇，漏电流是因为基片表面带有残余助焊剂的布线导体之间出现金属迁移。

（3）气密性封装中常采用低熔玻璃进行陶瓷熔封封装，由于陶瓷材料在使用前呈粉末状，表面积很大，因此难免在加工中吸收一些潮气，尽管这些水分在封接前可以通过加热而将其排除，但并不能彻底排除干净，容易在封接后残留在封装的空腔中，形成对芯片和其他部位的腐蚀。

（4）外引脚玻璃绝缘子破裂，导致气密性封装失效。封接材料间的热膨胀系数差异是影响封接质量的关键；玻璃绝缘子中存在气泡，在温冲应力的作用下，气泡处产生的应力集中导致裂纹萌生和迅速扩展；金属环-玻璃、引脚-玻璃封接界面缺少必要的晶间氧化层过渡或氧化层很薄，不能形成封接界面材料的相互浸润，降低了玻璃绝缘子的密封性和密封强度。可参考国外绝缘子的结构，选用铁镍合金与铜封接，再选择膨胀系数较高的软玻璃，使中间引线与基座间形成分级封接，以减小封接应力，提高产品的封接质量。

13.3.8　功率电路过热失效

功率电路过热失效模式：元器件超出允许工作温度上限而烧毁或参数超差，主要失效机理及原因分析如下。

（1）功率芯片结温过高导致烧毁或参数超差。设器件芯片的最高允许结温为 T_{JM}，一般对于硅芯片 T_{JM}=175℃，对于锗芯片 T_{JM}=100℃[4]。一旦器件芯片的结温 T_J 超出 T_{JM}，则芯片会出现参数漂移甚至烧毁。在器件功率一定和外壳温度一定的情况下，影响器件结温的主要因素是封装热阻，主要表现在 3 个方面：热流路径上的封装结构尺寸；封装材料的热传导系数；热流路路径上的黏结/焊接界面热阻。

（2）当元件的工作温度超出表 13-4 规定的温度上限时，元件就会失效或参数超差，因此必须保证元件工作在允许的温度以下，这是功率元件过热控制设计的基本原则。应选择适当的黏结材料、基片、外壳，控制散热带来的问题。典型电子元器件最高允许工作温度和额定功率的最高允许壳温列于表 13-4。

表 13-4　典型电子元器件最高允许工作温度 T_{JM}

元器件类别		T_{JM}（℃）	额定温度 T_S/N_T（℃）
微电路	单片 IC	175	25～40
晶体管	硅双极晶体管	175	25
	锗双极晶体管	100	25
	微波双极晶体管	200	—
二极管	普通硅二极管	175	25
	普通锗二极管	125	25
	微波硅检波、微波混频二极管	150	25
	微波锗检波、微波混频二极管	70	25
电阻器	合成电阻器（炭膜）*	130	70
	碳膜电阻器	120	70
	薄膜电阻器（金属膜、金属氧化膜）*	150	70
电容器	类瓷介电容器	85/125/155*	85/125/155*
	固体钽电容器	85*/125	85
感性元件	变压器（绝缘等级：Y/A/E/B/F/H/C）	90/105/120/130/180/>180	90/105/120/130/180/>180
	线圈（绝缘等级：Y/A/E/B/F）	90/105/120/130/155	90/105/120/130/155

13.4 失效分析方法和程序

混合集成电路失效分析的目的是失效定位和找出失效机理，其方法与分立元器件的失效分析方法基本相同，但失效定位的层次一般定位在微互连、封装和元器件等部位，通过失效分析发现失效的原因，进而指导混合集成电路在组装、封装和元器件优选等方面控制措施的制定。由于混合集成电路可以实现内部局部测量，因此，其失效分析程序中的电性能测量包括外部电测和内部局部电测，一般分析流程如图 13-11 所示。

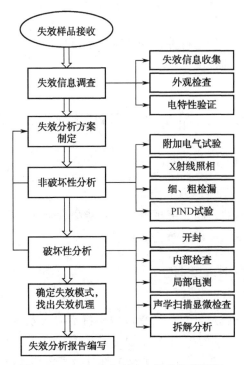

图 13-11 混合集成电路失效分析流程图

13.4.1 失效样品接收

接收失效样品的同时，应附加对比分析的良品。由失效分析委托方提供 1～2 个同型号同批次的混合集成电路良品。在接收失效样品时，应详细记录失效样品的产品特点、外部特性，必要时可直接到失效现场取样。

13.4.2　失效信息调查

失效样品的信息调查包括失效信息收集（委托方提供）、外观检查和电特性验证，信息调查的原则是记录所有相关信息，具体的调查要求如下。

1. 失效信息收集

（1）失效样品的产品名称、型号和生产批次信息，产品详细规范或技术参数。

（2）失效地点、时间等，若筛选失效，提供筛选项目及应力水平信息；若鉴定或批次检验考核失效，提供试验项目及试验应力水平信息；若随整机调试失效，提供整机调试环境和电载环境信息；若在整机使用中失效，提供整机工作状态和工作周期信息（温度、湿度、气压等）。

（3）失效现场情况，如电特性、外观等异常信息。

（4）产品考核参照的标准。

2. 外观检查

（1）放大 30 倍进行光学检查：外引脚和玻璃绝缘子、镀层、封盖焊接部位，标志等。

（2）与良品对比检查，并拍照。

3. 电特性验证

（1）根据失效样品的产品详细规范，尽可能测量全部电性能参数。

（2）与良品对比测量，记录所有测量数据。

13.4.3　失效分析方案制定

失效分析分析方案就是针对混合集成电路特定的失效模式给出的失效分析流程项目和分析要点。失效分析方案制定的基本原则是：尽可能从失效样品中获取更多的与失效相关的信息和证据，因此，非破坏性分析完成后才进行破坏性分析。

在失效信息调查后，根据初步确定的失效模式和可能的失效记录，制定初步的失效分析方案；在非破坏性分析或破坏性分析后，若发现失效模式和失效机理与预测的有很大差异，则重新修改和制定失效分析方案。

13.4.4　非破坏分析

非破坏性分析是指混合集成电路开封前的分析项目，非破坏性分析主要包括：

附加电气试验、X 射线照相、密封性细/粗检漏等；必要时，可重复电气试验。

（1）附加电气试验。目的是检验失效样品在规定的工作温度下电特性是否满足要求，包括：低温、常温、高温的电特性，可根据 GJB 2438 标准表 C.11 的 A 组检验，进行常温、最高额定工作温度、最低额定工作温度下的静态、动态性能及开关特性的检验。

（2）X 射线照相。目的是检查混合集成电路内部的缺陷，包括：基片黏结空洞、贴装元器件界面空洞、芯片键合丝缺陷等，以及金属类多余物，根据 GJB 548 标准 2012 方法的缺陷判据进行判定。必要时，可以采用机械方法减薄管座，便于用 X 射线观察。

（3）密封性检查。目的是检查气密封装混合集成电路的密封性缺陷，密封性检查分粗检漏和细检漏，重点观察外引脚处玻璃绝缘子和封盖部位裂纹导致的密封性泄漏问题，包括：玻璃绝缘子裂纹、绝缘子与外壳间隙、电路金属盖板焊缝隙。根据 GJB 548 标准 1014 方法的漏率判据进行判定。

（4）PIND 试验（粒子碰撞噪声检测试验）。目的是检测电路气密封装电路内部可能存在的自由粒子，这些粒子或是焊接过程中残留的锡渣，或是键合丝尾端残留，或是有机胶黏结残留物，当这些粒子质量足够大时，可以通过 PIND 试验激励内部可移动粒子与封装壳体碰撞，并检测粒子碰撞噪声。根据 GJB 548 标准 2020 方法的监测失效判据进行判定。

13.4.5　破坏分析

破坏性分析是指混合集成电路开封后的分析项目，破坏性分析主要包括：开封、内部检查、局部电测、声学扫描显微检查、拆解分析等。

（1）开封。目的是打开电路的气密封盖，根据气密封装工艺采用不同的开封方式，封盖是平行缝焊或激光焊则采用机械打磨方式开封；封盖是锡缝焊则采用加热熔锡方式开封；若是灌封电路，则采用化学去除包封料方式开封。结合 X 射线检查情况，确定开封要求。

（2）内部检查。目的是检查混合集成电路的内部材料、结构和制造工艺存在的缺陷，检查内容包括：内装元器件缺陷、元器件黏结缺陷、各种键合缺陷等，根据 GJB 548 标准 2017 方法规定的缺陷判据进行判定。

（3）局部电测。目的是失效定位，确定电路的失效单元、失效元器件，可以采用机械探针方式进行局部电测，或采用探针超声切割方式对内部电路进行断开和电测。

（4）声学扫描显微检查（C-SAM）。目的是检查混合集成电路的基片黏结界面、芯片焊接界面的空洞，可以参考 GJB 548 标准 2031 方法规定的缺陷判据进行判定。

（5）确定失效模式，找出失效机理。根据上述电测、物理和化学分析，确定失效样品的失效模式、找出失效机理，分析失效的原因，从设计、工艺、试验和使用方面提出纠正措施。

13.4.6　失效分析报告的编写

整理失效信息和数据，编写失效分析报告。报告内容包括：失效品信息，电测、物理和化学分析结果，失效分析结论。

需要指出的是，失效分析是一种失效机理假设并测试验证的过程，并非每一个失效分析项目都能准确证实失效机理，失效分析也有失败的可能，但这并不妨碍失效分析过程对失效信息的积累，作为今后失效分析的参考。

13.5　失效分析案例

【案例1】DC/DC 电源厚膜混合集成电路电容器过热分析

1. 背景情况

某 DC/DC 电源厚膜混合集成电路，为满足高频、大容量输入端电容，且在高温条件下使用的要求，选用片钽电容器、独石电容器，分别对其工作热性能进行比较。要求在壳温 125℃条件下，内部元器件工作温度满足设计要求。

2. 分析说明

（1）电容器选择分析。

片钽电容器 10μF/50V，容量大高频特性好，但 240kHz 为电容器的谐振点，在 20kHz 以上，损耗即已明显增大，达到了百分之几十，几乎无法使用，而该类电容器在电路中的设计使用频率在 100kHz 以上。

独石陶瓷电容器 X7R 系列 2.2μF/63V，容量大高频性能好，但 330kHz 左右为电容器的谐振点，在 40kHz 以上，损耗即已大于 5%，超过了规定标准。而该类电容器的设计使用频率在 100kHz 以上。这两类电容器均不适合在高频下使用，但由于电路设计需要高频、高容量的电容器，选择数个独石电容器并联以取得大容量。

（2）热性能检测比较和优选。

对片钽电容器结构、叠层独石电容器结构的 DC/DC 电源电路进行红外热像检测对比，如图 13-12 和图 13-13 所示，结果显示：在 125℃壳温条件下，片钽电容器的工作温度达到 159℃，超过 125℃的上限要求，热性能不合格；而叠层组装结构的两个独石电容器工作温度为 115℃，满足小于 125℃工作温度上限的要求，故优选独石电容器组装产品。

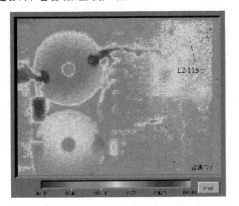

图 13-12　DC/DC 电源片钽电容温度 159℃

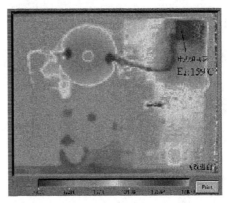

图 13-13　DC/DC 电源片钽电容温度 115℃

3. 结论

该电路在 125℃壳温条件下工作，输入端电容采用独石电容器时的热性能优于片钽电容器。

【案例 2】硅橡胶灌注封装 DC/DC 电源模块电压击穿烧毁分析

1. 失效背景

失效 DC/DC 电源模块为硅橡胶灌注封装，输入电压为 300VDC，输出电压 28VDC。电源模块焊在电路板上工作，经历过板级筛选试验及整机环境应力试验（高温、低温、振动等试验），样品在整机环境应力试验时出现失效（失效环境温度为 65℃），表现为样品输入端各引线间短路。

2. 分析说明

样品电性能测试及 X-ray 观察，确定电源模块的失效位置在输入端，表现的失效现象为输入端各引线间呈低阻状态。

电源模块开封后内部输入端形貌观察分析可见，由于 MOS 管均烧毁，导致 MOS 管芯片极间短路，引起样品输入端呈现低阻状态。

由三只 MOS 管的焊接情况可知，MOS 管漏极（散热片）的焊接面积小于 30%，显然，该管子工作中散热不良，可导致其周边温升大，不同材料之间的温差大，因此不同材料之间的界面剪切力大，在样品试验的通断电过程，管子不断经历高温和低温过程，一方面，由于界面剪切力的作用，将引起灌封橡胶的界面分离；另一方面，高低温变化过程引起管子附近对外界气体的呼吸作用，从而，该管子周围的界面引入外部水汽或离子，以及管子焊接时所残留的焊剂气化、焊料熔融外流，使源极（散热板）与漏极（外引脚）之间通过界面发生电压击穿、打火。

电源模块失效样品外观如图 13-14 所示，击穿烧毁的 VMOS 管如图 13-15 所示。

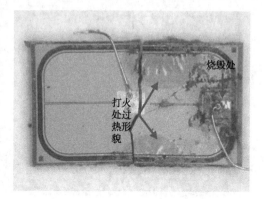

图 13-14　电源模块失效样品外观　　　图 13-15　击穿烧毁的 VMOS 管

3. 结论

样品内装功率管（MOS 管）外部 D（漏极）和 S（源极）之间电压击穿烧毁。出现电压击穿烧毁的可能原因：内装功率管与 PCB 之间的焊接存在空洞，引起该管子散热不良，从而导致样品工作时内部温度高，样品通电工作和断电过程中，内部热应力大，引起灌封材料与 PCB 等界面分离，而受外部水汽侵蚀，导致界面耐压下降，因此发生电压击穿。

参 考 文 献

[1] 混合集成电路通用规范. 中华人民共和国国家军用标准 GJB 2438A—2002. 中国人民解放军总装备部批准发布，2003.

[2] 膜集成电路和混合集成电路术语. 中华人民共和国国家标准 GB/T 12842—1991. 国家技术监督局发布，1996.

[3] 毕克允. 中国军用电子元器件. 北京：电子工业出版社，1996.

[4] 电子设备可靠性预计手册. 中华人民共和国国家军用标准 GJB/Z299B—1998. 中国人民解放军总装备部批准发布，2006.

[5] 曲喜新. 电子元件材料手册. 北京：电子工业出版社，1989.

[6] 田民波. 电子封装工程. 北京：清华大学出版社，2003.

[7] Tapan K. Gupta. 厚薄膜混合微电子学手册. 王瑞庭，朱征，等，译. 北京：电子工业出版社，2005.

[8] 杨邦朝，张经国. 多芯片组件（MCM）技术及其应用. 成都：电子科技大

学出版社，2001.

[9] BI-SHIO CHIOU, K. C. LIU, JENQ-GONG DUH, AND P. SAMY PALANISAMY. Intermetallic Formation on the Fracture of Sn/Pb Solder and Pd/Ag Conductor Interfaces[C]. IEEE TRANSACTIONS ON COMPONENTS, HYBRIDS, AND MANUFACTURING TECHNOLOGY, VOL. 13, NO. 2, JUNE 1990.

[10] 邓永孝. 半导体器件失效分析[M]. 北京：宇航出版社，1991.

[11] [美]Rao R. Tummala, Eugene J. Rymaszewski, Alan G. Klopfenstein. 微电子封装手册（第 2 版）. 中国电子学会电子封装专业委员会电子封装丛书编辑委员会，译校. 北京：电子工业出版社，2001.

第14章

半导体微波器件的失效分析方法和程序

伴随着微波技术的不断发展与进步，半导体微波器件已广泛用于微波通信系统、遥测系统、雷达、导航、人造卫星和宇宙飞船等各个领域。利用微波器件可以设计微波振荡器（微波源）、功率放大器、混频器、检波器、微波天线、微波传输线等，然后可将它们组合成各种具有特定功能的微波电路，如发射机、接收机、天线系统等，用于雷达、电子战系统和微波通信系统等电子装备。

微波半导体器件是指由 Ge、Si 和 III～V 族化合物半导体材料制成的工作在微波波段的器件。本章按照微波器件的制造工艺将微波器件分为三大类：第一类是微波分立器件（微波二极管和微波晶体管）；第二类是微波单片集成电路（即通常所说的 MMIC）；第三类是微波组件，即利用各种微波元器件（至少有一个是有源的）和其他零件组装而成的各种微波混合电路和功能模块。

14.1 工艺及结构特点

14.1.1 微波分立器件的工艺及结构特点

微波分立器件的封装除了要解决管芯和引脚的电连接和提供机械、化学保护这两个问题外，管壳的设计和选用还要考虑管壳寄参量对器件微波传输特性的影响。微波管壳也是电路的一部分，它本身就构成了一个完整的输入、输出电路。因此，管壳的结构形状、尺寸大小、介质材料、导体的图形和配置等都要与器件的微波特性和电路应用方面相匹配。这些因素确定了管壳的电容、电引线电阻、特性阻抗及导体和介质的损耗等参数。这些参数对于被封装的芯片需要具有最佳值。

微波晶体管管壳主要采用多层陶瓷结构，如图 14-1 所示。管壳由金属盖、多层陶瓷腔体和外引线三部分组成。腔体底部有金属化图形，以便焊接管芯和键合内引线。腔体顶部的金属化环用来焊接金属盖。腔体背面的金属化图形，供焊接外引线之用。腔体侧面有金属化连线，再加上埋层导体，以实现器件内、外引线的电连接。

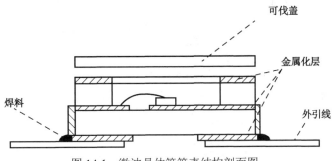

图 14-1　微波晶体管管壳结构剖面图

14.1.2　微波单片集成电路的工艺及结构特点

微波单片集成电路（MMIC）是用半导体工艺把有源器件、无源器件和微波传输线、互连线等全部制作在一片砷化镓或硅片上而构成的集成电路。MMIC 中的有源器件包括 MESFET、HEMT、PHEMT 和 HBT 等，可实现振荡、混频、放大等功能，以及由上述功能器件组合的多功能 MMIC。此外 MMIC 在电路中还采用了许多无源器件（如电容、电感和电阻）来实现阻抗匹配、直流配置、相移、滤波等功能。

1. 电容工艺及结构特点

微波单片电路中最常用的有两种电容结构：①耦合线形成叉指型电容；②金属-绝缘-金属（Metal-insulator-Metal，MIM）电容。当电容的容值小于 1pF 时，常使用叉指型电容。若电容值大于 1pF，则叉指型电容面积过大，导致分布效应大增，故不利于使用。而 MIM 电容几乎适用于所有电路，尤其是当电容用于隔直时，需要使用大电容值，这时就只能使用 MIM 电容。

叉指型电容及其子元件的结构如图 14-2 所示。若把电容看成微波电路，则可视叉指型电容由若干个微波子元件构成：微带线、微带线开路端、不对称的微带隙、不对称的90°微带弯头、微带 T 形结等。

当工作频率低于 20GHz 以下时，在 MMIC 中可以用 MIM 电容，MIM 电容结构图如图 14-3 所示。MIM 电容实质是在上下金属板中间填充了介质的平行板电容器，电容值与金属电极面积成正比，与介质厚度成反比。

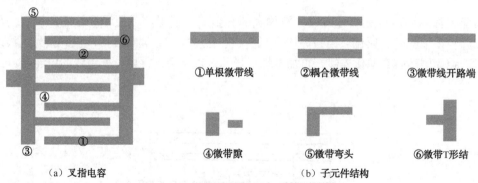

（a）叉指电容　　　　　　　　　　（b）子元件结构

①单根微带线　　②耦合微带线　　③微带线开路端

④微带隙　　　　⑤微带弯头　　　⑥微带T形结

图 14-2　叉指型电容及其子元件结构图

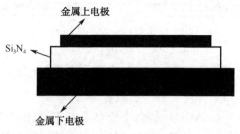

金属上电极

Si₃N₄

金属下电极

图 14-3　MIM 电容结构图

2. 电感工艺及结构特点

　　微波单片电路设计中常使用高阻抗线（即带线电感）、拱形线电感和多环螺旋电感。电感结构图如图 14-4 所示。其中，微带高阻抗线是两端和传输线相连的很细的微带线；拱形电感在 MMIC 早期被广泛采用，原因可能是因为它不需要采用空气桥，工艺相对简单；随着工艺水平的进步，近年来很少使用；螺旋电感为 MMIC 中较多采用的电感。因为制作几 nH 的螺旋电感要比上述两种电感所占用的芯片的面积小得多。

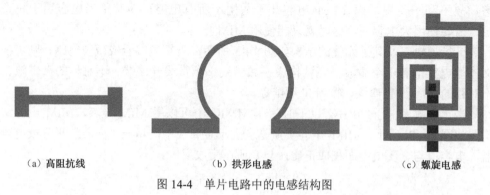

（a）高阻抗线　　　　　　　（b）拱形电感　　　　　　　（c）螺旋电感

图 14-4　单片电路中的电感结构图

3. 电阻工艺及结构特点

微波单片电路设计中，电阻有两种类型：GaAs 电阻和金属薄膜电阻。根据 MMIC 制备中器件的隔离方法，GaAs 电阻可以是平面的，也可以是台面的（见图 14-5（a））。金属薄膜电阻（见图 14-5（b））可以利用 NiCr、TaN 等薄膜材料通过蒸发或溅射工艺形成。

（a）GaAs电阻　　　　　　　　　　　　　　　　（b）金属薄膜电阻

图 14-5　单片电路中电阻结构图

4. GaAs MESFET MMIC 的工艺及结构特点

GaAs MESFET MMIC 是微波单片电路中工艺最成熟、应用最广泛的，而 GaAs MESFET 有源器件是其核心元器件。GaAs MESFET 的典型 MMIC 工艺流程框图如图 14-6 所示，图 14-7 是对应的工艺流程剖面图。

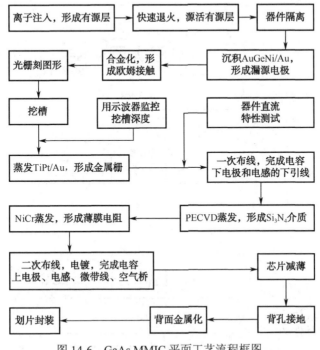

图 14-6　GaAs MMIC 平面工艺流程框图

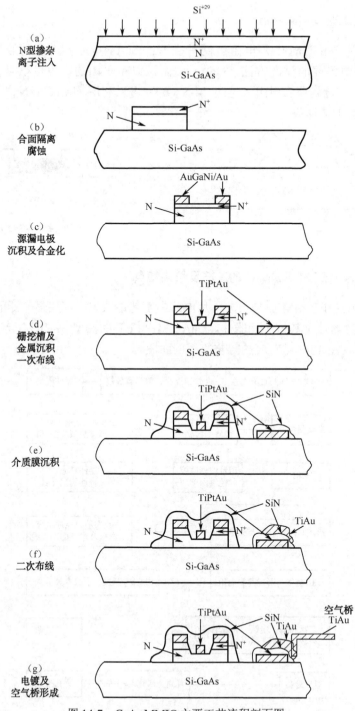

图 14-7 GaAs MMIC 主要工艺流程剖面图

14.1.3　微波组件的工艺及结构特点

微波组件的封装目的已不仅是给芯片提供一个"居室"，它同时还参与了信号（电磁波）的传输。所以，微波组件封装就电学特性而言会考虑到它的整体性、频率特性；封装后能满足工作频率范围的要求及专用性（强调特定的输入/输出阻抗或阻抗匹配）。此外，散热设计和机械设计也是重要的。

微波组件的封装可分为两个层次（级别）：第一层次（芯片级）将包含若干有源器件（如ＦＥＴ、二极管）、无源电路及偏置线等的半导体芯片装在一个载体上，最常见的就是陶瓷封装；第二层次（组件级）将上述封装安置在一个衬底上，这个衬底上也可以另加有源器件和无源电路，而它本身也被载入某种封装之中，用同轴电缆或其他方式与外部连接，直到组装成"子系统"或"模块"。

14.2　失效模式和机理

尽管微波分立器件、单片集成电路和微波组件各有不同的失效模式，但总体上可分为功能失效和特性退化两大类，功能失效具体又包括输入或输出短路或开路、无功率输出、控制功能丧失等；特性退化具体有输出功率或增益下降、损耗增大、控制能力下降、饱和电流下降、PN结特性退化等。

14.2.1　微波分立器件的主要失效模式和失效机理

微波分立器件的主要失效模式和失效机理见表14-1，而其中失效机理又可以具体到封装失效和芯片失效两大类。

表 14-1　常见微波分立器件的主要失效模式和失效机理

失 效 模 式	封 装 失 效	芯 片 失 效
漏电/短路	密封壳体内水汽含量超标； 密封壳体内沾污或有导电性多余物； 黏结焊料堆积或爬升至芯片表面； 塑封料界面分层且水汽含量大； 引脚间金属迁移短路	静电或过电损伤； 金属布线电迁移； 表面钝化层、介质层缺陷或芯片破损至有源区； 氧化层电荷； 芯片表面沾污

失 效 模 式	封 装 失 效	芯 片 失 效
阻抗增大/开路	引线键合相关：①金铝键合紫斑退化；②引线腐蚀开路；③引线机械损伤；④引线热疲劳； 芯片黏结退化致使接触电阻增加； 引脚腐蚀或机械断裂，塑封器件爆米花效应导致引线拉脱	静电或过电应力损伤； 金属布线腐蚀； 金属布线热电迁移； 过热导致芯片开裂
饱和压降增大	芯片黏结退化； 引线键合退化	静电或过电应力损伤； 电极接触电阻退化； 芯片工艺缺陷
耐压值降低	密封壳体漏气； 塑封料水汽含量过大； 密封壳体内沾污	钝化层、层间介质层缺陷； 半导体有源层存在位错； 雪崩热电子效应； PN 结制造工艺缺陷
功率增益退化	引线键合退化； 芯片黏结界面退化； 陶瓷和管壳底座烧结界面的退化； 匹配电容的退化； 各独立芯片之间功率分配不匹配导致退化	钝化层、层间介质层缺陷； 氧化层电荷； 电极接触电阻退化； Si-SiO_2 界面状态退化； 氧化层击穿
烧毁失效	芯片和基板或基板和散热底座之间烧结空洞； 匹配电容击穿； 独立芯片之间功率不匹配	输入过功率； 输出失配； 热电二次击穿

14.2.2　微波单片集成电路的主要失效模式和失效机理

GaAs MMIC 的失效大致可以分为三大类：①有源器件的失效；②无源器件的失效；③与封装相关的失效。其中有源器件的失效机理与分立器件类似，但因材料、工艺和结构的不同又有其独特的失效机理，包括栅金属下沉、欧姆接触退化、表面态效应、电迁移、氢效应等。

GaAs MMIC 中的基本单元 MESFET 的关键性能取决于有源沟道的质量，因此栅极的肖特基金属-半导体界面直接影响器件的电参数。因此当栅极金属（Au）与GaAs 材料由于热加速发生互扩散时，将降低有源沟道深度，改变沟道有效掺杂，这种效应称为"栅下沉"。而欧姆接触退化也与作为欧姆接触的金属与 GaAs 材料间互扩散有关。表面态效应是指钝化层和 GaAs 之间的界面质量与表面态密度密切相关，表面态密度增加将降低栅/漏区的有效电场，导致耗尽区宽度增加和击穿电压的变化。电迁移一般在较窄的栅条间和功率器件（电流密度大于电迁移发生的阈值电

流密度为 $2×10^3 A/cm^2$）上发生，在源、漏接触边沿和多层金属化互连间都可以观察到。在气密性封装或含氢气氛中试验的 GaAs 器件出现了 I_{DSS}、V_P、g_m 和输出功率的退化，原因是封装金属中（可伐、电镀金属）放出的氢气使得器件性能退化，氢作用的具体原理目前还不是很清楚。GaAs MMIC 有源器件的失效模式及机理如表 14-2 所示。

表 14-2　GaAs MMIC 有源器件的主要失效模式及失效机理

失 效 模 式	失 效 机 理
饱和 I_{DSS} 退化	栅金属下沉；表面效应；氢效应
栅极漏电流 I_{GL} 增大	互扩散；表面态效应
夹断电压 V_P 退化	栅金属下沉；表面效应；氢效应
漏源电阻增大	栅金属下沉；欧姆接触退化
烧毁	ESD；EOS；电迁移；互扩散引起热功耗增大

GaAs MMIC 无源器件的主要失效模式及机理如表 14-3 所示。

表 14-3　GaAs MMIC 无源器件的主要失效模式及机理

失 效 模 式	失 效 机 理
电容击穿	介质层针孔缺陷；金属尖刺；ESD
电感退化	空气桥塌陷；热烧毁；电迁移
电阻退化	电迁移；热烧毁
空气桥退化	空气桥塌陷；电迁移；金属破裂；热烧毁
传输线退化	电迁移；金属布线与 GaAs 分离
通孔退化	电迁移；热失配；金属与 GaAs 分离

另外，塑封微波单片电路的封装材料与芯片界面、封装材料与芯片支架界面存在分层通常也会引起失效，因为分层及分层过程中形成的应力可导致微波器件键合失效（应力拉脱或腐蚀断裂）、芯片钝化层开裂，甚至金属化台阶退化。分层可分为两种，一种是热失配造成的分层，通常发生在外部温度急剧变化或热循环过程中，塑封料与芯片、基板之间的热膨胀系数不匹配造成分层或开裂；另一种为爆米花效应，特指已经受潮吸湿的塑封器件通过高温焊接到电路板上时，水汽在高温下受热膨胀导致的分层现象。

14.2.3　微波组件的主要失效模式和失效机理

微波组件内部封装了有源部分和无源部分，有源部分包含单芯片、多芯片、封装器件及单片电路及它们的组合，无源部分含电阻、电感、电容、分布式传输线等元件及做成传输线的电路基板。主要的失效模式除了微波分立器件和微波单片电路中出现的模式外，微波组件本身的制造工艺缺陷导致的失效也占有很高的比例，主要失效原因有键合金丝从微带线上脱落、电路基板开裂、元器件组装工艺缺陷、芯片烧结空洞和线圈电感脱落等。

14.3 失效分析方法和程序

尽管微波分立器件、单片集成电路和微波组件的失效模式和失效机理各有特点，所对应的失效分析方法和流程也有所区别。总的来说，微波器件失效分析过程都遵循同样的分析思路，即按照非破坏性分析—半破坏性分析—破坏性分析的流程。微波器件失效分析的基本流程如图 14-8 所示。

（1）样品接收与失效信息调查：在进行样品分析前应首先保护好现场信息，记录现场失效时的环境、电应力、失效历史数据和失效表现等情况。

（2）失效模式确定：通过外观观察、电测试、失效复现，对样品的失效进行失效模式确定，包括是否开路、短路或漏电。例如电容是否短路、增益是否下降、栅极是否漏电等。

（3）失效点定位：根据样品采用塑封封装还是密封封装，决定不同的分析步骤。封装级定位主要是结构分析、界面分层分析和物理特性分析。对于塑封器件，结构分析需要借助 X 射线探明样品内部引线连接是否完好、内部是否存在互连或断裂现象，用扫描声学显微镜确定关键界面是否分层；对于密封器件，需要确定腔体是否漏气、内部气氛是否满足封装要求、是否存在多余物、黏结空洞是否影响到长期可靠性。排除了失效是由封装造成之后，对芯片级失效进行定位，利用 FIB 进行失效隔离，OBIRCH 进行阻性短路分析，EMMI 进行结漏电、介质损伤、栅极损伤漏电分析，结合版图分析、微探针测试、局部电路 EMMI/OBIRCH 查找失效点。

（4）制样并确定失效机理：失效点定位后，利用先进制样方法观察剖面，或者用反应离子刻蚀等方法对内部电路进行去层处理，进行逐一目检，利用高放大倍数的扫描电子显微镜（SEM）、透射电子显微镜（TEM）展现失效形貌，必要时采用EDS、SIMS 等表面微区材料分析方法进行成分分析，最终确定失效机理。

（5）原因分析：综合分析，根据失效机理、失效信息等证据对样品的真正失效原因进行界定，并出具报告。

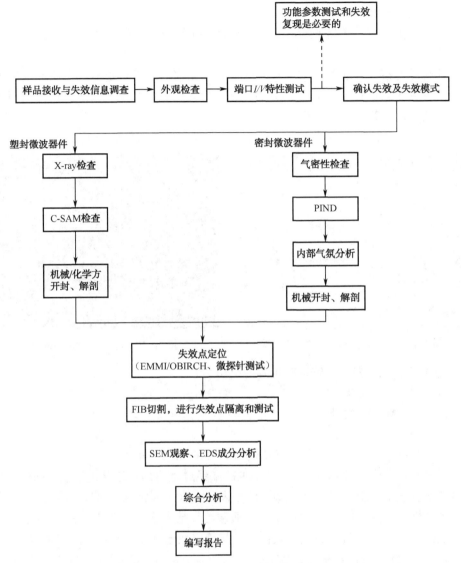

图 14-8　微波器件失效分析的基本流程

14.4　失效分析案例

【案例 1】放大器——输入管电压击穿

（1）样品：放大器。

（2）失效模式：放大倍数退化。

（3）失效机理：EOS。

（4）分析说明：样品电测，确认输入端 RFIN、输出端 RFOUT 与 GND 间存在漏电特性。

开封后观察，样品输入端二极管两极间可见熔融、熔坑形貌，呈明显电压击穿特征（见图 14-9、图 14-10）。输入管电压击穿后，在 RFIN 与 GND 间形成漏电通道，导致其输入偏置降低，样品失效。

（5）分析结论：样品输入端二极管电压击穿导致输入偏置降低。

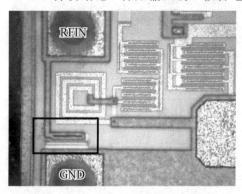 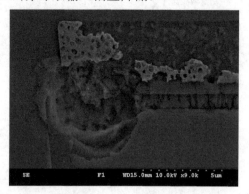

图 14-9　开封后样品输入端芯片形貌　　　　图 14-10　输入二极管熔融形貌

【案例 2】混频器——输入端电容静电击穿

（1）样品：混频器。

（2）失效模式：短路。

（3）失效机理：ESD。

（4）分析说明：样品电测，确认端口 RF、GND 之间短路失效。

通过开封观察内部芯片版图可知，RF 端经过电容后再连接电感至 GND，短路只可能出现在电容上。直接观察输入电容表面，未见异常点（见图 14-11），去除电容金属电极（见图 14-12），可见电容介质层已经被击穿（见图 14-13），击穿点直径不到 1μm，呈小能量瞬时放电失效特征，与静电放电（ESD）失效形貌类似。

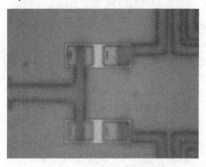 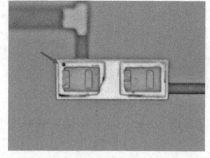

图 14-11　样品输入电容形貌　　　　图 14-12　去除金属化层后输入电容形貌

（5）分析结论：样品为静电放电（ESD）导致内部电容击穿失效。

图 14-13　电容击穿点形貌

【案例3】微波功率管——大电流过功率烧毁

（1）样品：微波功率管。

（2）失效模式：烧毁。

（3）失效机理：EOS。

（4）分析说明：样品在使用时出现无输出失效。

开封可见样品集电极电容出现大面积过电烧毁现象，并且晶体管熔融击穿（见图 14-14、图 14-15），表现为大功率烧毁失效。良品的密封性及水汽正常，声扫也未见基板存在大面积空洞，样品封装工艺未见明显缺陷。

（5）分析结论：样品由于受到大电流冲击导致过功率烧毁失效。

图 14-14　样品开封后的形貌

图 14-15　样品集电极金丝过流熔断形貌

【案例4】功率放大模块——内部电容介质层机械损伤

（1）样品：功率放大模块。

（2）失效模式：端口对地阻抗减小。

（3）失效机理：内部芯片表面电容介质层机械损伤造成短路。

（4）分析说明：样品电测，表现为端口 Vg 对 GND 短路失效。样品外观、密封性及内部气氛未见明显异常，开封后目检，可见芯片表面电容有损伤（见图 14-16）。

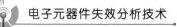
经过独立探针测试，确认短路位置位于芯片上的输入电容，电容介质层机械损伤，导致短路。且内部均未见明显过电损伤形貌。

（5）分析结论：样品内部芯片输入端电容介质层机械损伤短路造成失效。

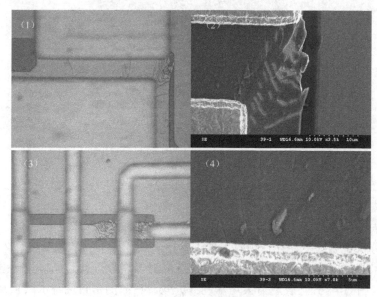

图 14-16　电容器介质层破损形貌

参 考 文 献

[1] 李春发. 微波晶体管管壳电参数分析. 微纳电子技术，1979，（3）.

[2] 程知群. 砷化镓微波单片集成电路研究（GaAs MESFET 单片混频器和 AlGaInP/GaAs HBT 单片功率放大器）. 中国科学院博士学位研究生学位论文，2000.

[3] 孔学东，恩云飞. 电子元器件失效分析与典型案例. 北京：国防工业出版社，2006.

[4] 黄云. GaAs 微波单片集成电路的主要失效模式及机理. 电子产品可靠性与环境试验，2002，（3）.

第 **15** 章

板级组件的失效分析方法和程序

板级电子组装工艺将印制电路板与元器件有机装联形成印制板组件（PCBA），并使得产品初步具备功能。板级组装工艺涉及工序繁多、影响因素复杂，通过焊接工艺形成的互连焊点的质量直接影响整机产品的质量和可靠性。因此，了解印制板及板级组件的主要失效模式和失效机理，有针对性地开展失效分析方法研究，对于板级组装工艺的实施与控制、预防其失效具有重要的意义。

15.1 印制板工艺技术概述

15.1.1 印制电路技术概论

印制电路[1]是在绝缘基板上有选择性地加工孔和布设金属的电路图形，能够安装、固定与连接电子元器件电信号的组装板，一般称为"印制电路板"或"印制线路板"（Printed Circuit Board，PCB）。

在印制电路板出现之前，电子元器件之间的互连都是依靠电线直接连接，形成完整的线路。印制电路板的出现是划时代的进步，经历 100 多年的发展后，印制电路板在电子工业中已占据了绝对统治的地位。印制电路技术早已发展成为一门完全独立、自成体系的生产技术。未来印制电路板生产制造技术发展趋势是在性能上向高密度、高精度、微孔径、细导线、密间距、高可靠、多层化、高速传输、轻量、薄型方向发展。

近十几年，我国 PCB 制造业发展迅速，总产值、总产量双双位居世界第一。由于电子产品的发展和更新日新月异，价格战改变了供应链的结构，中国兼具产业分布、成本和市场优势，已经成为全球最重要的印制电路板生产基地。

1. 印制电路板的特点

印制电路板主要是由绝缘基材、金属布线和连接不同层的导线、焊接元器件的"焊盘"组成。它的主要作用是提供电子元器件承载的载体，并起到电气和机械连接的作用。采用印制电路的主要优点是：

（1）由于图形具有再现性和一致性，减少了布线和装配的差错，节省了设备的维修、调试和检查时间；

（2）设计上可以标准化，有利于互换；

（3）布线密度高，体积小，质量轻，有利于电子设备的小型化；

（4）有利于机械化、自动化生产，提高了劳动生产率并降低了电子设备的制造成本。

2. 印制电路板的分类

印制电路板的分类方法很多，常见的分类方法是按照线路布线层数和密度划分为单面板、双面板和多层板。

单面印制电路板（Single Sided Printed Board，SSB）：仅在介质基材的一面上布有电路图形（导线）的线路板。因为单面板在设计线路上存在许多严格的限制，集成密度不高，因此目前仅应用于功能简单的产品或低端产品上。

双面印制电路板（Double Sided Printed Board，DSB）：在介质基材的两个面上都布有线路图形的线路板。它用金属化镀覆通孔（PTH）连通两面的电路。

多层印制电路板（Multilayer Printed Board，MLB）：三层以上的电路图形，层与层之间用绝缘介质材料隔开，并压合形成一块完整的印制电路板。和双面板一样，各层电路也是通过"金属化孔"（通孔、埋孔、盲孔）实现连接的。

另外一种常见的分类方法是按照印制板绝缘材料的刚性分类，分为刚性板、挠性板和刚-挠结合板三种。

刚性印制电路板（Rigid Printed Board，RPC）：绝缘基材以纸、布或玻璃纤维布做填充材料或加强材料，以树脂材料为粘接剂制成的覆金属箔板，在常温下具有一定的刚性，不易变形。目前，各类电子产品中使用的多数属于这种印制电路板，简称为"刚性板"或"硬板"。

挠性印制电路板（Flexible Printed Board，FPC）：这一类印制电路板的绝缘材料使用具有弹性的高分子薄膜（如聚酰亚胺、聚酯等），外部压合铜箔制成。其特点是具有一定的韧性，易于弯曲、卷绕和折叠，主要用于各类电子设备的"软连接"部位，简称为"挠性板"或"软板"。

刚-挠印制电路板（Rigid-Flex Printed Board，R-FPC）：这是一类将刚性印制板与挠性印制板结合在一起制成的完整的印制电路板。它同时兼具刚性板与挠性板的特点，刚柔结合。

挠性印制板和刚-挠结合印制板也有单面、双面和多层之分。它们能充分利用电子设备中狭小的空间和周围的间隙。对减轻设备质量和体积有着重要的意义。

除了以上介绍的印制板种类外，常见的印制板还包括金属芯印制板（Metal Core Printed Board）、金属基印制板（Metal Base Printed Board）、陶瓷基印制板（Ceramic Substrate Printed Board）、积层多层印制板（BUM，Build Up Multilayer Printed Board）、高密度互连印制板（HDI，High Density Interconnection Printed Board）、埋置元件印制板（Embedded Component Printed Board）等。

3. 印制电路板的组成

目前主流的印制电路板主要由以下元素组成。

（1）线路与图形（Pattern）：线路是元器件之间导通的媒介，在设计上，一般会另外设计大铜面作为接地及电源层。线路和图形是同时蚀刻制作完成的。

（2）介电层（Dielectric）：用来保持线路及各层之间的绝缘性能，俗称"基材"。

（3）孔（Via）：各类金属化导通孔（通孔、盲孔、埋孔）可使两层以上的线路和图形之间彼此导通，金属化通孔可作为零件插件焊接使用；另外，非导通孔通常供表面贴装定位中组装时固定螺钉用。

（4）防焊油墨（Solder Resistant/Solder Mask）：并非全部铜面都是用于焊接的，非焊接区域会印一层隔绝铜面焊接的物质（通常为树脂），避免线路短路问题。根据不同的工艺，可分为绿油、红油、蓝油、黑油等。

（5）丝印（Legend/Marking/Silk Screen）：主要功能是在印制板上标注各零件的名称、位置框，方便组装后维修及辨识用。

（6）表面处理（Surface Finish）：由于铜面容易氧化，导致上锡不良，因此会在需要焊接的铜面（焊盘）上进行处理，加镀一层可焊性保护涂层。常见的可焊性保护涂层有：喷锡热风整平（HASL）、非电镀化学镀镍浸金（ENIG）、电镀镍金、浸锡（Im-Sn）、浸银（Im-Ag）、有机可焊性保护层（OSP）等。以上各种可焊性保护涂层各有特点，统称为表面处理。

4. 印制电路板的制造工艺

印制电路板的工艺技术不断发展，制造方法和分类较多。制造工艺大致包括整板、图形转移、蚀刻、钻孔、孔金属化、表面涂覆、表面处理等工序。典型双面喷锡（HASL）印制板的制造流程如图 15-1 所示。

其中，印制板制造工艺中形成导体图形的路径通常有三种：减成法、全加成法和半加成法。

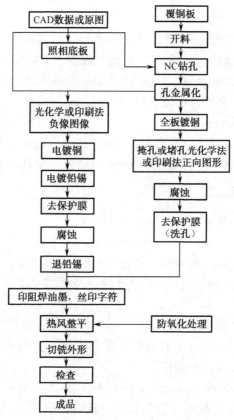

图 15-1　典型双面喷锡（HASL）印制板的制造流程

（1）减成法（Subtractive Process）：覆铜箔层压板表面形成抗蚀线路图形后，通过选择性蚀刻去除多余铜箔而得到导体图形的工艺。典型工艺流程如图 15-2 所示。

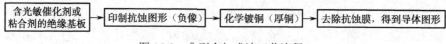

图 15-2　典型减成法工艺流程

（2）全加成法（Fully Additive Process）：采用含光敏催化剂的绝缘基板，按线路图形曝光后，通过选择性化学沉铜得到导体图形的工艺。典型工艺流程如图 15-3 所示。

含光敏催化剂或粘合剂的绝缘基板 → 印制抗蚀图形（负像） → 化学镀铜（厚铜） → 去除抗蚀膜，得到导体图形

图 15-3　典型全加成法工艺流程

（3）半加成法（Semi-Additive Process）：采用绝缘基板进行化学沉铜得到薄铜箔，然后图形电镀加厚导体，多余薄铜箔被快速蚀刻除去得到导体图形的工艺。典

型工艺流程如图 15-4 所示。

$$\boxed{绝缘基板} \rightarrow \boxed{化学镀铜} \rightarrow \boxed{印制抗蚀图形（负像）} \rightarrow \boxed{图形电镀铜} \rightarrow \boxed{去除抗蚀膜，得到导体图形}$$

图 15-4　典型半加成法工艺流程

目前，印制板制造主要采用减成法，而全加成法与半加成法仅在少量特殊印制板的制造中采用。

15.1.2　印制电路板失效的主要原因与机理分析

由于印制电路板的制造工艺流程较长，工序多，涉及因素复杂，想要获得质量良好的印制板是非常不容易的，需要在每个环节都严格地加以管控。目前，印制电路板本身的失效主要与其物料及本身加工质量不良等有关。以典型金属化镀覆孔为例，由于材料及加工工艺不良导致的质量缺陷有四十余种，如图 15-5 所示。

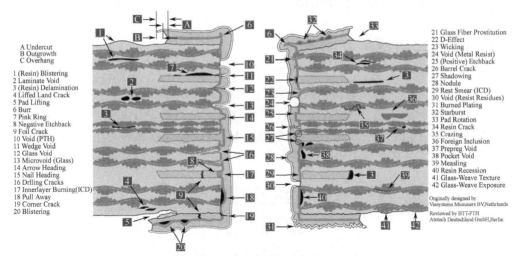

图 15-5　金属化镀覆孔的常见缺陷（金相截面）

印制电路板的失效模式主要有以下几种。

（1）焊接不良；

（2）开路和短路（漏电）不良；

（3）起泡、爆板、分层；

（4）板面腐蚀或变色；

（5）板弯、板翘。

若排除产品设计及焊接工艺过程的影响因素，一般说来，焊接不良主要与 PCB 焊盘的表面处理质量不佳或焊盘表面状态不良（如氧化污染等）有关；开路往往出现在导线或金属化孔上，与 PCB 加工工艺及材料本身性能密不可分；短路或漏电一般是由于导体间绝缘间距减小或因腐蚀促成电化学迁移等造成的；板面分层起泡则一般与板材压合工艺及 CCL 本身热性能相关；板面腐蚀与变色一方面与材料工艺匹配性相关，另一方面也可能来源于印制板材料的性能不良；板弯、板翘也主要来源于基材质量与加工工艺。

作为元器件的载体和实现电路连接的主要媒介，印制板的质量和可靠性直接影响到产品的质量和可靠性。此外，与焊接失效不同，印制板的失效往往不能修复，因此一旦来料管控不当，盲目投入生产，有可能带来灾难性的损失。因此，要保证 PCB 的质量与可靠性，一方面要控制来料质量，制订合理的优选方案，对供应商实施有效的管控；另一方面，要基于历史失效事件开展失效分析，基于失效机理提出改善方案，并及时修订预防措施，固化到日常的管控程序中去。

15.2 电子组装技术概述

15.2.1 电子组装工艺概述

电子产品制造大致可以分为四个等级（见图 15-6），分别是：0 级制造（半导体制造）、1 级制造（半导体封装、无源器件及工艺材料的设计和制造）、2 级制造（板级组装）、3 级制造（整机装配）。0 级和 1 级制造通常被统称为电子封装技术，2 级和 3 级制造通常统称为电子组装技术。

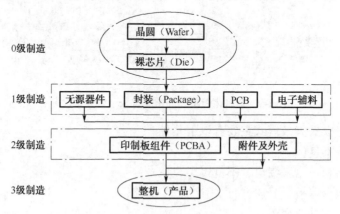

图 15-6 电子产品制造的分级

板级组件的互连质量直接影响到整机产品的质量和可靠性，由于其工艺环节众多，影响因素复杂，已成为控制整机产品质量的关键技术[2]。目前，主流的板级电子组装工艺主要包含通孔插装技术（THT）、表面贴装技术（SMT）及手工焊接技术。近年来，广泛应用于汽车、船舶等领域的工业机器人（手）焊接也逐渐向高密度电子组装领域转移和普及，极大地提高了企业的自动化生产水平。组装工艺过程涉及材料技术、工艺技术、涉及技术、可靠性与质量保证技术等，要得到高效率与高品质，任何一个环节的疏忽都不可以。组装工艺涉及的材料包括焊接材料、助焊剂材料、黏结剂、元器件与音质线路板（PCB）等；工艺则包括设备参数的设置与优化；设计则需要进行 DFM（可制造性设计）和 DFR（可靠性设计），以降低制造难度，便于提高制造成品率和效率。下面就对上述主流的焊接工艺流程进行简要介绍。

1. THT 工艺流程简介

由于其核心工艺设备是波峰焊机，因此 THT 工艺一般也被称为波峰焊接（Wave Soldering）工艺，插（贴）装有元器件的印制板平面运动通过焊料波峰，在焊接面上形成浸润焊点而完成焊接，主要应用于传统通孔元件的插装焊接，以及表面组装与通孔插装元器件的混合工艺，是一种重要的群焊工艺。与手工焊接相比，THT 工艺具有生产效率高、焊接质量好、可靠性高等优点。

典型 THT 技术的核心工艺流程包括：备料—上板—插件—涂覆助焊剂—预热—波峰焊接—冷却/出板—剪除多余插件脚—检查。

典型波峰焊接流程如图 15-7 所示。

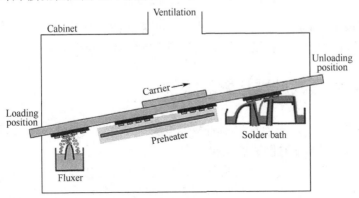

图 15-7　典型波峰焊接流程

2. SMT 工艺流程简介

SMT 工艺一般也称为再流焊接（Reflow Soldering）工艺，是通过加热将印制焊膏区域内的球形粉末状焊料熔化、聚集，并利用表面吸附作用和毛细作用将其填充到焊缝中以实现焊接互连的工艺过程[3]。再流焊接主要应用于表面贴装元器件（SMA）的大批量焊接，近年来也应用于异性元器件组装中的 PTH 孔再流焊接（Pin-in-hole Reflow，PIIR）中。目前，大量电子产品仍然采取 SMT 与 THT 双面混合组装工艺进行生产。

典型的双面混合组装工艺流程如图 15-8 所示。

图 15-8　典型双面混合组装工艺流程

3. 手工焊接

手工焊接是利用电烙铁加热焊料和被焊金属，实现金属间牢固连接的一项工艺技术[4]。其主要应用包括：

（1）自动焊接后焊接面的修补与加强焊；

（2）整机中各部件的装联焊接；

（3）产量很小或单件生产产品的焊接；

（4）温度敏感元器件与有特殊静电要求的元器件的焊接。

其典型工艺流程如图 15-9 所示。

图 15-9　典型手工焊接工艺流程

手工焊接工艺看起来十分简单，但要保证众多焊点均匀一致、连接可靠却是十分不容易的。因为手工焊接的质量受诸多因素的影响和控制。

15.2.2　焊点形成过程与影响因素

要做好失效分析，必须首先搞清楚焊点的形成过程与机理，还必须将焊点的失效模式或故障模式与影响因素联系起来。

这里不得不说到焊接机理。简单说来，软钎焊（焊接温度低于 450℃）焊点的生成包括焊料的润湿过程、焊料与被焊面之间的选择性扩散过程及金属间化合物生成的合金化过程，焊接基本过程如图 15-10 所示。其中最为关键的就是焊料对母材（被焊面）的润湿过程，也就是焊料原子在热及助焊剂的作用下达到与母材原子相互作用的距离的过程，为下一步焊料中的原子与母材中的原子相互扩散做好准备。润湿的好坏决定了焊点的根本质量。润湿是否能够形成是焊接的最关键的第一步，没有润湿的发生就不会有后续的金属间的扩散过程，更不会有合金化。而润湿发生与否及润湿的程度如何受很多因素影响，如 PCB 焊盘的可焊性、元器件可焊端的可焊性、焊料本身的组成、助焊剂的活性、焊料熔融的温度及时间等工艺参数的设置及实现等。PCB 焊盘与元器件可焊端的可焊性好，润湿就好；焊料中的合金比例与杂质含量决定了焊料的表面张力与熔点，若表面张力小且熔点低，润湿就容易发生。助焊剂的活性高，它对润湿的促进作用就大；焊料的熔融温度高，表面张力就小，也就更有利于焊料的铺展与浸润。以上各项反之亦然。至于扩散过程，则仅受温度与焊接时间的影响，温度高扩散就快，金属化后形成的金属间化合物（IMC层）就比较厚，延长焊接时间同样可以得到相同的结果。同样，下一步的合金化过程也与焊接温度及时间有关，不同的时间与温度使界面形成的金属间化合物的种类不同，如果界面生成过多的恶性 Cu_3Sn 合金，将使焊点强度降低，而即使是良性的 Cu_6Sn_5 合金，如果太厚，也将使焊点脆性增加，研究表明，金属间化合物的厚度在 $1\sim3\mu m$ 最为理想。此外，焊接过后的冷却速度也非常重要。

表面清洁 → 焊件加热 → 溶锡润湿 → 扩散结合层 → 冷却形成焊点

图 15-10　软钎焊接基本过程

15.2.3　焊点缺陷的主要原因与机理分析

正如 15.2.2 节所述，元器件、PCB、焊料、助焊剂、工艺参数、其他辅助材料等都可能导致润湿不良，焊接的时间与温度也可导致扩散不良。那么它们是怎么影响焊接过程的？换句话说，它们是如何导致焊点缺陷的呢？要做好焊点的分析，还需要先了解焊点缺陷与原因之间的关系，以及这背后的机理。

对于元器件而言，只要其可焊端可焊性不良，就极可能导致焊点虚焊或其他焊接缺陷，除非助焊剂的活性足够强，掩盖了这一缺陷，否则这种不良马上就显现出来。但是如果助焊剂的活性过强，将会带来对焊点及 PCB 腐蚀和电化学迁移的风险。那么导致元器件可焊性不良的原因又有那些呢？首先，如果元器件可焊端的表面有污染或氧化，焊料对它的润湿就难以进行。其次，如果元器件可焊端的可焊性镀层的质量不好，如镀层太薄或疏松多孔，疏松多孔的镀层具有非常大的比表面积，很容易氧化，它本身也保护不了基材，太薄的镀层极容易在焊接的时候熔入焊料，最后导致退润湿不良出现。不过，这种情况与镀层表面氧化比较容易区别。最后，如果是多引脚的元器件且某一脚的共面性不好，也将会导致虚焊的问题，这种原因导致的缺陷可以通过测量比较各引脚与焊盘之间的距离来判断。

如果是 PCB 焊盘不良导致的焊点缺陷，可能的原因与元器件类似，因为 PCB 焊盘与元器件的可焊端都是被焊面。对于 PCB 来说，焊盘的共面性问题就是焊接前后的翘曲度过大了。但是，与元器件引脚的可焊性镀层相比，PCB 的可焊性镀层（或表面处理方式）的种类就多了很多，常见的包括热风整平（如整 SnPb、SnCu 或 SnAgCu 合金的）、镀 OSP 膜（有机可焊性保护层）、无电镀化镍浸金（ENIG）、浸银（ImAg）、浸锡（ImSn）、电镀镍金等。每种表面处理方式都有其各自的优点和缺点，因此，在分析 PCB 焊盘质量问题导致的焊点失效时，要认清每种表面处理的特点。本节将特别介绍 ENIG 表面处理工艺的主要问题。

随着电子产品的小型化与无铅化，同时由于 ENIG 突出的简单工艺、成本控制方便、可焊性好、平整度好的特点，越来越多的产品使用 ENIG 的表面处理的 PCB。但是它如果出现质量问题，其危害却非常隐蔽，一般不易觉察，一旦发现它的问题，大多已经迟了，已经造成损失了。与电镀镍金工艺相比，ENIG 工艺较为简单且成本相对较低，一般是在铜（Cu）焊盘上自催化化学镀镍，再利用新鲜镍（Ni）的活性，将镀好镍的焊盘浸入酸性的金水中，通过化学置换反应将金（Au）从溶液中置换到焊盘表面而部分表面的镍则溶入金水中，这样只要置换上来的金将镍层覆盖，则反应将自动停止，这时的镀金层往往只有大约 0.05μm 厚。表面薄薄的金层只能起对镍的保护作用，一旦保护不了镍层将导致镍层腐蚀氧化，而此时表面看来虽然还是金光闪闪的金子，极具欺骗性，焊接不良往往发生。因为，真正需要焊接形成金属间化物的是镍而不是金，金在焊接一瞬间就溶解扩散到焊料之中去了。因此，加强对 ENIG 表面处理的 PCB 焊盘的质量检查是非常必要的。

焊料质量问题导致的焊点不良主要是由于其合金组成不对，以及杂质含量过高，或者不正确的使用导致焊料合金的氧化严重。若焊料合金的比例不对，将主要影响到焊料的表面张力及熔点，如果张力变大或熔点增高，必然会造成焊料的润湿性变差，形成的缺陷焊点就会增加。杂质含量水平也会明显影响焊料的润湿性能。由于焊料合金的组成及杂质含量对焊料的成本影响非常大，在原材料普遍涨价的今天，一些不良的焊料供应商将会利用这个不容易觉察的指标来蒙骗消费者，特别是使用大功率的电烙铁的焊锡丝，需要用户适当提高警惕。此外，对于焊料的不当使用，如对焊锡膏回温或搅拌不充分、印刷锡膏后未能在规定时间内生产导致锡粉氧化等，均会导致焊接缺陷大规模发生。

助焊剂是一种重要的焊接辅助材料，其对于焊点质量的影响主要表现在它的残留物的高腐蚀性、低的表面绝缘电阻及低助焊能力等方面。助焊剂中的活性成分特别是其中的卤素离子与酸性的离子，如果在焊接完成后挥发不尽而残留在焊点周围，在吸湿后将会严重地腐蚀焊点，乃至导致整个线路板大面积漏电的现象。有些助焊剂含有过多的吸湿性物质，焊后漏电的情况非常普遍。部分助焊剂由于担心漏电，或为了达到"免洗"的效果，仅加很少的活性物质，导致助焊能力下降，甚至起不到助焊剂的作用，这样往往会造成大面积的焊接不良产生。当前，无卤化进程的推进也对助焊剂的性能产生了重要影响，助焊剂（膏）中传统的有卤活性剂被无卤活性剂取代，其助焊性能受到损失，助焊效果相应地下降了。

在实际生产中，保证被焊面及焊接材料的工艺性能是实现良好焊接的一方面，另一方面，就要靠工艺参数的合理设置去实现。此外，工艺参数的优化和控制也在一定程度上弥补了焊接材料性能的不足。相反，工艺参数设置不当也会造成焊点不良。在正式的生产之前，这些工艺造成的焊点缺陷一般可以通过工艺优化得到解决。而工艺优化的诸多依据和规则也来源于对焊点的失效分析。一般来讲，焊接组装工艺的核心是热的管理问题，特别是无铅工艺的实施，什么时候该到什么温度、板面温差如何减少、最高的回流温度是多少，等等，都涉及热的有效管理，而管理的依据则应该参考焊点的表面特征及焊点切片界面的金属间化物的特征。金属间化合物过厚则说明过热，金属间化物太薄则说明热不充分，这些都可以通过调整焊接的时间与温度来实现。如果焊点表面哑光，则说明锡膏配方存在问题，或焊接时间太长、冷却速度过慢等。如果通孔中焊料垂直填充高度不足，除了与元器件、PCB 有关以外，更多的是与焊接工艺中的预热不足有关，凡此种种，不胜列举，无论如何，焊点缺陷的症状与工艺参数都有相当大的关联。一个有经验的工艺工程师或失效分析工程师应该知晓这些缺陷产生的机理及与可能原因之间的有机联系。

15.3 板级组件失效分析基本流程

分析板级组件（焊点、印制板）失效或不良的准确原因或机理，必须遵守基本的原则及流程，否则可能漏掉宝贵的失效信息，造成分析不能继续或可能得到错误的结论。基本的分析流程（见图 15-11）如下：首先必须基于失效现象，通过信息收集、功能测试、电性能测试及简单的外观检查，确定失效部位与失效模式，即失效定位或故障定位。对于简单的印制板或板级组件，失效位置很容易确定，但是，对于如 BGA 封装的器件或较为复杂的电路，失效点不易通过外观观察发现，一时不易确定失效位置，这个时候就需要借助其他手段（如 X-ray、X-CT、电学测试排查等）来确定。接着就要进行失效机理的分析，即使用各种物理、化学手段分析导致板级组件失效或缺陷产生的机理，如虚焊、污染、机械损伤、潮湿应力、介质腐蚀、合金蠕变、疲劳损伤、电化学迁移、应力过载等。再就是失效原因分析，即基于失效机理与制程过程分析，寻找导致失效机理发生的原因，必要时进行试验验证，一般情况下应该尽可能地进行试验验证，通过试验验证可以找到准确的诱导失效的原因。这就为下一步的改进提供了有效的依据。最后，根据分析过程所获得的试验数据、事实与结论编制失效分析报告，要求报告事实清楚、逻辑推理严密、条理性强，切忌凭空想象。

在失效分析的过程中，注意使用的分析方法应该从简单到复杂、从外到里、从不破坏样品再到破坏样品的基本原则。只有这样，才可以避免丢失关键信息、避免引入新的或人为的失效机理。这就像交通事故，如果事故的一方破坏或逃离了现场，再高明的警察也很难作出准确责任认定，因此交通法规一般要求逃离现场者或破坏现场的一方承担全部责任。对于板级组件的失效分析也是一样，如果使用电烙铁对失效的焊点进行补焊处理，那么再分析时就无从下手了，焊点失效的第一现场已经遭到破坏了。特别是在失效样品少的情况下，一旦破坏或损伤了失效现场的环境，真正的失效原因很可能就无法获得了。

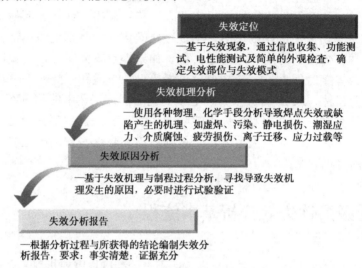

图 15-11　失效分析的基本流程

15.4　焊点失效分析方法

　　板级组件的失效分析方法主要包括电气测试技术、显微形貌分析技术、显微结构分析技术、物理性能探测技术、微区成分分析技术、应力试验技术、热分析技术、解剖制样技术及试验验证技术等。其中主要的分析方法包括：外观检查、X射线透视检查、金相切片分析、扫描超声显微镜检查、红外热相分析、显微红外分析、扫描电镜分析、X射线能谱分析及染色与渗透检测技术等。其中金相切片分析和染色与渗透检测属于破坏性的分析技术，一旦使用了这两种技术，样品就被破坏了，无法恢复。另外，由于制样的要求，可能扫描电镜分析和X射线能谱分析有时也需要部分破坏样品。因此，在进行分析的时候要注意使用方法的先后顺序。

　　上述各种主要的分析技术方法已在前面详细介绍了，此处不再赘述。

15.5 板级组件的失效分析案例

15.5.1 阳极导电丝（CAF）生长失效

随着科技日新月异的发展，电子电器设备向着小型化、便携化不断发展。作为电子元器件装联的载体和电子组件的重要组成部分，印制电路板（PCB）的设计密度越来越高，表现为更细的导线、更小的间距、更薄的绝缘层、更精密的钻孔设计、更复杂的层间电路布局等。与此同时，信号传输速度要求不断加快。因此，产品质量和可靠性面临更大的挑战。近年来，阳极导电丝（CAF）生长导致电子产品故障的案例越来越多。而 CAF 生长是一种累积失效，具有一定的潜伏性和隐蔽性，往往是在产品使用一段时间后才显现的。对于终端客户来说，CAF 失效往往防不胜防，会造成重大的损失，甚至引发安全事故。

1. CAF 生长机理

导电阳极丝（CAF）的产生主要是由于玻纤与树脂间存在缝隙，在后期的正常使用过程中由于孔间电势差的作用，在湿热的条件下，铜发生水解反应并沿着玻纤缝隙的通道迁移、沉积所形成的。

CAF 往往发生在相邻导体之间，如通孔与通孔之间、通孔与表面线路之间、相邻线路或相邻层间，如图 15-12 所示。其中，通孔之间最容易发生 CAF 失效。CAF 的存在显然会造成相邻导体之间的绝缘性能下降甚至出现短路烧毁等重大事故。

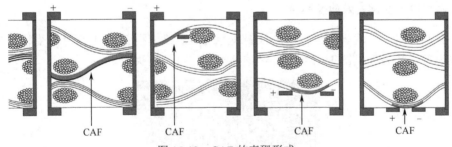

图 15-12　CAF 的表现形式

CAF 的生成大致有两个阶段：首先，湿热环境促成玻纤表面硅烷偶联剂的化学水解，在环氧树脂与玻纤之间的界面上形成沿玻纤增强材料方向的 CAF 生长通道；而后，铜腐蚀水解，形成铜盐沉积物，并在电势作用下形成 CAF 生长。

其化学反应式为：

（1）$Cu \rightarrow Cu^{2+} + 2e^-$（铜在阳极发生溶解）　　　　　　　　　　　（15-1）

$H_2O \rightarrow H^+ + OH^-$　　　　　　　　　　　　　　　　　　　（15-2）

$2H + 2e^- \rightarrow H_2$　　　　　　　　　　　　　　　　　　　　（15-3）

（2）$Cu^{2+} + 2OH^- \rightarrow Cu(OH)_2$（铜从阳极向阴极方向迁移）　（15-4）

$Cu(OH)_2 \rightarrow CuO + H_2O$　　　　　　　　　　　　　　　　（15-5）

（3）$CuO + H_2O \rightarrow Cu(OH)_2 \rightarrow Cu^{2+} + 2OH^-$（铜在阴极沉积）（15-6）

$Cu^{2+} + 2e^- \rightarrow Cu$　　　　　　　　　　　　　　　　　　　（15-7）

因此，CAF 生长必须具备以下几个条件：

（1）存在电势差，提供离子运动的动力；

（2）树脂和玻纤存在间隙，提供离子运动的通道；

（3）湿气存在，提供离子化的环境媒介；

（4）存在金属离子。

2. CAF 生长影响因素

影响 CAF 生长的因素主要有以下几个。

（1）PCB 基材的选择：各种材料耐 CAF 生长能力是不同的。

（2）PCB 制程特别是制孔工艺：不良的制孔工艺形成的质量缺陷（如玻纤缝隙、严重芯吸等）会加剧 CAF 的形成。

（3）PCB 设计：层间绝缘层厚度、孔间距等多个设计因素决定了离子迁移距离，均对 CAF 失效有直接的影响。

（4）电势梯度：电势梯度越高，CAF 形成和生长越快。

（5）环境：湿热环境为电化学腐蚀提供了反应媒介。

3. CAF 生长失效典型案例

案例背景：一块失效模组，失效表现为通电后该模组上有 8 只灯未受程序控制而表现常亮状态（见图 15-13），怀疑该模组存在微短路失效。

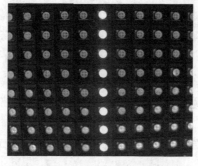

图 15-13　失效样品及失效现象

案例分析：通过电路原理图及 PCB 设计版图可知失效 LED 为共阳极 RGB 发光二极管，且其红色发光二极管阴极同属一个网络，由 LER74 网络组成，如图 15-14 所示。

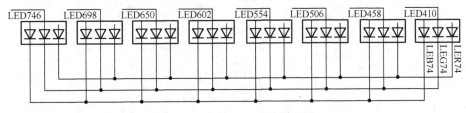

图 15-14　失效 LED 电路原理图

逐步排查，发现 LER74 网络与其邻近网络（GND）相邻两个导通孔间的电阻值偏小，如图 15-15 所示，使来自 GND 网络的电气电路对 LER74 的电气电路形成了干扰，致使 LER74 网络上的电压被拉低。

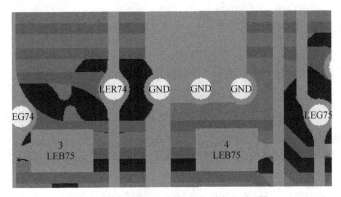

图 15-15　LER74 与 GND 网络局部图

进一步检查发现两个导通孔之间的玻纤缝隙间存在明显的导电阳极丝（CAF）生长现象，如图 15-16 所示。导电阳极丝（CAF）的存在使得两孔之间的电气间距明显减小，两孔间的绝缘电阻降低，从而导致两个网络之间发生漏电，并使得 GND 网络的电气电路对 LER74 产生明显的干扰而导致失效 LED（红色发光二极管）阴极电压偏低，进而使得这些 LED 在通电状态下不受程序控制而表现为常亮。

4. 启示与建议

在高密度组装时代，预防并控制 CAF 生长是提高电子产品质量和可靠性的重要环节之一，建议采取以下措施：

（1）采用耐 CAF 板材，并评估耐 CAF 能力；

（2）加强 PCB 来料优选和控制，对 PCB 的制孔质量进行严格的评估和有效管理，降低 CAF 生长风险；

（3）在 PCB 设计方面充分考虑避免 CAF 生长的可靠性危害；

（4）对半成品、成品的储存和运输环境进行严格控制。

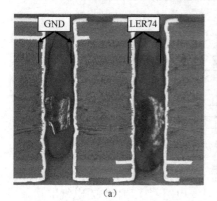

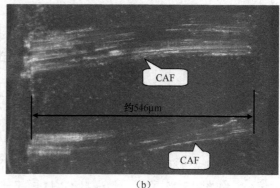

图 15-16　两导通孔间发现 CAF 生长

15.5.2　焊盘坑裂失效

绿色电子产品制造的环保要求不断提高，全球电子产品制造业已基本实现无铅化，无卤化也在火热推行。PCB 作为电子产品中的关键部件之一，近年来向着无铅无卤化制造快速发展。为了适应无铅制程更高的焊接温度，目前业界的做法是用酚醛材料（Phenolic）取代原有的双氰胺（Dicy），作为新的固化剂加入到 PCB 的树脂材料中，使其固化，成为 PCB 的基体材料。与此同时，PCB 基板的无卤化必然带来包括阻燃剂、固化剂等在内的关键材料发生变化，从而引发 PCB 内部树脂和玻璃纤维之间结合力的变化。无铅工艺有更高的焊接温度，无铅焊点比有铅焊点更硬，从而引起焊接过程中热应力更大，由此引发焊点下 PCB 内发生开裂，最终导致产品失效。近年来，焊盘的拉脱及坑裂现象已经成为电子器件板级故障中最主要的失效模式之一。

1. 焊盘坑裂机理

当元器件及焊点在 Z 方向上的热膨胀与 PCB 板材之间存在较大差异时，将会产生过大的应力，焊接高温中已呈橡胶态软化的基材树脂有可能受应力作用在焊盘承垫底部基材位置开裂，焊盘底部形成弹坑状开裂形貌，称为焊盘坑裂（Pad Crater）。

焊盘坑裂常见于 BGA 封装的焊点中。无铅焊接过程中的强热导致 PCB 板材树脂软化呈现橡胶态并膨胀，而 BGA 封装载板材料的 Z-CTE 很小，因此 BGA 会发生凹形上翘，如图 15-17 所示，BGA 四个边角将承受向上的拉力，几方搏力过程中，无铅 BGA 锡球与有铅锡球相比刚性大（见图 15-18），受应力时不容易变形以消除应力，若焊接界面不存在焊接缺陷，则更容易在 PCB 焊盘承垫下方开裂。BGA 承垫坑裂示意图如图 15-19 所示。承垫坑裂往往沿着玻纤与树脂的界面或走势开裂。

图 15-17　无铅强热过程中 BGA 凹形上翘

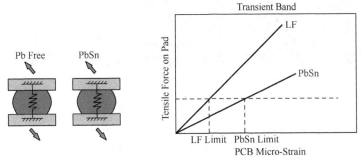

图 15-18　有铅锡球与无铅锡球受力及强度对比

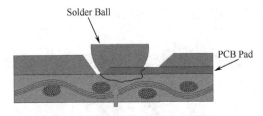

图 15-19　BGA 承垫坑裂示意图

坑裂失效具有一定的隐蔽性。当焊盘坑裂并未拉断与焊盘相连的导线时，往往不导致器件功能即刻失效而被忽略。然而，一旦导线被拉断，势必造成开路而使产品功能失效，且无法修补，最终造成损失。

2. 焊盘坑裂形成的影响因素

影响焊盘坑裂形成的因素主要有以下几个。

（1）PCB 焊盘附着力或基材热性能不良。PCB 基材热性能不良主要表现为固化不足、耐热性能不良等。

（2）BGA 封装体热变形过度或因与 PCB 基材热膨胀系数不匹配导致焊接过程中焊盘受到较大的热应力影响。

（3）焊接工艺参数控制不合理，焊接过热导致极大的热应力。

（4）其他过应力。

3. 焊盘坑裂失效案例

案例背景：失效样品及失效 BGA 位置如图 15-20 所示，失效表现为 BGA 器件在焊接后出现功能不良。

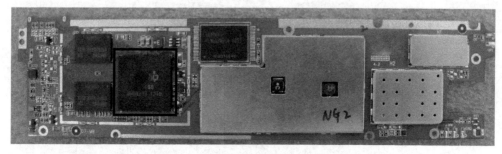

图 15-20　失效样品及失效 BGA 位置

案例分析：分析发现边角位置的 BGA 焊点发生开裂，开裂位置均发生在 PCB 焊盘下方基材的 PP 层内部（焊盘坑裂）。边角焊点与中央焊点存在一定的高度差，整体焊接效果呈现边角稍低、中间稍鼓胀的状态，如图 15-21 所示。BGA 封装在常温到 260℃再到常温范围的最大变形量满足相关标准要求，如图 15-22 和表 15-1 所示。此外，对焊接界面形成的金属间化合物（IMC）的形貌和厚度进行分析，未发现焊接过热的迹象。

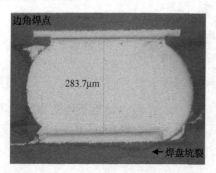

图 15-21　BGA 焊点金相截面

失效样品 PCB 基材的热分析结果显示（见图 15-23）：①首次升温过程出现两个玻璃化转变温度（Tg），而二次升温则只有一个 Tg，说明基材固化程度不均匀或存在具有不同 Tg 的树脂材料，材料在焊接受热过程中会发生再次固化，从而增大 PCB 板的内部应力；②BGA 附近位置板材的 T260 分层时间仅为 6.4min，未达到一般行业内对无铅板材的要求，说明其耐热性能较差；③基材α1-CTE 的值为 127.1ppm/℃，PTE 值为 4.59%，均超出 IPC-4101D 规范对无铅焊接工艺基材的上限要求，基材的 CTE 及 PTE 过高会导致其与其他材料的兼容性变差。

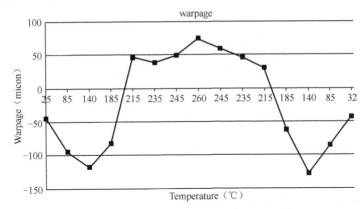

图 15-22　BGA 封装热变形测试结果

表 15-1　BGA 封装翘曲分析结果

温度（℃）	25	85	140	185	215	235	245	260	245	235	215	185	140	85	32
翘曲（μm）	−45	−95	−119	−82	46	38	49	75	59	46	30	−62	−128	−85	−43

由此可见，失效样品 PCB 基材固化不完全，导致基材自身强度不足，同时增大了焊接时 PCB 所产生的内应力；同时，PCB 基材的耐热性能不良且膨胀系数偏大，从而导致失效样品 BGA 焊盘下方的基材在焊接过程中受变形应力作用而发生开裂。

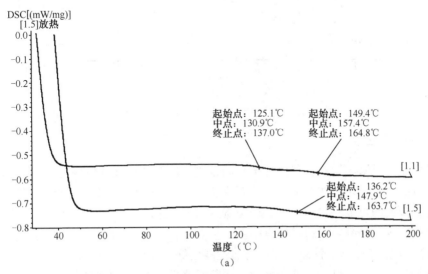

图 15-23　热分析结果（T_g/T260/CTE）

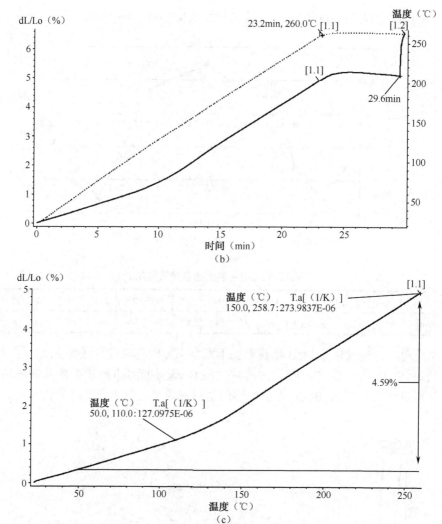

图 15-23　热分析结果（T_g/T260/CTE）（续）

4. 启示与建议

因行业内无铅、无卤环保进程的不断推进，PCB 焊接过程中坑裂失效发生的频率越来越高。由于坑裂失效具备一定的隐蔽性，有时能通过线下功能测试而流入市场，带来极大的可靠性风险。因此，必须采取有效措施预防及评估这种潜在质量风险。目前行业内普遍采取的措施有：

（1）加强 PCB 物料管控，优选耐热性能良好的板材；

（2）全面考虑物料的工艺兼容性，谨防元器件与 PCB 焊接热失配；

（3）细化无铅或后向兼容工艺参数控制；

（4）采取适当的方法增加 BGA 焊点强度，如 underfilling、边角位置焊点点胶、增大边角位置焊盘直径等。

15.5.3 孔铜断裂失效

PCB 双面板、多层板是随着电路设计密度的提高而出现的，各层电路之间的连接，必须通过导通孔得以实现。因此，通孔的可靠性直接影响着整个电子组件的可靠性。由于通孔制造工艺较为复杂，往往可以根据通孔的质量判断整个 PCB 的制造工艺能力，而孔铜的不良很可能在组装过程甚至使用过程受到持续的膨胀应力作用之后才会显现出来，造成巨大损失。孔断的失效案例近年来一直持续在一个较高的比例，但其原因各异，需要仔细分析，找出其根因，才能得以针对性的改善。

1. 主要孔铜断裂机理

在 20～260℃范围内，树脂基材的平均线性膨胀系数与铜的并不匹配，大约要高两个数量级。在焊接受热过程中，PCB 的 Z 轴方向，树脂的膨胀会造成孔铜受到较大的拉伸应力，孔铜需要有较好的抗拉强度和延伸率才能抵抗这种拉伸应力造成的破坏，否则孔铜可能被拉裂。若孔铜厚度不足或电镀质量不佳，则直接降低孔铜的抗拉强度和延伸率。在所有 PCB 相关检测标准中，孔铜质量及可靠性的检测均占据了最为重要的地位。

2. 孔铜断裂主要影响因素

导致孔铜断裂的外部因素主要包括：
（1）焊接过热；
（2）样品使用过程处于反复冷热交替状态；
（3）腐蚀物质被引入孔内造成孔铜腐蚀。
导致孔铜断裂的内部因素则主要包括：
（1）孔铜电镀质量不佳、厚度不足或抗拉强度不足；
（2）孔铜由于 PCB 制程不良造成局部空洞及腐蚀。

3. 孔铜断裂典型案例

案例背景：某电视机顶盒主板出现功能失效，经初步电路分析，确定部分通孔存在电阻值增大甚至开路的现象，要求分析孔电阻值增大（开路）的原因。

案例分析：通过前期的分析排查及电测，确定了具体的失效孔。对失效孔进行金相切片分析，发现所有失效孔均在中部出现孔铜断裂，SEM 清晰可见孔铜的环状断裂，因此导致了孔电阻增大甚至开路。裂口呈现弯月状，放大可见边缘存在铜层被腐蚀的形貌，另在其他孔内也发现了类似腐蚀形貌，如图 15-24 所示。因此可以初步确定是腐蚀造成了孔铜局部偏薄，在焊接的高温过程中局部偏薄的孔铜由于膨胀应力被环状拉裂，导致孔阻值增大甚至开路。

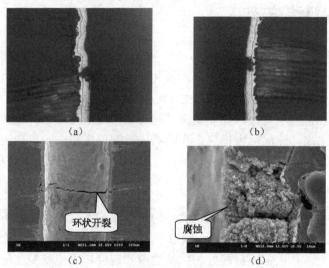

(a)　　　　　　　　　　(b)

(c)　　　　　　　　　　(d)

图 15-24　孔切片结果

但该腐蚀是如何造成的呢？外界引入腐蚀物的可能性不大，因为首先该通孔已有油墨堵孔，且即使有外界污染物渗入，也应该首先在孔口处发生腐蚀。如果是PCB 制程过程的腐蚀物残留，那么孔铜应该较为均匀地发生腐蚀，而不应该仅在某个区域不断咬蚀而其他位置孔铜光滑。该腐蚀根因的推断需要结合 PCB 的制造工艺进行。该 PCB 采用的是图形电镀工艺，即在 PCB 所有需要导通的位置电镀上铜之后，所有不需要线路的位置原先存在的铜层需要蚀刻掉，而为了避免线路铜层也被蚀刻，需要预先在线路铜层表面加镀一层锡作保护，待不需要线路的位置铜蚀净后再将锡层褪除。通孔铜层也是需要保护的对象，然而镀锡过程中，由于部分药水及参数设置的原因，导致其渗镀能力偏弱，在孔中部部分位置未很好地镀上锡，从而在后期蚀刻过程中孔中部缺乏锡保护的铜层被蚀刻，因此切片孔铜呈现局部弯月状缺口的形貌。

4. 启示与建议

不同批次的 PCB 来料很多只进行了电路通断的测试，而未进行严格的批次性检测，类似孔铜被咬蚀的现象必须通过金相切片观察才能发现，孔铜也需要使用相同的电镀工艺制作出的铜箔来评价其抗拉强度及延伸率，防止电镀过程中出现结晶异常。上述的孔断均是批次性失效，组装后的产品对于 PCB 孔断失效无法返修，造成巨大的损失。因此需要建立完善的 PCB 管控体系，对影响可靠性的关键项目建立批次性检测体系，保证高质量的 PCB 才能制造出高可靠性的电子产品。

参 考 文 献

[1] 金鸿. 印制电路技术. 北京：化学工业出版社，2009.

[2] 顾霭云，罗道军，等. 表面组装技术（SMT）通用工艺与无铅工艺实施. 北京：电子工业出版社，2008.

[3] 樊融融. 现代电子装联再流焊接技术. 北京：电子工业出版社，2009.

[4] 罗道军. 电子产品焊接工艺技术基础. 工业和信息化部电子第五研究所，2001.

第16章

电真空器件的失效分析方法和程序

　　电子器件实际上可分成两类：一类是真空电子器件；另一类是半导体器件。真空电子器件是指利用处于真空媒质中的电子（或离子）的各种效应，产生、放大、转换电磁波信号的有源器件。真空电子器件主要包括微波功率器件、气体放电器件、真空显示器件、真空光电器件和军用特种光源等。

　　真空电子器件按用途可分为发射管、整流管、稳压管、示波管、摄像管、显像管、显示管、像增强管和辐射计数管等。按工作频率可分为低频管、高频管和微波管。目前的微波功率器件主要有行波管、速调管和磁控管。按工作原理可分为空间电荷控制管、微波管、电子束管、光电管、离子管、辐射计数管、X 射线管、真空开关管、新型光源和气体激光管等。

　　真空电子器件从 20 世纪开始研究，经历了近百年的发展历程。尽管半导体器件在很多场合已取代了真空电子器件，但由于半导体器件基于载流子在固体中运动的工作机理，这就使其在工作频率、带宽、功率容量、耐高压等方面远不如真空电子器件，特别是工作于微波、毫米波频段的宽带大功率器件，真空电子器件仍占绝对优势。半导体器件与真空电子器件将朝着相互补充、相互促进的方向发展。

　　本章以行波管、磁控管、速调管为例，简述电真空器件的失效分析方法和程序及主要的失效模式和失效机理。

16.1 工艺结构及工作原理

16.1.1 行波管的工艺结构和工作原理

　　行波管自 1943 年问世以来，已有 70 多年的历史，经过多方面的应用和改进，目前行波管以高频率、宽频带、大功率的优势，成为雷达、电子战、通信和精密制导设备的"心脏"。为了适应不同的要求，行波管已形成一个庞大的家族，可以从不同角度对它们进行分类。如按所用的慢波结构来分，则分为：螺旋线行波管、耦合腔行波管和折叠波导行波管。按工作状态可分为连续波行波管、脉冲行波管和双（多）模行波管。按应用领域可分为卫星通信行波管、机载行波管、舰载行波管和地面行波管。

行波管[1]是靠连续调制电子注的速度来实现放大功能的微波电子管，电子枪把直流电源的能量转化成电子注的动能，电子注以一定的形状和强度通过慢波结构，与高频场相互作用，产生电子群聚，把电子注的能量交换给高频电磁行波，从而放大高频信号，交换完能量的电子注被收集极收集。行波管主要由五部分组成：电子枪、聚焦系统、慢波结构、输入/输出装置和收集极。行波管示意图如图 16-1 所示。

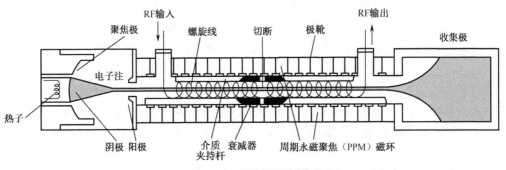

图 16-1　行波管示意图

（1）电子枪。它通常由热丝、阴极、聚束极和阳极组成，其作用是产生一个具有所需尺寸和电流的电子束，并加速到比在慢波结构上行进的电磁波的相速稍微快一些，以便和电磁场交换能量而实现放大。

（2）聚焦系统。电子束从电子枪发射出来后，由于电子带负电荷，相互间的斥力会使电子束很快发散，磁聚焦系统的作用便是约束电子束使其顺利通过慢波结构，与电磁场进行有效的能量交换。

（3）慢波结构。它的作用是使电磁波的相速降到和电子的运动速度基本相同，以使电子束和电磁波充分进行能量交换，放大微波信号。

（4）输入/输出装置。输入微波激励信号的入口和被放大的微波信号的出口常有波导和同轴两种结构。一般在频率较低或功率较小且要求工作带宽较宽时采用同轴结构，反之则用波导结构，也有输入用同轴结构、输出用波导结构的。输入/输出装置结构主要分为真空密封窗和阻抗变换器。

（5）收集极。与微波场进行完能量交换的电子束仍具有比较高的能量，收集极则是用来收集交换完能量的电子的装置。进行完能量交换的电子依然具有很高的速度，在落到收集极表面时，电子动能将转化为热能，因此热耗散是收集极设计中的一个重要问题。

16.1.2 磁控管的工艺结构和工作原理

行波管是一类线性微波管（或称 O 形器件），其外形通常设计成直线形，所加磁场方向与电子运动方向是平行的，电子流将其动能转换成高频能量。这里将介绍一种正交场微波管（或称 M 形器件），其外形通常为圆形，所加直流电磁场方向与电子运动方向是相互垂直的，电子流将位能转换成高频能量，当电子流到达阳极时，剩余的能量已很小，因此这类器件具有大功率、高效率和极高的相位稳定性等特点。

磁控管是正交场微波管中最重要的一种器件，按其谐振腔结构不同可分为普通磁控管和同轴磁控管两类；按调频结构不同可分为固定频率磁控管、机械调频磁控管和捷变频磁控管三类；按工作方式不同可分为脉冲磁控管和连续波磁控管两类。连续波磁控管均为普通磁控管（固定频率磁控管、机械调频磁控管），脉冲磁控管产品有以上分类的各种组合的种类。磁控管由阳极谐振系统、阴极、能量输出器、频率调谐机构和磁路系统组成[2]。阳极谐振系统是由许多单个谐振腔组成的首尾相连的谐振腔链；阴极是发射电子的电极，通常为圆筒形并与阳极谐振系统同轴放置；能量输出器的作用是把储存在谐振腔内的高频能量耦合传输到外负载；频率调谐机构是用于改变磁控管频率的装置；磁路系统是用以保证为磁控管提供合适磁场强度的系统。磁控管结构示意图如图 16-2 所示。

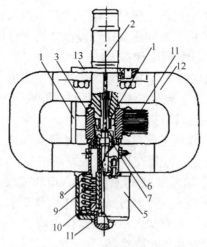

注：1—阴极；2—阴极引线；3—阳极块；4—能量输出波导；5—调谐机构；6—调谐环；
7—内极靴；8—弹簧；9—波纹管；10—环；11—顶帽；12—磁钢；13—法兰；14—散热

图 16-2　磁控管结构示意图

1. 阳极谐振系统

阳极谐振系统是由许多单个谐振腔组成的首尾相连的谐振腔链，阳极谐振系统决定了磁控管的振荡频率和频率稳定度，它储存着由电子与高频场相互作用所产生的高频能量，并通过能量输出器把大部分高频能量馈送给负载。其结构有很多类型，最常见的几种磁控管阳极结构如图 16-3 所示。其中图 16-3（a）、图 16-3（b）、图 16-3（c）、图 16-3（d）是同腔系统，即每一个小谐振腔的截面形状和尺寸都是相同的；图 16-3（e）、图 16-3（f）、图 16-3（g）、图 16-3（h）是异腔系统，即具有大、小两组谐振腔。

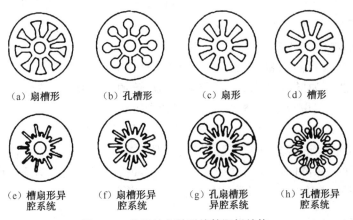

（a）扇槽形　　　（b）孔槽形　　　（c）扇形　　　（d）槽形

（e）槽扇形异　　（f）扇槽形异　　（g）孔扇槽形　　（h）孔槽形异
　　腔系统　　　　腔系统　　　　异腔系统　　　　腔系统

图 16-3　常见的几种磁控管阳极结构

2. 阴极

阴极是磁控管的重要组成部分，它是电子流的发射体，通常为圆筒形并与阳极谐振系统同轴放置，被称为磁控管的心脏。阴极质量的好坏不仅影响磁控管的寿命，还影响输出功率和工作稳定性。阴极表面二次电子发射系数不均匀或过小，就会引起管子工作不稳定、打火和跳模。因此要求阴极表面光滑、二次电子发射系数均匀且足够大。在磁控管中，由于电子回轰阴极，使阴极温度升高，同时阴极不断受到高能电子和离子的轰击，所以还要求阴极能耐电子和离子轰击，导电、导热性能要好。

阴极种类繁多，在磁控管中常用的有普通氧化物阴极、改进型氧化物阴极（如镍海绵氧化物阴极、CPC 阴极等）、钡钨阴极（如铝酸盐钡钨阴极、钨酸盐钡钨阴极、钪酸盐阴极等）。在大功率脉冲磁控管中，可采用氧化钍金属陶瓷阴极、氧化钇金属陶瓷阴极、镧钨或镧钼阴极等。在大功率连续波磁控管中，一般都采用纯钨阴极。

3. 能量输出器

能量输出器是将磁控管产生的微波功率有谐振腔耦合传输到外负载去的装置，它一般由阻抗变换器和输出窗两部分组成，其结构如图 16-4 所示。常用的能量输出器有同轴型、同轴-波导型、波导型三种。

4. 调谐机构

用于改变磁控管振荡频率的一整套装置称为调谐机构。磁控管的振荡频率取决于谐振腔的等效电容、电感。采用机械运动的方法或电的方法去改变谐振腔的等效电容、电感，都可以改变磁控管的振荡频率，其中前者称为机械调谐，后者称为电调谐。机械调谐（如叶片调谐、液压调谐、旋转调谐、音圈调谐、压电抖动调谐等）的调谐频带可达

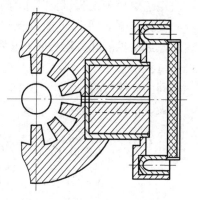

图 16-4　工字形能量输出器

10%带宽；但调谐速度慢、寿命和可靠性差。电调谐（如 PIN 二极管调谐、倍增放电调谐、铁氧体调谐等）由于避免了移动原件在真空中的运动，调谐速率比机械调谐快，可以实现脉冲间或脉内变频（即一个脉冲持续时间内的频率变化），有较高的可靠性；但调谐频带窄，通常只有 1%～2%带宽。

5. 磁路系统

磁路系统包括磁钢和导磁回路，它提供磁控管相互作用空间（由阴极和阳极谐振腔组成的空间）所需的磁场。磁钢可分为永久磁铁和电磁铁两种形式。永久磁铁在使用时不消耗功率，具有矫顽力高和磁能积大的特点，所建立的磁场有较高的可靠性和稳定性，磁控管大多采用永久磁铁。电磁铁的体积和质量较大，还需要直流励磁电源等附加装置，但它具有磁场强度调整方便的优点，通常用于磁控管热测和实验室中。现在使用最多的永久磁铁的磁性材料是钐钴类和铝镍钴系。

从电原理上来说，磁控管是一种特殊的二极管，在阳极和阴极之间加有电场和磁场，电场的方向是径向的，磁场方向与电场方向垂直。电子由阴极发射出来，进入由阳极和阴极组成的空间（称为相互作用空间），受到正交的电、磁场作用，做旋转运动，回转运动的电子流又激发谐振腔链谐振，产生高频交变电磁场，其分布如图 16-5 所示。高频场进一步与电子相互作用，使电子流"群聚"成电子轮辐，如图 16-6 所示。当电子轮辐处于高频减速场相位时，电子流就会将在外加电源处所获得的能量转化成微波能量，最后打到阳极上，形成阳极电流。

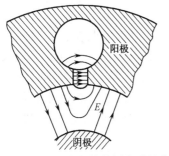

图 16-5　谐振腔内外的高频电磁场分布

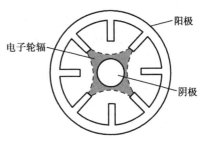

图 16-6　相互作用空间的电子轮辐

16.1.3　速调管的工艺结构和工作原理

速调管的功率潜力，无论是平均功率还是脉冲功率，都超过了其他类型的微波管。大功率速调管作为高功率、高增益及高效率微波放大器件，得到了广泛的应用。这类管子的输出功率之大，是当今微波管中之最，脉冲功率可达百余兆瓦，平均功率也可达兆瓦级。它主要用来放大各种发送设备的末级功率。由于它的重要作用，人们称它为整机的心脏。

速调管是基于速度和密度调整原理将电子注动能转换成微波能量的微波真空电子器件，是一种靠周期性地调制电子注的速度来实现放大或振荡功能的微波电子管。在速调管中，输入腔隙缝的信号电场对电子进行速度调制，经过漂移后在电子注内形成密度调制；密度调制的电子注与输出腔隙缝的微波场进行能量变换，电子把动能交给微波场，完成放大或振荡功能。速调管的工作原理是：速调管用电子流作介质，利用电子渡越效应，通过电子的速度调制到密度调制，将电子注的直流能量转换为高频能量，完成功率放大[1]。其工作过程是：从阴极发射出的电子经过电子枪的聚焦级和阳极的作用，形成均匀（速度和密度）的、具有一定直流能量的电子注，经过聚焦系统的作用，电子注进入高频系统，而后到达收集级。如果高频信号通过输入系统反馈到输入腔中，在输入腔中形成谐振并激励起高频振荡，在腔内漂移管间隙建立起高频电场，电子注穿过隙缝时便受到高频场作用，在高频场正半周穿过的电子得到加速，而高频场负半周穿过的电子被减速，即电子速度得到调速，电子注中的电子速度不再是均匀的，变得有慢有快，随后进入无场的漂移管。电子在继续前进的过程中，后面快的电子逐渐赶上前面慢的电子，使电子注中的电子疏密不均，形成群聚，即电子注由速度调制变成密度调制。已经群聚的电子注穿过第二腔时，根据感应电流原理，将在第二腔内感应起高频电流，并在腔的漂移管隙缝中形成高频电压。如果第二腔也调谐到工作频率（即信号频率上），感应电流将激励起比第一腔更强的高频振荡，反过来又使电子受到比第一次强的速度调制。如此反复，当电子注进入第三腔、第四腔……便激励起一次比一次强的高频振荡，电子受到一次比一次更强的密度调制。最后电子在输出腔间隙内形成一个群聚好的、速度零散小的电子团，并在输出腔中激起很强的高频振荡，振荡的能量通过输出腔的耦合装置传输给输出波导（或同轴线），从而完成输入的高频信号放大。

速调管的结构比较复杂，不同类型的管子具有不同的结构，但基本都是由电子枪、输入腔部分、漂移群聚部分、输出腔部分及收集级部分 5 部分组成的[1]，其结构简图如图 16-7 所示。

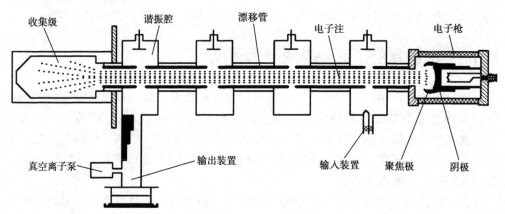

图 16-7 速调管结构示意图

1. 电子枪

电子枪是速调管的最关键部件之一，其功能是产生和形成一定形状的电子注，将电源的能量转换成电子注的动能，并实现对电子注的控制。电子枪由阴极、阳极、聚焦极、阳极筒组件、高压绝缘陶瓷组件、阴极支持筒组件、热子和热子引线等组成。电子枪有三个功能：一是产生热量，它由阴极、热子和热子引线组件完成，通过加热热子使阴极达到满足热发射要求的温度；二是电子注成形，它由阴极、聚焦极和阳极完成，通过设计各电动机的形状、相对位置和电极的电位，形成具有一定电子注功率、导流系数和注半径的电子注；三是高电压支撑结构，它由阳极筒组件、高压绝缘陶瓷组件和阴极支撑筒组件等组成，使高压电能够在阳极与聚焦极和阴极之间。

2. 谐振腔

谐振腔作为速调管的高频互作用电路，其特性对速调管的功率、效率、增益和带宽等性能具有决定性影响。谐振腔的主要特性指标为谐振频率 f_0、特性阻抗 R/Q、品质因子 Q。

3. 输出电路

速调管输出电路的功能是实现电子注与高频电场的相互作用，将群聚电子注的能量转换成微波能量，实现微波放大。输出电路的特性对速调管的效率、带宽等性能指标有重要影响。

4. 输出窗

输出窗是大功率调速管的重要部件，其主要功能是将速调管产生的微波功率通过矩形波导等传输线传输到天线等负载，同时保持速调管的真空密封性能。输出窗的性能包括驻波-频率特性、插入损耗和能承受的功率容量等。在高峰值功率速调管和高平均功率速调管中，输出窗的损坏是引起速调管失效的主要模式之一。

5. 收集极和冷却系统

收集极的功能是将电子注能量转换成热能，并通过冷却媒质带走。在静态条件下（速调管无微波功率输出），收集极耗散电子注的全部能量；在动态条件下（速调管输出微波功率），电子注部分能量转换成微波能量，收集极耗散电子注的剩余能量。收集极接收电子，将电子动能转换成热能，通过冷却结构由冷却媒质（空气或冷却液）带走，绝缘陶瓷将收集极和速调管的管体隔开，使速调管在测试和工作期间可以测量电子注在管体的截获量。大功率速调管的冷却方式主要有强迫风冷、强迫液冷和蒸发冷却，可根据速调管的功率大小确定冷却方式。

16.2 失效模式和机理分析

与大多数电子产品一样，电真空器件的失效率分布也类似浴盆，如图 16-8 所示。失效分为三个阶段：早期失效、偶然失效、损耗失效。在早期失效的区间（见图 16-8 中的Ⅰ区）内，失效率随时间而快速减少，失效原因多为设计不周、工艺措施不当、材料缺陷等。通常在出厂前每个器件都要经过老化、筛选，以降低产品早期失效率。曲线后部上升部分失效率随时间的增加而迅速上升，主要由疲劳累积、材料耗尽引起（见图 16-8 中的Ⅲ区）。在曲线中间平坦的盆底部分，产品失效率低而稳定，失效原因多为偶然或不可预测的外应力，这一失效率是使用方所关心的偶然失效率（见图 16-8 中的Ⅱ区），其倒数为平均故障间隔时间（MTBF）。

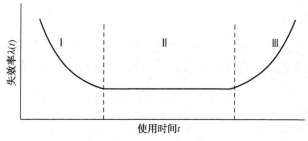

图 16-8　可靠性特征曲线

16.2.1　行波管的失效模式及机理分析

根据对使用情况的调查统计，行波管失效模式主要有[3]：阴极发射降低；热子短路/开路、管内放电打火、自然老化、收集极击穿、自激振荡、真空度降低、输出窗烧毁、栅极失效、振动损坏、频响差、真空击穿等，如图 16-9 所示。其中，输出窗烧毁约占 4%，收集极击穿占到了 7%。在实际生产中发现，行波管的输出内导线与慢波线的焊接处发生断裂及收集极击穿烧毁现象严重，可见必须对此二处的焊接工艺可能产生的缺陷及其影响进行研究。

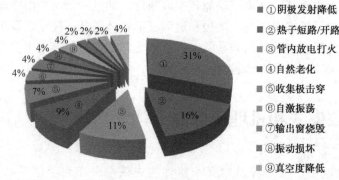

① 阴极发射降低
② 热子短路/开路
③ 管内放电打火
④ 自然老化
⑤ 收集极击穿
⑥ 自激振荡
⑦ 输出窗烧毁
⑧ 振动损坏
⑨ 真空度降低

图 16-9　行波管的主要失效模式

就国内某行波管为例，批量提供使用的数据统计表明：阴极发射下降、灯丝断、放电打火、自然老化、收集极击穿五种失效模式占总失效率的 74%。而阴极—灯丝部分就占 47%，是行波管的主要失效模式，其中阴极发射下降占 31%、灯丝断占 16%。以下通过对几种主要失效模式的失效机理分析，提出提高行波管可靠性的改进措施。

1.　阴极发射下降

根据国内行波管现场使用统计数据可知道，阴极是行波管中出现问题最多的部位，是行波管可靠性保证的关键因素。阴极发射降低是阴极性能退化的结果。造成阴极退化失效的原因及采取的针对性改进措施主要有以下几个。

（1）阴极发射密度不足，负荷重。发射性能水平差，使用时又支取过大的电流密度，致使阴极超负荷工作，从而加快了阴极性能的老化。国内需要加快大电流密度发射阴极的研制，并且设计时尽量降低阴极负荷。

（2）阴极工程化制造水平较低、工艺落后。目前大多数国内阴极制备工艺还靠手工完成，没有形成标准化生产，最终难以保证产品性能的一致性。覆膜工艺的欠缺及部分专用材料的缺乏等都大大降低了阴极的可靠性。

（3）阴极工作温度过高，发射物质蒸发而过多损耗，造成阴极发射电流很快降低。设计时尽量提高阴极加热效率，可在保证发射的同时避免阴极工作温度过高。

（4）阴极材料、工艺处理规范、阴极表面状况及阴极发射性能等缺乏严密的检测手段，导致国内阴极工艺水平难以进一步提高，难以确保阴极性能的一致性、可控性、稳定性。

2. 阴极加热丝短\开路

（1）为支取大电流，往往加大热丝加热功率，使热丝温度过高。工作温度过高，热丝的涂层开裂、脱落，造成短路烧断。高温下，绝缘涂层的性能很不稳定，不仅会快速蒸发，而且其绝缘性能、强度和附着力等都会明显下降，在应力的作用下，容易发生开裂、脱落，出现裸丝。裸露的芯丝匝间相碰或与阴极套筒内壁相碰，都会导致短路，热丝电流猛增，甚至烧毁热丝。

（2）热丝材料质量差，温度过高会使芯丝发脆、强度降低，在应力的作用下容易折断，导致开路。

（3）工作温度过高，其耐电浪涌的耐量便不足，在各种电浪涌的作用下易烧断。

3. 管内放电打火

在很多情况下，阴极发射下降、收集极击穿、真空度下降造成的失效，是由放电打火而引起的。国产行波管打火现象的主要形式有高压打火、低压打火、绝缘击穿打火。大功率管中最常见的是高压打火。

（1）电极形状设计不合理。电极表面不平整，突起部分的场强将增强，使击穿电压降低，易引起放电打火。

（2）电极材料蒸发。电真空器件内部都处于高温状态，如阴极活性物质的蒸发、阳极表面吸附的气体污染、内部杂质蒸发到其他电极上，将使该电极的表面逸出功大大降低，导致场致发射电流增大，击穿电压降低，产生打火。

（3）电极表面的微突起和毛刺。如栅网有毛刺，电子枪空间太小导致栅网极间距离过小，造成阴栅短路。

（4）真空卫生不好。在零件材料形状及结构确定后，真空卫生环境对产品生产过程中的污染影响很大，极易使零件表面吸附各种固态和气态微粒，排气也不可能彻底清除，在工作过程中会不断放气，影响和破坏工作真空条件，引发打火和击穿。

（5）管子老化不够充分。

4. 收集极击穿

由于收集极散热不良，工作温度过高，致使收集极材料大量放气或挥发到绝缘材料表面，造成极间耐压降低或管内真空度下降，降低击穿电压，引起打火放电现象，严重时则击穿。加强外部散热，降低收集极工作温度是关键，若是批量失效，有必要从产品零件、材料及工艺等方面改进。

5. 栅极失效

根据收集到的整机用行波管的质量信息，栅极失效的主要原因有：
（1）栅极引线焊接不牢，脱焊；
（2）有蒸发物沉积在阴栅绝缘瓷上或高压绝缘瓷面，使绝缘性能变差，栅流变大；
（3）栅极表面涂覆层未能有效抑制栅放射；
（4）阴极温度过高，造成栅放射；
（5）管内有异物，引起阴栅短路。

16.2.2 磁控管的失效模式及机理分析

目前磁控管在使用过程中存在的问题有以下几个[4]。
（1）磁控管在工作中出现打火、跳模等现象。
（2）磁控管振荡频率受环境温度、冷却条件的改变及调谐机构及调制器的过热状态等的影响而发生变化。磁控管强烈的频率突变或温度对它的影响极易造成磁控管频率偏移等[5]。
（3）磁控管的工作寿命主要受阴极灯丝材料、阳极叶片的散热状态和管内真空度的影响。

磁控管在现场使用常见的失效模式主要有[1,6]：①高压；②电压升高，使电磁下降；③开始加高压时电流大，然后逐渐下降；④管内打火；⑤高压加不上，电流大；⑥电压高，电流小或无；⑦波导啸叫；⑧频谱散乱、跳模、频率牵引、频率推移；⑨漏线、形状不好、电流不稳；⑩电压电流正常，功率低，功率从阴极泄漏；⑪噪声输出；⑫热漂移等。

对磁控管的失效模式和失效机理进行分析，归纳出以下几种失效机理，并通过对几种主要失效模式的失效机理的分析，提出磁控管在使用时应注意的问题。

1. 负载不匹配，使电压驻波比变大

"跳模"现象是指磁控管不启振或启振后激励在非π模式上。当磁控管的阳极电压低于π模式的"门槛电压"时，给定模式的振荡就不可能产生。在同一磁感应强度数值下，激励π模式的振荡所需要的阳极电压数值最小。这表明当逐渐增加阳极电压时，π模式的振荡首先被激励。当进一步提高阳极电压时，就可能激励起其他模式。非π模式是简并的，振荡不稳定。在这不稳定的区域，阳极电压或阳极电流有小的变化就会导致由一个振荡模式跳到另一个模式，从而称之为"跳模"。因此，为保证磁控管工作于π模式，应控制阳极电压的变化范围，即磁控管的阳极工作电压应高于π模式"门槛电压"，而低于相邻模式的"门槛电压"。

如果磁控管的输出负载不匹配，它的电压驻波比就不能尽可能地小。驻波大不仅反射功率大，使被处理物料实际得到的功率减少，而且会引起磁控管跳模和阴极过热，严重时会损坏管子。引起跳模的原因除管子本身模式分隔度小外，还有以下几个：电源内阻太大，空载高，而激起非π模式；负载严重失配，不利相位的反射减弱了高频场与电子流的相互作用，不能维持正常的π模振荡；灯丝加热不足，引起发射不足，或因管内放气使阴极中毒，引起发射不足，不能提供π模振荡所需的管子电流。为避免跳模的发生，要求电源内阻不能过大，负载应匹配，灯丝加热电流应符合说明书要求。

2. 过热烧毁

冷却是保证磁控管正常工作的条件之一，大功率磁控管的阳极冷却常用水冷，其阴极灯丝引出部分及输出陶瓷窗同时进行强迫风冷，有些电磁铁也用风冷或水冷。冷却不良会使管子过热而不能正常工作，严重时会烧坏管子，因此严禁在冷却不足的条件下工作。

3. 阴极蒸发严重

磁控管启振后，由于电子回轰阴极使阴极温度升高而处于过热状态，造成材料蒸发加剧，寿命缩短，严重时将烧坏阴极。负载失配程度的加剧也会导致阴极温度升高，即使在同一驻波比的情况下，不同的相位对温升的敏感程度也是不同的，在某些相位几乎没有影响，而在另一些相位却存在相当大的温升。对单管而言，最大的失配就是全反射，这时管内振荡功率无法输出而全部耗散在管内。多组磁控管阵列使用中还可能出现各管之间的交叉耦合现象，轻则降低各管的输出和效率，严重时会造成输出急剧下降，管内微波功率无法正常输出，这些已振荡的微波功率就耗

散在管内阳极、阴极及天线三个部件上，特别是阴极，在吸收微波功率后造成温度过高，最终导致发射物质大量蒸发，使得发射性能下降甚至丧失。其外在表现为管子无微波功率输出，而灯丝完好，没有断路现象，阳极高压也能加上，但没有输出功率。防止阴极过热的方法是按规定调整阴极加热功率。

4. 高频打火

激励腔的性能对磁控管的工作影响极大，激励腔应能将管内产生的微波能量有效地传输给负载。为此，除激励腔本身的设计外，管子在激励腔上的装配情况对工作的稳定性影响极大。正常工作时管子的阳极与激励腔接触部分有很大的高频电流通过，二者之间必须有良好的接触，接触不良将引起高频打火。

5. 电极氧化

磁控管的电极材料为无氧铜等，在酸、碱湿气中易于氧化。因此，磁控管的保存应防潮、避开酸碱气氛，防止高温氧化。

6. 真空度下降

如果真空度达不到要求，真空管内处于低真空状态，在阳极电压的作用下，互作用空间有可能被击穿，产生耐压不良直接放电，这样电子不可能产生能量的交换，磁控管根本不能工作。如果真空管处于中等真空状态（具有一定的真空度，但是达不到真空管要求），这样在互作用空间存在较多的气体分子，一般以 N_2、O_2 分子为主，这类气体分子的质量和体积都远远超过电子，所以电子从阴极出发后在通过互作用空间的过程中就会碰到气体分子，导致电子不能正常进行能量交换和运行到阳极。另外，残留的 O_2 分子会与高温的阴极发生作用，形成氧化物，导致阴极发射能力降低。如果出现这种情况，轻微情况下会导致磁控管因启动电压高而难以启动，严重情况下导致磁控管工作不稳定或不工作[6]。导致真空管内真空度差的原因主要有：真空管存在漏气、排气本身没有达到真空度、真空管内零部件的气体在排气过程中没有充分释放出来、真空管内有异物、吸气剂失效等。

7. 能量输出器即天线的损坏

能量输出器即天线的损坏也会导致磁控管失效，由于管子工作在雷基图（负载特性曲线）不恰当的相位区中，高频输出电流过大，会造成天线烧断、输出端陶瓷炸裂、天线帽局部烧毁等现象。

由磁控管主要的失效模式和机理分析可知，磁控管的正确使用是维护微波设备正常工作的必要条件。磁控管在使用时应注意以下几个问题：负载要匹配、保证冷却条件、合理调整阴极加热功率、管子的安装调试要严格按照产品规范操作，注意产品的保存和运输。

16.2.3 速调管的失效模式及机理分析

速调管在使用过程中出现的主要失效模式有：

（1）速调管功率及阴极电流下降；

（2）阴栅短路；

（3）振动时无功率输出或输出功率减小；

（4）速调管放置一段时间后输出功率减小；

（5）速调管灯丝开路；

（6）速调管控制极开路；

（7）速调管阴极开路。

对于此种长期处于非工作状态下储存的电真空器件，其失效原因有四大类，即器件本身质量问题、误筛问题、误用问题和意外损伤。

第一类：器件本身质量问题。在规定的条件下储存和使用器件，由器件本身固有的弱点或缺陷而引起的失效问题一般称为器件本质问题。分析器件本身问题，需要对器件的设计、材料、工艺、检验等方面有全面和深入的了解，而且要明确失效的性质是个别性的（偶然的）还是批次性的（可以重现或再次发生的）。电子器件本质问题主要有以下几个。①材料问题：电子器件所使用的材料对电子器件寿命产生的影响，它主要指材料的缺陷对电子器件可靠性的影响。②工艺问题：电子器件生产工艺对于电子器件寿命的影响，如工艺过程中造成的虚焊等问题。③生产环境的影响：在生产过程中灰尘等对电子器件内部或焊接等的影响，以及真空器件封壳时的环境气体。

第二类：误筛问题。造成误筛问题有很多种，又可以再分为许多小类，如设备故障、操作失误、环境不良、电网波动和标准有误等。

第三类：误用问题。误用问题包括选择和应用两个方面。由于选择和使用不适当造成器件失效所占有的比例相当大，约为50%。

第四类：意外损伤。偶然出现的外界应力造成器件失效，这种失效容易判别，不具有普遍性。

对于有长期储存要求的速调管，以上四大类失效原因中，器件本身质量问题是最重要的失效原因，其失效机理主要有以下4种。

（1）阴极耗尽：现代阴极的寿命（工作）从几年到几十年，取决于其支取电流密度的要求。由于阴极寿命较长，可知在长期储存的电真空器件中阴极失效处于偶然失效期，它的失效率$\lambda(t)$稳定，可以近似为一个常数，因此管子的可靠性可以近似看作指数分布[7]，这里关键是确定$\lambda(t)$的大小。

（2）导电材料（以钡或金属氧化物等）在内部陶瓷表面的积聚，这种积聚能够导致过量的漏电或高压击穿。金属漏电和高压击穿可以看作威布尔分布。威布尔分布的关键是确定分布的形状参数 m、位置参数 r、尺度参数 t_0 的大小。

（3）金属疲劳：由管内各部件的热胀冷缩现象所引起。金属疲劳是管内各部件的热胀冷缩现象造成的，因为偶然性较大，可以认为它的分布呈正态分布。

（4）管内零部件放气、管壳漏气和渗漏，导致管内真空度下降。

速调管内真空度下降产生的主要影响有：管子启动时，管内气体可能导致打火；管内气体还会导致阴极中毒，使阴极发射性能退化，导致管子特性变差；在电子注的作用下，管内气体电离，导致管子工作异常，乃至失效等现象。如果管内压强不够低，大量离子的存在将影响电子注的聚焦，而且将导致寄生振荡的出现。随着制管技术的提高，管壳漏气已经得到了有效的控制，管内零部件放气是真空电子管储存过程管内真空度下降的主要原因。

根据研究资料和失效分析结果，可知速调管储存状态下的主要失效模式和失效机理，总结见表 16-1。

表 16-1　速调管的主要失效模式及失效机理

状　态	失　效　模　式	失　效　机　理	原　因
储存状态	阴极中毒，发射降低	真空度降低导致阴极中毒，阴极中毒是由于管内残余气体与阴极发射物质钡原子发生化学反应，使阴极发射物质（自由钡）减少，从而使得阴极发射能力变差	管内材料包括钡、钨、铜、铁、陶瓷等对气体的吸附与脱附
	离子轰击损坏阴极或其他部件		管壳封接部位慢性漏气（焊缝、金属－陶瓷、金属－玻璃、玻璃或陶瓷芯柱上金属引线的封接处等）
	高压电击穿		管壳渗漏（管壳材料、玻壳、封接陶瓷等）
	噪声		

速调管在储存状态下，管内真空度的下降是它主要的失效机理。管内气体来自管内放气和管壳漏气与渗漏。速调管经过长时间储存后，由于管内残余气体的积累，造成管内真空度下降，导致阴极中毒，从而使阴极发射能力下降，发射电流下降又导致输出功率下降，因此器件经过长期储存后不能立即正常工作。阴极中毒是由于管内残余有害气体（特别是氧、氯和含硫的气体等）与阴极发射物质自由钡发生化学反应，使阴极发射物质（自由钡）减少，从而使得阴极发射能力变差。当阴极发射能力下降时，阴极工作在温度限制区域，改变了电子注成形条件，导致电子注通过率变差。另外，阴极中毒还会引起离子轰击损坏阴极或其他部件，造成阴极物质大量蒸发而发射能力下降，发射电流下降又导致输出功率下降。另外，长期储存中真空度下降可能导致阴极蒸散加速，阴极蒸散严重使得栅极相应位置上阴极发

射物质堆积，从而导致尖端放电效应，使得栅极与阴极间打火，造成阴极表面损伤，发射电流下降、输出功率降低。

16.3 失效分析方法和程序

电真空器件失效分析的原则是先调查了解与失效有关的情况，后分析失效样品。遵循"先进行非破坏性分析，后进行破坏性分析；先外部分析，后内部分析"的基本原则[7][8]。采用的基本程序和方法是：失效样品接收，失效信息调查，外观检查，失效分析方案设计，电测，非破坏性分析，破坏性分析，确定失效机理和原因，失效分析报告编写，一般流程如图 16-10 所示。

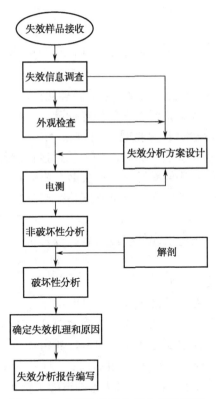

图 16-10 电真空器件失效分析流程图

（1）失效样品接收。

接收的分析样品应包括失效品和良品。在接收失效样品的同时，要求委托方提供一定数量的良品，良品包括未经使用（或试验）的同一厂家同批同型号的良品和经使用（或试验）的同一厂家同批同型号的良品，若无同批次产品，也可用非同批次产品代替，但在分析过程中需注意这一点区别。根据分析目的和分析需要确定良品的类型和数量，失效品应尽量保持失效时的状态，必要时可到失效现场取样，在样品接收时需要委托方提供样品的详细信息。

（2）失效信息调查。

围绕失效必须详细了解如下信息。

① 发现失效的地点和时间。工艺过程、外场使用情况及失效日期。

② 产品记录。产品在制造和装配工艺过程中的工艺条件、交货日期、条件和可接受的检查结果，装配条件和相同失效发生的有关记录等。

③ 工作或储存条件。室内/室外、温度、湿度、大气压、失效发生前的操作。

④ 失效详情。失效类型（特性退化、完全失效或间歇性失效），失效现象（无功能、参数变坏、开路、短路）。

（3）外观检查。

失效样品的初始外观检查十分重要，它往往会为后续分析提供重要信息。外观检查通常采用目检，可以直接用眼睛观察，用肉眼来检查失效元器件与好元器件之间的差异，也可用 1.5～10 倍放大镜或光学显微镜观察。

外观检查的作用之一就是验证失效样品与标准、规范的一致性，只验证元器件的标志（如型号、质量等级、产品批号）、材料、结构、工艺等。外观检查的作用之二是寻找可能导致失效的疑点。例如，外观或封接口的裂纹可能使外部环境气体进入器件内部引起电性能变化或腐蚀。由于失效分析时可能要做去掉外壳的解剖工作，外观检查的对象可能不再存在，因此外观检查必须拍照记录，外壳上的数据必须记录下来（包括生产日期、生产批号、产地等）。除此以外，还必须记录有无灰尘、沾污、金属变色、由压力引起的引线断裂，以及机械引线损坏、封装裂缝、金属化裂缝等。

（4）失效分析方案设计。

失效分析方案设计是为了严格按顺序有目的地选择试验项目，避免盲目性，避免失误甚至丢失与失效有关的痕迹，快速准确地得到失效原因的证据，准确判断失效机理。应明确在分析过程中要选择什么项目、观察什么现象，在试验分析过程中的每一个环节，如何密切观察和收集有关的证据，如照片或有用数据的处理。

失效分析方法和程序的选择取决于对诸多因素的了解和掌握，在执行分析方案过程中，如果发现新的与原来推断不一致的信息，就必须对分析方案及时进行修改。

（5）电测。

电特性测试（简称电测）是采用专用于评价设计的测试方案来详细地评价样品的电特性，测试的结果可用来确定失效模式，提高从失效环境中得到的失效机理估计的详细度和精确度，该测试有利于选择正确的分析方案。

以电子元器件失效分析为目的的电测方法可分为三类：连接性测试、电参数测试和功能测试。

① 连接性测试可确定开路、短路、漏电及电阻值变化等失效模式。连接性测试手续简单，应用范围较广阔。

② 与连接性测试相比较，电子元器件的电参数测试较复杂。各种电子元器件都有各自特殊的参数，如电真空器件有各级电源电流、输入电压、输入电流、输出电压、增益、二次谐波、效率、输出驻波等。电参数失效的主要表现形式有数值超出规定范围（超差）和参数不稳定。

③ 电子元器件的功能测试，需要对元器件输入一个已知的激励信号，测量输出结果。如果测得的输出状态与预计状态相同，则元器件功能正常，否则失效。

同一个元器件，上述三种失效有一定的相关性。失效电子元器件经电测可能有多种失效模式，如同时存在连接性失效、电参数失效和功能失效，然而存在一种主要失效模式，该失效模式可能引发其他失效模式。功能失效和电参数失效的根源时常可归结于连接性失效。对于电真空器件而言，在缺乏复杂功能测试设备和测试程序的情况下，用简单的连接性测试和参数测试方法进行电测，结合物理失效分析技术也可获得令人满意的失效分析结果。

（6）非破坏性分析。

非破坏性的内部分析是用于检查元器件内部状态而不打开或移动封装的技术，通常包括 X 射线检查、超声波检查、密封性检查等。

① X 射线检查。目的是检查电真空器件的内部缺陷，如热丝是否断裂（见图 16-11）、内部多余物、金属焊接裂纹、陶瓷封装裂纹等。失效分析用 X 射线透视技术的原理与医用 X 射线透视技术相同，样品局部缺陷造成该处吸收系数异常，引起 X 射线透视像的局部衬度异常。

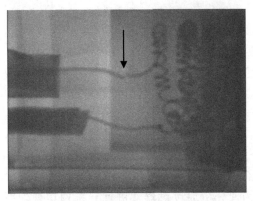

图 16-11　X 射线检查的热丝断裂形貌

② 超声波检查。目的是检查焊接接头的缺陷，如焊接空洞、裂纹等。超声检

测利用超声波在固体介质中的传播特性，根据反射波或透射波的强度、相位、指向等声学指标进行目标探测。目前，较为常用的超声波检测方法为脉冲回波法。通过对超声波探头施加时间很短的脉冲电压激励，使探头被激发出一个窄脉冲超声波。入射声波在物体内部遇到具有显著声阻抗差异的界面时将发生反射，通过对反射回波的幅值、相位等特征量进行提取，建立能够表现被测物体内部结构特征的图像，进而观察和分析物体内部的缺陷或结构[9]。

③ 密封性检查。由于水分的存在会加速杂质离子的运动，并引起行波管、速调管等电真空器件打火或电特性恶化。这里有两种检测方法：氦原子示踪法检测细小的泄漏、氟碳化合物检测较大的泄漏。

（7）解剖技术。

解剖技术是暴露更深层次或更为内部问题所必需的技术。常用的解剖技术有机械开封和化学开封两种[7]。

① 机械开封

对于电真空器件的开封，常采用机械开封的方法，如切割机、研磨机、激光切割等。

a. 金属盖封装可在研磨后用利器划开，研磨时不管是水磨或干磨，要不断在显微镜下观察，在快要磨穿时立即停止，再用利器揭盖，防止碎屑进入封装内；如果金属盖是用软焊料焊接的，则可用加热法把焊料熔化，揭开金属盖。

b. 管体部分用切割机切开，后用研磨机打磨，暴露出失效部位。

由于封装、焊接形式种类繁多，不可能逐一列出各自的步骤。但是，由于失效样品的稀缺性和重要性，为防止制样风险，在机械开封前，最好能通过 X 射线透视了解器件的内部结构，必要时可用一个同类封装结构的产品进行试验性开封，取得经验后再对失效样品进行开封。

② 化学开封

塑料封装器件需采用化学方法开封。

a. 发烟硫酸腐蚀法：脱水硫酸对塑料有较强的腐蚀作用，但对铝金属化层的腐蚀作用缓慢，常用于塑料封装器件的开封。

b. 发烟硝酸腐蚀法：方法同上，但硝酸只加热到发烟即可。

（8）破坏性分析。

① 失效点定位。在器件失效分析中，通过缺陷隔离技术来定位失效点，然后通过结构分析和成分分析确定失效的起因。缺陷点隔离可采用电子束测试、光发射分析、热分析和 OBIC（光束感生电流）技术。

② 物理分析。物理分析通过对器件进行一系列物理处理后再观察和分析其故障点，其目的是使失效的原因更加明朗化。通过物理分析可以提供最终的信息，然后反馈到设计和生产中。物理缺陷即引起故障的起因，常常存在于表面和次表面

中，在这种情况下，电介质和金属连线必须去除。这一程序必须在光学显微镜或扫描电子显微镜（SEM）观察下进行，有时有必要用聚焦离子束（FIB）观察交叉区，如果在失效区域发现有任何污点或颗粒，则有必要进行组分分析，从而确切查明失效原因。

通过光学显微镜分析技术、扫描电子显微镜的二次电子像技术，开展电真空器件的结构、工艺、材料缺陷研究。

（1）光学显微分析技术。

光学显微分析技术利用光学显微分析镜进行电子元器件的失效分析。在电真空器件的失效分析中使用的光学显微镜主要有立体显微镜和金相显微镜。立体显微镜景深大，金相显微镜的放大倍数较高，从几十倍到一千多倍，两者结合使用，可用来进行电真空器件的外观及失效部位的表现形状、分布、尺寸、组织、结构、应力等的观察，如观察阴极头损伤程度、焊接质量、填充物外观形貌、污染或粘附物、热丝连接等。

对收集的失效分析样品进行立体显微观察，并利用数字影像技术照相记录下来。立体显微镜下应重点观察以下几方面：

① 阴极头损伤程度；

② 焊接质量；

③ 填充物外观形貌；

④ 污染或粘附物；

⑤ 热丝连接。

在立体显微镜下可观察到阴极头发射表面断裂、阴极表面残缺不齐、边缘残缺、热子填充缺陷的形貌，以及焊接等缺陷，示例如图 16-12 和图 16-13 所示。进而结合 SEM 微观形貌分析，找到产生这些缺陷的相关原因。

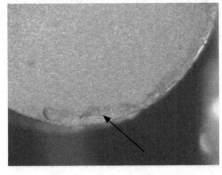

图 16-12　阴极面边缘残缺缺陷

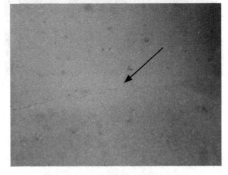

图 16-13　绝缘填充料裂缝

阴极的发射表面存在微孔、边缘残缺的现象，此为众多扩散阴极发射面的共性工艺缺陷，如图 16-14 和图 16-15 所示。

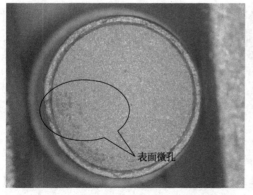

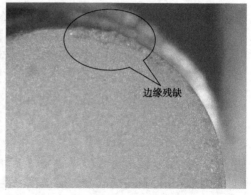

图 16-14　阴极发射面缺陷——表面微孔　　　　图 16-15　阴极发射面缺陷——边缘残缺

金相显微镜的聚焦深度较浅，因此要求试样表面相当平整。为了使引入的机械损伤最小，采用慢锯，沿纵向轴线对其解剖，获得的一半剖面用于金相分析。将样品剖面用环氧树脂灌封，待固化剂固化之后，对其剖面进行打磨抛光，使金相试样的磨面平整光滑，没有磨痕和变形层（有时允许有微小、可忽略不计的变形层）。为了显示金属与合金的内部组织，还需要用适当的化学或物理方法对试样抛光面进行浸蚀，并用有机溶剂丙酮进行弱超声清洗，去除表面带入的杂质（环氧、固化剂及抛光液等），直至样品剖面的真实表面完整呈现出来。金相显微镜检测到的阴极头与热子套筒接触缝隙缺陷、钨体烧结缺陷等如图 16-16 和图 16-17 所示。

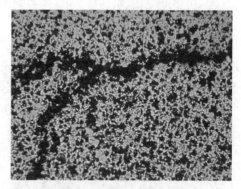

图 16-16　阴极头与热子套筒接触缝隙　　　　图 16-17　钨体裂缝形貌

（2）扫描电子显微镜（SEM）分析技术。

在电真空器件的失效分析中，利用 SEM 观察更深层次的显微形貌，可用它来观察在光学显微镜下看不到的微细结构，能检测到几十万倍的微观形貌。它利用扫描电子束从样品表面激发出各种物理信号来调制成像，其景深远比光学显微镜大，因而可检测到光学显微镜下观察不明显或不易观察的缺陷。例如，分析阴极多孔基体——钨海绵体的孔度及分布均匀性等。

考虑到钨海绵体和氧化铝填充料是不导电的，需要将样品剖面镀金。之前在光学显微镜下观察到的缺陷形貌，在扫描电镜下更加清晰、准确，对于诸如孔度之类的缺陷形貌，扫描电子显微镜将其捕捉得异常清晰，发射表面及钨体内部孔度分布情况如图 16-18 和图 16-19 所示。

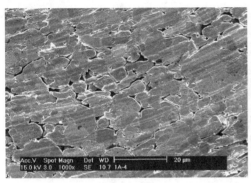 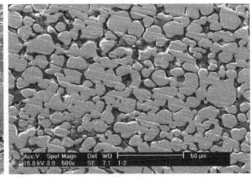

图 16-18　发射表面钨孔分布情况　　　　图 16-19　钨体内部孔度分布情况

图 16-20 所示为不良填充形貌，形成的氧化铝斑晶结构，且晶界处出现未成瓷氧化铝粉末。此类缺陷会导致热子传热不均、晶界处热量聚集，从而减少了热子向套筒的热量传递，增大了热子的无用耗散。

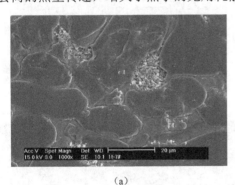 

（a）　　　　　　　　　　　　　　　（b）

图 16-20　不良氧化铝绝缘填充

（9）确定失效机理和原因。

根据上述失效分析过程，提出并确定样品的失效机理和失效原因。失效分析的最终目的是确定失效机理和原因。必须从失效鉴别的不同角度、不同方面去合理地解释一个元器件失效的机理和原因。

（10）失效分析报告编写。

整理数据，确认失效模式、失效机理和失效原因，提出结论和建议，编写完整的失效分析报告。

16.4 失效分析案例

【案例1】幅相一致性行波管，失效现象是近期外场使用时出现多起工作时间不长就发生热丝断路的问题。

失效模式：热丝断路。

失效机理：热丝断裂模式分析表明，热丝断面为非过电熔断的热丝机械断裂。

热丝断口特征与拉伸应力分析显示，热丝芯材断裂处均有颈缩、渐细的现象，说明失效品热丝在断裂前受到了拉伸应力作用而发生了明显的塑性变形。但失效品断口的磨平特征表明，热丝是在反复拉伸应力作用下，裂纹逐渐扩展并磨平，导致最终的断裂。拉伸应力主要来自热丝通断过程中热胀冷缩产生的拉应力，应力大小与电子枪热丝组件的材料、结构、电功率有关。

热丝断裂部位与切向应力分析显示，热丝均断裂于氧化铝陶瓷表面，说明热丝在该处受到明显的切向应力作用，热丝是在拉伸应力和切向应力的共同作用下断裂的。切向应力主要来自热丝通断热胀冷缩产生的压应力的切向分力，以及使用环境中的振动/冲击等机械应力，其切向应力的大小与产品的材料、结构、电功率、使用环境的机械应力水平有关。

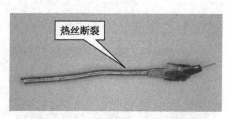

图 16-21　白金带端的热丝断裂形貌

几种典型的热丝断口形貌如图 16-21～图 16-25 所示。

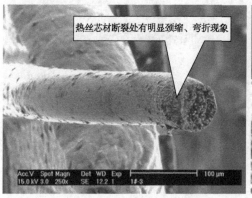

图 16-22　热丝引出端断口的 SEM 形貌

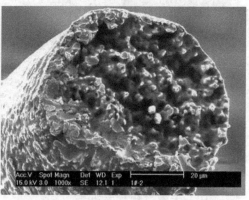

图 16-23　热丝引出端断口的 SEM 放大照片

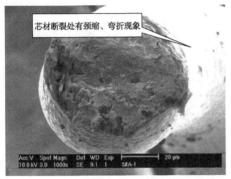

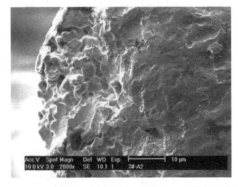

图 16-24　热丝引出端断口的 SEM 形貌　　　图 16-25　热丝引出端断口面的 SEM 放大照片

【案例 2】速调管在储存过程中电流低、功率下降

样品名称：速调管。

背景：储存过程中，加电测试时阴极发射电流低，管子输出功率下降。储存时间在 5 年左右。储存环境：常温（20～30℃）、常湿（55RH%）、1 类库。

失效模式：阴极发射电流低，管子输出功率下降。

失效机理：长期储存过程中管内真空度下降。

分析结论：阴极发射物质大量蒸发，导致阴极严重退化，造成阴极发射电流低、管子输出功率下降。阴极退化的原因为长期储存过程中管内真空度下降。

分析说明：失效样品开封后可见栅极金属片与阴极柱对应一侧存在打火后留下的黑斑（见图 16-26），阴极柱表面也存在异常形貌。经 SEM 及 EDS 分析，阴极柱表面存在大范围的空洞，且阴极发射盐物质 Ba 的含量非常少，说明阴极退化严重。而与阴极相对的栅极金属片表面可见大范围覆盖物质，覆盖物的主要成分为 O、Ba、Ca 等阴极发射物质和阴极铜表面覆盖材料 Hf 等，这说明有大量阴极材料和阴极铜蒸散或溅射到栅极表面。

阴极柱边缘异常形貌及 EOS 成分分析结果如图 16-27 和图 16-28 所示；栅孔间 SEM 形貌及 EDS 成分分析结果如图 16-29 和图 16-30 所示。

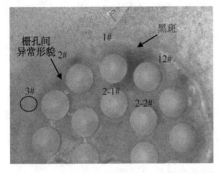

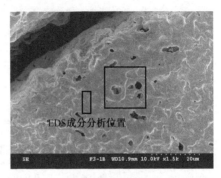

图 16-26　栅极金属片可见打火后黑斑　　　图 16-27　1#阴极柱边缘异常 SEM 形貌

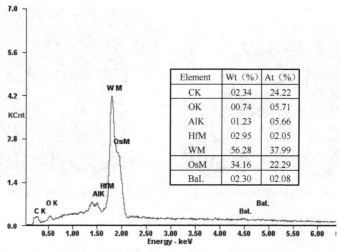

Element	Wt（%）	At（%）
CK	02.34	24.22
OK	00.74	05.71
AlK	01.23	05.66
HfM	02.95	02.05
WM	56.28	37.99
OsM	34.16	22.29
BaL	02.30	02.08

图 16-28　1#阴极柱所示位置 EDS 成分分析结果

分析认为，样品阴极柱表面存在大量空洞，阴极已严重退化，从而引起样品工作时输出功率下降。这可能是储存过程中管内真空度下降，气体分子电离出正离子回轰到阴极表面，造成阴极发射物质大量蒸发，导致阴极严重退化，使得阴极电流密度下降，管子输出功率降低。真空度下降是由于样品长期储存后，漏气、渗气等导致的，样品细检漏的结果也显示其漏率较高。

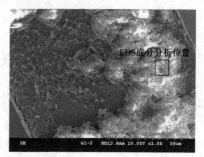

图 16-29　2#、3#栅孔间 SEM 形貌

Element	Wt（%）	At（%）
CK	07.67	31.49
OK	11.89	36.64
ZnL	00.25	00.19
NaK	00.17	00.37
HfM	11.22	03.10
MoL	01.01	00.52
ClK	01.52	02.12
CaK	02.06	02.53
BaL	64.20	23.04

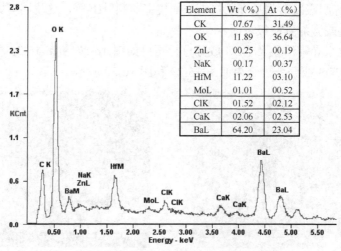

图 16-30　栅孔间所示位置 EDS 成分分析结果

参 考 文 献

[1] 总装备部电子信息基础部. 军用电子元器件. 北京：国防工业出版社，2009.

[2] 廖复疆，吴固基. 真空电子技术——信息装备的心脏（第 2 版）. 北京：国防工业出版社，2008.

[3] 刘之畅. 高可靠行波管结构分析技术研究.电子科技大学，2011.

[4] 石志博.2M219 连续波磁控管工作稳定性研究. 电子科技大学，2007.

[5] 毛久兵，胡和平，唐丹，等. 基于 PLC 自动搜频 AFC 系统研究. 原子能科学技术，2011，（4）：509-512.

[6] 苏振华，张立雄. 微波真空电子器件磁控管的失效率模型. 电子产品可靠性与环境试验，2000，（4）.

[7] 孔学东，恩云飞. 电子元器件失效分析与典型案例. 北京：国防工业出版社，2006.

[8] 陶春虎，刘高远，恩云飞，等. 军工产品失效分析技术手册. 北京：国防工业出版社，2009:739-749.

[9] Ditchburn R J，Burke S K，Scala C M. NDT of welds: state of the art . NDT&E International，1996，29(2): 111-117.

第四篇　电子元器件失效预防

 第17章　电子元器件失效模式及影响分析方法

 第18章　电子元器件故障树分析方法

 第19章　工程应用中电子元器件失效预防方法

第 17 章

电子元器件失效模式及影响分析方法

失效模式及影响分析（FMEA）是在产品设计和工艺过程中，通过对各道工艺过程和产品各组成单元潜在失效模式及其对产品功能和可靠性的影响进行分析，并进行危害度排序，提出可能采取的预防改进措施，以提高产品可靠性的一种分析方法。其核心是通过 FMEA 及改进措施的实施，降低产品设计、工艺的潜在失效风险。相对于产品的质量检验和筛选等"事后"控制，FMEA 是典型的"事前"预防的方法，是可靠性设计的重要环节和依据。

FMEA 又可以分为设计 FMEA（DFEMA）和工艺 FMEA（PFMEA）。前者是针对设计采取的一种分析技术，用以最大限度地保证各种可能由设计造成的潜在失效模式及其相关的起因/机理得到充分的考虑和说明；后者是针对工艺过程采取的一种分析技术，用以最大限度地保证各种可能由工艺过程造成的潜在失效模式及其相关的起因/机理得到充分的考虑和说明。

FMEA 在整机、组件等生产行业被广泛应用，并有适用整机行业的标准。在电子元器件行业，特别是微电子行业，如 Sony、Toshiba、Intel、Ti 等公司，均采用了 FMEA 技术提升和控制其产品的质量和可靠性。在元器件行业中，FMEA 的主要作用是确定器件失效或参数退化的原因。本章介绍的电子元器件失效模式及影响分析方法是基于失效机理的元器件 FMEA 方法，是适用于元器件的 FMEA 方法。

17.1 FMEA 技术背景

FMEA 技术在国外提出已有多年，在宇航、电子设备和汽车行业大量应用，为提高相关产品的安全性和可靠性起到较大的促进作用，取得了很好的社会经济效益。

20 世纪 50 年代初，美国 Grumman 公司第一次将 FMEA 的思想用于对螺旋桨飞机操作系统向液压机构的改进过程的设计分析，取得了很好的效果。60 年代初，美国 NASA（National Aeronautics and Space Administration）将 FMEA 用于航天飞行器，也取得了很好的效果。1976 年，美国国防部颁布了 FMEA 军用标准。60 年代后期和 70 年代初期，FMEA 方法开始广泛地应用于航空、航天、舰船、兵器等军用系统的设计研制中，并逐渐渗透到机械、汽车、医疗设备、核能等民用工业领域，用于各种产品和工艺的设计、生产管理等各个方面，对设计方案的改进和产品质量的保证起到了重要作用。80 年代中期，汽车工业开始应用 FMEA 确认其制造工程。1994 年，FMEA 成为 QS9000 的认证要求。目前，在很多重要的工程领域，FMEA 受到了研究和管理人员的高度重视，并且被明确规定为设计研究人员必须掌握的技术，实施 FMEA 是设计者和承制方必须完成的任务。FMEA 的有关资料也被规定为不可缺少的设计文件，是设计审查中必须重视的资料之一。

　　20 世纪 90 年代之前，FMEA 方法主要应用于大系统中，90 年代之后，FMEA 方法才开始进入微电子和光电子制造行业，并发展出失效模式、机理及影响分析（FMMEA）的概念，将电子元器件失效机理的影响分析加入其中，这是元器件FMEA 分析的一个重要特点，即使仍然用 FMEA 的概念，对元器件来说实际上包含了 FMMEA 的概念。

　　近年来，FMEA 技术开始在基础电子产品研发和制造中发挥作用。例如，在微电子行业中，Sony、Toshiba、Intel、Ti 等公司均采用该技术提升和控制产品的质量和可靠性，用以满足军用和航天应用对产品的高可靠要求。

　　2002 年，美国 Lucent（朗讯）公司因通信设备的高可靠要求，颁布了 X21368企标："光电子元器件、组件与子系统可靠性评价要求"，对供应商规定配套通信设备的元器件同时必须提供产品在使用环境下的失效机理及模型、激活能及加速因子、40℃40%RH 典型环境下的寿命数据及浴盆曲线。在其"设计与工艺 FMEA"一章中要求："应给出产品和其内主要元器件、材料各自的 5 种主要失效机理，要求在产品的设计初期（设计评审）就开展此项工作。评估每一种失效机理的风险、失效模式和采取的纠正措施。"从中可以看到，元器件的 FMEA/FMMEA 技术的核心是失效物理方法（PoF，Physics of Failure），其核心是把失效当作研究的主体，通过发现、研究和根治失效达到提高可靠性的目的。

　　FMEA/FMMEA 是识别潜在的与设计、工艺和应用相关的失效模式的有效工具。FMEA 的其他目的是：

　　（1）确定失效机理/模式的影响；

　　（2）确定导致失效机理、模式的根本原因；

　　（3）依据失效机理、模式发生的可能性、影响的严重度及制造过程中的可探测性确定失效模式影响排序系统，并以此优化改进措施；

（4）根据失效机理、模式排序，对不可接受的失效确定、采取并记录纠正措施。

实际上，特定产品的 FMEA/FMMEA 可能非常耗时，可通过将过程分解来完成复杂的工作。FMEA 很多最初的输入基于可得到的文献及行业的发现，可根据初始的 FMEA 危害度排序进行设计评估试验（DOE），以明确该特定产品的各种失效模式和机理的危害度等级排序。在所有评估和鉴定检验完成后，对 FMEA 进行重新评估，并制定设计规则和工艺参数。

目前 FMEA 已在大系统工程中形成了一套科学而完整的分析方法，许多欧美发达国家都将 FMEA 技术编入了国家标准和军用标准中，使这一技术更为标准化和规范化，更便于与其他可靠性技术配合使用，这在某种程度上增加了 FMEA 的使用价值。

1969 年，美军标 MIL-S-882（1969 年）《系统安全性规范》中采用 FMEA 和 FTA。20 世纪 70 年代中期，美国公布了 FMEA 的美军标 MIL-STD-1629（后在 1980 年公布 MIL-STD-1629A）。如美国三大汽车公司要求其供货商应具有进行 FMEA 分析的能力。1979 年美国汽车工程师学会出台标准 SAE-ARP926《故障和失效分析》。英国标准 BS5760《系统、设备和零件的可靠性》（1979）的第三部分中给出了 FMEA 的应用实例。国际电工委员会（IEC）于 1985 年公布了 IEC812。

我国采用 GB 7826—1987《系统可靠性分析技术失效模式和效应分析（FMEA）程序》，主要针对电子设备等系统；以及国军标 GJB 1391—1992《故障模式、影响及危害性分析程序》，主要针对航空航天装备中 FMEA 的应用。

表 17-1 列出了一些典型的 FMEA 方法标准、手册和规范。

表 17-1 典型的 FMEA 方法标准、手册和规范

标准/手册编号	名　　称	发布机构	描　　述
GJB 1391—1992	故障模式、影响及危害性分析程序	中国	适用于中国的军工产品
GB 7826—1987	系统可靠性分析技术——失效模式和效应分析（FMEA）程序	中国	针对电子设备等系统
MIL-STD-1629A	故障模式、后果和危害性分析	美国军方	具有很长的认可和使用历史，适用于政府、军事和商业机构，可以根据故障模式的重要等级进行危害度的计算
QS9000 FMEA	QS9000 FMEA 手册	美国通用汽车公司、福特汽车公司及克莱斯勒公司	是美国的三大汽车厂（通用汽车公司、福特汽车公司及克莱斯勒公司）制定的质量体系要求，所有直接供应商都限期建立符合这一要求的质量体系，并通过认证

续表

标准/手册编号	名　称	发布机构	描　述
ISO/TS 16949	ISO/TS 16949 技术规范	国际汽车特别工作组（IATF）	符合全球汽车行业中现用的汽车质量体系要求，规定了 FMEA 的工作要求
SAE J1739	潜在故障影响分析	国际汽车工程师协会	由克莱斯勒、福特、通用电气等公司提出的适用所有汽车供应商的 FMEA 工程解释和指南
SAE ARP5580	故障模式、后果和危害性分析程序	国际汽车工程师协会	结合了汽车行业标准和 MIL-STD-1629，适用于汽车和国防行业

 17.2 电子元器件 FMEA 方法

17.2.1　概述

元器件失效模式及影响分析（FMEA）是在元器件设计、生产和使用过程中，对元器件各组成单元、生产过程和使用阶段引入的潜在失效机理/模式及其对元器件功能和可靠性可能产生的影响进行分析，按每个失效机理/模式产生影响的严重程度及其发生概率予以分类的一种归纳分析方法，属于单因素的分析方法。

FMEA 方法的核心是分析较低层次的单元或结构失效对上层及最终产品的影响，是一种自下而上的分析方法。对元器件来说，结构简单，层次划分少，但分析需要从失效机理发生的层次开始，逐级分析对上层直至对元器件本身的影响。因此，元器件的 FMEA 也可以叫作 FMMEA（Failure Mechanism, Mode and Effect Analysis）。为简单起见，仍定义为 FMEA（这里 M 既表示机理又表示模式）。

17.2.2　分析目的

在元器件的设计、生产和使用过程中开展 FMEA，了解和掌握各种潜在的失效机理，分析其对产品的可能影响，评估每一种失效机理的风险、失效模式，从而采取有效的改进和补偿措施，以提高元器件的可靠性水平。

对元器件研制方来说，通过 FMEA 可以达到如下目的：

（1）帮助设计人员开展可靠性设计，选择最佳方案，包括结构、材料和工艺；

（2）帮助生产人员进行工艺控制和优化；

（3）提高元器件的固有可靠性；

对元器件使用方来说，通过 FMEA 也可以实现：

（1）帮助使用方根据实际的使用条件和要求选择正确、合适的元器件；

（2）帮助使用方开展必要的系统可靠性设计，保证元器件的应用可靠性；

（3）提高元器件的使用可靠性，从而提高系统可靠性。

17.2.3　分析计划

1. 分析类别

元器件 FMEA 计划可分为两类：一类是针对各种典型元器件的类型和工艺开展 FMEA，编制通用的 FMEA 信息列表；另一类是针对特定元器件类型或型号开展 FMEA，编制特定产品的 FMEA 信息列表。在两种 FMEA 计划中，都应确定有关的表格格式，定义约定层次、编码体系等。

2. 表格格式

进行 FMEA 所使用的表格格式如表 17-8 所示。在每一张表格上应注明初始约定层次（元器件名称）。每一相继的约定层次的分析应记录在一张单独的分析表或一组分析表上。

3. 确定最低约定层次

最低约定层次一般为元器件的最小单元，是失效发生的最小部位，必须具有独立的失效机理。但也可根据分析的需要自行确定，如关注封装工艺缺陷，最低级别可按封装结构划分为芯片、基板、外引脚等。如果关注芯片内部工艺，还可以再次划分最低约定层次，将芯片拆分为金属化、多晶硅、硅衬底等。

4. 编码体系

为了对元器件的每个失效机理/模式进行统计、分析、跟踪和反馈，应对产品所划分的约定层次及功能单元制定编码体系，保证分析的各层次的每个功能单元都具有唯一编码。

17.2.4　分析程序

元器件 FMEA 一般是通过下列步骤来实现的：

（1）准备工作，收集信息；

（2）层次和功能单元划分；

（3）功能单元编码；

（4）确定潜在失效机理/模式；

（5）潜在失效机理/模式影响分析；

（6）分析每种失效机理/模式的相关应力，适用时，还需要建立失效机理物理模型，确定各应力的加速系数；

（7）分析失效影响的风险等级，并根据元器件的寿命周期对元器件的各个失效阶段进行风险等级评估，获得风险等级评估结果；

（8）根据每种失效机理的相关应力、失效原因、失效影响及风险等级，提出有针对性的预防和改进措施；

（9）汇总元器件失效影响分析结果和引起失效机理的失效原因等资料，获得元器件失效机理的 FMEA 列表；

（10）可能时，对失效影响分析结果进行验证。

17.2.5 详细要求

1. 准备工作

进行 FMEA 必须熟悉所要分析的元器件的情况，包括功能结构、生产工艺、使用及所处的应用环境等方面的资料。具体来说，应获得并熟悉以下信息。

（1）功能信息：元器件具有的功能和所起的作用，包括元器件的设计、结构、性能指标（如电功率、器件的温升和热点等）。

（2）工艺和结构信息：包括元器件的外形、封装和接口形式，采用的生产工艺（如薄膜电路、厚膜电路、单片集成、微组装等）、材料；元器件的组成单元及其特征、性能、作用和功能，并通过各单元之间的逻辑关系获得元器件的结构框图。

（3）使用和环境信息：元器件的使用状态和环境条件，如元器件在电路图上的位置、作用，工作条件和偏置状况等。

（4）可靠性信息：收集该元器件或同类元器件在设计、生产、试验及使用过程中的失效信息、失效率及寿命数据等，也可以从文献资料及标准中获得相关的信息或数据。

2. 层次约定及单元划分

层次的约定和单元划分是开展 FMEA 的关键环节。首先根据元器件的结构进行层次约定，初始约定层次即为元器件本身，然后根据元器件的复杂程度向下分解为第二、第三等层次，最低约定层次应为潜在失效机理发生的层次。每一层次又可分解为一个或多个功能单元，不同单元用不同的代码表示。例如，混合集成电路可以分解为有源芯片、无源元件、基板、腔体、外引线等，其 FMEA 单元划分结构框图如图 17-1 所示，各单元名称和代码见表 17-2。混合集成电路也划分为两个层次：有源芯片、无源元件、基板、腔体等单元为第一层次；封装后的整体产品为第二层次。

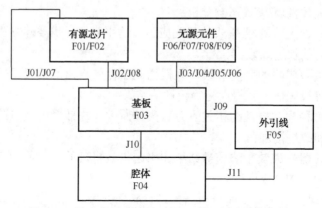

图 17-1　混合集成电路的 FMEA 单元划分结构框图

表 17-2　混合集成电路各单元名称和代码

单元名称和代码		单元名称和代码
有源芯片	电路芯片：混合集成电路-02-F01	键合：混合集成电路-02-J01～混合集成电路-02-J06
	分立芯片：混合集成电路-02-F02	
基板：混合集成电路-02-F03		
腔体：混合集成电路-02-F04		黏结：混合集成电路-02-J07～混合集成电路-02-J10
外引线：混合集成电路-02-F05		
无源元件	电阻：混合集成电路-02-F06	
	电容：混合集成电路-02-F07	
	电感：混合集成电路-02-F08	
	变压器：混合集成电路-02-F09	

　　分析从有足够信息的且感兴趣的最低级别开始，最低级别一般为最小功能单元，是失效发生的最小部位，但也可根据分析的需要自行确定，如果只对封装工艺缺陷感兴趣，最低级别可按封装结构划分为芯片、基板、外引脚等；如果对芯片内部工艺感兴趣，还可以再次划分最低级别，将芯片拆分为金属化、多晶硅、硅衬底等。

3. 失效模式和失效机理确定

　　掌握和了解每个单元中失效机理/模式是开展元器件 FMEA 的基础和关键，主要依据几个方面来确定：

　　（1）本产品曾经出现的失效及其分析结果；

　　（2）同类产品的失效及分析结果；

（3）其他制造商同类产品的失效及分析结果；

（4）相关标准与文献资料。

失效模式可以有电（如直流特性、漏电）或物理（如裂纹、侵蚀）的失效特征。和电特征相关的失效模式主要有开路、短路、参数漂移、功能失效等，和物理特征相关的失效模式主要有壳体破碎、漏气、腐蚀等。

失效机理是指引起电子元器件失效的实质原因，即引起电子元器件失效的物理或化学过程，通常是指由于设计上的弱点（容易变化和劣化的材料的组合）或制造工艺而形成的潜在缺陷，在某种应力作用下发生的失效及其机理。失效机理是对失效的深层次内因或内在本质，即酿成失效的必然性和规律性的研究。要清楚地判断元器件失效机理就必须对其失效机理有所了解和掌握，如在集成电路中金属化互连系统可能存在电迁移和应力迁移失效，这两种失效的物理机制是不同的，产生的应力条件也是不同的。需要分析每种失效机理相关的各种应力，可能时，还应建立相应的失效物理模型，确定各种应力的加速系数。根据元器件失效前或失效时所受的应力种类和强度，可大致推测失效原因，如表 17-3 所示。

表 17-3　应力类型与半导体元器件失效模式或机理的关系举例

应 力 类 型	试 验 方 法	可能出现的主要失效模式或机理
电应力	静电、过电、噪声	MOS 元器件的栅击穿、双极型元器件的 PN 结击穿、功率晶体管的二次击穿、CMOS 电路的闩锁效应
热应力	高温储存	金属－半导体接触的 Al-Si 互溶，欧姆接触退化，PN 结漏电、Au-Al 键合失效
低温应力	低温储存	芯片断裂
低温电应力	低温工作	热载流子效应
高低温应力	高低温循环	芯片断裂、芯片黏结失效
热电应力	高温工作	金属电迁移、欧姆接触退化
机械应力	振动、冲击、加速度	芯片断裂、引线断裂
辐射应力	X 射线辐射、中子辐射	电参数变化、软错误、CMOS 电路的闩锁效应
气候应力	高湿、盐雾	外引线腐蚀、金属化腐蚀、电参数漂移

4. 失效影响

（1）失效影响定义。

失效影响是失效机理/模式在器件的工作、功能或状态方面造成的后果。一种失效影响可能是由某个单元或多个单元的一种或多种失效机理/模式引起的。

失效影响也可能对高一层次产生影响，甚至延伸到分析的最高层。因此，在每一层次上，应对失效产生的高层次影响进行评估。

（2）局部影响。

局部影响是指失效机理/模式对所考虑单元的影响。应当描述每个可能的失效对产品输出的影响。确定局部影响的目的是为评价已有的可选措施或建议性纠正措施提供判断依据。在特定的场合下，失效模式的局部影响可能没有。

（3）最终影响。

确定最终影响时，应通过所有中间层次的分析来评价和定义可能的失效对器件最高层次的影响，所描述的最终影响可以是多重失效的后果。

（4）失效影响分析。

失效影响分析从最低约定层次开始，确定每个层次中各单元的所有潜在失效机理/模式，分析其对本层次的影响（即局部影响）及对高一层次的失效影响。各单元依次分析，直至完成本层次的影响分析。然后进行高一次层次的分析。这时，较低层次的失效影响成为本层次的失效模式。各层次逐一往上分析，直至完成对最终产品元器件本身的失效影响（最终影响）分析，如图 17-2 所示。

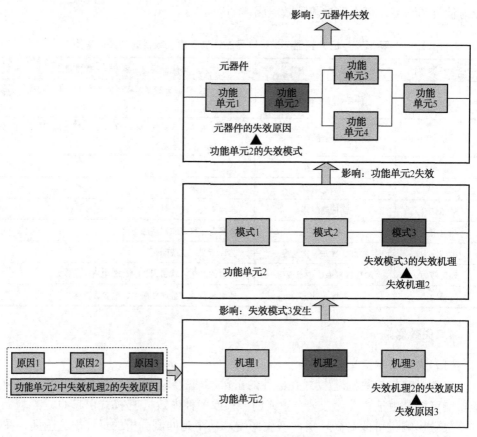

图 17-2　层次划分和失效影响分析

5. 危害性分析

需要对每种失效机理/模式影响的危害性进行分析，以确定每一种失效影响的相对大小，从而确定减轻或消除特定失效影响采取措施的优先顺序，为决策提供依据。这里用风险等级 R 来表征失效影响的危害性。风险等级 R 又由失效的严重度等级 S 和表示发生频率的等级值 O 共同确定。即有：

$$R=S\times O \tag{17-1}$$

式中：

R——失效影响的风险等级；

S——失效影响的严重度等级；

O——失效发生频率的等级。

（1）严重度等级 S 值的确定。

失效影响的严重度分为 4 个等级，如表 17-4 所示。

表 17-4　失效影响的严重度等级 S

等　　级	影　响　水　平	对元器件产品的影响后果
1	轻微	功能略有降低或参数略有变化
2	中等	功能降低或参数有变化
3	较重	功能明显降低或参数显著变化
4	严重	功能突然失效、短路或开路

（2）发生频率等级 O 值的确定。

失效发生频率（或失效率）等级 O 值可分为 5 个等级，如表 17-5 所示。其中失效率与等级的对应关系也可根据元器件的情况自行确定。

失效（机理或模式）发生频率 O 的确定相对比较困难和复杂。可采用标准、文献和资料调研，收集整理生产方、用户方的试验和现场使用的失效信息及大量的失效案例，并进行统计分析，获得每个分析层次的各种失效发生的概率。失效概率的统计还要考虑元器件所处的不同的应用环境、施加的应力条件及产品寿命周期的不同阶段。例如，对于影响寿命的失效机理，在元器件早期和随机失效阶段其发生频率就会比进入寿命阶段要小很多。因此，发生频率的统计需要考虑元器件寿命周期的不同阶段，可按早期失效、随机失效及耗损失效阶段分别进行统计。

表 17-5　失效发生频率等级 O

等　　级	发生频度	失　效　率
1	不大可能发生	10^{-9} 及以下
2	很少发生	$10^{-7}\sim 10^{-8}$

续表

等级	发生频度	失效率
3	偶尔发生	$10^{-5} \sim 10^{-6}$
4	很有可能发生	$10^{-3} \sim 10^{-4}$
5	经常发生	$10^{-1} \sim 10^{-2}$

（3）风险等级分析。

根据式（17-1），计算得到 20 个风险等级值 R，如表 17-6 所示。为了便于工程化应用，再将风险等级进行合并简化，如 1~2 合并为 1、3~4 合并为 2，依此类推，并将严重影响的 12 定义为 7，16 定义为 9，最终得到风险等级值 1~10，如表 17-7 所示。

表 17-6 失效影响的风险等级 R

失效影响发生频率等级	失效影响严重度等级			
	1 轻微影响	2 中等影响	3 较重影响	4 严重影响
1：不大可能发生	1	2	3	4
2：很少发生	2	4	6	8
3：偶尔发生	3	6	9	12
4：很有可能发生	4	8	12	16
5：经常发生	5	10	15	20

表 17-7 简化的失效影响风险等级 R

失效影响发生频率等级	失效影响严重度等级			
	1 轻微影响	2 中等影响	3 较重影响	4 严重影响
1：不大可能发生	1	1	2	2
2：很少发生	1	2	3	4
3：偶尔发生	2	3	5	7
4：很有可能发生	2	4	6	9
5：经常发生	3	5	8	10

6. 失效原因分析

在应力分析、失效影响及风险等级分析的基础上，确定并描述每种潜在失效机理/模式可能的失效原因。由于一种失效机理/模式可能有一种以上的失效原因，需要确定并描述每种失效机理/模式最可能的潜在独立原因。

分析后确定的所有失效机理/模式没必要都确定和描述其失效原因。应在失效影响及其风险等级分析的基础上确定和描述失效影响，并提出减缓失效的建议。失效影响风险等级越高，失效原因的确定和描述应该越准确。

失效原因通常是指造成电子元器件失效的直接关键性因素。通过失效原因的分析判断，确定造成失效的直接关键因素处于设计、材料、制造工艺、使用及环境的哪一环节。

失效现场数据为确定电子元器件的失效原因提供了重要线索。失效可分为早期失效、随机失效和磨损失效。而早期失效主要是由工艺缺陷、原材料缺陷、筛选不充分引起的。随机失效主要由整机开关时的浪涌电流、静电放电、过电损伤引起的。磨损失效主要由电子元器件自然老化引起。根据失效发生期可估计失效原因，加快失效分析的进度。

7. 改进措施分析

在失效原因分析的基础上，提出预防和改进措施，以消除或缓解相关失效的发生。

8. FMEA 列表

完成失效影响分析后都要形成 FMEA 列表。每种失效机理/模式可形成一个FMEA 列表，如表 17-8 所示。表 17-8 给出了元器件 FMEA 的基本内容，可根据分析的需要对其进行增减。

表 17-8　集成电路芯片金属化电迁移的 FMEA 分析列表

代码	A
单元或连接方式名称	芯片
潜在失效机理	金属化电迁移。 是指直流电流（包括脉冲直流电流）作用下发生在导体内的质量输运。它是半导体器件所固有的失效机理。产生电迁移失效的内因是薄膜导体内结构的非均匀性，外因是高电流密度 Acc.V　Spot Magn　Det WD Exp　　2 μm 15.0 kV 3.0　10000x　SE　19.9　76　sweat-2#-3

潜在失效模式	金属化系统退化，电阻增大或极间短路
潜在失效原因	① 金属膜宽度太窄； ② 金属膜颗粒均匀性； ③ 电流密度或其梯度太高； ④ 温度太高或梯度太大
潜在失效影响	器件功能退化，或发生 E－B 间开路或短路失效
潜在失效机理的加速因子	其加速因子是温度和电流密度，尤其是这些参量的梯度。 均匀金属薄膜的电迁移寿命可用 BLACK 方程表示： $$\tau = Aj^{-n}\exp\left(\frac{E_a}{KT}\right)$$ 式中，n 是电流密度的函数，对于 A1、Au 薄膜，$n=1\sim3$；E_a 是有效激活能，在 $0.4\sim1.8\mathrm{eV}$ 之间
预防和改进措施	优化金属膜的宽度； 优化金属膜工艺； 评价金属化电迁移寿命； 减小电流密度和梯度； 降低工作温度及金属膜上的温度梯度
风险等级——早期失效	—
风险等级——随机失效	—
风险等级——耗损失效	5

17.3 元器件 FMEA 应用案例

本节以常用的微波功率管为例来阐述元器件失效模式及影响分析方法。在对任何产品进行 FMEA 之前，都需要对产品进行全面的描述，具体可以分为两大部分：一是电功能描述，包括产品功能框图、性能指标（如电功率、器件的温升和热点等）；二是工艺和结构描述，包括产品的工艺结构框图、产品的外形、封装和接口形式、采用的生产工艺（如薄膜电路、厚膜电路、单片集成、微组装等）、关键元器件和材料等。

17.3.1 微波功率管 FMEA 功能单元划分

1. 微波功率管封装级功能单元划分

根据微波功率器件的工艺结构，可以分解为几个功能单元，即有源器件芯片、输入匹配电路、输出匹配电路及管壳。其中功率管芯片和输入/输出匹配电容的个数是由功率大小决定的。图 17-3 是按照 FMEA 要求进行分解的功能结构图；表 17-9 是各个功能单元和连接方式的代码和编号。

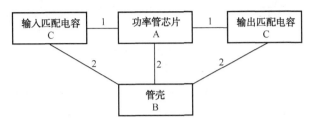

图 17-3　微波功率管封装级 FMEA 功能单元关系图

表 17-9　微波功率管封装级功能单元和连接方式的代码和编号

功 能 单 元 名 称 和 代 码	连 接 方 式
A. 功率管芯片	1. 金丝键合
B. 管壳	2. 芯片烧结
C. 输入和输出匹配电容	

2. 微波功率管芯片级功能单元划分

对于微波功率管来说，主要有功率管芯片及芯片电容，因此对这两种芯片进行功能划分。将功率管芯片按照 FMEA 要求进行分解，得到如图 17-4 所示的功能结构图；表 17-10 是各个功能单元和连接方式的代码和编号。

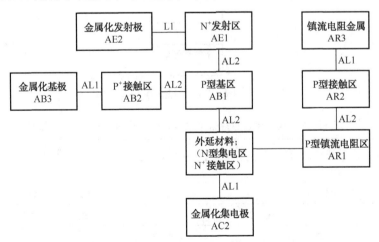

图 17-4　微波功率管芯片级 FMEA 功能单元关系图

表 17-10   微波功率管芯片各个功能单元和连接方式的代码和编号

功能单元名称和代码	连 接 方 式
AC1. 外延材料（N 型集电区和 N+接触区）	AL1. 欧姆接触
AC2. 集电极金属化	AL2. 扩散或离子注入
AB1. P 型基区	
AB2. P$^+$接触区	
AB3. 金属化基极	
AE1. N$^+$发射区	
AE2. 金属化发射极	
AR1. P 型镇流电阻区	
AR2. P 型接触区	
AR3. 镇流电阻金属	

图 17-5 是将匹配电容按照 FMEA 要求进行分解的 FMEA 功能框图。表 17-11 是匹配电容芯片各个功能单元和连接方式的代码和编号。

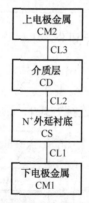

图 17-5   匹配电容的 FMEA 功能框图

表 17-11   匹配电容芯片各个功能单元和连接方式的代码和编号

功能单元名称和代码	连 接 方 式
CM1. 下电极金属	CL1. 欧姆接触
CM2. 上电极金属	CL2. 氧化或淀积
CS. N$^+$外延衬底	CL3. 蒸发或溅射
CD. 介质层	

17.3.2 微波功率管引线键合系统的 FMEA 分析

在明确产品的工艺结构及主要失效模式和机理后，就可以进行产品的 FMEA 分析工作了。另外，对每种失效机理在可能的情况下列出有关的加速因子。表 17-12～表 17-14 是微波功率管引线键合系统的主要失效模式及机理的 FMEA 分析列表。

表 17-12　微波功率管引线键合系统键合工艺差错的 FMEA 分析列表

单元或连接方式名称	引 线 键 合
潜在失效机理	键合工艺差错造成失效
潜在失效模式	接触不良或引线脱落
潜在失效影响	半导体器件的失效有 1/3～1/4 是由引线键合引起的，它对器件长期使用的可靠性影响很大，易造成器件短路失效
潜在失效原因分析	工艺差错造成的键合缺陷，具体包括以下几种。 （1）键合点宽度过宽。因为宽度大，横截面面积缩小，压点压扁造成压点之间间距太小，易形成短路；压点处有过长尾丝，引线过松过紧等。 （2）键合丝碎屑的位移。键合时的超声功率、压力级劈刀形状等易造成键合点边沿毛刺或飞溅物出现。碎屑的位移会导致相邻金属条短路。 （3）压键处有过长尾丝。尾丝过长使尾丝的质心远离键合区末端的固定位置，尾丝长则其质量增大。在外力作用下，易使尾丝断裂而成为空腔的可动导电多余物，造成瞬间短路
潜在失效机理的加速因子	振动应力
控制和纠正措施	封盖前进行内目检，剔除或修复有键合缺陷的产品
风险等级	4

表 17-13　微波功率管引线键合系统内引线断裂和脱键的 FMEA 分析列表

单元或连接方式名称	引 线 键 合
潜在失效机理	内引线断裂和脱键
潜在失效模式	接触不良或引线脱落
潜在失效影响	半导体器件的失效有 1/3～1/4 是由引线键合引起的，它对器件长期使用的可靠性影响很大，易造成器件短路失效
潜在失效原因分析	内引线的断裂一般分为三类：中间断裂、在键合点的根部断裂、脱键。具体的原因和机理如下。 （1）键合丝的损伤：这种损伤会导致键合丝中间断裂。损伤部位的面积减小，使该处的电流密度加大，易过流烧毁；抗机械能力也相应降低，造成损伤处断裂；产生损伤的原因是机械损伤和化学腐蚀。 （2）键合点根部断裂：主要是键合工艺引入的。

续表

单元或连接方式名称	引 线 键 合
潜在失效原因分析	（3）键合点脱键：是频率出现很高的一种致命失效，一般在引出端的焊盘上。原因：①焊盘的镀层缺陷，如过薄、材料不纯而使镀层太硬、金属颗粒过细而使表面太光滑；②焊盘或键合丝的沾污，一般是有机物的沾污。脱键的危害性在于：脱键是逐步退化的过程，在目检和考核时可以达到要求，但随着时间的推移，键合强度逐渐下降，高温下快速退化直至脱键
潜在失效机理的加速因子	机械应力、温度、化学腐蚀
控制和纠正措施	控制键合工艺，对焊盘的镀层进行工艺优化，避免引线和焊盘的沾污，封盖前加强目检，剔除损伤产品或重新键合
风险等级	6

表 17-14　微波功率管引线键合系统热循环使引线疲劳失效的 FMEA 分析列表

单元或连接方式名称	引 线 键 合
潜在失效机理	热循环使引线疲劳失效
潜在失效模式	接触不良或引线脱落
潜在失效影响	半导体器件的失效有 1/3～1/4 是由引线键合引起的，它对器件长期使用的可靠性影响很大，易造成器件短路失效
潜在失效原因分析	硅铝合金丝受导热循环和高低温冲击时，热胀冷缩，经多次反复致使金属疲劳而失效
潜在失效机理的加速因子	引线键合的疲劳加速因子和芯片黏结一样，也是温度循环的幅值。同样可以采用 Coffin-Manson 模型：$$N = \frac{C}{(\Delta T)^{\gamma}}$$式中，ΔT 是温循幅值，C 和 γ 是与金属材料特性有关的常数
控制和纠正措施	（1）控制键合工艺，避免应力损伤；（2）避免涂胶工艺；（3）评估键合点的疲劳寿命
风险等级	5

17.4　小结

元器件 FMEA 的核心是在失效模式影响分析的基础上引入了失效机理的影响分析。对元器件来说，最低层次的分析是失效机理及其影响的分析，这也是不同于系统的主要方面。由于元器件和系统在结构层次方面有很大不同，因此，在层次约定及功能单元划分方面的方法和原则也与系统不同。

　　元器件 FMEA 在基于元器件的工艺结构及其主要失效机理和模式分析的基础上，对其失效物理模型进行分析，控制失效机理的加速因子，从深层次上消除或减少失效的发生，提高元器件的可靠性。

参 考 文 献

[1] 黄云，恩云飞. 电子元器件失效模式影响分析技术，电子元件与材料，2007，26（4）.

[2] 刘品. 可靠性工程基础. 北京：中国计量出版社，1999.

[3] 陆廷孝，郑鹏洲. 可靠性设计与分析. 北京：国防工业出版社，1995.

[4] 姆勒克莱斯勒，福特，通用汽车公司. 潜在失效模式及后果分析. 2001.

[5] 王绍印. 故障模式和影响分析（FMEA）. 广州：中山大学出版社，2003.

[6] GJB 451　可靠性维修性术语.

[7] GJB 1391　故障模式影响及危害性分析程序.

[8] GB/T 7826　系统可信性分析技术——失效模式和影响分析（FMEA）程序.

[9] GJB 299　电子设备可靠性预计手册.

第18章

电子元器件故障树分析方法

电子元器件故障树分析（Fault Tree Analysis，FTA）是用于元器件产品质量问题归零分析和可靠性设计分析的一种重要手段。在元器件质量问题归零分析中，通过故障树分析可以帮助确定元器件质量问题对应的失效模式和失效部位，判断导致元器件质量问题的失效机理和影响因素，指导故障问题的技术归零。在元器件可靠性设计分析中，故障树分析可以帮助判明元器件主要潜在失效模式和失效机理并计算其重要度等级，从中发现元器件可靠性和安全极限的薄弱环节，以便改进设计和提高可靠性。

传统的 FTA 方法采用基于功能逻辑关系的故障树构建方式，适用于整机系统产品故障原因分析，故障底事件落在元器件产品层面。本章提出的基于失效物理逻辑关系的故障树构建方法适用于电子元器件故障原因分析，故障底事件落在元器件内部物理结构层面，元器件故障树可深入到元器件内部结构的失效物理层面进行故障分析、失效定位和失效机理分析。两种建树方法的适用范围和分析层面有较好的互补性，从整机系统到元器件，两种故障树可以形成良好的衔接。

18.1 绪论

18.1.1 FTA 技术的背景

故障树分析（FTA）是一种用于系统产品可靠性和安全性分析的逻辑推理分析方法，由美国贝尔实验室在 1961 年首先提出。FTA 方法通过对可能造成系统故障的各种因素进行分析，画出系统故障与系统内部元部件故障之间的逻辑关系路线图，形成顶事件与底事件之间具有因果逻辑关系的故障树，进而分析确定系统故障原因的各种可能组合方式和发生概率。在故障定位分析中，根据系统故障树最小割集分析和故障实测结果，能够清晰地描绘出故障发生路径和发现故障部位，确定故障的根本原因，指导质量问题归零。在可靠性设计分析中，根据系统故障树重要度定量分析，能够发现系统薄弱环节，指导改进设计。

2002 年国内航天系统启动标准化"双五条归零"管理规定，为查找故障的更深层次原因，质量问题归零对象从整机系统扩展至元器件，故障原因定位从可更换元器件向元器件失效机理层次延伸，要求元器件产品质量问题归零，在技术上同样做到"定位准确、机理清楚、问题复现、措施有效、举一反三"，实现真正意义上的质量归零和高可靠性设计。因此，借鉴系统产品 FAT 方法，结合电子元器件的失效特点和可靠性需求，建立一种基于失效物理的元器件 FTA 方法，将对元器件质量归零分析起到重要技术支撑作用，对元器件可靠性设计发挥重要的指导作用。

18.1.2　元器件 FTA 的主题内容

元器件 FTA 方法，从电子元器件的失效模式、失效部位、失效机理、机理因子和影响因素等五个与失效物理相关的关键物理属性出发，结合军用环境类型及应力水平，给出基于失效物理的元器件故障树建树方法、元器件 FTA 方法，以及针对质量归零和可靠性设计的元器件 FTA 程序。元器件故障树定性分析的目的是：获得导致元器件故障发生的所有可能原因及原因组合和失效路径，即分析得到可能导致元器件故障的失效模式、失效部位、失效机理、机理因子和影响因素，以及各种失效机理和机理因子重要性定性等级和排序。元器件故障树定量分析的目的是：当给定各种失效机理底事件发生概率时，求出故障模式或失效模式等顶事件发生概率，以及失效机理底事件概率重要度定量等级和排序。以此作为指导元器件质量归零分析和针对主要失效机理进行可靠性设计的重要依据。

18.1.3　元器件 FTA 的适用范围

元器件 FTA 适用于在元器件产品研制、生产、适用阶段进行故障树建造和对故障树进行定性、定量分析。故障树的各种故障事件包括产品元器件在结构、材料、工艺方面的故障问题及导致元器件故障问题的环境影响因素和使用不当的危险因素。

电子元器件故障树分析（FTA）是用于元器件产品质量问题归零分析和可靠性设计分析的工具之一。在元器件质量问题归零分析时，故障树分析可以帮助确定元器件质量问题对应的失效模式和失效部位，判断导致元器件质量问题的失效机理和影响因素，指导故障问题的技术归零。在元器件可靠性设计分析时，故障树分析可以帮助判明元器件主要潜在失效模式和失效机理并计算其重要度等级，从中发现元器件可靠性和安全极限的薄弱环节，以便改进设计和提高可靠性。

18.2　模块级产品 FTA 方法

18.2.1　分析目的

　　故障树分析以一个不希望的产品故障事件或灾难性的系统危险（即顶事件）为分析目标，能改革由上向下的严格按层次的故障树因果逻辑分析，逐层找出故障事件的必要而充分的直接原因，最终找出导致顶事件发生的所有原因和原因组合。在具有集成数据时计算出顶事件的发生概率和底事件重要度等定量指标。

　　故障树分析（FTA）可参考 GJB 450 的工作项目要求，并联合故障模式及影响分析（FMEA）、故障模式影响及危害分析（FMECA）工作项目，相互配合，通过归纳和演绎分析确保故障问题分析的一致性和完整性，确定最不希望发生的模块级顶事件和定位元器件级的故障底事件。

　　模块级产品内部包含各类分立元器件，模块产品的 FTA 方法采用《GB/T 7829—2012 故障树分析》、《GJB/Z 768A—1998 故障树分析指南》的规范方法。

　　在模块级产品的 FTA 中，前期应用 FMEA 可以帮助发现最不希望发生的模块级顶事件和定位元器件级的故障事件，进而实施元器件级的 FTA 分析，支撑模块产品互连结构、内部元器件质量问题归零分析。

18.2.2　一般分析程序

　　（1）构建故障树。推荐采用演绎法人工建树。

　　（2）故障树规范化、简化和模块分解。必须将建好的故障树规范化，以便于分析，同时尽可能对故障树进行简化和模块分解，以减少分析工作量。

　　（3）定性分析。用下行法或上行法求出单调故障树的所有最小割集，即所有导致顶事件发生的系统故障模式。在没有集成数据因而无法进一步定量分析的情形下，可以仅做定性分析。

　　（4）定量分析。在各个底事件相互独立和已知其发生概率的条件下，求出单调故障树顶事件的发生概率和一些重要度指标。

　　（5）故障树分析报告的编写。

18.2.3　基于功能逻辑关系的故障树构建

　　（1）确定 FTA 分析的目的及顶事件定义，以及产品的功能逻辑关系图，作为建树依据。需要透彻了解对象产品的故障逻辑关系，找出导致顶事件的所有基本故障原因事件或基本故障原因事件组合。

（2）推荐采用人工演绎方法建造故障树。故障树演绎过程中首先寻找的是直接原因事件而不是基本原因事件（底事件），应不断利用"直接原因事件"作为过渡，逐步地、无遗漏地将顶事件演绎为基本原因事件。在故障树往下演绎的过程中，还常常用等价的、比较具体的或更为直接的事件取代比较抽象的事件。

（3）应从上向下逐级建树。逐级建树的目的是避免遗漏。应首先确定产品故障树顶事件，据此确定下一层的所有直接事件，然后确定更下一层的所有直接事件，分层次地进行故障树建造，从上到下进行故障树演绎的逻辑要相同，避免中途改变逻辑关系。

（4）建树时不允许逻辑门—逻辑门直接相连。若建树时出现逻辑门—逻辑门相连而又根本不能严格定义，很容易发生逻辑关系错误，无法进行 FTA 分析。

（5）妥善处理共因事件。来自同一故障源的共同的故障原因会引起产品不同部位发生故障，共同原因故障事件简称共因事件。鉴于共因事件对系统故障发生概率影响很大，故建树时必须妥善处理共因事件。例如，HIC 内部多个部位同时发生水汽腐蚀失效，虽然腐蚀机理相同，但部位不同，最终导致的 HIC 失效模式可能不同，此时的水汽腐蚀机理事件称为共因事件。

建成的故障树应请既有实际产品经验又懂得可靠性知识的未参加建树人员审查，经审查并改正后的故障树才能成为故障树分析的基础，此时建树工作才完成。对电子元器件而言，由于同类元件或同类器件产品的结构材料具有很大的相似性，其故障问题也基本相同，故可以针对一类元件或器件建立一个基本结构的完成故障树，形成故障树基础库，并持续扩展和更新，支撑今后的 FTA 工作。

18.2.4 故障树简化和模块分解

（1）故障树简化的目的。故障树简化和规范化的目的在于方便故障树分析，减少故障树分析的工作量。

（2）故障树规范化的基本原则。要将建好的故障树变为规范化的故障树，必须确定特殊事件的处理规则和对特殊逻辑门进行逻辑等效变更的规则。详见 GJB/Z 768A—1998 故障树分析指南第 5.2 条款。

（3）故障树的简化。故障树的简化和模块分解并不是故障树分析的必要步骤。对故障树尽可能地简化和模块分解是减小故障树的规模，从而减少分析工作量的有效措施。采用相同转移符号表示相同子树，采用相似转移符号表示相似子树。例如，同一器件不同部位的腐蚀机理相同，可用相同转移符号表示相同的机理子树。

（4）故障树的模块分解。故障树的模块分解按下列步骤进行：

① 按模块的定义，找出故障树中的所有模块，构成模块子树，对一个模块子树可以单独进行定性分析和定量分析，如机理子树的定性定量分析；

② 对每一个模块子树可以用一个等效的虚设底事件来代替，使故障树的规模减小；

③ 在故障树定性分析和定量分析后，可根据实际需要，转换为顶事件与底事件之间的关系。

18.2.5　故障树分析

1. 故障树定性分析

故障树定性分析的目的在于寻找导致顶事件发生的原因和原因组合，即识别导致顶事件发生的所有故障模式（所有最小割集），它可以帮助判明潜在的故障，以便改进设计。可用于指导故障诊断、准确定位失效、清楚失效机理和失效路径、支撑技术归零。

对于仅包含与门和或门的单调故障树，其故障模式通过最小割集表示。单调故障树定性分析的基本任务在于找出故障树的所有最小割集。对于给定的单调故障树，由所有最小割集组成的最小割集族是唯一确定的。

用下行法或上行法求出单调故障树所有最小割集，即导致所有顶事件发生的元器件故障模式。在没有集成数据因而无法进一步定量分析的情形下，可以仅做定性分析。

2. 故障树定量分析

只对混合集成电路、微波组件、微电路模块等模块级器件进行故障树定量分析。模块产品故障树定量分析的目的是：在内装元器件故障底事件相互独立且已知其发生概率的条件下，计算顶事件发生概率和底事件重要度等定量指标。

对于仅包含与门和或门的单调故障树，在定性分析求出全部最小割集的基础上，把故障树顶事件表示为最小割集中底事件积之和的最简布尔表达式，即对顶事件发生的概率进行定量计算。

计算顶事件发生概率有两个条件，即底事件相互独立和已知底事件发生的概率。对于混合集成电路、微波组件、微电路模块等组件类器件产品，可以采用故障树定量分析方法，通过底事件发生概率或通过最小割集求顶事件发生的概率。

18.3 元器件 FTA 方法

18.3.1 元器件 FTA 的目的

元器件 FTA 的目的是找出元器件故障发生的失效机理和失效路径，以及诱发失效机理的影响因素，支撑元器件故障等质量归零问题；计算排序各失效机理的重要度，计算元器件故障发生的概率，支撑元器件可靠性设计。

（1）针对元器件故障归零的 FTA。

① 构建元器件故障树，了解主要失效模式和失效机理；

② 确定元器件故障的失效路径：故障对象→失效模式→失效部位→失效机理→机理因子→影响因素；

③ 找出元器件故障发生的失效机理和失效机理组合；

④ 确定诱发元器件失效机理的机理因子和影响因素；

⑤ 给出元器件故障等质量问题归零的解决方案。

（2）针对元器件可靠性设计的 FTA。

① 构建元器件故障树，了解潜在失效模式和失效机理；

② 找出元器件故障发生的失效机理和失效机理组合；

③ 分析重要的潜在失效机理，确定设计应控制的主要失效机理；

④ 找出诱发失效机理的影响因素和影响因素组合，提出可靠性设计解决方案；

⑤ 计算主要失效机理导致的模块产品故障发生概率，确定薄弱环节（短板机理），优化可靠性设计方案。

18.3.2 基于失效物理的元器件故障树构建

采用基于失效物理的故障树构建方法建立元器件故障树。在构建元器件故障树时，失效物理的本质内容（失效模式、失效部位、失效机理、机理因子、影响因素）决定了元器件故障树各事件之间的相互关系。故障树中每一层事件将由更低一层的直接原因事件组成，这种直接原因事件是决定顶事件发生的必要的和充分的原因。例如，失效模式的更低一级将由元器件失效的机理或原因组成，包括质量控制的效应、环境效应等。

元器件故障树的结构定义：按元器件门类分别构建元器件故障信息库和故障树，以失效物理 6 个层次及其逻辑关系构建每类元器件故障树，如图 18-1 和图 18-2

所示，以共因失效机理子树转移和共因故障模块子树导入的方式简化故障树，形成 6 个失效物理层次 n 级事件的元器件故障树（n≥6）。

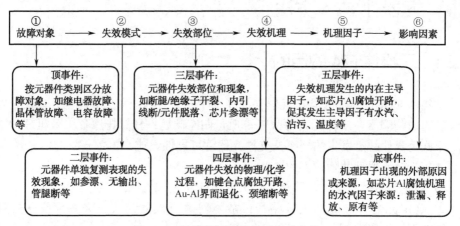

图 18-1 元器件故障树各层事件定义

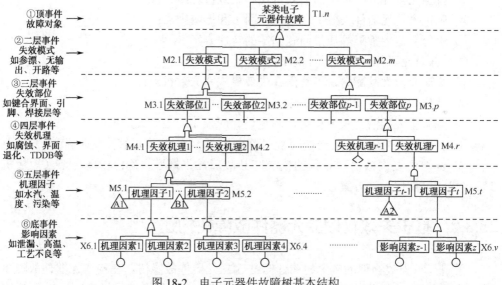

图 18-2 电子元器件故障树基本结构

元器件故障树的"故障对象"事件由其对应的更低一层的直接原因事件"失效模式"组成，"失效模式"事件由其对应的更低一层的直接原因事件"失效部位"组成，"失效部位"事件其对应的更低一层的直接原因事件"失效机理"组成，"失效机理"事件由其对应的更低一层的直接原因事件"机理因子"组成，"机理因子"事件由其对应的更低一层的直接原因事件"影响因素"组成。

建树方法：按元器件门类分别构建元器件故障信息库和故障树，以失效物理 6

个层次及其逻辑关系构建每类元器件故障树（见图 18-1），以共因失效机理子树转移和共因故障模块子树导入的方式简化故障树，形成 6 个失效物理层次 n 级事件的元器件故障树（$n \geq 6$）。建树流程框图如图 18-2 所示。

元器件故障树构建：电子元器件故障树的建树层次分为 6 层。

（1）顶事件（顶层）——故障模式，按元器件类别分别建树，以元器件在整机中的故障模式为顶事件，如继电器误吸合、误开路等。

（2）中间事件（第二层次）——失效模式，将元器件单独复测表现的直观失效模式作为这一层次的故障事件。主要失效模式为电参漂移、烧毁开路、短路、封装失效等。

（3）中间事件（第三层次）——失效部位，对失效类别的进一步定位和失效现象的描述，如引脚断/绝缘子开裂、内引线断/元件脱落、芯片参漂等。

（4）中间事件（第四层次）——失效机理，元器件失效的物理和化学过程，如键合点腐蚀开路、Au-Al 界面退化、电迁移等。

（5）中间事件（第五层次）——机理因子，失效机理发生的内在相关因子，如芯片 Al 腐蚀开路，促其发生的相关因子有水汽、沾污、温度。

（6）底事件（第六层次）——影响因素，形成机理因子的外在因素，如芯片 Al 腐蚀机理的水汽因子影响因素有泄漏、释放等。

在上述元器件故障树建树方法中，将考虑分析的需要来对底事件进行定位，如针对机理研究，可以将底事件定位在失效机理或影响因素；而针对机理控制故障改进，可以将底事件定位在外部原因。

根据元器件故障信息库，按失效物理 6 个层次及失效物理逻辑关系，建立每一类元器件的故障树。

故障树顶层事件定义为"故障对象"，所有门类元器件"故障对象"事件集 $T=\{T_1, T_2, \cdots, T_i, \cdots, T_n\}$，其中 T_i 表示第 i 类元器件故障事件，$i=1, 2, \cdots, n$，n 为电子元器件门类总数。

故障树第二层事件定义为"失效模式"，某类元器件电参或外观失效状态为结果的中间事件，"失效模式"事件集 $M_2=\{M_{2,1}, M_{2,2}, \cdots, M_{2,j}, \cdots, M_{2,m}\}$，其中 $M_{2,j}$ 表示该类元器件的第 j 个失效模式事件，$j=1, 2, \cdots, m$，m 表示失效模式事件总数。

故障树第三层事件定义为"失效部位"，以某类元器件失效模式对应的具体失效部位为结果的中间事件，模块或组件应需结合功能逻辑分析确定失效部位，该层事件的集合 $M_{3,j}=\{M_{3,j,1}, M_{3,j,2}, \cdots, M_{3,j,k}, \cdots, M_{3,j,p}\}$，其中 $M_{3,j,k}$ 表示该类元器件第 j 个失效模式下的第 k 个失效部位事件，$k=1, 2, \cdots, p$，p 表示失效部位事件总数。

故障树第四层事件定义为"失效机理"，以某类元器件失效部位对应的失效机理为中间事件，包括退化性、瞬时性、缺陷性、使用不当失效机理事件，"失效机理"事件集 $M_{4,j}=\{M_{4,j,1}, M_{4,j,2}, \cdots, M_{4,j,q}, \cdots, M_{4,j,r}\}$，其中 $M_{4,j,q}$ 表示该类元器件第 j 个失效模式下的第 q 个失效机理事件，$q=1, 2, \cdots, r$，r 表示失效机理总数。

18.3.3　元器件故障树简化和模块分解

采用失效机理子树转移和故障模块子树导入方式，对每一类元器件完整故障树进行简化。根据子树的相同性或相似性，选择合适的机理子树和模块子树，对故障树采用子树转入和导入方式简化。

分别建立各类元器件的共因失效机理子树集 $\{A, B, C, D\}$，机理子树由故障树的第四层、第五层、第六层事件构成，退化性失效机理子树集 $A=\{A_1, A_2, \cdots, A_i, \cdots, A_n\}$，$A_i$ 为第 i 个退化机理子树，n 为退化机理子树总数；瞬时性失效机理子树集 $B=\{B_1, B_2, \cdots, B_i, \cdots, B_n\}$，$B_i$ 为第 i 个瞬时性失效机理子树，n 为瞬时性机理子树总数；缺陷性失效机理子树集 $C=\{C_1, C_2, \cdots, C_i, \cdots, C_n\}$，$C_i$ 为第 i 个缺陷性失效机理子树，n 为缺陷性机理子树总数；使用不当失效机理子树集 $D=\{D_1, D_2, \cdots, D_i, \cdots, D_n\}$，$D_i$ 为第 i 个使用不当失效机理子树，n 为使用不当机理子树总数。

对 HIC 等组件产品的故障树进行简化，将各类分立元器件故障树视为故障模块子树，形成分立元器件故障模块子树集 $E=\{E_1, E_2, \cdots, E_i, \cdots, E_n\}$，$E_i$ 表示第 i 类元器件故障模块子树，n 表示元子树总数。根据组件故障树建树需求，选择元器件完整子树或某种失效模式部分子树为故障模块子树，通过故障模块子树导入简化 HIC 或组件故障树。

18.3.4　元器件故障树定性分析

元器件 FTA 的目的在于寻找导致元器件发生故障的失效部位、失效机理、机理因子和影响因素，以及识别导致失效模式事件发生的所有失效机理最小割集、诱发失效机理的所有机理因子最小割集，即元器件的薄弱环节，从而帮助判明潜在的故障风险，以便改进设计、指导故障诊断、改进使用和维护方案。

具体目的包括三个方面：求出全部最小割集、确定失效模式失效机理、失效机理重要性排序。元器件故障树定性分析步骤如下。

（1）确定分析的故障树：提取特征故障子树或虚设底事件故障树。

（2）求出全部最小割集。

（3）所有最小割集按重要性排序。

（4）所有底事件按重要性排序。

故障树重要性分析的对象是故障树中的所有最小割集和所有底事件。

由于元器件失效物理的特性，对其完整故障树进行全面定性分析是不现实和没有必要的，可以提取需要分析的故障子树进行分析。求全部最小割集，即导致顶事件发生的所有可能原因和原因组合，可以根据需要，将原因事件定位在故障树的失效机理事件、机理因子事件或影响因素事件。因此，需要从完整故障树中提取特征故障子树，如机理子树等；或将完整故障树简化为虚设底事件故障树。然后，对特征故障子树或虚设底事件故障子树进行最小割集重要性分析和排序、底事件重要性分析和排序。

1. 故障树模块分解

（1）特征故障子树提取。

根据故障树分析的目的，在元器件完整故障树中提取需要分析的故障子树，如失效部位子树、失效模式子树、失效机理子树、机理因子子树。

（2）虚设底事件故障树。

根据故障树分析的需要，为简化分析和明晰表征结果，将 6 层故障树简化为 3 层、4 层或 5 层，即分别以"失效模式事件"为底事件、以"失效机理事件"为底事件、以"机理因子事件"为底事件，把各事件子树等效为一个模块或称为模块子树，每一个模块子树用一个等效的虚设底事件代替，使原故障树规模减小、更为清晰，减少分析工作量。

2. 求最小割集

（1）上行法

上行法从底事件开始，自下而上逐步地进行事件集合运算，将或门输出事件表示为输入事件的并（布尔和），将与门输出事件表示为输入事件的交（布尔积）。这样向上层层代入，在逐步代入过程中或最后，按照布尔代数吸收律和等幂律来简化，将顶事件表示成底事件积之和的最简式。其中，每一积对应于故障树的一个最小割集，全部积项即是故障树的所有最小割集。

（2）下行法

下行法的特点是根据故障树的实际结构，从顶事件开始，逐级向下寻查、找出割集。规定在下行过程中，顺次将逻辑门的输出事件置换为输入事件。遇到与门就将其输入事件排在同一行，取输入事件的交（布尔积），遇到或门就将其输入事件各自排成一行，取输入事件的并（布尔和），这样直到全部置换成底事件为止，这样得到的割集通过两两相比，划去那些最小割集，剩下即为故障树的全部最小割集。

（3）最小割集表示故障树顶事件

在求得最小割集的基础上，可将故障树的顶事件表示为：

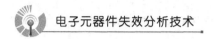

$$T = \sum_{j=1}^{r} \prod_{X_i \in C_j} X_i \qquad (18\text{-}1)$$

式中，$\sum$ 为并集；$\prod$ 为交集；X_i 为第 i 个底事件。

（4）特征故障树最小割集

从元器件故障树中提取特征故障子树后，便可对其专门进行故障树分析，获得需要的定性分析信息。例如，通过对以"失效机理事件"为顶事件、以"机理因子事件"为底事件的机理子树进行最小割集分析时，可以获得引起失效机理发生的机理因子原因及其原因组合。

（5）虚设底事件故障树最小割集

故障树模块分解后，根据需要，将失效模式事件、失效机理事件或机理因子事件（包括它们各自的向下的事件和逻辑门）作为一个模块子树，等效为虚设事件来代替，使原故障树的规模减小，便于分析。

在故障树定性分析后，可根据实际需要，将顶事件与各模块之间的关系转换为顶事件与底事件之间的关系。

3. 最小割集重要性分析

在各个底事件发生概率比较小且其差别相对不大的条件下，阶数越小的最小割集越重要。

4. 底事件重要性分析

在低阶最小割集中出现的底事件比高阶最小割集中的底事件重要；同一最小割集阶数条件下，在不同最小割集中重复出现次数越多的底事件越重要。

18.4 元器件 FTA 的应用

18.4.1 针对质量问题归零的元器件 FTA 方法

根据高可靠产品质量问题"双五归零"（定位准确、机理清楚、故障复现、措施有效、举一反三）的管理规定，建立以故障元器件为顶事件，以最终找出导致顶事件发生的所有原因和原因组合、分析确认故障原因为目的，以故障树构建、失效特征向量分析、机理影响因素分析、失效路径分析等过程结果为要素的 FTA 分析步骤，并以元器件故障字典生成技术为支撑技术，形成针对质量归零的元器件 FTA 程序。

（1）故障树建造：确定归零分析目标（顶事件），建造基于失效物理的元器件故障树。

（2）故障树节点事件测试验证：检测元器件热、电、机械、气密等电性能和物理特性，对照故障字典，根据测试获得的失效特征向量分析确定元器件故障的机理原因。

（3）故障树定性定量分析：根据机理原因，根据机理子树对导致失效机理发生的所有可能机理因子和影响因素及其因素组合进行分析；采用最小割集分析法对影响因素的重要性进行排序。

（4）故障路径分析：根据故障元器件的失效模式—失效部位—失效机理—机理因子—影响因素分析结果及逻辑关系，确定元器件发生失效的故障路径和最终引起失效的影响因素。

（5）失效模式、失效机理和影响因素确认：根据故障路径结果确认。

（6）归零要素分析建议：根据失效部位、失效机理、影响因素结果提出故障复现试验方案设计建议、失效控制策略及措施建议、举一反三关键点检查建议。

（7）元器件 FTA 报告。

18.4.2　针对可靠性设计的元器件 FTA 方法

根据基于失效物理的元器件、微组装组件可靠性设计原则，可靠性设计目标是满足固有可靠性指标（失效率、寿命）要求、有效控制载荷环境应力下的主要失效模式和失效机理。因此，通过元器件 FTA 分析，联合 FMEA 使用，可以确定其在各种环境应力下的潜在失效模式和多种失效机理及失效发生概率，成为制定元器件和组件产品可靠性的量化设计指标、潜在失效风险评估和优化设计等可靠性设计分析的重要依据。针对可靠性设计的元器件 FTA 与 FMEA 联合使用方法如下。

（1）对元器件、微组装组件进行 FMEA 分析，确定使用环境下的主要潜在失效模式。

通过 FMEA 列表分析和危害度定量分析，对元器件或微组装组件在使用环境下每个单一潜在失效模式的影响及其危害性进行排序，确定元器件或微组装组件的主要潜在失效模式，作为元器件或微组装组件可靠性设计首要控制的主要失效模式。

（2）针对元器件、微组装件的主要潜在失效模式进行 FTA 分析，确定潜在失效模式下的主要失效机理和相应的控制策略。

建立失效物理故障树，通过主要失效模式下的机理子树 FTA 分析，对机理子树的机理因子底事件和影响因素底事件最小割集进行分析，确定可靠性设计必须控制的潜在失效模式下的主要失效机理（可能是单机理或多机理），并通过机理因子和影响因素分析，确定消除诱发失效机理的关键影响因子和最佳控制对策。

同时，采用"GB/T 7829（IEC 61025 Ed.2:2006，IDT）故障树分析"中"5.4.1条款：故障树分析与失效模式及影响（FMEA）的联合使用"规定，作为相关配套内容。元器件 FTA 与 FMEA 联合使用方法经常被一些特定标准（特别是安全标准和运输标准）推荐使用，其具有如下优点。

（1）元器件 FTA 是一种自上而下的分析方法，而 FMEA 是一种自下而上的分析方法，因此演绎与归纳两种方法的联合使用可以确保潜在失效模式和失效机理分析的完整性。

（2）在安全标准中经常需要单一的故障分析，在某些情况下需要更多重复的故障分析，这些分析是进行 FMEA 时首先要进行的项目，而这些故障分析正是通过完成 FTA 而获得的。

（3）对于全面确认底事件及其危害性，FMEA 是一种有用的方法，而对不希望出现顶事件的原因分析，FTA 是一种实用的方法。

（4）此外，FTA 与 FMEA 联合使用，可以通过简单分析确认故障的一致性：在 FMEA 中确认的任何导致顶事件发生的单一失效也必须为单点故障（在最小割集中）；在 FTA 已确认了的单点故障也应当在 FMEA 中出现。如果这些分析是各自独立进行的，那么这种一致性检查的价值更高。这在安全性分析中尤为重要。

18.4.3　元器件 FTA 应用案例

某厚膜 HIC "无输出" 问题归零的 FTA 案例示范。

1. 故障背景

该混合集成电路存放数年后使用出现故障，无输出。产品为金属气密封装、厚膜混合工艺。采用 FTA 方法，针对该 HIC "无输出" 故障进行质量归零分析。确定失效模式、失效部位、失效机理，画出 HIC 故障树图，给出 "无输出" 故障路径；并根据失效机理及影响因素，提出针对性归零措施，满足产品质量归零要求：定位准确、机理清楚、问题复现、措施有效、举一反三。

2. 故障问题再现

根据该混合集成电路原理，M1 器件存在两种工作状态：导通或截止。当 M1 导通时，Vo 端输出+30V 的高电平；当 M1 截止时 Vo 端输出低电平，为 0V。M1 的工作转换是通过控制 A 点电压实现的。正常工作时，当 A 点处于高电平时 M1 截止，当 A 点处于低电平时 M1 导通，输出 30V 电压，如图 18-3 所示。失效样品复测，该 HIC 无输出。

3. 建立 HIC "无输出" 故障树

从元器件故障信息库中调取 HIC 完整故障树（潜在失效），如图 18-4 所示。根据"模块级产品 FTA 方法"，采用功能逻辑分析法对产品进行失效部位定位。

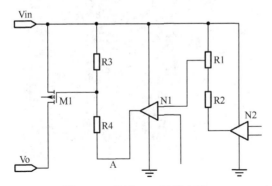

图 18-3　案例 HIC 局部电路

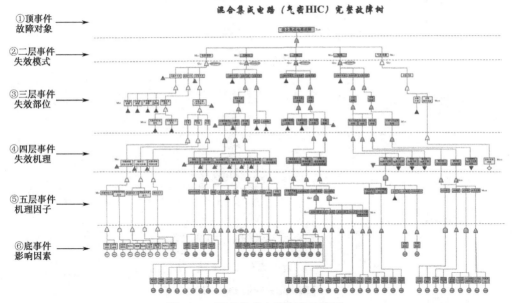

①顶事件
故障对象

②二层事件
失效模式

③三层事件
失效部位

④四层事件
失效机理

⑤五层事件
机理因子

⑥底事件
影响因素

图 18-4　混合集成电路完整故障树

　　失效品开帽检查后发现，HIC 模块内部一角与+30V 输出端相关的 N2 芯片的多个 Au-Al 丝键合部位出现腐蚀，腐蚀现象与典型丝键合腐蚀相似，如图 18-5 所示。由于芯片 N2 一键合丝开路导致 A 点开路，使得 A 点始终处于+30V 高电平，截止 M1，HIC 模块输出为 0V。HIC "无输出" 失效模式故障子树，如图 18-6 所示。

4. 故障树节点时间测试验证（失效机理事件定位）

　　根据失效分析的测试结果，验证故障树的失效机理事件。即失效机理事件：Al 键合盘腐蚀，导致键合点脱开。

图 18-5　Au-Al 键合在水汽和沾污离子 Cl 作用下腐蚀

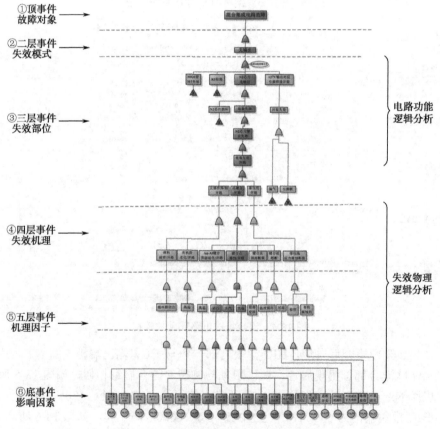

图 18-6　"无输出"失效模式故障树子树

　　进行 Al 键合盘腐蚀微区成分分析，确认在 Au 丝与芯片盘之间的 Au-Al 键合部位，裸露 Al 材料在水汽（H_2O）和污染离子（Cl^-、K^+、Na^+）作用后，导致 Au-Al 键合处芯片 Al 被逐渐腐蚀，电解腐蚀产生絮状物 Al（OH）$_3$，Al 丝键合最终开路。腐蚀反应方程式为：

$$Al_2O_3 + 3H_2O + 2Cl^- \longrightarrow 2Al(OH)_2Cl + 2(OH)$$

$$Al + 4Cl^- \longrightarrow AlCl^{-4} + 3e^-$$

$$(AlCl4)^- + 3H_2O \longrightarrow Al(OH)_3 + 3H^+ + 4Cl^-$$

$$Na + 3H_2O \longrightarrow Na + (OH)^- + 1/2H_2$$

$$Al + 3(OH)^- \longrightarrow Al(OH)_3 + 3e^-$$

5. 故障路径分析

定位失效机理事件后，即可确定该 HIC "无输出" 的故障路径，如图 18-7 所示，从故障现象到失效机理的 "无输出" 故障路径：故障 HIC→无输出→N2 芯片无输出→N2 芯片键合开路→Au 丝键合点 Al 腐蚀开路。

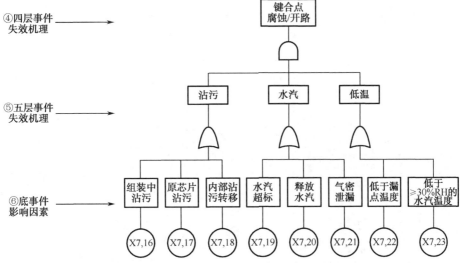

图 18-7　键合点 Al 腐蚀机理子树（影响因素为底事件）

6. 归零措施分析

确定失效机理事件后，由图 18-6，提取以影响因素为底事件的 "丝键合点 Al 腐蚀" 机理子树，如图 18-7 所示。根据图中的机理因子对控制腐蚀的措施进行分析。

｛沾污、水汽、温度｝三点是控制键合点腐蚀的关键，应根据生产能力、技术能力从三者中选择重点控制方向。而对于未能满足 5000ppm 的产品，已使用的产品，则需要重点控制使用温度，原则是避免在 0℃ 以上出现露点。同时，加强电源模块气密封装工艺的水汽控制，应达到 GJB 548 要求的水汽 5000ppm 以下；加强组装过程沾污离子的控制，避免芯片污染。

参 考 文 献

[1] 故障树分析指南. 中华人民共和国国家军用标准 GJB/Z 768A—1998. 国防科学技术工业委员会批准发布，1998.

[2] 故障树分析. 中华人民共和国国家标准 GB/Z 7829A－200X. 国家质量监督检验检疫总局发布（待发布）.

第 **19** 章

工程应用中电子元器件失效预防方法

19.1 潮敏防护

19.1.1 潮敏失效

塑封集成电路具有成本低、质量轻、尺寸小及良好的机械坚固性等优点,几乎占据了民用品的全部市场。但是塑封器件有其固有的弱点,就是塑料封装非气密性和潮湿对它的渗透性。由于其固有的弱点,封装失效是塑封电路的主要失效模式之一。

随着电子技术的不断发展,对电子产品可靠性的要求也越来越高,促使电装生产工艺对潮湿敏感元器件(Moisture Sensitive Devices,MSD)的关注程度不断上升。元器件朝着小型化和高集成化的方向发展,塑料封装已经成为一项标准做法。确保潮湿气体在焊接前不进入元器件中已经成为一项非常重要的事情。

MSD 主要指非气密性 SMT 器件,如塑料封装、其他透水性聚合物封装(环氧、有机硅树脂等)器件,常见于 SOP、QFP、BGA 等贴片器件。一般塑封集成电路、电解电容、LED 等都属于非气密性元器件。对于框架式塑封器件,其主要结构如图 19-1 所示。

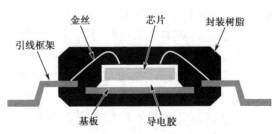

图 19-1　塑封 IC 封装结构示意图

1. 潮敏失效机理

由于封装材料的密封性不好或吸潮效应,空气中的水分会渗透进入封装内部,从而对可靠性造成严重影响，因此，潮湿敏感器件的正确使用受到更多关注。潮湿敏感性器件的失效率已经处在一个不能忍受的水平，再加上封装技术的不断变化，更短的开发周期、不断缩小的尺寸、新的材料和更大规模的芯片，造成塑料封装器件数量的迅速增长和潮湿/回流敏感性水平的显著提高。潮气的影响主要表现在两个方面：一是造成金属化布线或引线的化学（或电化学）腐蚀、氧化；二是在回流焊过程中可能造成损伤。

潮湿敏感器件暴露在大气过程，大气中的水分会通过扩散渗透到封装材料内部，首先凝聚在不同材料之间的接触面上。当封装暴露在回流焊的高温中时，器件经过贴片贴装在 PCB 上以后，在回流焊炉中进行回流焊，在回流区，整个器件要在183℃以上保持 30～90s，最高温度在 210～235℃，无铅焊接的峰值温度更高，在245℃左右。在高温作用下，封装内的水分快速汽化、导致蒸汽压力大幅增加，在材料不匹配的综合作用下，该压力会造成封装材料内部发生分层，或是一些未扩展至外部的封装内部裂缝，或者键合损伤，最严重的是造成封装体产生裂纹，称为"爆米花"现象。封装分层开裂时产生的剪切应力会影响内引线、芯片的完整性，特别是边角处，应力最大。严重时会引起芯片裂纹、内引线断裂、键合头翘起等，出现电失效。大多数情况下，肉眼是看不出来这些变化的，而且在测试过程中 MSD 也不会表现为完全失效。

因塑封器件受潮失效是由塑封材料本身性质决定的，集成电路塑料封装常采用热固性环氧材料（如环氧树脂），其密封剂会从周围空气中吸潮。塑料封装吸潮可从以下三个方面理解：①吸潮程度与实际塑料化合物成分、结构、生产线环境、运输储存及使用环境的温度、湿度、气压等因素相关；②封装的膨胀程度取决于塑封材料成分、实际吸收湿气的数量、温度、加热速度及塑料的厚度，当由此引起的压力超过塑料化合物的弯曲强度时，塑料就有可能裂开，或至少在界面间产生分层；③器件的防潮等级与器件塑封材料的吸潮能力有一定的关系，但不仅取决于吸潮能力。防潮等级还取决于器件的结构、芯片基板的尺寸、芯片尺寸、芯片生产工艺及芯片内部的材料、器件封装工艺、器件本身的电气性能等。也就是说，防潮等级较低的器件，其塑封材料并不一定比防潮等级高的器件容易吸潮。根据相关研究，塑封料的吸水性与失效率存在密切的关系，越是容易吸潮的塑封料，其在回流焊后失效率越高，如图19-2所示。

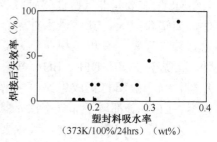

图 19-2　塑封料的吸水性与失效率的关系

2. 潮敏失效模式

MSD 失效的主要表现：组件在芯片处产生裂纹、电气测试失败、IC 集成电路及其他元器件在存放时内部氧化短路、引线被拉细甚至断裂、回流焊期间器件产生分层、封装材料爆裂等。具体的失效模式及表现特点如下。

（1）受潮后的塑封器件，在没有高温作用的情况下，塑封材料本身由于吸收了大量的水汽而膨胀变形，由于内部结构黏结性不好，导致内部结构出现分层，表现为开路、短路、漏电。如果有腐蚀性杂质离子存在，可导致金属化腐蚀。

（2）受潮的塑封器件在高温作用的情况下膨胀变形，由于热失配导致内部结构出现分层，表现为开路、短路、漏电。严重的会在器件背面产生鼓包，即"爆米花"效应。

（3）受潮后塑封器件若膨胀变形严重，形变应力会导致芯片破裂，表现为开路、短路、漏电。

（4）由于水是有极性的，因此塑封器件吸收了大量潮气后，不管是否发生了变形或分层，都会有漏电现象。

（5）塑封器件受潮后，有可能在遇到热应力的瞬间就立即失效，有可能在长期的正常使用过程才逐渐失效。

3. 潮敏失效分析方法

潮敏器件失效大多属于封装级失效，常用的手段有 X-ray（或 3D X-ray）检测、扫描声学显微镜检测等。其中扫描式声学显微镜用无损方式探测裂缝、空洞和分层。但是，分层并不一定表示有可靠性问题。对于一个特定的芯片/封装系统，一定要明确分层对可靠性的影响。

19.1.2 潮敏在使用上的防护方法

为确保潮气不进入器件，美国电子工业联合会（IPC）和电子元件焊接工程协会（JEDEC）共同研究和发布了 IPC-M-109 潮湿敏感器件标准和指导。IPC-M-109 包括七个文件，其中关于潮湿敏感防护的有三个，分别是：IPC/JEDEC J-STD-020 塑封集成电路（IC）SMD 的潮湿/回流敏感性分类，该文件可帮助制造商确定元器件的潮湿敏感等级；IPC/JEDEC J-STD-033 潮湿/回流敏感性 SMD 的处理、包装、装运和使用标准；IPC-9503 非 IC 元件的潮湿敏感性分类。

因此，潮敏防护包括生产、存储、运输、包装、使用、检验过程的防护等几个环节。

1. 潮敏等级（Moisture Sensitive Device，MSD）

根据《IPC/JEDEC J-STD-020 非密封固态表面贴装器件湿度/再流焊敏感度分级》标准，MSD 可分为 6 大类。对于各种等级的 MSD，其首要区别在于车间寿命、体积大小及受此影响的回流焊接表面温度。车间寿命是指器件拆封之后，在回流焊之前所允许的暴露于特定的温度和湿度环境下的最长时间，表 19-1 是不同 MSL 在具体环境下的车间寿命，其中等级 1 不是湿度敏感器件。

表 19-1　MSD 分类及环境寿命表

等　级	环 境 寿 命		
	时　间	环　境　条　件	
1	无限制	≤30	℃/ 85%RH
2	1 年	≤30	℃/ 60%RH
2a	4 星期	≤30	℃/ 60%RH
3	168h	≤30	℃/ 60%RH
4	72h	≤30	℃/ 60%RH
5	48h	≤30	℃/ 60%RH
5a	24h	≤30	℃/ 60%RH
6	产品包装规定	≤30	℃/ 60%RH

2. MSD 的包装

确定购买样品的 MSD 等级，检查包装是否破损（如破损，则应检测 HIC 是否变色），查看并记录封口日期，作为货架产品的起始时间。不使用的 MSD 应存储在密封的防潮箱或防潮袋内。推荐每次只取适量的器件，即用即取，使用 MSD 前检查其干燥度。这是大致原则，下面详细介绍。

首先确保来料接收或来料检测时物料是被正确包装的。在绝大多数情况下，器件制造商在 MSD 封装和防潮袋上标注有标识，厂商都遵循 IPC/JEDEC 标签标识方面的指导原则。

采用铝箔密封干燥包装，包装袋里除了干燥剂之外还有湿度指示卡，指示卡上的色环标记会清晰地表示不同潮湿敏感等级的器件是否需要烘烤。具有 IPC/JEDEC 标签标识的包装袋上一般都附有的详细装配信息，包括器件能容纳的最高峰值温度、潮湿敏感度等级（MSL）、烘烤条件等。BGA 密封的防潮包装一旦被打开，必须在规定的时间内完成装配，其暴露在装配现场的最长时间（即车间寿命）由器件的潮湿敏感等级来决定。

3. MSD 的存储

通常物料从贴片机上拆下以后，在再次使用以前，必须一直存放在干燥的环境里（干燥箱或和干燥剂一起重新封装）。很多组装人员认为，器件保存在干燥环境中以后，可以停止统计器件的暴露时间。事实上，一旦器件暴露相当长一段时间（1h 以上），所吸收的湿气会停留在器件的封装里面，并慢慢渗透到器件的内部，很可能对器件造成破坏。器件在干燥环境下的时间与在环境中的暴露时间同样重要。湿度等级为 5（正常的拆封寿命为 48h）的 PLCC 器件，干燥保存 70 h 以后，仅暴露 16h，便超过了其致命湿度水平。SMD 器件从干燥环境中取出以后，其车间寿命与外部环境状况呈一定的函数关系。保守地讲，较安全的做法就是严格按照表 19-2 对器件进行控制。但是外部环境经常发生变化，实际的环境状况满足不了表中规定的要求。

表 19-2　潮湿敏感元器件的处理方法

| 器件厚度（mm） | 潮湿等级 | 烘 烤 条 件 | | | | | |
| | | 125℃ | | 90℃/5%RH | | 40℃/5%RH | |
		失效环境 30℃/85% RH	在 30℃/60% RH 下放置大于 72h	失效环境 30℃/85% RH	在 30℃/60% RH 下放置大于 72h	失效环境 30℃/85% RH	在 30℃/60% RH 下放置大于 72h
≤1.4	2a	5h	3h	17h	11h	8d	5d
	3	9h	7h	33h	23h	13d	9d
	4	11h	7h	37h	23h	15d	9d
	5	12h	7h	41h	24h	17d	10d
	5a	16h	10h	54h	24h	22d	10d
≤2.0	2a	21h	16h	3d	2d	29d	22d
	3	27h	17h	4d	2d	37d	23d
	4	34h	20h	5d	3d	47d	28d
	5	40h	25h	6d	4d	57d	35d
	5a	48h	40h	8d	6d	79d	56d
≤4.5	2a	48h	48h	10d	7d	79d	67d
	3	48h	48h	10d	8d	79d	67d
	4	48h	48h	10d	10d	79d	67d
	5	48h	48h	10d	10d	79d	67d
	5a	48h	48h	10d	10d	79d	67d

　　如果 MSD 器件以前没有受潮，而且拆封后暴露的时间很短（30min 以内），暴露环境湿度也没有超过 30℃/60%，那么用干燥箱或防潮袋对器件继续存储即可。如果采用干燥袋存储，只要暴露时间不超过 30min，原来的干燥剂还可以继

续使用。

根据 IPC/JEDEC J-STD-033 除湿或烘烤条件，对于 2～4 等级的 MSD，只要暴露时间不超过 12 h，则其重新干燥处理的保持时间为 5 倍的暴露时间。干燥介质可以是足够多的干燥剂，也可以采用干燥柜对器件进行干燥，干燥柜的内部湿度要保持在 10%RH 以内。

对于行等级 2、2a 或 3，如果暴露时间不超过规定的车间寿命，器件放在小于 10%RH 的干燥箱内的那段时间（或者放在干燥袋的那段时间）不应计算在暴露时间内。

对于等级 5～5a 的 MSD，只要暴露时间不超过 8h，则其重新干燥处理的保持时间为 10 倍的暴露时间。可以用足够多的干燥剂来对器件进行干燥，也可以采用干燥柜对器件进行干燥，干燥柜的内部湿度要保持在 5%RH 以内。干燥处理以后可以从零开始计算器件的暴露时间。

4. MSD 器件的干燥方法

如果发现 MSD 的暴露时间超过车间寿命，则不能按照普通的干燥方法进行处理，需要对其进行专门的烘烤，使暴露时间归零，车间寿命恢复到原有状态，具体的烘烤温度及时间如表 19-2 所示。

打开元器件包装袋时，马上检查潮敏指示卡，指示卡的位置在"BAKE UNITS IF PINK"时，需要烘烤。烘烤时间和条件查看潮敏标签。

MSD 干燥一般采用的干燥方法是在一定的温度下对器件进行一定时间的恒温烘干处理或利用足够多的干燥剂来对器件进行干燥除湿。具体的干燥形式可参考表 19-2。

根据器件的湿度敏感等级、大小和周围环境湿度状况，不同的 MSD 的烘干过程也各不相同。按照要求对器件进行干燥处理以后，MSD 的车间寿命可以从零开始计算。

当 MSD 暴露时间超过车间寿命，或者其他情况导致 MSD 周围的温度/湿度超出要求以后，其烘干方法可参照最新的 IPC/JEDEC 标准。如果器件要密封到干燥包装内，必须在密封前进行烘干处理。等级 6 的 MSD 在使用前必须重新烘干，然后根据湿度敏感警示标志上的说明在规定的时间内进行回流焊接。

对 MSD 进行烘烤时要注意以下几个问题。

一般装在高温料盘（如高温 Tray 盘）里面的器件都可以在 125℃温度下进行烘烤（厂商特殊注明了温度的除外）。Tray 盘上一般注有最高烘烤温度。在 125℃高温烘烤以前要把纸/塑料袋/盒拿掉。装在低温料盘（如低温盘、管筒、卷带）内的器件其烘烤温度不能高于 40℃，否则料盘会受到高温损坏。烘烤时必须注意 ESD（静电敏感）保护，尤其烘烤以后，环境特别干燥，最容易产生静电。烘烤时务必控制好温度和时间。如果温度过高或时间过长，很容易使器件氧化，或者在器件内部连接处产生金属间化合物，从而影响器件的焊接性。烘烤期间，注意不能导致料盘释放出不明气体，否则会影响器件的焊接性。烘烤期间一定要做好烘烤记录，以便控制好烘烤时间。如果 MSD 超过车间寿命，按条件烘烤后，车间寿命可归零。

5. MSD 的返修

如果要拆掉主板上的器件，可局部加热，器件的表面温度控制在 200℃以内，以减小湿度造成的损坏。如果有些器件的温度必须超过 200℃，而且超过了规定的车间寿命，在返工前要对主板进行烘烤。在车间寿命以内，器件所能经受的温度和回流焊接所能承受的温度一样。

如果拆除器件是为了进行失效分析，一定要遵循上面的建议。否则，湿度造成的损坏会掩盖本来的缺陷原因。如果器件拆除以后要回收再用，更要遵循上面的建议。

MSD 经过若干次回流焊接或返工后，并不能代替烘干处理。手工焊接、返修不用考虑 MSD 的影响。有些 MSD 器件和主板不能承受长时间的高温烘烤，如一些 FR-4 材料，不能承受 24h、125℃的烘烤；一些电池和电解电容器也对温度很敏感。应综合考虑这些因素来选择合适的烘烤方法。

19.1.3　案例

1. 失效案例一：BGA 底部填充胶体 underfill 分层失效

（1）样品名称：芯片倒装 BGA 电路。

（2）背景：在使用芯片时，将芯片去球，接着用酒精清洗脏污（用毛刷人工清洗），再接着烘干酒精，最后植球、上板子。上板子后直接测量电源与地的阻抗，发现电阻接近 0 欧姆，将芯片拆下，电源对地阻抗依然接近 0 欧姆。

（3）失效模式：短路。

（4）失效机理：underfill 分层，使得凸点重熔桥连。

（5）分析结论：由于芯片与 underfill 分层，导致焊接过程中焊球重熔而桥连短路。

（6）分析说明：图 19-3 是回流焊后发现的 Flipchip 失效声扫图片，可以发现样品芯片与 underfill 已经分层，部分焊点已经桥连。制作金相切片观察，可见声扫分层的部位，凸点重熔进入该界面。

凸点的主要成分为 Sn、Pb，是一种低温焊料（63/37 锡铅焊料的熔点为 183℃）。

当器件内部的温度超过锡铅焊料的熔点时，凸点就会熔化。如果此时填充料与芯片之间存在分层，熔化的锡铅焊料就会通过分层处流动，最终导致不同凸点之间短路。以上分析表明，如果填充料与芯片之间存在分层，熔化的焊料就会通过分层处流动。

underfill 的主要材料是以高分子为基体的复合有机材料，如环氧树脂，这些高分子材料具有亲水性，湿气渗透进入后，会在这些聚合物的微孔隙及界面处以气液混合态存在，回流焊时环境温度达到 245°左右，内部发生汽化，蒸汽压力上升，界面发生分层。此 FPGA 经过植球工艺处理，同时，该 BGA 封装为潮湿敏感器件，装配前预处理过程存储、使用不当，极易造成水汽入侵。对该种类型的失效，第一是优化植球工艺，第二是注意潮敏防护，第三是优化工艺曲线，如采用混装工艺进行焊接。

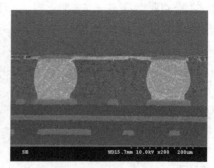

（a）声扫形貌　　　　　　　　　　（b）切片形貌

图 19-3　Flipchip 的芯片与 underfill 分层失效

2. 失效案例二：塑封材料分层导致的键合腐蚀

（1）样品名称：塑封稳压电路。

（2）背景：样品输出电压小于参考值 2.5V，用户环境为高温高湿。

（3）失效模式：输出电压漂移。

（4）失效机理：焊盘金属化腐蚀导致输出漂移失效。

（5）分析结论：由于塑封分层，潮气入侵，导致焊盘腐蚀，铜丝键合点电化学迁移失效。

（6）分析说明：在现场使用时，稳压器出现输出电压漂移，样品 IV 特性曲线有串阻现象，怀疑为封装局部开路导致。声扫检测到样品芯片第一键合点存在分层，用机械方法开封芯片，样品键合点掉落，芯片铝焊盘腐蚀，表面可见电化学迁移形貌，如图 19-4 所示。经扫描电镜观察及 EDX 成分分析，为铜铝键合的铜电极在应力下腐蚀并产生电迁移。

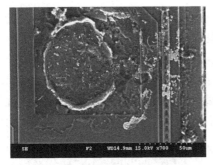

（a）机械开封后键合区形貌　　　　　　　　　（b）铜腐蚀迁移形貌

图 19-4　铜丝键合的金属化腐蚀及铜电化学迁移

19.2　机械损伤防护

电子元器件从原材料制作开始，到元器件内部装配，再到元器件的板级组装，最后随产品整机使用，整个过程中都无法避免机械应力的影响。在实际失效分析案例中，由于外部机械应力损伤导致失效的比例不少，因而在电子元器件的生产、测试、安装及使用过程中，需要对电子元器件和整机产品进行机械防护。

19.2.1　元器件机械损伤的主要表现

1. 芯片崩缺、裂纹、划伤，介质保护层破裂及键合损伤等

在半导体器件中，漏电、参数漂移、功能失效等失效模式中有较大一部分是由内部芯片本身存在机械损伤导致的。这些机械损伤主要包括：芯片崩缺、裂纹，芯片表面有源区机械划伤、石英砂颗粒挤压损伤，以及键合力过大引起的键合损伤等。这些机械损伤既可能在器件制造过程中引入，也可能在器件完成封装后由外部机械应力、环境温变引起的热膨胀应力导致。

图 19-5 是一些芯片机械损伤的典型形貌。

2. 封装基体和支架破损

一般来说，元器件的封装为其提供电连接、散热通道，并使元器件的核心结构免遭外部化学、水汽、灰尘等的影响。一旦元器件的封装、支架出现开裂、破损等机械性损伤，就可能导致器件的各项性能出现异常。

常见的元器件封装损伤有以下几种。①片式多层陶瓷电容器、贴片电阻器的陶瓷基体开裂。一方面，由于陶瓷基体本身尺寸小，不易安装；另一方面，由于陶瓷

材料本身在固化过程中可能存在空洞、微裂纹等缺陷，而且由于材料本身的脆性和热性能特征，容易受外部机械应力和热变应力的影响而导致开裂。②陶瓷、玻璃和塑料封装轴向有引线二极管、集成电路在引脚弯脚过程中导致封装体开裂。这种情况下裂纹极易扩展到器件内部芯片，导致漏电、短路、键合开路等失效现象。③变压器、集成电路等的灌封料与外壳之间开裂。这种情况容易导致器件内部灌封出现空洞、缝隙，从而使水汽更容易侵入内部，导致漏电、开路、散热不良等失效。

（a）LED 芯片崩损形貌

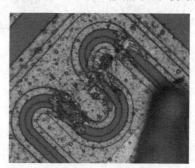

（b）晶体管芯片表面划伤形貌

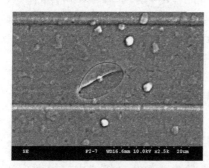

（c）二极管芯片受石英砂挤压损伤 SEM 形貌

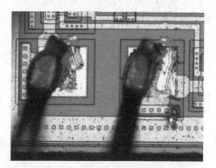

（d）集成电路芯片键合损伤形貌

图 19-5　芯片机械损伤典型形貌

图 19-6 是一些元器件封装机械损伤的典型形貌。

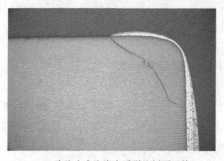

（a）陶瓷电容陶瓷介质裂纹剖面形貌

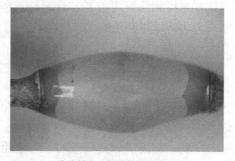

（b）陶瓷轴向二极管封装裂纹形貌

图 19-6　封装机械损伤典型形貌

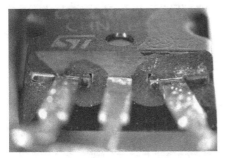

（c）塑封三端稳压器引脚根部塑封崩缺 　　　（d）桥堆灌封料与外壳之间出现裂缝

图 19-6　封装机械损伤典型形貌（续）

3. 密封层、玻璃绝缘子破裂

气密性封装器件的密封层、玻璃绝缘子是密封件的机械薄弱结构，容易受外部机械应力影响而出现破裂，从而导致气密性不良，诱发与水汽相关的失效。易受此类损伤影响的元器件主要有：陶瓷或金属密封封装的功率晶体管、集成电路、晶振、光电器件、继电器、微波电路等。导致这些损伤的过程一般有外部机械应力撞击、器件跌落、整机振动等。

图 19-7 是一些密封器件受机械应力后密封不良的典型形貌。

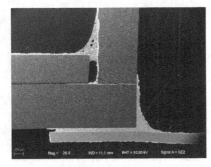

（a）陶瓷密封电路跌落后陶瓷开裂剖面 SEM 形貌 　　（b）金属密封电路受撞击后绝缘子开裂

图 19-7　密封结构损伤典型形貌

4. 保护层、漆膜脱落

对于一些片式电容器、功率绕线电阻器、绝缘漆包线及一些模块电路等，最外层结构通常为保护膜层，当受到外部的碰撞、挤压、拉伸、敲打等机械应力作用时，容易出现损伤，从而使保护层的机械防护、电气绝缘性能等参数退化失效。

图 19-8 是元器件机械应力导致保护层损伤的典型形貌。

电子元器件失效分析技术

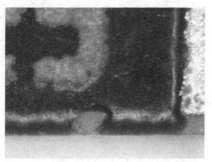

（a）片式固定电阻器玻璃釉保护层崩损　　　　（b）线绕固定电阻器表面保护层破裂

图 19-8　元器件保护层损伤典型形貌

5. 引出端断裂、变形及黏结点、焊点开裂等

元器件受到较大机械应力作用后，通常最直接的一种后果是电学开路，包括引出端（导线）断裂、变形及黏结点、焊点等开裂、松动等。引出端断裂和焊点开裂导致器件或产品功能出现开路失效，而引脚变形、黏结点松动等可能导致器件可焊性不良、连接电阻增大等，进而导致相关失效。这类损伤通常是由错误装配、机械应力过大等造成的。

图 19-9 是元器件受机械应力导致引出端损伤的典型形貌照片。

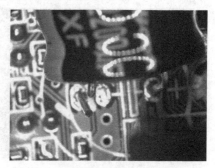

（a）变压器插装不当导致线圈断裂　　　　（b）电解电容器振动试验后引脚断裂

图 19-9　元器件引出端、焊点机械损伤典型形貌

19.2.2　元器件机械防护措施

与其他防护措施一样，元器件的机械防护措施应当在其生产、测试、包装、运输及使用过程中全程实施。具体来说，主要包括以下方面。

1. 元器件生产过程中的机械防护

在元器件生产制作过程中，许多工序（如芯片划片、键合、包装等过程）都可能引入损伤。在这些工序中，应当加强生产工艺能力建设、增强人员的机械防护意识、规范操作，减少人为因素导致的机械损伤，同时应当对产品加强检验，确保将生产过程的机械应力损伤降至最低。

另外，应当优选元器件的物料，采用机械强度性能高的物料。例如，塑封器件的填充石英砂采用打磨光滑的石英砂颗粒，大体积元器件采用直径更大的引出端子，采用韧性更好的保护膜层等。

2. 元器件装配过程中的机械防护

在元器件装配过程中应当布局合理，使容易受机械损伤的元器件装配在外部机械应力不易到达的部分，同时应当结合整个产品的装配工艺过程，合理安排元器件装配的顺序和时机，保证元器件受装配过程中的机械、热变形等应力影响降至最低。例如，在 PCB 设计时，插装元器件的焊盘间距应当适当，不宜太短也不宜太长，过孔尺寸应当留有足够裕度，避免由于引脚尺寸波动或异物导致无法插入而造成损伤；贴片陶瓷电容器应当尽量远离插装元器件，避免在插装过程中损伤到电容器。

另外，元器件的装配过程同样需要规范操作，减少不当、暴力操作导致的机械损伤。例如，在引脚弯脚工序中，应当配备具有力矩控制的整脚工具，避免人为随意整脚；在半成品转移工序中，应当要求操作人员轻拿轻放，减少机械损伤。对于一些易受机械应力影响、体积或质量较大的元器件，应当额外增加固定措施，如增加焊料、扎带捆绑、打胶固定等措施以增强其机械性能。

3. 整机中元器件的机械防护

整机产品的元器件机械防护主要包括包装防护、运输防护、安装使用防护等。包装过程中的机械防护措施主要有：合理安装体积、质量大的结构件，为产品关键结构部分增加减震物件，加固产品结构等。运输防护主要是在运输过程中采用合理的包装、装卸方式和运输工具。应当注意的是，整机出厂前应当选择合适的振动条件开展试验，以保证产品能够适应相应的运输振动环境。安装和使用过程的机械防护主要是：避免野蛮或不当安装、拆卸、操作等导致机械损伤。因此，为了减少此类损伤的发生，产品出厂时应当提供齐全的装卸、安装和使用操作手册，并尽可能对安装、使用人员进行技能培训。

19.2.3 案例

1. 失效案例一：芯片机械损伤失效案例

（1）失效信息描述

样品为应用在某品牌家电产品控制电路中的集成运算放大器。产品出厂使用不到半年的时间，出现较高比例的故障。经过初步排查分析，故障为该运放失效导致输出误动作所致。

（2）分析过程

经过电路板上电复现、排查定位等步骤，确认了该运放输出异常的故障现象。用机械方法拆卸该运放样品后，端口 IV 测试到端口特性异常，存在明显漏电，经过高温烘烤，漏电现象减弱。化学开封样品后，可见其芯片表面存在多处机械损伤，导致玻璃钝化层和金属化损伤。其他失效样品芯片表面也存在类似的不同程度的机械损伤。可以判断芯片表面的机械损伤是导致器件漏电失效的直接原因。

（3）改进措施

经过委托方进一步沟通、追踪，发现该型号产品是在国内某封装厂封测的，键合损伤主要来自键合工序过程。封装厂对其键合设备重新进行了调校，并加强了注塑前的光学检查，基本上避免了类似损伤的发生。

图 19-10 是该失效分析案例的典型形貌。

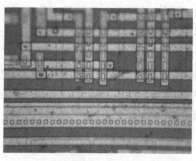

（a）已开封的失效集成电路形貌　　　　　（b）集成电路芯片机械损伤形貌

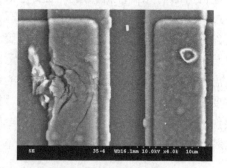

（c）芯片表面金属化损伤 SEM 形貌一　　　（d）芯片表面金属化损伤 SEM 形貌二

图 19-10　芯片损伤失效案例典型形貌

2. 失效案例二：晶体振荡器振动失效案例

（1）失效信息描述

样品为 100MHz 晶体振荡器，应用在某航空产品上。委托方描述在产品常规振动试验后无频率输出，同批次产品 20 只中有 3 只出现类似故障，经过排查发现为该晶振无输出失效。

（2）分析过程

样品经过上电测试，确认无输出失效现象，更换晶振后，器件输出正常信号。开封晶振后发现内部各焊点正常，但晶振与其背后的粘胶分离，晶振背面无明显粘胶痕迹。开封晶振发现内部石英晶片碎裂成两半，晶片表面无其他明显异常。

分析认为，晶片损裂是导致晶振无输出的直接原因，而晶振打胶工艺不到位是导致产品无法通过常规振动试验的根本原因。

（3）改进措施

胶体烘干后黏结牢固度差、与晶振分离，是导致振动失效的薄弱点。因此，可以在晶振上方打胶，使胶体上下包覆、加固晶振，或者采用黏结度更好的软胶体，使之与晶振不易分离。最终，厂家改进打胶工艺后，已解决类似问题。

图 19-11 是该失效分析案例的典型形貌。

（a）失效产品内部电路形貌

（b）拆卸后晶振背面形貌，光滑无粘胶

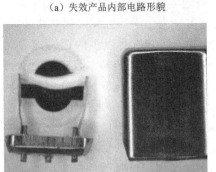
（c）晶振开封后内部晶片碎裂形貌

（d）晶振背面的粘胶形貌

图 19-11 晶体振荡器振动失效案例典型照片

19.3 腐蚀防护

电子元器件从生产、储存、运输到使用的整个生命周期中，不可避免会遇到高温潮湿或酸雨、盐雾等不利环境条件，尤其是当电子设备运用于沿海地区或亚热带地区时。在上述环境条件中，电子元器件在潮气参与下发生电化学反应或化学效应而导致腐蚀失效的概率大大增加。最直接的表现可能是元器件的引脚或管壳被腐蚀，还有一种不易被发现但危害更大的情况，由于管壳密封性缺陷或塑封材料本身的吸潮性，水汽渗入管壳内部，使得芯片表面的铝金属化布线或内部金属被腐蚀。

本节将讨论与潮气密切相关的一些腐蚀效应，并相应地提出了一些提高器件耐湿性及抗腐蚀能力的具体措施。

19.3.1 腐蚀机理

1. 铝金属化布线的腐蚀

铝是微电子器件芯片金属化连线所用的最普遍的材料。铝本身的化学性质非常活泼，放置在干燥空气中铝表面易氧化而生成一层 10nm 左右的氧化膜，这层氧化膜可阻止内层铝继续腐蚀而起到保护作用。但是，若有水分存在，铝与水相互作用能形成氢氧化铝 $Al(OH)_3$。$Al(OH)_3$ 既能溶于酸性溶液又可溶于碱性溶液，故非常容易溶入含有各种杂质离子的水中。含有杂质离子的水汽如果吸附在芯片上有铝布线暴露的地方，如键合压点或钝化层的针孔、裂缝等处，将导致铝的腐蚀失效。根据腐蚀条件和腐蚀机理不同，铝金属化布线腐蚀可分为化学腐蚀和电化学腐蚀。

（1）纯粹由铝的化学反应引起的，在器件未加偏压时发生的铝腐蚀为化学腐蚀，这种现象多在元器件储存过程中发生。化学腐蚀的强弱与水汽中杂质离子的含量密切相关。这种杂质离子的可能来源有：塑封树脂热劣化或加水分解后，从塑封树脂添加剂中释放的 Cl^-、OH^-、Na^+ 等离子；干法刻蚀中采用的混合刻蚀气体 CF_4/O_2 可能在芯片表面残留下 F^- 离子。Na^+ 离子则在生产工艺的各个工序中都存在，很容易引入到封装中。

（2）铝的电化学腐蚀效应在器件加有偏压时发生，这是器件在上机使用状态下发生的腐蚀。由于器件表面铝金属化具有不同的布局图案，当器件具有一定偏压时，各处电位不相等。含有杂质离子的水分子膜形成电解质溶液，于是构成了腐蚀电池，位于高电位的铝为阳极，位于低电位的铝为阴极，电解质中正、负离子分别向阴极或阳极移动，导致作为阳极和阴极的铝均发生腐蚀。

2. 铝-金接触结构的腐蚀

铝-金接触是常见的结构形式，如键合金丝和芯片表面铝焊盘的键合、铝丝和镀金管座或管腿之间的压焊等。由于金作为不活泼金属而铝作为活泼金属，两者的化学势相差较大，当 Au-Al 接触处有水汽附着时可形成珈伐尼原电池。水汽中的杂质酸根起着电解液的作用，Al 和 Au 分别构成原电池的阴极和阳极，于是发生了电化学腐蚀。

这种腐蚀常出现在芯片的键合点或管座的压焊点处，生成物是一种白色絮状物质，貌似白色绒毛，俗称"白毛"。它严重影响和恶化键和界面状态，使得键合强度降低、变脆开裂、接触电阻增大等，因而使元器件出现时好时坏的不稳定现象，最后表现为性能退化或引线从键合界面处脱落而导致开路。"白毛"的主成分是 $Al(OH)_3$，还有 $AuAl$、$AuAl_2$ 等。

3. 银迁移

在电子元器件的储存及使用中，由于存在湿气、水分，导致其中相对活泼的金属银离子发生迁移，导致电子设备中出现短路、耐压劣化及绝缘性能变坏等失效。银迁移基本上是一种电化学现象，当具备水分和电压条件时，必定会发生银迁移现象。空气中的水分附在电极表面，如果加上电压，银就会在阳极处氧化成带有正电荷的银离子，这些离子在电场作用下向阴极移动，在银离子穿过介质的途中，银离子被存在的湿气和离子沾污加速，通常在离子和水中的氢氧离子间发生化学反应，形成氢氧化银，在导体之间出现乳白色的污迹，最后在阴极银离子还原析出，形成指向阳极的细丝。

19.3.2 元器件腐蚀防护措施

元器件腐蚀与高温潮湿、酸雨和盐雾环境条件密切相关，因此防腐蚀的措施需要关注两个方向：一个是器件外引线的防腐蚀；另一个是防范由管壳密封不良或塑料封装本身吸潮性引入的水汽对器件内部可靠性的影响。

元器件外引线的防腐蚀主要包括以下几方面。

（1）元器件在储存、运输、安装过程中，注意保护元器件，防止潮气、盐雾、腐蚀性气体、化学试剂及不当机械应力的作用。

（2）在元器件生产过程中，不断改进工艺手段进而提高引线抗腐蚀能力，具体措施包括：①提升引脚电镀质量，减少镀金属层的针孔和划痕，提高镀层表面的光亮度和平滑度；②在表面镀一层耐腐蚀涂层，如 Ni 层或 60%Sn-40%Pb 焊料；③镀金层加厚。

提高塑封器件的耐湿性有以下几个要点。

（1）选用高质量的环氧树脂，需具有以下特点：吸潮性弱、渗透性小；热稳定性高、热膨胀系数小并与相关材料匹配；纯度高、杂质离子浓度低（如 Cl^-、Na^+等带电离子）；与金属框架粘附性好，粘附强度高。

（2）改善封装结构，使潮气从引脚根部处因毛细孔效应渗入内部的路径加长。增加引线框架内部的固定孔以提高塑封料与支架的黏结强度。

（3）保证封装环境干燥及洁净。在封装工艺过程中芯片打线后灌封塑料前，需要将芯片连同支架在干燥氮气中进行烘烤，去除芯片及支架上粘附的水汽，同时保证封装操作间内部的湿度符合要求。

（4）提高芯片自身的抗湿性能，如在芯片表面增加表面钝化膜或改进金属化布线的抗腐蚀能力。

提高密封性器件的耐腐蚀能力主要是提高其耐湿性，这是由密封性的优劣决定的。密封管壳的密封性主要取决于密封封盖工艺。气密封装采用的封盖方法包括熔焊（环焊和平行缝焊）、冷料焊和冷压焊。熔焊中最易出现的问题是待焊接的两部件之间有油脂等物质的污染、模具不完整，或者压力不均匀造成电流密度差异引起焊接程度不同，将造成焊缝密封不良，焊接变成"贴合"而漏气。同时，由于油脂污物电导率小，产生焦耳热大，将在焊接中形成打火，使烧熔的金属小球飞溅，若溅入密封腔体中则会形成金属多余物，在后续使用中造成短路、漏电等不稳定失效。因此，焊接前要求被焊接面平整、光滑与洁净，不能有明显氧化、滑道和开裂等机械损伤。冷压焊对被焊接面的清洁程度要求更严，尤其注意焊接时施加的压力要适当。除改善封盖工艺外，还要注意焊接界面两侧材料热膨胀系数要尽量接近。

19.3.3　案例

1. 失效案例一：铝键合焊盘的腐蚀失效案例

（1）失效信息描述

样品为某厂生产的限流稳压器并已运用于其客户端的整机产品中，封装形式为金属壳密封。客户端使用一段时间后反映限流稳压器输出异常，经厂家测试确认为输出端无输出电压。

（2）分析过程

经过对限流稳压器内部电路的分析可知：内部 LDO 控制芯片的 VP 电源端馈电为 0，会导致无输出电压。开盖后检查样品内部结构，发现内部 LDO 控制芯片表面多个端口存在键合 Al 焊盘腐蚀形貌，其中 VP 键合焊盘腐蚀最严重，腐蚀产物呈凝胶状。键合拉力试验中 VP 拉力值为 0。利用 EDS 检测焊盘表面腐蚀产物的元素成分，主要含元素 C、O、Al，此外还含有微量的 Na、Cl、S。综合腐蚀部位、腐蚀产物形貌及成分分析结果可以判断，芯片焊盘 Al 金属发生了电化学腐蚀，导致开路失效，这种失效是器件在上机使用状态下发生的腐蚀，且含有杂质离子的水汽附着于 Al 焊盘表面，这也是导致 Al 腐蚀的重要因素。

（3）改进措施

为杜绝上述电化学反应的发生，提高气密封装的密封性是关键。气密封装管壳的密封性主要取决于密封封盖工艺。因此厂家需要对其封盖工艺进行改进。

图 19-12 为该失效分析案例的典型照片。

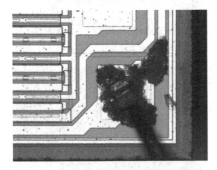

（a）LDO 芯片 VP 键合焊盘腐蚀形貌　　　（b）LDO 芯片 VP 键合焊盘腐蚀 SEM 形貌

图 19-12　铝键合焊盘的腐蚀失效案例典型照片

2. 失效案例二：Ag 迁移失效案例

（1）失效信息描述

样品为某厂生产的全彩 LED 灯珠。灯内封装有红光（R）、绿光（G）、蓝光（B）三种二极管芯片，应用于户外显示屏上。委托方描述失效 LED 灯珠内部仅G/B 芯片存在漏电。

（2）分析过程

对失效灯珠内部 G/B 芯片的 IV 特性测试，确认结果为阻性或反向漏电超标。用机械方法开封后发现 G/B 芯片表面 P 电极附近区域可见异常亮白色多余物，通过SEM&EDS 观察分析可见多余物为树枝状及云状的 Ag 迁移物。进一步分析发现：支架表面的镀 Ag 层发生了迁移，迁移路径为顺着芯片侧壁迁移到芯片表面。

分析认为，G/B 芯片表面分布有 Ag，从而导致漏电失效。芯片表面的 Ag 来源于支架表面镀 Ag 层的 Ag 迁移。Ag 迁移的根本原因为封装体内潮气浓度过高。

（3）改进措施

由于失效 LED 灯珠在户外显示屏上使用，故而使用环境中的水汽浓度高，而LED 灯珠为塑料封装器件，为了应对复杂的外部环境，必须提高器件耐湿性，可从以下方面着手：①改进树脂成分，提高树脂质量；②提高支架自身的抗湿性，如采用表面钝化膜等；③显示屏外部整体涂覆防护胶。图 19-13 为该失效分析案例的典型照片。

（a）开封后失效蓝光二极管芯片全貌

（b）蓝光芯片 P 极附近区域 SEM 放大形貌

（c）失效蓝光芯片侧壁局部 SEM 形貌

（d）图（c）对应的 Ag 元素的 Mapping 图

图 19-13　Ag 迁移失效案例典型照片

19.4　ESD 防护

ESD 损伤是半导体器件重要的失效机理之一，受 ESD 影响的器件包括二极管、三极管、场效应管、集成电路、微波电路等。特别是一些静电敏感器件，在生产、安装、使用过程中的静电损伤导致的失效比例超过 30%。

19.4.1　静电的特点及静电防护要求

1. 静电的基本特点

静电作为一种基本的物理现象，其基本物理特点为：静电能产生吸引或排斥效应、与大地之间形成电位差、可能会产生放电电流等。这三个特点可能对电子元器件的三种主要影响：①由于静电的吸附效应，如吸附灰尘等颗粒物，从而降低电子元器件的绝缘电阻，可能缩短寿命；②静电的放电作用可能会造成电子元器件损伤，即通常所说的静电损伤；③静电能够产生一定的电磁场，幅度高达几百伏/米，频谱极宽从几十兆到几千兆不等，因而可能成电磁干扰，影响其他电子产品的正常工作，甚至损坏其他电子产品。

这三种形式对元器件造成的损伤可能是永久性的、不可恢复的功能损伤，也可能是暂时性的，如静电放电产生的干扰使功能暂时丧失；可能是突发失效，也可能是潜在失效。静电放电是造成器件损伤最常见和最主要的原因之一。不仅如此，静电还具有隐蔽性、累积性、随机性等特征，造成分析静电的来源及采取相应的防护措施很复杂。

一般来说，元器件从生产到使用的整体过程中都可能遭受静电损伤，依据静电产生的阶段可分为：①元器件制造过程，包括制造、切割、接线、检验到交货等过程；②印制电路板生产过程，包括收货、验收、储存、焊接、品管、包装到出货等；③设备制造过程，包括电路板验收、储存、装配、品管、出货等过程；④设备使用过程，包括收货、安装、试验、使用及保养、维修等过程。

2. 静电防护要求

静电防护的根本目的是在电子元器件、组件、设备的制造和使用过程中，通过各种防护手段，防止因静电的力学和放电效应而产生或可能产生的危害，或将这些危害限制在最低程度，以确保元器件、组件和设备的设计性能及使用性能不因静电作用受到损害。

对静电敏感器件进行静电防护和控制的基本思路是：一方面，对可能产生静电的地方要防止静电的聚集，采取一定的措施，避免或减少静电放电的产生，或采取"边产生边泄漏"的方法达到消除电荷积聚的目的，将静电荷控制在不致引起产生危害的程度；另一方面，对已存在的电荷积聚，应迅速、可靠地消除掉。生产过程中静电防护的核心是"静电消除"。为此可建立一个静电安全工作区，即通过使用各种防静电制品和器材，采用各种防静电措施，使区域内可能产生的静电电压保持在最敏感器件的安全阈值以下。

3. 生产过程中控制静电的基本方法

（1）工艺控制法。该方法主要是使生产过程中尽量少地产生静电荷。为此应从工艺流程、材料选择、设备安装和操作管理等方面采取措施，控制静电的产生和积聚，抑制静电电位和静电放电的能力，使之不超过危害的程度。

如在半导体制造过程中，当高速器件的浅结形成工序完成后，对冲洗用的去离子水的电阻率就必须控制。虽然电阻率越高洁净效果越好，但电阻率越高，绝缘性越好，在芯片上产生的静电就越高。因此一般要控制在略高于 8MΩ 的水平，而不能是初始工序用的 16～17MΩ。在材料选择上，包装材料要采用防静电材料，尽量避免未经抗静电处理的高分子材料。

（2）静电泄漏法。该方法使已产生的静电通过泄漏达到消除的目的。通常采用静电接地使电荷向大地泄漏；也有采用增大物体电导率的方法使静电沿物体表面或通过内部泄漏，如添加静电剂或增加湿度。最常见的是工作人员带的防静电腕带、静电接地柱。

（3）静电屏蔽法。根据静电屏蔽的原理，可分为内场屏蔽和外场屏蔽两种。内场屏蔽是用接地的屏蔽罩把带电体与其他物体隔离开来，这样带电体的电场将不会影响周围其他物体，如仪器设备的金属机壳。而外场屏蔽是用屏蔽罩把被隔离的物体包围起来，使其免受外界电场的影响，如 GaAs 器件包装多采用金属盒或金属膜。

（4）复合中和法。它是使静电荷通过复合中和的办法达到消除的目的。通常利用静电消除器产生带有异号电荷的离子与带电体上的电荷复合，达到中和的目的。一般来说，当带电体是绝缘体时，由于电荷在绝缘体上不能流动，所以不能采用接地的办法泄漏电荷，这时就必须采用静电消除器产生异号离子去中和。例如，对生产线传送带上产生的静电荷就采用这种方法消除。

（5）工作区采取整净措施。通过对工作区进行整理、清洁，尽可能使带电体及周围物体的表面保持光滑和洁净，避免出现尖端放电现象，从而减小产生静电的可能性。

4. 工程中常用的静电防护器材

静电防护材料或防静电材料在静电防护和控制工程中占有重要的地位，由防静电材料制成的静电防护用品（如容器、服装、传送带等）是制造过程中必不可少的。

静电防护器材主要分为两大类：一类是防静电制品，一般由防静电材料制成，主要作用是防止或减少静电的产生和将产生的静电泄放掉；另一类是静电消除器，用于中和那些在绝缘材料上积累的、无法用泄放方法消除的静电电荷。

防静电服装和腕带是人体防静电系统的重要组成部分，可以消除静电或控制人体静电的产生，从而减少制造过程中最主要的静电来源。其他防静电包装制品和措施，如防静电屏蔽袋、防静电包装袋、防静电海绵、防静电 IC 包装管、防静电元件盒（箱）、防静电气泡膜、防静电地坪和台垫、防静电运输车等也是静电防护工程中的重要组成部分。

除此之外，防静电电烙铁、防静电座椅/椅套、防静电维修包及一些静电消除器等也是静电防护中不可或缺的部分。

19.4.2 实践中的静电防护及管理措施

1. 建立静电安全工作区

在静电安全工作区中有一个十分重要的参数——静电安全泄放电阻。一般来说，安全区的静电泄放电阻 R 必须满足：$1.0 \times 10^5 \Omega < R < 1.0 \times 10^9 \Omega$，最常见的是 $1 M\Omega$。

虽然单从区域内静电泄放的速度方面考虑，泄放电阻越小越好，但也受到限制：一是要给工作区内的操作人员提供防电击条件，根据人体电击时有能力脱离险境的极限电流（$10 \sim 16mA$）的要求，取安全电压为 $5mA$ 进行计算，由 $R = U/I$，设 $U = 220V \sim 380V$，得 $R = 4.4 \times 10^4 \Omega \sim 7.6 \times 10^4 \Omega$，则 R 值应取大于 $1.0 \times 10^5 \Omega$。另一方面的限制是，如果电阻很小，泄放速度很快，对已带有静电的器件来说，会发生泄放电流过大而导致器件损伤，反而不安全。

安全泄放电阻可以通过材料或器材本身引入，也可以在泄放回路中串联电阻引入泄放电阻。在一些微波器件的测试区域，为了保证台面完全等电位，桌面直接铺金属板，这时就必须专门串联符合安全要求的静电泄放电阻以保障人身和器件的安全。安全区内的专用接线柱也必须串联安全泄放电阻。建立静电安全工作区的主要步骤包括：

（1）设置防静电接地系统；

（2）铺设防静电地板和台垫；

（3）安装静电消除器；

（4）工作人员尤其是操作人员的静电防护；

（5）正确的操作方法；

（6）使用防静电器具，如防静电容器、工具等；

（7）控制防静电工作区的湿度和净度。

正确的操作方法如：拿器件时拿外壳而不触摸引脚引线、电路板安装时最后插入敏感器件、不带电插拔器件和电路板、经常触摸静电接地柱、不做摩擦类动作等。

这里需要特别强调的是，防静电接地是生产厂房工程中的重要接地之一，厂房工艺接地除了防静电接地外，还有防雷接地、电磁屏蔽接地、电源接零（接地）及建筑构建接地等。

2. 包装、运输和存储过程中的防静电措施

包装、运输和存储过程中的防护方法主要用来防止静电的产生：如采用防静电包装、器件引脚等电位、避免摩擦、即时接地消电等。因为没有安全工作区或接地

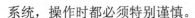

系统，操作时都必须特别谨慎。

防静电包装的作用有：①防止静电的产生和积累，如采用抗静电塑料装运管；②使器件的所有引脚短路、等电位，如导电泡沫等；③对外电场屏蔽。

电子产品在运送过程中避免摩擦、接触、振动和冲击等，优化传输线的速度、采取消电措施等。

3. 加强常规静电监测

常用的静电检测仪表包括静电电位计、兆欧表（高阻表）、腕带检测仪、连接监测仪等。静电电位计适用于导体的接触式（会改变待测物体的导电状况）检测和绝缘体的非接触式检测（利用静电感应原理）。非接触式静电计又分直感式、旋转叶片式、振动电容式和集电式。

静电应当经常性、定期性和临时性进行监测，同时定量和定性地进行现场测试和试验室测试，以确保防护措施落实到位。

4. 静电防护的管理工作

对于静电防护工作，应当建立合适的工作机制和流程，建立完整、严格的防静电控制程序，定期开展监测、维护和评价，确保防静电措施贯彻到设计、采购、生产工艺、测试、包装、存储和运输等各环节。

19.4.3 案例

1. 失效案例一：功率 MOS 管失效案例

（1）失效信息描述

样品为某型号进口功率 DMOS 管。委托方描述：器件采购后在仓库中存放不到半年时间，装焊后发现栅漏之间的电阻值变小，已失效。同批次器件失效率高达12/30。要求对失效样品进行失效分析。

（2）分析过程

样品外观无明显异常，经过端口 IV 测试，观察到失效样品中一只管子的栅源极已经击穿呈电阻特性（460Ω），栅漏极之间成结特性，源漏极之间呈异常结特性。开封芯片表面未观察到明显异常，利用光发射扫描显微镜（EMMI）定位到异常点，逐层去除表面钝化层和金属化层后，在芯片有源区观察到一处明显的小能量击穿点。

对同批次未用样品进行 ESD 抗静电（人体模型）测试，结果显示 3 只测试样品均在 150V 时发生栅源极击穿。测试结果表明，该型号器件抗静电能力较差，属于静电敏感器件。结合样品的处理及使用过程，判断样品因静电损伤导致栅源极击穿而失效。

图 19-14 是该失效分析案例的典型照片。

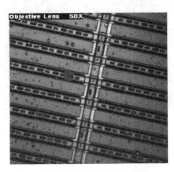
（a）芯片光发射显微形貌

（b）ESD 击穿点放大形貌

图 19-14　功率管芯片 ESD 损伤失效案例照片

2. 失效案例二：使用过程中 MOS 管失效案例

（1）失效信息描述

样品为国内某厂封装的 MOS 管，金属壳封装。委托方描述：MOS 管随产品使用半年后出现失效，电测栅源间短路。

（2）分析过程

样品外观无明显异常。端口 IV 测试，确认样品的栅源短路，漏源之间为漏电特性。开封后芯片表面未观察到明显异常。利用光束诱导电阻变化（OBIRCH）的原理对栅极短路点进行光发射失效定位，激光束扫描加热样品表面改变电阻，短路点电流在加热后会发生变化，而非短路点由于不通过电流，则不会探测到电流的改变，由此定位到失效点位于栅极附近。去层后，可见定位的失效点附近有击穿点。根据异常点的形貌，判断是静电导致的小能量击穿损伤。图 19-15 是该失效分析案例的典型照片。

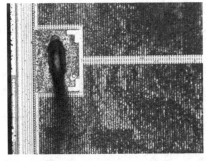
（a）失效产品内部芯片局部形貌

（b）OBIRCH 定位形貌

图 19-15　使用过程中 MOS 管 ESD 损伤失效案例典型照片

（c）芯片去层后栅极异常点　　　　　　（d）击穿点 SEM 形貌

图 19-15　使用过程中 MOS 管 ESD 损伤失效案例典型照片（续）

19.5　闩锁防护

　　相对于传统的双极型、NMOS 和 PMOS 集成电路而言，CMOS 集成电路因具有静态功耗低、噪声容限大、抗辐射能力强和工作速度高等突出优点，是目前大规模（LSI）和超大规模（VLSI）集成电路中广泛应用的一种电路结构。但是，CMOS 电路具有一种独特的闩锁（Latchup）失效，不仅对其可靠性造成了严重威胁，而且随着器件尺寸的不断缩小，闩锁效应对电路性能的影响越发明显，成为进一步提高其集成度和性能指标的主要障碍。本节介绍 CMOS 电路闩锁效应、闩锁发生条件及闩锁防护方法。

19.5.1　闩锁效应

　　CMOS 电路的基本逻辑单元是由一个 P 沟道 MOS 场效应管和一个 N 沟道 MOS 场效应管以互补形式连接而成的。为了实现 N 沟道 MOS 管和 P 沟 MOS 管的隔离，必须在 N 型衬底内加进一个 N 型区（称为 N 阱）。一个基本的 P 阱 CMOS 反相器电路、剖面图及内部寄生的双极晶体管等效电路如图 19-16 所示，其中，NMOS 的有源区、P 衬底、N 阱及 PMOS 的有源区构成一个 N-P-N-P 的结构，即寄生晶体管，本质是寄生的两个双极晶体管的连接。P 衬是 NPN 的基极，也是 PNP 的集电极，即 NPN 的基极和 PNP 的集电极是连着的；N 阱既是 PNP 的基极又是 NPN 的集电极。因为 P 衬底和 N 阱带有一定的电阻，分别用 RS 和 RW 表示。

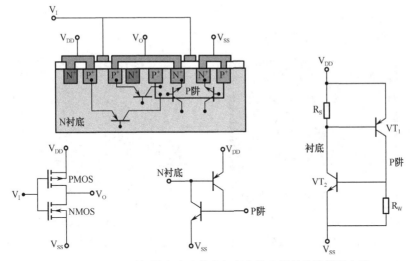

图 19-16　CMOS 反相器电路及其内部寄生的双极晶体管等效电路

由于 N 沟道 MOS 管和 P 沟道 MOS 管都作为增强型的，所以通常在未接输入信号时它们都处于截止状态，正电源端 V_{DD} 和负电源端 V_{SS} 之间几乎没有电流通过。这正是 CMOS 电路静态功耗低的原因，但是，在测试和使用过程中，有时器件引出端（包括输出端、输入端和电源端等）受到外来电压和电流信号的触发，导致 N 阱或衬底上的电流足够大，使得 R_S 或 R_W 上的压降为 0.7V，则 VT_1 或 VT_2 开启。例如 VT_1 开启，它会提供足够大的电流给 R_W，使得 R_W 上的压降也达到 0.7V，这样 VT_2 也会开启，同时，反馈电流提供给 VT_1，形成恶性循环，最后导致大部分电流从 V+直接通过寄生晶体管到 V_{SS}，而不是通过 MOSFET 的沟道，这样栅压就不能控制电流。该电流一旦开始流动，即使除去外来触发信号也不会中断，只有关断电源或将电源电压降到某个值以下才能解除这个电流。这种现象是 CMOS 电路的闩锁效应。

一旦 CMOS 电路处于闩锁状态，电源两端就处于近乎短路的状态，这不但使该器件本身失去功能，而且势必破坏与之相关的整机电路的正常工作，如果外电路未采取限流措施，则这个电流可增大到使器件内部电源或地的金属布线熔断，导致器件被彻底烧毁，如图 19-17 所示。

19.5.2　闩锁发生条件

根据闩锁的形成过程，可知 CMOS 电路产生闩锁的条件如下。

1. 触发条件

寄生晶体管的发射结必须正向偏置。触发电流 I_g 在寄生电阻上的压降大于 NPN

管或 PNP 管的发射结正向导通压降，即 $I_g R_s > V_{BE1}$ 或 $I_g R_s > V_{BE2}$。其中，V_{BE1} V_{BE2} 分别为 VT_1 管和 VT_2 管的发射结正向导通压降。

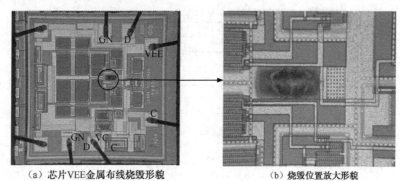

（a）芯片VEE金属布线烧毁形貌　　　　　　（b）烧毁位置放大形貌

图 19-17　发生闩锁的 CMOS 电路被烧毁的微观形貌

2. 正反馈条件

寄生 NPN 管和 PNP 管的小信号电流放大系数的乘积要大于 1。当触发电压消失后，为了保证正反馈，应满足 $I_{C1} > I_{B2}$。若令 β_1 和 β_2 分别为 VT_1 管和 VT_2 管的小信号电流放大系数，则有 $I_{C2} = \beta_2 I_{B2}$，$I_{C1} = \beta_1 I_{C2} = \beta_2 \beta_1 I_{B2}$，上述条件成为 $\beta_1 \beta_2 > 1$。

通常纵向寄生管 VT2 的电流增益较大，$\beta_2 = 10 \sim 50$，而横向寄生管 VT_1 的电流增益很小，$\beta_1 = 0.1 \sim 1$。

3. 偏置条件

电源电压必须大于出现闩锁后的维持电压 V_{SUS}，电源提供的电流必须大于维持电流 I_{SUS}。寄生闸流管导通后，若要使其关断，必须设法使流过闸流管的负载电流小于维持电流。相反，在 CMOS 电路中，要保持寄生闸流管导通，外加于 V_{DD} 端的电压要大于维持电压，电源电压提供的电流大于维持电流。

只有这三个条件同时满足，闩锁才能发生并维持下去。它们的成立与否不仅取决于器件制造厂的电路、版图和结构的设计方案及工艺水平，而且与器件的使用条件密切相关。

闩锁的触发原因是多方面的，可分为外部原因和内部原因两大类。

外部原因主要有：

（1）输入端或输出端的电平下降到比 V_{SS} 还低，或者上升到比 V_{DD} 还高，这是最常见的外部原因；

（2）接到 V_{DD} 端的电源有异常的浪涌电压和噪声干扰侵入；

（3）电源电压瞬间跳动，引起反偏着的 P 阱-衬底结电容出现较大的充放电电流，电源电压变化速度越快，则该电流越大；

（4）受到电离辐射，如α射线或γ射线辐照，使衬底、阱等处有异常电流流过。

内部原因主要有：

（1）MOS 管漏结的雪崩击穿引起的电流；

（2）高电场下的漏结附近沟道中载流子碰撞电离引起的载流子注入；

（3）短沟道 MOS 管的漏源穿通引入的穿通电流；

（4）阱与衬底间的雪崩击穿引起的电流。

此外，温度对 CMOS 电路的抗闩锁性能也有显著影响。随着器件温度的升高，发射结正向导通压降要降低，寄生电阻 R_S 和 R_W 要增大，寄生晶体管的电流放大系数要增加。由于这些因素，在高温下 CMOS 电路更容易发生闩锁。

19.5.3 闩锁防护方法

根据前述激发闩锁效应的内外条件，可得 CMOS 电路的闩锁防护设计的主要目标：①设法降低寄生晶体管的电流放大系数，以破坏形成正反馈的条件；②减少阱和衬底的寄生电阻，以提高造成闩锁的触发电流阈值，使闩锁难以形成。下面将从版图、工艺、电路三个方面对防闩锁设计技术进行介绍。

1. 版图级闩锁防护设计

（1）基本结构的改进。

① 尽可能加大寄生晶体管的基区宽度，以降低其电流增益。对于横向寄生晶体管，就要加大 N 沟道 MOS 管与 P 沟道 MOS 管的间距；对于纵向寄生晶体管，就要加大阱深。

② 尽可能缩短寄生晶体管基极与发射极的 N^+ 区和 P^+ 区的距离，以降低寄生电阻。

③ 尽可能多开设电源孔和接地孔，以便增长周界；尽量减少 P 阱面积，以减少寄生电流；电源孔尽量设置在 P 沟道 MOS 管和 P 阱之间，接地孔开设在靠近 P 沟道 MOS 管的 P 阱内。

（2）阻断环结构。

在 P 沟道 MOS 管的漏断 P^+ 区与 P 阱边沿之间设置与 V_{DD} 相连的 N^+ 阻断环，这就相当于在 R_s 两端并联了一个电阻 R'_s，其效果与减小 R_s 的阻值是等价的。同样，在 N 沟道 MOS 管的 N^+ 区与 P 阱边沿之间设置与 V_{ss} 相连的 P^+ 阻断环，也就相当于在 R_w 两端并联了一个电阻 R'_w，其效果是减小了 R_w 的阻值。为了防止出现寄生 MOS 管效应，在阻断环上方生长厚氧化膜。

（3）保护环结构。

将 P 阱中的 P 沟道 MOS 管接地的 P^+ 环包围起来，将 N 沟道 MOS 管用接 V_{DD}

的 N$^+$ 环包围起来。这样，当寄生晶体管的发射结正偏时，流入的载流子不是被与产生闩锁效应相关的晶体管所收集，而是直接流向保护环，也可以理解为，N$^+$ 环增加了寄生 NPN 管的基区宽度和掺杂浓度，从而降低了其电流放大系数，而 P$^+$ 环减小了 P 阱寄生电阻 R$_w$ 的阻值。

（4）伪收集极结构。

如图 19-18 所示是采用伪收集极的反相器剖面图，伪收集极收集由横向 PNP 发射极注入的空穴，阻止纵向 NPN 的基极注入，切断了再生反馈作用形成闩锁的通路，相当于有效地减小了 NPN 管的电流增益。

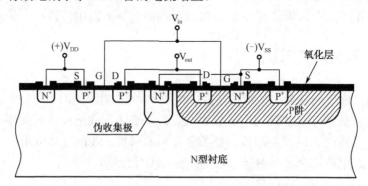

图 19-18　将伪收集极结构应用于 CMOS 结构中

以上措施的弊端是增加了有源区占用的面积，相对来讲，电路的集成密度难以提高。

2. 工艺级闩锁防护设计

（1）缩短材料和外延层中的少数载流子寿命，以降低寄生晶体管的电流放大系数，可采用掺金、本征吸杂、中子或电子辐照等方法。

（2）在低阻的 N$^+$ 衬底上生长 N 外延层，然后作 P 阱和 N$^+$、P$^+$ 源漏接触。这种结构因存在低阻衬底而降低了 R$_s$。

（3）用肖特基势垒代替扩散结制作 MOS 管的源区和漏区。由于肖特基势垒结发射效率比 PN 结低得多，因此可大大削弱闩锁效应。

（4）将器件制作于重掺杂衬底上的低掺杂外延层中，如图 19-19 所示。重掺杂衬底提供一个收集电流的高传导路径，降低了沟道电阻，若在阱中加入重掺杂的 P$^+$ 埋层（或倒转阱），又可降低 R$_w$。

（5）闩锁也可通过沟槽隔离结构来避开，如图 19-20 所示。在此技术中，利用非等向反应离子溅射刻蚀，刻蚀出一个比阱还要深的隔离沟槽，接着在沟槽的底部和侧壁上生长一热氧层，然后淀积多晶硅或二氧化硅，以将槽填满。因为 N 沟道与 P 沟道 MOSFET 被沟槽所隔开，所以此种方法可以消除闩锁。

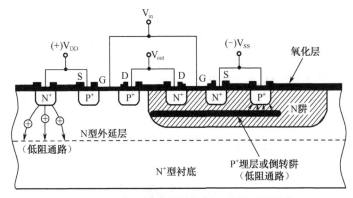

图 19-19　避免闩锁的重掺杂衬底和外延层结构

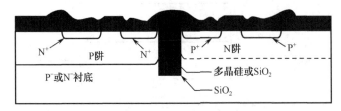

图 19-20　沟槽隔离应用于双阱 CMOS 结构

（6）为了彻底消除上述的 CMOS 电路存在的这些问题，最根本的方法是在绝缘衬底上生长硅外延层的 CMOS/SOI 电路。这种器件从结构上彻底消除了寄生晶体管，从而完全杜绝了闩锁效应的发生。CMOS/SOI 电路近年来发展迅速，应用前景乐观。

3. 电路级闩锁防护设计

在实际应用中，CMOS 芯片产生闩锁的常见原因有以下几种：①器件 I/O 引脚电压的上冲或下冲；②器件 I/O 引脚上有大的电流灌入或拉出；③器件电源引脚上有大电压或电流浪涌。在电路设计时应设法避免出现上述情况，这样才能保证 CMOS 芯片的可靠工作。

在 CMOS 电路应用中，要特别注意电源跳动，防止电感元件的反向感应电动势或电网噪声窜入 CMOS 电路，引起 CMOS 电路瞬时击穿而触发闩锁效应。因此在电源线较长的地方，要注意电源退耦及对电火花拊位。

为防止寄生晶体管的 EB 结正偏，输入信号不得超过电源电压，如果超过这个范围，应加限流电阻器。因为输入信号一旦超过电源电压，就可能使 EB 结正偏而使电路发生闩锁。此外，输出端不宜接大电容，一般应小于 $0.01\mu F$。

在电流限制方面，由于 CMOS 的功耗很低，所以在设计 CMOS 系统的电源时，系统实际需要多少电流就供给它多少电流，电源输出电流的能力不要太大。从寄生晶闸管的击穿特性中可以看出,如果电源电流小于晶闸管的维持电流,那么即使寄生晶闸管有触发机会,也不能维持闩锁,因此可通过加限流电阻来达到抑制闩锁的目的。

以下是一些具体的电路防闩锁设计方法。

(1) 严格的上电时序。触发 CMOS 电路闩锁效应的一个重要因素是器件 I/O 引脚电压超过器件的供电电压或低于地电压。因此,在具体应用时,应严格注意各模块之间的接口电路和电源的上电时序,如图 19-21 所示,严格避免上述情形出现。

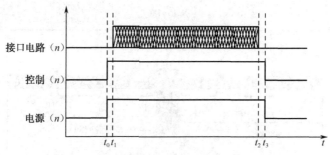

图 19-21　接口电路和电源控制的时序图

(2) 对于需要热插拔的应用系统,接口设计如图 19-22 所示,两者对接时,其连接顺序是:地线先连接,然后是电源的正极,最后是各信号线。这种设计正好满足了上述上电时序,防止满足发生闩锁效应的条件出现,可有效地降低其发生概率。

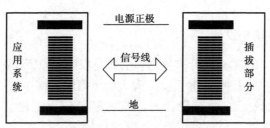

图 19-22　热插拔模块的接口设计

(3) 两台电子设备连接时,处于接口部位的 CMOS 电路容易发生闩锁。因为两台设备不使用同一直流电源,电源电压的差别会引起接收端的 CMOS 电路发生闩锁。即使使用同一直流电源,两台设备的电源由于开关时间的不同步也会引起接收端 CMOS 电路发生闩锁。CMOS 电路进行高温电老化时,信号源和老化板之间的连接与上述情况完全相同,也同样会发生闩锁。

(4) 当 CMOS 电路的输出端有大电容负载时,容易引起闩锁。由于关断电源或电源电压下跌都有可能使大电容上的电压大于 V_{DD},即 $V_{out} > V_{DD}$,并且大电容器的充放电电流较大，也可能触发闩锁。

预防闩锁的措施是在大电容器上串联几千欧的限流保护电阻。

（5）CMOS 电路的输入端连接长线或长电缆时容易发生闩锁。因为电缆和长线的电感和分布电容容易引起 LC 振荡，振荡时会出现瞬间 $V_{in}<V_{SS}$ 的情况。

改进措施是在输入端串联限流电阻，将电流限制在 1mA 以下。

（6）CMOS 电路使用高阻电源时容易发生闩锁。虽然 CMOS 电路的功耗很小，但仍然要求电源的动态电阻小，否则在电路开关瞬间，瞬态电流在电源内阻上产生的压降会使电源中出现负毛刺，也就是说，会发生 $V_{out}>V_{DD}$ 或 $V_{in}>V_{DD}$ 的意外情况。

改进措施：在 V_{DD} 与地之间并联两只电容器，1 只为 $10\sim50\mu F$ 电解电容器，另 1 只为 $0.01\mu F$ 的高频电容器。

（7）CMOS 电路的地线电阻较大时容易发生闩锁。此时相当于在 CMOS 电路的 V_{SS} 端与地之间串联一个电阻。功耗电流流经该电阻时产生的压降将使 CMOS 电路 V_{SS} 端的电压升高，当输入端是低电平时，就可能出现 $V_{IN}<V_{SS}$ 的意外情况。

改进措施：在布线设计时想方法尽量减小地线电阻。

19.5.4 案例

1. 失效案例一：SRAM——闩锁效应

（1）样品名称：SRAM。

（2）背景：4 只失效样品，其中 3 只样品 V_{CC}-GND 端间呈异常阻性（F1#、F2#、F3#），另一只样品端口 IV 特性无异常（F4#），但上电发热。

（3）失效模式：无读取功能。

（4）失效机理：闩锁效应。

（5）分析结论：样品电源端的异常电压诱发闩锁，导致样品烧毁失效。

（6）分析说明：F1#、F2#、F3# 3 只样品的 V_{CC} 与地之间呈异常电阻特性，观察 F1#和 F2#样品的封装壳体有发黄的迹象。开封后观察到 F1#、F2#和 F3#样品的芯片表面上相同位置处：V_{CC} 键合区附近端口保护网络有金属化互连过热熔融形貌（见图 19-23）。去除芯片表面金属化层，暴露出芯片的半导体有源层，未见衬底有过电损伤形貌，据此判断已触发了闩锁效应。

闩锁导致样品 V_{CC} 和 GND 间通过大电流，长时间工作后芯片温度升高，使得封装壳体被烤焦发黄。闩锁发生时电流持续增大，最终使得内部电源的金属布线熔断，导致器件被彻底烧毁。

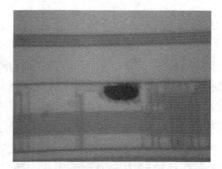

（a）芯片局部形貌   （b）烧毁位置放大形貌

图 19-23　电源端口附近的烧毁形貌

19.6　假冒翻新防护

随着电子信息技术的飞速发展，包括塑封集成电路在内的各种电子元器件也在快速地朝小型化、高密度、高可靠性、高功率、高速度的方向发展，因此元器件更新换代的周期也越来越短。这样就造成了整机设备等元器件用户的供应链管理困难，即原来设计使用的元器件特别是集成电路可能已经不再生产，特别是对元器件用量少、品种多、可靠性要求高的设备产品厂家而言，由于采购量小而常常不能直接从生产厂商采购，必须通过代理商进行采购，这就给假冒集成电路提供了进入供应链的机会。

另外，随着节能减排及循环经济的产业政策的鼓励，大量的电子电气产品都已经到了报废期，大量报废或过期的电子产品成就了一个很大的回收再利用产业。数量巨大的、通用的、使用过的集成电路等元器件通过简单的拆解、翻新又回到了正规市场，在利润的驱使下代理商往往就把回收处理过的所谓翻新过的器件当成原厂产品进行销售，这就是现在市场上大量假冒翻新器件的主要来源。在我国的某些地区，回收翻新处理这些使用过的元器件已经形成了产业，甚至有流水作业的翻新生产线，导致越来越多的假冒翻新的回收器件进入正规的市场销售。

由于电子市场的潜在需求和假冒翻新的高额利润，目前元器件假冒翻新已形成产业链。我国大量电子设备产品使用的关键塑封集成电路大部分依赖进口，使用品种多且量不大，再加上美国等发达国家的技术封锁，导致我国整机单位在采购急需的塑封集成电路时遇到了很多困难。这样就使得假冒翻新器件进入我国设备系统的机会大大增加，已经严重地影响到我国装备产品质量与可靠性。

19.6.1 概述

1. 定义

假冒产品也称作仿制品、伪造产品或赝品，它被刻意隐瞒了真实身份，被当作真品出售。美国汽车工程师协会（SAE）给出了假冒伪劣电子元器件的定义：假冒伪劣电子元器件是指未经授权或许可的仿制品或替代品，或者是供应链中的供应商故意提供不符合原产品材料、性能及参数的产品。伪劣电子元器件的类型包括但不仅限于：

（1）与合格电子元器件相比，内部结构不正确（如芯片、制造商、引线键合等）；

（2）用已使用过的、翻修过的或回收的电子元器件充当新产品；

（3）与合格电子元器件相比，具有不同的封装类型；

（4）实际上未完全按照原始器件制造商（OCMs）的产品进行完整生产和测试流程，但标称已完全执行 OCMs 生产和测试流程的电子元器件；

（5）标称是升级筛选的产品，但未实现成功的完整升级筛选；

（6）修改标记，有意歪曲产品的外形、匹配度、功能或等级等；

（7）在重新处理、升级筛选、升额使用等情况下已被确认的电子元器件，不纳入伪劣电子元器件范畴。

翻新元器件是对相同外形特征的元器件进行特定的加工处理，冒充的同型号、同批次的新产品，拆解翻新的过程相对简单，只需要将外观结构、规格和功能相似的元器件进行归类、打磨、喷漆、重新标识等简单工艺就可以实现几乎可以以假乱真的目的。翻新元器件的来源：①已使用过的、返修过的、回收的电子元器件；②同制造商低质量等级的元器件；③具有相同功能的"杂牌"元器件，甚至具有相同外部结构特征的其他功能元器件。

2. 假冒翻新电子元器件的类型和表现形式

对假冒翻新电子元器件的类型和表现形式进行梳理、分析，可以将其归纳为三大类。

（1）在原来产品的基础上，引入新的工序进行处理。这一类假冒伪劣电子元器件的类型包括（但不限于）：①旧器件翻新，用已使用过的、翻修过的或回收的电子元器件充当新产品；②修改标签或标记，在产品的外形、封装、功能或质量等级等方面作假；③将不同批次器件芯片封装成同一批次器件（通常是拆机件或拼凑的元器件）。

（2）对原厂的芯片或其他厂家类似功能的芯片进行封装，甚至内部无芯片，然后根据需要重新打标。

（3）在生产制作过程中拒收的器件，经非法渠道被秘密地出售并进入供应链。

比较常见的假冒翻新电子元器件的表现形式主要包括以下几种。

（1）表面研磨。

现在的器件绝大多数采用激光打标或用专用芯片印刷机印字，字迹清晰，很难擦除，只有把表面研磨去除一定厚度，才能去除原来的激光标识，这样器件的整体厚度会明显小于正常尺寸，但不对比或不用卡尺测量，一般很难分辨。比较粗糙的伪劣电子元器件甚至没有打磨就重新打标，明显存在双标识。

（2）表面喷涂。

塑封集成电路表面研磨去掉原来的标识的结果是封装表面完全失去原来注塑的表面特征，表现为注塑表面被磨去，露出注塑料中的填充料（如石英砂等），在这种情况下，用肉眼就可以识别。经过表面研磨的样品，必须对研磨面进行喷涂，才能掩盖研磨的特征。

（3）引脚镀层。

正常出品的电子元器件，其引脚镀层完成后经过切筋处理，切筋处留下引脚基材金属断面。从废弃的组件中拆解下来的用过了的元器件，将其重新翻新冒充全新的器件一般需要重新拉脚、镀脚、接脚等。经过拉脚、镀脚的元器件，其引脚比一般的正品更为新亮，正品芯片的引脚绝大多数色泽较暗但成色均匀，表面不应有氧化痕迹或助焊剂，且插件的引脚不应有擦花的痕迹。对引脚重新镀金属层，引脚的末端断面被完整地镀上金属（通常为锡），但正常工序中镀金属后会有切筋工序。

（4）引线键合不一致。

对原厂的芯片或其他厂家类似功能的芯片进行重新封装时，可能会出现封装体内引线框架的设计（形状、尺寸）、引线键合方式、引线的排布与原厂的不一致。

（5）芯片与封装上的标识不一致。

当将不同批次器件芯片封装成同一批次器件（通常是拆机件或拼凑的元器件）或其他厂家类似功能的芯片进行假冒时，器件内部的芯片的标识、芯片版图等会与原厂的芯片不一致。

（6）材料成分不一致。

电子元器件的材料主要包括模封塑料（环氧树脂）、填充材料（石英砂或单晶硅）、脱模剂、引线材料、引脚基材材料、镀层材料等。根据同批次产品材料相同的原则，检查电子元器件的材料，并与该公司正规产品进行对比，可确认样品是否为假冒伪劣产品。

（7）性能参数不一致。

利用废弃的不合格产品或拆机件等翻新件来以次充好的器件，一般需要进一步检测来发现问题，如进行筛选试验、性能测试等。翻新器件已经使用过，长期使用中存在退化，并经受各种应力（如静电、浪涌、焊接高温、水汽等）的作用；或在处理过程引入了新的损伤，如机械损伤、化学腐蚀、静电损伤等，因此其性能参数与正规产品存在差异。

19.6.2 识别技术及案例

近年来由于技术的改进，假冒元器件的外形越来越逼真，因此鉴别可疑元器件还可采用专业测试仪器和手段，如检查、机械尺寸测量、X 光透视、X 射线荧光（如对含铅元件引脚）、显微切片、扫描电镜/能谱、芯片开封、扫描超声显微镜、伏安曲线追踪等。针对常见的假冒翻新元器件的表现形式，将识别假冒翻新元器件的典型手段进行总结。

1. 外部目检

在显微镜下用适当放大倍数下观察元器件的外观，检验其标识和工艺质量。第一，观察芯片的表面是否有打磨痕迹，是否存在喷涂的形貌，包括芯片的正面、背面、侧面，如图 19-24 所示；第二，看封装体上的标识，是否字迹清晰、规范，是否存在双标识，如图 19-25 所示；第三，观察引脚，是否存在重新镀锡、接脚、氧化腐蚀等异常形貌，全新原装芯片引脚成色非常均匀，表面不会有划痕、脚短等现象，如图 19-26 所示。

案例一：表面研磨及喷涂。

（a）样品正面塑封料被打磨　　　　　（b）样品侧面可见喷涂痕迹

图 19-24　塑封器件表面研磨及喷涂形貌

案例二：金属盖板双标记。

（a）双标记　　　　　　　　（b）单标记

图 19-25　金属盖板双标记差异形貌

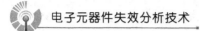

案例三：引脚接脚、重新镀锡、焊料残留、氧化变色。

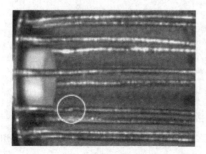

（a）引脚焊接加长　　　　　　　　　　　（c）引脚残留有焊料

图 19-26　引脚异常形貌

2. X 射线（X-ray）检查

用非破坏性的方法检查封装内部结构，以验证内部封装或芯片结构是否与已知正品或同批次样品一致。对于单个器件，应观察但不限于以下方面：

（1）封装体内芯片的位置、尺寸；

（2）引线框架的形状、尺寸；

（3）封装内是否有内引线，引线是否缺失。

对于混合集成电路，要注意观察：

（1）其是否符合规定的设计和结构；

（2）元件安装的位置是否正确；

（3）针对单个器件的检查也应遵守上条规则。

案例四：内部结构不一致。

典型的图片如图 19-27 所示。

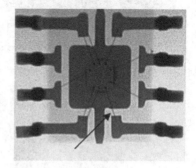

（a）IC 内部引线一　　　　　　　　　　（b）IC 内部引线二

图 19-27　内部结构不一致

 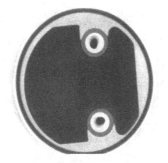

（c）功率管内部芯片安装形貌一　　　（d）功率管内部芯片安装形貌二

图 19-27　内部结构不一致（续）

3. 开封内部目检

验证内部设计、结构是否符合适用的订购文件的要求，为了用高倍率的显微镜检查内部芯片是否与外部封装匹配，整个芯片、芯片标记和制造商的标志都应进行检查。对于集成电路和分立半导体器件，开封后应检查：

（1）芯片标记、制造商标志是正确的；

（2）芯片上的墨点表明该芯片被原厂拒绝；

（3）确定芯片上的标记与原厂封装上的关于封装类型的标记匹配；

（4）芯片上是否存在过电应力，如熔融金属、氧化层破裂、过热等；

（5）因潮湿或污染物进入封装体内造成的腐蚀等。

案例五：芯片版图不一致。

典型图片如图 19-28 所示。

 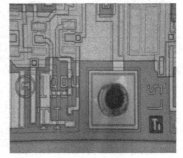

（a）某型号 IC 芯片标识一　　　　（b）"相同"型号 IC 芯片标识二

图 19-28　芯片版图不一致、厂家不一致

19.6.3　防范及控制措施

目前，许多设备制造商通过销售中间网络渠道采购电子器件，导致产品的真实

性、质量、可靠性、可追溯性及器件的连续获得性无法得到保障，增加了采购风险，同时也无法确认采购到的器件是否为正品。为避免在采购和装机使用中出现伪劣电子元器件，用户必须建立伪劣电子元器件的控制计划，在采购和管理过程中采取相应的防范和应对措施。可从电子元器件采购过程管理、电子元器件的筛选验证、假冒翻新或可疑元器件的控制隔离等方面对假冒翻新元器件进行防范和控制。

1. 电子元器件采购过程管理

开展电子元器件采购的基本原则、避免假冒伪劣电子元器件采购风险的操作流程的研究，制定供应商的评价认证和供应源的选择、审核要求，增强供应链的可追溯性等。

2. 电子元器件的筛选验证

将采购来的电子元器件进行筛选验证，对元器件进行鉴别。常用的鉴别筛选技术主要包括外部目检、X 射线检查、开封内部目检等。该识别过程虽然不可能将假冒翻新电子元器件完全剔除出来，但是可将假冒翻新电子元器件进入设备生产环节的风险降到最低。

3. 假冒翻新或可疑元器件的控制隔离

将不合格的电子元器件，以及可疑或已确认的假冒翻新电子元器件进行控制隔离。对疑似伪劣元器件应采取的控制措施见表 19-3。

表 19-3　可疑或伪劣元器件控制措施

序号	可疑或假冒翻新元器件控制措施
1	将元器件进行物理标识（加贴标签或标记）
2	将元器件进行物理隔离，以区别于正品元器件，隔离区应包含有形隔离和访问控制
3	除非在受控条件（如不会使可疑元器件再进入供应链）下，否则不应因退款、替换等原因将元器件退回给供应商
4	证实元器件的真实性，包括进一步开展元器件级的试验、与 OCMs 沟通、进行第三方的分析等
5	若确认元器件为伪劣产品，则应标识并封存所有储存和安装的伪劣元器件，并等待有关部门处理
6	对于发现的伪劣电子元器件，应进行报告

19.7　其他防护

电子产品的防护方法除了上述常见的几种外，往往还会根据不同元器件、不同工艺及不同的使用环境特点，采用其他的防护方法，对电子产品进行保护，提高电子产品的可靠性。其他的防护方法主要包括混合封装 FCBGA 焊接工艺的防护、防尘设计及真菌的防护等。

19.7.1　混装工艺防护

随着科学技术的飞速发展，集成电路向多功能和小型化方向快速发展，FCBGA（Flip Chip Ball Grid Array Package，倒装球栅阵列封装）的集成电路以其更薄、更小、更好的散热等特点得到了越来越广泛的应用。但是，由于其特殊的封装形式，以及欧盟 RoHs 指令给予其内部连接用的焊料无铅豁免，给 FCBGA 类型器件的焊接带来了很大的挑战。

1. 封装结构特点及主要失效模式

FCBGA 封装是指内部芯片采用焊料球凸点直接和基板的焊盘连接的封装方式。其工艺流程为，先在芯片电极表面做焊料球凸点，然后将芯片倒扣在基板上，通过回流焊将焊料与基板的焊盘直接相连，再进行底部填充，然后固化底部填充材料，或先涂覆填充胶水再安放芯片回流。FCBGA 的典型封装结构如图 19-29 所示。

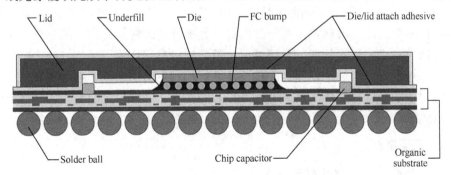

图 19-29　FCBGA 封装结构剖面示意图

这种封装方式最大的好处就是内部电路走线短，信号串扰和损耗小，器件更薄，芯片背面即可通过其凸点散热；不足之处是封装体的各种材料之间膨胀系数相差很大，疲劳寿命会受到影响，而且底部填充材料可能易于吸湿且填充工艺难控制，导致焊接组装时产生分层等缺陷；另外，在器件进行组装时，内部互连的共晶焊料可能会熔融，产生可靠性问题，如果内部芯片凸点采用高温的高铅焊料，则会增加芯片凸点植球的难度。由于欧盟 RoHs 指令豁免铅在 FCBGA 内部使用，所以目前芯片封装企业基本上使用共晶的锡铅焊料作为内部的互连材料，而外部的球形引脚则使用锡银铜的共晶焊料。

从 FCBGA 器件的封装结构特点可知，其主要的失效模式为：

（1）内部共晶焊料熔融流动，导致芯片不同凸点之间桥连失效，或者球形凸点焊料流失，凸点变形影响芯片与基板焊盘之间的互连可靠性；

（2）内部填充材料吸潮，回流焊时，发生"爆米花效应"，填充物膨胀分层，焊料球凸点开裂，导致开路失效；

（3）内部填充材料填充工艺控制不好及填充材料吸潮，回流焊时，芯片局部变形过大，导致芯片本体损伤。

2. FCBGA 的焊接工艺防护方法

FCBGA 器件的失效主要与内部共晶焊料、底部填充材料，底部填充材料的填充工艺相关。因此，为了达到控制 FCBGA 失效的目的，对于器件的生产商来说，主要措施有：①更换芯片内部互连凸点的焊料，采用高温焊料，这样由于封装体本身的隔热作用，器件组装时内外温差超过 30℃，器件因此失效的概率将会大幅降低甚至消失；②确保底部填充材料的质量，保证填充区域没有任何缝隙，限制熔融焊锡的流动；③采用吸湿性小的封装材料，确保器件的防潮性能，因为吸湿性强的器件在回流焊时由于高温容易发生"爆米花效应"，进而导致器件内部分层，形成熔融焊料的流动通道。

对于使用方来说，主要的针对性措施有两个：①加强潮湿敏感器件的储存管理，不能发生过度吸湿现象，对于使用前已经拆开包装时间比较长的器件，采用高温烘烤的方式进行除湿处理，处理方式一般为在 125℃环境下烘烤 24h，如果条件允许，烘烤最好在惰性气体保护的环境下进行，避免器件外部焊球出现氧化，影响器件的焊接效果；②优化回流焊工艺条件，确保对器件的最少的热损伤，保证较高的焊点质量。

3. 典型案例

失效案例：BGA 焊接短路失效案例

案例背景：回流焊后，BGA 器件的电源和地短路。

失效模式：短路。

分析过程：经过测试，确认样品的电源和地之间表现为短路特性，部分 I/O 端口之间也存在短路或漏电特性。X-ray 观察，器件部分内部凸点变形，凸点的大小明显不一致，部分凸点之间还可见有明显的阴影将凸点连接在一起；C-SAM 检查结果表明，器件内部存在大面积分层。

将器件固封研磨制样，内部芯片的凸点在靠近 PCB 一侧熔融后流动桥连；金相切片分析，内部芯片凸点熔融桥连短路，短路处阻焊膜破损，样品的 PCB 阻焊膜和底部填充物之间、芯片和底部填充物之间界面均明显分层，如图 19-30 所示。

分析结论：回流焊时，样品由于吸潮发生"爆米花效应"，导致内部结构分层或样品内部结构本身存在分层，内部芯片凸点焊料熔融流动，导致不同功能的凸点桥连短路失效。

防护方法及效果：通过分析找出器件失效的根本原因是内部凸点熔融后桥连短路，建议客户在使用前采用 C-SAM 检查器件是否分层，如果器件本身没有分层，则在使用前 125℃烘烤 24h 后再进行回流焊接。通过采用该方法，客户端该类型器件由于焊接失效的情况基本消除，极大地提升了焊接的可靠性。

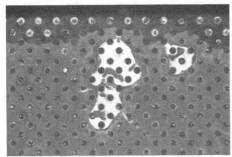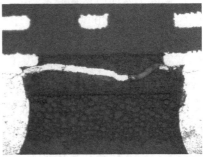

(a) FCBGA 内部芯片凸点焊料熔融形貌　　　　　(b) 底部填充料开裂形貌

图 19-30　FCBGA 内部熔融焊球切片观察结果

19.7.2　灰尘的防护

灰尘是大气中的一种固态悬浮物，是细干而呈粉末状的泥土或其他物质被化为细微的部分，常态存在于空气之中，是动物活动和空气流通的结果。灰尘按照粒径的大小大致可以分为粉尘和凝结固体烟雾两类。

灰尘的主要成分包括砂土、海盐、燃烧残渣、废气、生物碎屑、金属粒子及孢子等。空气中的灰尘大多数是棱角状的，其表面粗糙，吸湿性强。灰尘的成分与周围的环境条件有着密切的关系，不同地区环境中的灰尘成分是不同的，灰尘中的化学成分包括氧化物、硫化物、有机物及盐类等。

1. 灰尘的危害

灰尘对电子设备的危害特别大。由于灰尘具有很强的吸湿性，如果降落在电子设备金属部件表面，形成原电池加速金属部件的腐蚀，并随着环境湿度的增大而加重腐蚀；如果降落在电子设备内部 PCBA 表面，会在 PCB 表面或器件引脚之间形成漏电通道，导致电子设备工作异常；如果进入电子设备内部的活动部分，会加速活动部分的磨损，造成继电器、电位器及开关等的损坏，或者产生接触不良等现象。此外，灰尘的沉积会在电子元器件与空气之间形成绝缘层，阻碍元器件产生的热量散发到空气中，使得元器件因温度上升到超过元器件的最大额定值而烧毁。

2. 灰尘的防护

灰尘主要通过空气传播，而且一般在空气流动的情况不易于沉降，因此对灰尘的防护主要从下面两个方面来考虑。

（1）采用密封结构是最理想的防尘措施，但是密封结构对于大功率的设备来说会严重影响其散热。因此，一般来说，在结构上，主要是优化电子设备通风口的结构设计，从进尘方面解决问题。

（2）在进风口和出风口设置防尘网，防止灰尘进入电子设备内部。防尘网应该经常清洗，防止灰尘过多而阻塞网孔，影响散热。

（3）对于使用方来说，如果条件允许，应经常清洗电子设备内部的元器件表面，保持电子设备内部清洁。

3. 典型案例——灰尘腐蚀失效案例

案例背景：产品由印度市场的用户使用一段时间（4～8 个月）后，整机出现不开机现象，经过分析确认为组件上的 ICP1 和 ICP2 器件失效导致故障，在 ICP1 和 ICP2 器件引脚之间发现有异物，电测发现有漏电。

分析过程：功能测试确认，由于 PCBA 上的 ICP1 或 ICP2 无输出，导致样品无法开机。PCBA 上的元器件和 PCB 板上均可见较多的异物（见图 19-31），ICP1 和 ICP2 器件引脚之间可见多余物存在，而且器件部分引脚的颜色为黑色，内部的金属外壳和裸露的铜箔的颜色偏黑、形状疏松，呈现腐蚀特征。能谱分析结果显示，引脚处的异物含有 Cl 和 S 元素。

将 PCBA 清洗干净并烘烤后，再次进行功能测试，样品能够正常开机，其他功能也恢复正常，ICP1 和 ICP2 输出为 1.1V，也恢复正常。

（a）产品局部外观形貌　　　　　　　　（b）失效器件外观腐蚀形貌

图 19-31　样品典型外观形貌

参 考 文 献

[1] 雷斌，谢相利. 潮湿敏感元器件装配工艺研究.

[2] Ken Oota，Hiroshi Iida，and Masumi Saka. Measurement of Water Absorption in Ball Grid Array Package. IEEE TRANSACTIONS ON COMPONENTS AND PACKAGING TECHNOLOGIES，2002，25（1）.

[3] IPC/JEDEC J-STD-020D 塑料集成电路（IC）SMD 的潮湿/回流敏感性分类.

[4] IPC/JEDEC J-STD-033C 潮湿/回流敏感性 SMD 的处理、包装、装运和使用标准.

[5] IPC/JEDEC J-STD-035 非气密性封装元件的声学显微镜检查方法.

[6] IPC9501 电子元件的 PWB 装配焊接工艺指南.

[7] IPC/9502 电子元件的 PWB 装配焊接工艺指南.

[8] IPC/9503 非 IC 元件的潮湿敏感性分类.

[9] IPC/9504 评估非 IC 元件（预处理的非 IC 元件）的装配工艺过程模拟方法.

[10] 防止假冒产品进入军用系统.

[11] SAE AS 5553-2009 Counterfeit Electronic Parts;Avoidance，Detection，Mitigation，and Disposition.

[12] 进口伪劣电子元器件的防范及应对措施.

附录 A 英文缩略词及术语

A	
AES（Auger Electron Spectroscopy）	俄歇电子能谱法
AFM（Atomic Force Microscope）	原子力显微镜
B	
BGA（Ball Grid Array）	球栅阵列
BJT（Bipolar Junction Transistor）	双极结型晶体管
BSE（Back Scattered Electron）	背散射电子
BTI（Biased Temperature Instability）	偏压温度不稳定性
BUM（Build Up Multilayer Printed Board）	积层多层印制板
C	
CAF（Conductive Anodic Filament）	阳极导电丝
CCD（Charge Coupled Device）	电荷耦合器件
CDM（Charged-Device Model）	充电器件模型
CMP（Chemical Mechanical Polishing）	化学机械抛光
CMOS（Complementary Metal Oxide Semiconductor）	互补金属氧化物半导体
CT（Computed Tomography）	计算机断层成像技术
D	
DFM（Design for Manufacture）	可制造性设计
DFR（Design for Reliability）	可靠性设计
DIP（Dual Inline-Pin Package）	双列直插
DO（Diode Outline）	二极管外形
DSB（Double Sided Printed Board）	双面印制电路板
DSD（Dark Spot Defect）	暗点缺陷
E	
EBIC（Electron Beam Induced Current）	束感生电流像
EBT（Electron Beam Test）	电子束测试系统
EDA（Electronic Design Automatic）	电子设计自动化
EDS（Energy Dispersive Spectrometer）	能量散射谱仪
EM（Electromigration）	金属化电迁移
EMMI（Emission Microscopy）	红外发光显微技术

ENIG（Electroless Nickle and Immersion Gold）	非电镀化学镀镍浸金
EOS（Electrical Over Stress）	过电应力
ESD（Electro-Static Discharge）	静电放电
ESR（Equivalent Series Resistance）	等效串联电阻
F	
FET（Field Effect Transistor）	场效应晶体管
FIM（Field-Induced Model）	电场感应模型
FIB（Focus Ion Beam）	聚焦离子束
FMEA（Failure Mode and Effect Analysis）	失效模式及影响分析
FMMEA（Failure Mechanism, Mode and Effect Analysis）	失效机理、模式及影响分析
FPC（Flexible Printed Board）	挠性印制电路板
FPGA（Field-Programmable Gate Array）	现场可编程门阵列
FTA（Fault Tree Analysis）	故障树分析
FT-IR（Fourier Transform Infrared Spectroscopy）	傅里叶红外光谱法
G	
GMR（Giant Magneto-Resistance）	巨磁阻探测
GPP（Glass Passivated Pellet）	玻璃钝化
H	
HAST/HASS（Highly Accelerated Life Test/Highly Accelerated Stress Screening）	高加速寿命试验/高加速应力筛选
HASL（Hot Air Solder Level）	热风整平
HBM（Human-Body Model）	人体放电模型
HBT（Heterojunction Bipolar Transistor）	异质结双极型晶体管
HCI（Hot Carrier Injection）	热载流子效应
HDI（High Density Interconnection Printed Board）	高密度互连印制板
HEMT（High Electron Migration Transistor）	高电子迁移率晶体管
HIC（Hybird Integrated Circuit）	混合集成电路
HTCC（High Temperature Co-fired Ceramics）	高温共烧多层陶瓷基片
I	
IC（Integrated Circuit）	集成电路
IDDQ（IDD Quiescent）	静态电流测试
IFA（Image-based Failure Analysis）	图像失效分析技术
IGBT（Insulated Gate Bipolar Transistors）	绝缘栅双极型晶体管
IMC（Intermetallic Compound）	金属间化合物

IPM（Intelligent Power Module）	智能功率模块
IVA（Internal Vapor Analysis）	内部气氛分析法
L	
LED（Light Emitting Diode）	发光二极管
LDMOS（Lateral Double Diffused MOS）	横向双扩散金属氧化物半导体晶体管
LIVA（Light Induced Voltage Alternation）	光感生电压变化
LSM（Laser Scanning Microscope）	激光扫描显微镜
LTCC（Low Temperature Co-fired Ceramics）	低温共烧多层陶瓷基片
M	
MCI（Magneto Current Image）	磁流成像
MCM（Multi-Chip Module）	多芯片组件
MESFET（Metal Semiconductor Field Effect Transistor）	金属-半导体场效应晶体管
MIM（Metal-Insulator-Metal）	金属-绝缘-金属
MLCC（Multi-layer Ceramic Capacitor）	多层陶瓷电容器
MLB（Multilayer Printed Board）	多层印制电路板
MM（Machine Model）	机器放电模型
MMIC（Monolithic Microwave Integrated Circuit）	单片微波集成电路
MOS（Metal Oxide Semiconductor）	金属氧化物半导体
MOSFET（Metal Oxide Semiconductor Field Effect Transistor）	金属-氧化物半导体场效应晶体管
MSD（Moisture Sensitive Devices）	潮湿敏感器件
MSL（Moisture Sensitive Level）	潮湿敏感等级
MTBF（Mean Time Between Failure）	平均故障间隔时间
MTTF（Mean Time to Failure）	平均失效前时间
N	
NBTI（Negative Bias Temperature Instability）	负偏置温度不稳定性
NMOS（Negative Channel-Mental-Oxide-Semiconductor）	N沟道金属氧化物半导体
NPN（Negative-Positive-Negative）	负-正-负（双极型晶体管）
O	
OBIC（Optical Beam Induced Current）	光束感生电流
OBIRCH（Optical Beam Induced Resistance Change）	光束感生电阻变化技术
OJ（Open Junction）	扩散片
OM（Optical Microscope）	光学显微镜
OSP（Organic Solder Ability Preservatives）	有机可焊性保护层

P	
PBGA（Plastic Ball Grid Array）	塑料焊球阵列封装
PCB（Printed Circuit Board）	印制电路板或印制线路板
PCBA（Printed Circuit Board Assembly）	印制线路板组件
PHEMT（Pseudomorphic High-Electron-Mobility Transistor）	赝配高电子迁移率晶体管
PIE（Plasma Ion Etching）	等离子刻蚀
PIIR（Pin-In-Hole Reflow）	PTH 孔再流焊接
PIND（Particle Impact Noise Detection）	颗粒碰撞噪声检测
PLCC（Plastic Leaded Chip Carrier）	带引线的塑料芯片载体
PLD（Programmable Logic Device）	可编程逻辑器件
PMOS（Positive Channel-Mental-Oxide-Semiconductor）	P 沟道金属氧化物半导体
PNP（Positive-Negative-Positive）	负-正-负（双极型晶体管）
PoP（Package-on-Package）	封装上封装
Q	
QFP（Quad Flat Package）	方形扁平式封装
R	
RIE（Reactive Ion Etching）	反应离子刻蚀
R-FPC（Rigid-Flex Printed Board）	刚-挠印制电路板
RPC（Rigid Printed Board）	刚性印制电路板
S	
SAE（Society of Automotive Engineers）	美国汽车工程师协会
SAM（Scanning Acoustic Microscope）	扫描声学显微镜
SE（Secondary Electron）	二次电子
SEI（Seeback Image）	塞贝克效应成像
SEM（Scanning Electron Microscope）	扫描电子显微镜
SIMS（Secondary Ion Mass Spectrometry ）	二次离子质谱法
SIP（System In Package）	系统级封装
SMD（Surface Mount Device）	表面贴装元器件
SMT（Surface Mount Technology）	表面贴装技术
SMU（Source Measurement Unit）	源表
SO（Small Outline）	小尺寸外形封装
SOP（Small Outline Package）	小外形封装
SOM（Scanning Optical Microscope）	扫描光学显微镜

SQUID（Superconducting Quantum Interference Device）	超导量子干涉仪探测
SRAM（Static Random Access Memory）	静态随机存取存储器
SSB（Single Sided Printed Board）	单面印制电路板
STEM（Scanning Transmission Electron Microscope）	扫描透射电子显微镜
T	
TDDB（Time Dependent Dielectric Breakdown）	时间相关的介质击穿
TDR（Time Domain Reflect）	时域反射技术
TEM（Transmission Electron Microscope）	透射电镜
THT（Through Hole Technology）	通孔插装技术
TIVA（Thermal Induced Voltage Alternation）	热感生电压变化
TOF-SIMS（Time of Flight-Secondary Ion Mass Spectrometry）	飞行时间二次离子质谱仪
TO（Transistor Outline）	晶体管外形
TWT（Traveling Wave Tube）	行波管
V	
VC（Voltage Contrast）	电压衬度像
VDMOS（Vertical Double Diffused MOS）	垂直双扩散金属氧化物半导体场效应晶体管
VLSI（Very Large Scale Integration）	超大规模集成电路
X	
X-ray	X 射线
XPS（X-ray Photoelectron Spectroscopy）	X 射线光电子能谱法

附录 B 主要符号表

A	1. 吸光度 2. 退化性失效机理子树集
A_x	X 组分吸光度
A_y	Y 组分吸光度
B	瞬时性失效机理子树集
BV_{CBO}	三极管发射极开路时集电结击穿电压
BV_{CEO}	三极管基极开路时集电极发射极击穿电压
BV_{EBO}	三极管发射结穿电压
BV_{SD}	MOS 管源漏击穿电压
C	1. 电容量； 2. 样品中组分浓度； 3. 缺陷性失效机理子树集
C_S	标准样品中组分浓度
D_p	N 型半导体少子扩散系数
E_K	1. K 层电子结合能 2. 出射光电子能量
E_n	特定原子轨道结合能
E_a	失效激活能（eV）
$F(t)$	在 t 时刻的累积失效概率
I_{CBO}	三极管集电极反向电流
I	1. 样品中电流； 2. 红外光总能量； 3. X 射线透过物体后的强度
I_S	标准样品中电流
I_0	1. X 射线的初始强度； 2. 透射光强度
I_{DSS}	饱和漏电流
I_{GL}	栅极漏电流
K	吸收系数
K_B	玻耳兹曼（Boltzman）常数（$98.617 \times 10^{-5} eV/K$）
L	电感量

L_p	N 型半导体少子扩散长度
M	1. 放大倍数； 2. 中间事件
$M/\Delta M$	质量分辨率
O	失效发生频率的等级
P	气体压强
P_{n0}	N 型半导体平衡少子浓度
Q	品质因子
R	1. 电阻量； 2. 理想气体常数； 3. 失效影响的风险等级
R_B	三极管基极电阻
R_C	三极管集电极电阻
$R_{SD(on)}$	MOS 管导通电阻
R/Q	特性阻抗
$R(t)$	在 t 时刻的可靠度
S	失效影响的严重度等级
T	1. 温度； 2. 透射率； 3. 顶事件
T_g	玻璃化转变温度
T_{260}	260℃时的分层时间
V	体积
V_B	击穿电压
V_{CES}	三极管饱和压降
V_T	MOS 管阈值电压
V_P	夹断电压
V_{sound}	声波在材料中传播的速度
Wt%	质量百分比
X	底事件
Z	声阻
β	三极管电流放大系数
ρ	质量密度

α	吸收率
b	样品厚度
g_m	MOS 管跨导
h_υ	X 射线光电子能量
n_g/g	二次离子质谱仪灵敏度
f_0	谐振频率
η	特征寿命
m	形状参数
$\lambda(t)$	在 t 时刻的瞬时失效率，也称失效率

反侵权盗版声明

电子工业出版社依法对本作品享有专有出版权。任何未经权利人书面许可，复制、销售或通过信息网络传播本作品的行为，歪曲、篡改、剽窃本作品的行为，均违反《中华人民共和国著作权法》，其行为人应承担相应的民事责任和行政责任，构成犯罪的，将被依法追究刑事责任。

为了维护市场秩序，保护权利人的合法权益，我社将依法查处和打击侵权盗版的单位和个人。欢迎社会各界人士积极举报侵权盗版行为，本社将奖励举报有功人员，并保证举报人的信息不被泄露。

举报电话：（010）88254396；（010）88258888

传　　真：（010）88254397

E-mail： dbqq@phei.com.cn

通信地址：北京市海淀区万寿路 173 信箱
　　　　　电子工业出版社总编办公室

邮　　编：100036